Excel 2019

孙宾 成方杰｜著

公式·函数·图表·VBA
全能一本通

中国青年出版社

图书在版编目（CIP）数据

Excel 2019公式·函数·图表·VBA全能一本通/孙宾,成方杰著
. -- 北京: 中国青年出版社, 2020.6
ISBN 978-7-5153-5969-4

I.①E… II.①孙… ②成… III. 表处理软件 IV.①TP391.13

中国版本图书馆CIP数据核字（2020）第038944号

策划编辑　张　鹏
责任编辑　张　军

Excel 2019公式·函数·图表·VBA全能一本通
孙宾　成方杰／著

出版发行： 中国青年出版社
地　　址： 北京市东四十二条21号
邮政编码： 100708
电　　话： (010) 50856188 / 50856199
传　　真： (010) 50856111
企　　划： 北京中青雄狮数码传媒科技有限公司
印　　刷： 湖南天闻新华印务有限公司
开　　本： 787 x 1092 1/16
印　　张： 24
版　　次： 2020年6月北京第1版
印　　次： 2020年6月北京第1版
书　　号： ISBN 978-7-5153-5969-4
定　　价： 69.80元
（附赠语音视频教学+同步实例文件+实用办公模板+常用表格+快捷键汇总表）

本书如有印装质量等问题，请与本社联系
电话：(010) 50856188 / 50856199
读者来信：reader@cypmedia.com
投稿邮箱：author@cypmedia.com
如有其他问题请访问我们的网站: http://www.cypmedia.com

→ 前　言

　　Excel已经是职场中不可或缺的数据处理和数据分析工具。它是Office组件中进行各种数据处理的应用程序，集数据采集、数据编辑、数据运算、数据分析和数据图形化展示等功能于一身，广泛应用于行政、财务、人事、金融和统计等众多领域，深受广大商务人士的青睐。为了帮助广大Excel用户提高数据处理的操作水平，我们隆重推出了本书。希望通过本书的学习，读者的Excel应用水平可以更上一个台阶。

→ 写作特色

　　实例为主，易于上手：在功能介绍上突破了传统按部就班讲解知识的模式，以实例为主，模拟真实的办公环境，将Excel的各功能充分融入到工作时经常遇到的具体问题中，以便读者可以轻松学习软件知识，同时又解决了实际问题。

　　技巧提示，交叉参考：在介绍具体操作过程中，穿插了众多操作小提示，帮助读者深入理解所学知识；同时穿插了"交叉参考"知识链接，引导读者活用Excel的各项功能。

　　一步一图，以图析文：在介绍具体操作过程中，每个操作步骤均配有对应的插图，使读者在学习过程中能够直观、清晰地看到操作过程和最终效果，更易于理解和掌握。

　　光盘结合，互动教学：配套的多媒体教学光盘内容与书中的内容紧密结合并互相补充，以大量的贴近实际工作的经典实例为主要内容。书中的重点内容都专门录制了配套的多媒体视频，帮助读者更高效、更直观地学习。

→ 本书内容

　　本书以最新的Excel 2019版本进行讲解，内容涵盖了Excel数据处理入门操作、公式计算、函数应用、图表分析和VBA高效办公等多方面的具体应用，以通俗易懂的语言揭开了Excel高级应用的神秘面纱。具体内容如下：

篇　名	章　节	内　容　简　介
PART 01 公式与函数篇	Chapter 01 ～ Chapter 12	本篇主要讲解了Excel公式与函数的内部逻辑、计算原理以及具体应用，主要内容包括Excel的基础操作、公式的基础知识、公式的审核、数组公式的应用、函数的基础知识、数学与三角函数的应用、日期与时间函数的应用、文本函数的应用、查找与引用函数的应用、统计函数的应用、财务函数的应用，以及逻辑、信息、数据库函数的应用等
PART 02 图表篇	Chapter 13 ～ Chapter 17	本篇主要讲解了Excel图表设计的应用范畴和具体操作，主要内容包括图表的基础知识介绍、图表的设计和分析、常规类型图表的高级应用、复合图表和高级图表的应用以及迷你图的应用等
PART 03 VBA篇	Chapter 18 ～ Chapter 22	本篇主要介绍了宏与VBA的主要功能和具体运用，主要内容包括VBA概述、VBA开发环境介绍、宏的应用、VBA语言基础、VBA窗体和控件、VBA的过程、对象和事件以及VBA在工作中的具体应用等

➜ 附赠超值学习大礼包

超长视频，轻松学习： 随书附赠超值丰富的语音视频教学，视频内容涵盖了书中重点、难点内容，随学随看，让读者学习轻松无压力。

案例资源，容量更大： 提供书中实例所涉及的所有素材文件、原始文件和最终文件，读者可随时调用进行查看。

额外附赠，超值优惠： 除了与本书同步的视频讲解和案例文件外，还赠送了职场人士日常办公中非常实用的超值大礼包，具体如下：

- 覆盖各个办公领域的实用模板，可直接使用，办公更高效；
- 500多个Excel软件使用技巧提示，全面提升读者的Excel的操作水平；
- 大量常用的Excel操作快捷键，帮助读者全面提升工作效率。

➜ 本书适用读者对象

本书适用于企业办公人员、管理人员、市场分析人员、财务人员等学习使用，特别适合在实际工作中需要综合应用公式、函数、图表和VBA的各类读者。

本书在创作过程中，力求严谨细致，第1章至第13章由淄博职业学院孙宾老师编写，约35万字；第14章至第22章由淄博职业学院成方杰老师编写，约22万字，由于水平有限，加之时间仓促，难免会有不足和疏漏之处，敬请广大读者予以指正。

编者

→ 目　录

PART 01　公式与函数篇

→ Chapter 08 文本函数

→ Chapter 09 查找与引用函数

→ Chapter 10 统计函数

PART 02 图表篇

PART 03 VBA 篇

PART

01

公式与函数篇

第一部分主要向读者介绍公式与函数的基础知识，总共包括12章。第1章介绍Excel的基础知识，主要包括工作簿、工作表、单元格以及行或列的操作，以及如何美化工作表。第2章至第5章主要介绍公式与函数相关知识，主要包括公式的组成、公式的编辑、公式常见的错误值、数组公式、函数的基本操作以及名称的应用等。第6章至第12章介绍了几类函数的含义和应用，如文本函数、日期与时间函数、数学和三角函数以及财务函数等。作者以实例的形式介绍函数的应用，使读者更直观地理解函数，从而消除学习函数难的恐惧感。

Chapter 01

Excel 2019快速入门

随着社会的发展，Excel已经融入各行各业的工作中，为人们的工作和生活带来很多便利。Excel 2019比以前版本的功能更加强大，操作也更人性化。本章将主要介绍Excel的功能区、工作簿和工作表的基本操作、单元格和单元格区域的基本操作、数据的输入以及美化和打印工作表。

1.1 Excel 2019的启动与退出

在介绍Excel的功能应用之前，先介绍Excel的启动与退出。启动Excel软件，用户才可以输入数据进行分析计算。工作结束后，还需要退出Excel程序。

1.1.1 Excel 2019的启动

在使用Excel制作表格之前，首先需要启动该软件，下面将介绍Excel程序的常用启动方法。

方法1 从"开始"菜单中启动Excel

单击 ■ 按钮，通过调整滚动条在打开的菜单列表中选择Excel 2019程序，即可启动Excel软件，如图1-1所示。

方法2 双击快捷方式

如果Excel 2019创建了快捷方式，用户只需在桌面上双击该软件的快捷方式图标即可，如图1-2所示。

> **提示**
>
> 该电脑的系统为Windows 10，若为其他系统，在"开始"菜单中打开"所有程序"，然后在菜单中选择Excel即可。

图1-1　选择Excel 2019程序　　　图1-2　双击桌面快捷方式

1.1.2 Excel 2019的退出

当编辑操作完成后，需要退出Excel 2019程序，下面介绍几种常用的退出Excel的方法。

方法1 单击"关闭"按钮

单击Excel工作窗口中标题栏右侧的"关闭"按钮，即可退出Excel程序，如图1-3所示。

方法2 "文件"菜单

单击"文件"标签，选择"关闭"选项，也可退出Excel程序，如图1-4所示。

> **提示**
>
> 在退出Excel程序之前没有保存，则会弹出提示对话框，根据需要单击相应的按钮，确定是否保存。

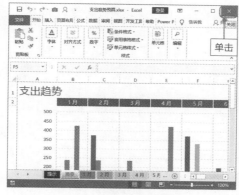

图1-3 单击"关闭"按钮

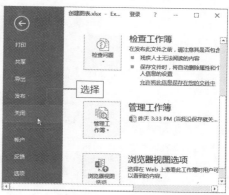

图1-4 选择"关闭"选项

1.2 Excel 2019的功能区

功能区是Excel 2019的重要元素，下面将主要介绍Excel的工作窗口以及自定义功能区。

1.2.1 Excel 2019的工作窗口

在Excel 2019工作窗口中主要由快速访问工具栏、标题栏、功能区、状态栏、编辑栏和工作区等组成，如图1-5所示。

图1-5 Excel 2019工作窗口

其中功能区包括Excel中所有命令、按钮，默认情况下包括"文件"、"开始"、"插入"、"页面布局"、"公式"、"数据"、"审阅"和"视图"选项卡，单击选项卡标签，即可切换到相应的功能选项组。

1."开始"选项卡

"开始"选项卡主要用于对表格中的文字进行编辑，以及对单元格的格式进行设置。该选项卡包括"剪贴板"、"字体"、"对齐方式"、"数字"、"样式"、"单元格"、"编辑"7个选项组，如图1-6所示。

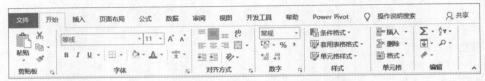

图1-6 "开始"选项卡

2. "插入"选项卡

"插入"选项卡主要用于在表格中插入各种对象,如文本、符号、图片等。该选项卡包括"表格"、"插图"、"加载项"、"图表"、"演示"、"迷你图"、"筛选器"、"链接"、"文本"和"符号"10个选项组,如图1-7所示。

图1-7 "插入"选项卡

3. "页面布局"选项卡

"页面布局"选项卡主要用于设置Excel表格页面样式。该选项卡包括"主题"、"页面设置"、"调整为合适大小"、"工作表选项"、"排列"5个选项组,如图1-8所示。

图1-8 "页面布局"选项卡

4. "公式"选项卡

"公式"选项卡主要用于在Excel表格中进行数据计算。该选项卡包括"数据库"、"定义的名称"、"公式审核"、"计算"4个选项组,如图1-9所示。

图1-9 "公式"选项卡

5. "数据"选项卡

"数据"选项卡主要用于在Excel表格中进行数据处理的操作。该选项卡包括"获取外部数据"、"查询和连接"、"排序和筛选"、"数据工具"、"预测"、"分级显示"和"分析"7个选项组,如图1-10所示。

图1-10 "数据"选项卡

6. "审阅"选项卡

"审阅"选项卡主要用于对表格进行校对、保护等操作。该选项卡包括"校对"、"辅助功能"、"见解"、"语言"、"批注"、"保护"、"墨迹"7个选项组，如图1-11所示。

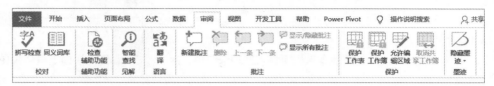

图1-11 "审阅"选项卡

7. "视图"选项卡

"视图"选项卡主要用于设置工作簿视图及显示比例等操作。该选项卡包括"工作簿视图"、"显示"、"缩放"、"窗口"、"宏"5个选项组，如图1-12所示。

图1-12 "视图"选项卡

1.2.2 自定义功能区

扫码看视频

Excel中的功能区一般都是默认的设置，用户可以根据需要对其进行编辑操作，如添加、删除或重命名等。在编辑功能区时都是在"Excel选项"对话框中操作的，下面将详细介绍具体操作。

Step 01 打开"Excel选项"对话框。打开Excel工作表，单击"文件"标签，选择"选项"选项，即可打开"Excel选项"对话框，如图1-13所示。

Step 02 重命名选项卡。在打开的对话框中选择"自定义功能区"选项卡❶，选择"数据"选项❷，单击"重命名"按钮❸，如图1-14所示。

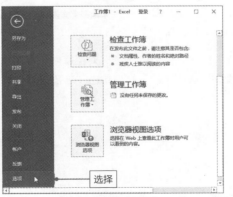

图1-13 选择"选项"选项

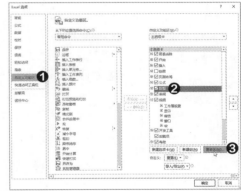

图1-14 单击"重命名"按钮

Step 03 重命名选项卡。打开"重命名"对话框，在"显示名称"文本框中输入名称❶，单击"确定"按钮❷，如图1-15所示。

（提示）

状态栏位于Excel窗口的最下面，主要显示当前数据的编辑状态、选中数据的统计、视图显示方式等。

（提示）

除了本节介绍打开"Excel选项"对话框的方法外，还可以在功能区任意选项组的空白处右击，在快捷菜单中选择"自定义功能区"命令即可。

图1-15　输入名称

Step 04 **查看重命名选项卡效果。** 返回"Excel选项"对话框中，单击"确定"按钮，返回工作表中查看将"数据"选项卡重命名为"分析数据"的效果，如图1-16所示。

图1-16　查看效果

提示

如果需要显示隐藏的选项卡，在"Excel选项"对话框中勾选对应选项卡的复选框，单击"确定"按钮即可显示该选项卡。

Step 05 **隐藏选项卡。** 在打开的"Excel选项"对话框中选择"自定义功能区"选项❶，在右侧区域取消勾选需要隐藏的复选框，如"分析数据"❷，然后单击"确定"按钮❸，如图1-17所示。

Step 06 **查看隐藏选项卡的效果。** 返回工作表中，可见在功能区中不显示"分析数据"选项卡，如图1-18所示。

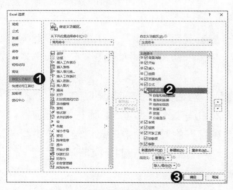

图1-17　取消勾选对应的复选框

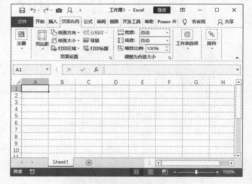

图1-18　隐藏选项卡的效果

提示

系统默认的选项卡是不可以删除的，只能隐藏。如果需要删除新建的选项卡，打开"Excel选项"对话框，选择新建选项卡，单击"删除"按钮即可。

Step 07 **添加选项卡。** 在打开的"Excel选项"对话框中选择"自定义功能区"选项❶，在右侧区域中选中"视图"选项卡❷，然后单击"新建选项卡"按钮❸，即可新建选项卡，如图1-19所示。

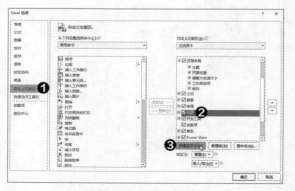

图1-19　添加选项卡

Step 08 **查看添加选项卡的效果。** 将新建选项卡重命名为"常用工具"，单击"确定"按钮，返回工作表中可见在功能区中显示"常用工具"选项卡，可见添加的选项卡是空白的，如图1-20所示。

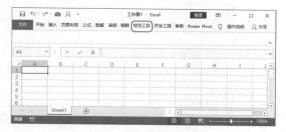

图1-20 添加选项卡的效果

Step 09 **恢复选项卡默认设置。** 在打开的"Excel选项"对话框中选择"自定义功能区"选项❶，在右侧区域中单击"重置"下拉按钮❷，在下拉列表中选择"重置所有自定义项"选项❸，如图1-21所示。

Step 10 **确定恢复。** 打开的系统提示对话框如图1-22所示，单击"是"按钮，即可恢复默认的选项卡。

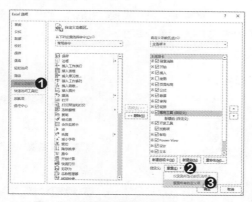

图1-21 选择"重置所有自定义项"选项

图1-22 单击"是"按钮

1.3 工作簿的基本操作

工作簿的基本操作包括新建、打开、关闭、保存、显示和隐藏、保护工作簿等操作，本节将分别向读者进行介绍。

新建工作簿

1.3.1

在Excel中新建工作簿，可以新建空白工作簿，也可以根据模版创建工作簿，下面分别进行介绍。

扫码看视频

1. 新建空白工作簿

下面介绍新建空白工作簿的操作步骤，具体如下。

Step 01 **新建工作簿。** 打开Excel工作表，单击"文件"标签，在列表中选择"新建"选项❶，在右侧区域中单击"新建工作簿"图标❷，如图1-23所示。

Step 02 **查看新建工作簿。** 即可打开空白工作簿，新建的空白工作簿以"工作簿+数字"命名，如图1-24所示。

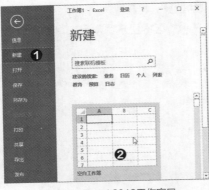

图1-23　Excel 2019工作窗口

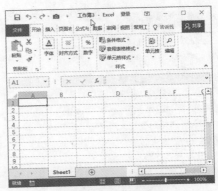

图1-24　查看效果

2. 使用模板新建工作簿

　　Excel 2019提供了多种模板，在打开Excel 2019时，会发现Excel提示的搜索关键字，如业务、日历、个人、列表、教育、预算和日志。下面介绍具体的操作步骤。

Step 01 输入关键字。打开Excel软件，在右侧区域选择模板，如"预算"❶，选择合适的模版❷，如图1-25所示。

Step 02 查看效果。在打开的面板中单击"创建"按钮，稍等片刻即可下载完成，用户根据需要在打开的模板中修改数据即可，如图1-26所示。

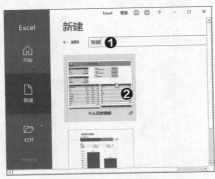

图1-25　选择模板

图1-26　查看模板效果

Step 03 联机搜索模板。打开Excel软件，在搜索文本框中输入关键字，如"计划表"❶，单击"开始搜索"按钮❷，如图1-27所示。

Step 04 选择联机模板。系统会自动搜索关于"计划表"的模板，通过滑动滚动条选择满意的模板，在打开的面板中单击"创建"按钮即可，如图1-28所示。

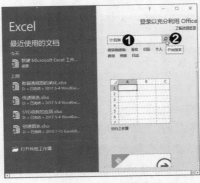

图1-27　输入关键字

图1-28　创建模板

1.3.2 保存工作簿

在工作簿中进行操作后，需要保存工作簿，下面介绍两种情况下保存工作簿的方法。

1. 保存新建工作簿

在新建工作簿中输入数据后，需要进行保存，才能将数据存储在电脑中。Excel中有"保存"和"另存为"两种命令，对于新建工作簿，执行这两种命令的结果是一样的。

Step 01 **打开"另存为"对话框**。执行"文件>保存"操作，在"另存为"区域❶选择"浏览"选项❷，如图1-29所示。

Step 02 **保存工作簿**。打开"另存为"对话框，在"文件名"文本框中输入工作簿的名称❶，在"保存类型"下拉列表中选择格式，单击"保存"按钮❷即可完成保存操作，如图1-30所示。

图1-29 选择"浏览"选项

图1-30 单击"保存"按钮

2. 保存已有的工作簿

对已经存在的工作簿进行编辑后，也需要进行保存，下面介绍几种保存已有工作簿的方法。

方法1 单击快速工具栏中的"保存"按钮，如图1-31所示。

方法2 执行"文件>保存"操作，如图1-32所示。

图1-31 快速工具栏保存

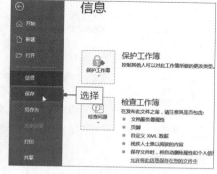

图1-32 执行命令保存

方法3 按Ctrl+S快捷键进行保存。

3. 自动保存工作簿

用户可以设置自动保存工作簿，防止突然断电造成数据丢失。单击"文件"标签，选择"选项"选项，打开"Excel选项"对话框，选择"保存"选项❶，在右侧"保存工作簿"区域中勾选"保存自动恢复信息时间间隔"复选框❷，在数值框中输入自动保存的间隔时间❸，单击"确定"按钮❹，如图1-33所示。

图1-33 设置自动保存工作簿

1.3.3 隐藏工作簿

扫码看视频

用户可以根据需要隐藏工作簿，隐藏后，在各个选项卡中的大部分按钮都是灰色的，不可用，对工作簿起到保护作用。下面介绍隐藏工作簿的方法。

Step 01 隐藏工作簿。打开需要隐藏的工作簿，切换至"视图"选项卡❶，在"窗口"选项组中单击"隐藏"按钮❷，如图1-34所示。

Step 02 查看隐藏工作簿效果。可见工作簿中无任何数据，如图1-35所示。

图1-34 单击"隐藏"按钮

图1-35 查看效果

1.3.4 保护工作簿

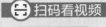
扫码看视频

用户编辑完工作簿后，为了有效地保护工作簿的安全可以为其添加密码。Excel提供了多种保护工作簿的方式，用户可以根据工作簿的重要程度设置不同的密码保护。本节将详细介绍为工作簿设置不同保护密码的方法。

1. 为工作簿添加打开密码

用户可以为工作簿添加打开密码，只有授权打开密码的浏览者才可以打开该工作簿。下面介绍具体操作方法。

Step 01 加密文档。打开"支出趋势预算.xlsx"工作簿，单击"文件"标签，选择"信息"选项❶，单击"保护工作簿"下拉按钮❷，在列表中选择"用密码进行加密"选项❸，如图1-36所示。

Step 02 输入密码。打开"加密文档"对话框，在"密码"数值框中输入密码❶，如123456，单击"确定"按钮❷，如图1-37所示。

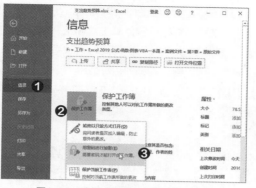
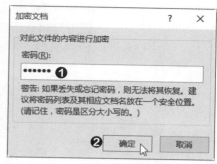

图1-36 选择"用密码进行加密"选项　　　图1-37 设置密码

Step 03 **确认密码**。打开"确认密码"对话框，在"重新输入密码"数值框中输入刚才设置的密码①，单击"确定"按钮②，如图1-38所示。

Step 04 **验证效果**。关闭工作簿，并保存设置，打开存储的文件夹，双击设置打开密码的工作簿，打开"密码"对话框，并输入设置的密码①，最后单击"确定"按钮②，即可打开该工作簿，如图1-39所示。

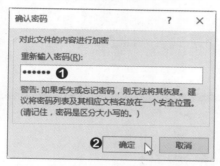
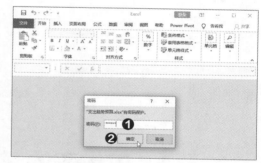

图1-38 输入确认密码　　　　　图1-39 设置密码

Step 05 **撤销密码保护**。打开该工作簿，执行"文件>信息"操作，单击右侧"保护工作簿"下拉按钮，在下拉列表中选择"用密码进行加密"选项，在打开的"加密文档"对话框中删除密码，单击"确定"按钮即可。

2. 保护工作簿的结构

为了防止他人删除、复制工作簿中的工作表，用户可以设置密码保护工作簿的结构。下面介绍具体操作方法。

Step 01 **保护工作簿的结构**。打开"员工信息表.xlsx"工作簿，切换至"审阅"选项卡①，单击"保护"选项组中"保护工作簿"按钮②，如图1-40所示。

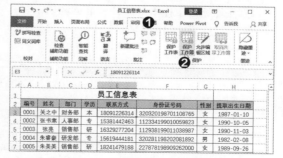

图1-40 单击"保护工作簿"按钮

Step 02 **输入密码。** 打开"保护结构和窗口"对话框，在"密码"数值框中输入密码，如123456❶，默认勾选"结构"复选框❷，单击"确定"按钮❸，如图1-41所示。

Step 03 **确认密码。** 打开"确认密码"对话框，在"重新输入密码"文本框中输入123456❶，单击"确定"按钮❷，如图1-42所示。

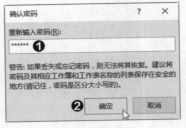

图1-41　输入密码　　　　图1-42　确认密码

Step 04 **查看保护效果。** 返回工作簿右击工作表标签，可见快捷菜单中关于工作簿结构与编辑的命令为灰色不可用状态，如图1-43所示。

图1-43　查看效果

1.4 工作表的基本操作

工作表存储在工作簿中，通常称为电子表格，它是工作簿的组成部分。工作表默认的名称为Sheet+数字。创建工作簿时，默认包含1张工作表。本节将介绍常见的工作表基本操作。

1.4.1 创建工作表

在工作簿中，用户可以根据实际需要创建工作表。创建工作表的方法很多，但是常用的有以下3种方法。

方法1 **单击按钮法**

Step 01 **新建工作表。** 打开"证券利息.xlsx"工作簿，单击工作表标签右侧"新工作表"按钮，如图1-44所示。

图1-44　单击"新工作表"按钮

Step 02 **查看新建工作表。** 即可在当前工作表右侧新建名为Sheet2的空白工作表，如图1-45所示。

图1-45　插入新工作表

方法2 功能区插入法

Step 01 **插入工作表命令。** 在"开始"选项卡中❶，单击"单元格"选项组中"插入"下拉按钮❷，在下拉列表中选择"插入工作表"选项❸，如图1-46所示。

Step 02 **查看效果。** 返回工作表中，可见在当前工作表左侧创建名为Sheet2的工作表，如图1-47所示。

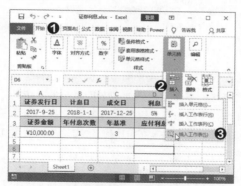

图1-46　选择"插入工作表"选项

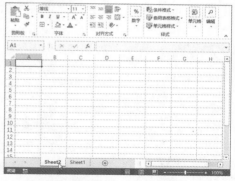

图1-47　查看插入工作表效果

方法3 右键命令法

Step 01 **右击工作表标签。** 选中工作表标签，单击鼠标右键❶，在快捷菜单中选择"插入"命令❷，如图1-48所示。

Step 02 **插入工作表。** 打开"插入"对话框，在"常用"选项卡中选择"工作表"选项❶，单击"确定"按钮❷，即可完成操作，如图1-49所示。

图1-48　选择"插入"命令

图1-49　选择"工作表"选项

1.4.2 选定工作表

若想对工作表进行编辑操作，首先要选中工作表，可以选择单张工作表，也可以选择多张工作表，下面介绍具体操作方法。

1. 选择单张工作表

工作簿中包含多张工作表，只需将光标移至需要选择的工作表标签上，单击鼠标左键即可选中该工作表，如图1-50所示。

用户也可右击工作表标签左侧向左或向右的箭头按钮，打开"激活"对话框，在"活动文档"选项框中选择需要选定的工作表名称，单击"确定"按钮，如图1-51所示。

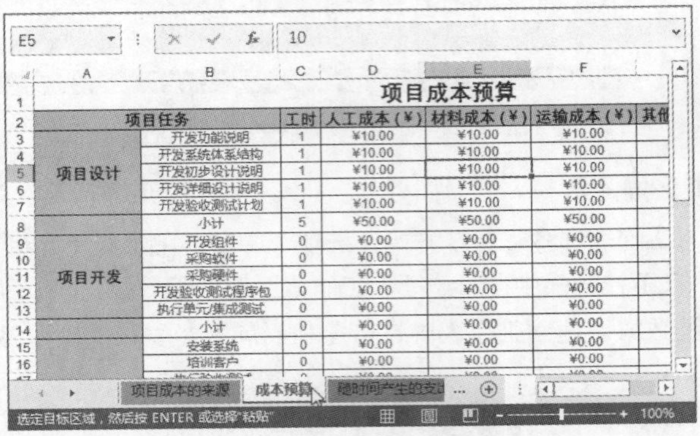

图1-50 单击工作表标签

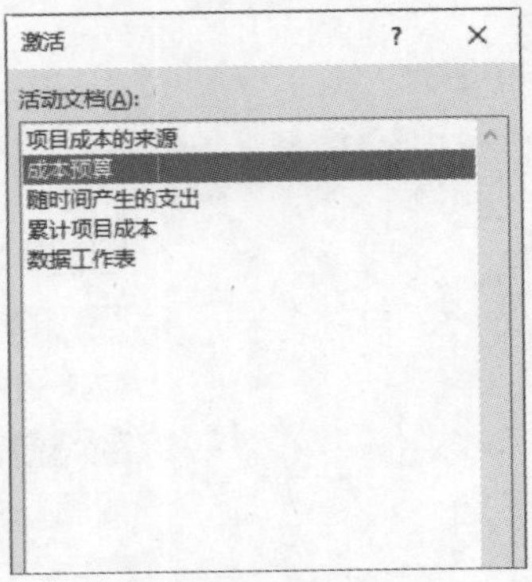

图1-51 选择工作表

> **提示**
>
> 选中任意工作表，按Shift+Ctrl+Page Down快捷键，即可选中当前工作表和下一张工作表。如果按Shift+ Ctrl+ Page Up快捷键，可选中当前工作表和上张工作表。

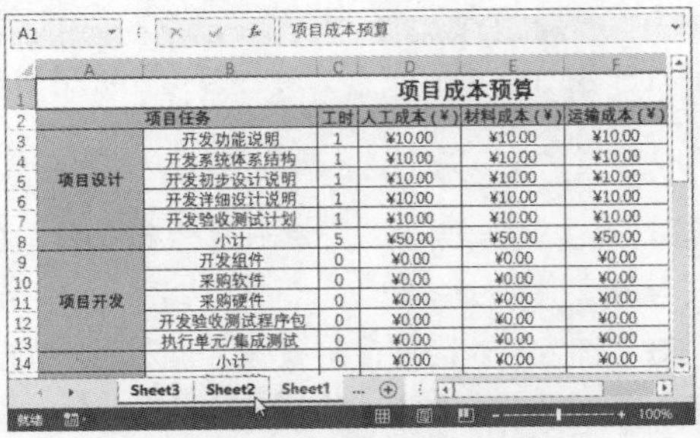

2. 选择多张工作表

当需要同时选中多张工作表时，用户可以根据需要选择连续的多张，或者是不连续的多张工作表。要选择连续的多张工作表，则选择第一张工作表，然后按住Shift键，选择最后一张工作表，即可选择两张工作表之间所有工作表，如图1-52所示。

要选择任意不连续的工作表，按住Ctrl键，依次选择需要的工作表，即可选择多张不连续的工作表，如图1-53所示。

图1-52 选择连续多张工作表

图1-53 选择不连续多张工作表

1.4.3 隐藏/显示工作表

用户可以将不希望别人浏览的工作表进行隐藏，以实现对工作表的保护。若需要查看隐藏的工作表，再将其显示即可。下面介绍具体操作方法。

Step 01 隐藏工作表。选中需要隐藏的工作表，如选中"2月"工作表，然后单击鼠标右键❶，在快捷菜单中选择"隐藏"命令❷，如图1-54所示。

Step 02 查看隐藏后的效果。返回工作表中可见"2月"工作表被隐藏了，如图1-55所示。

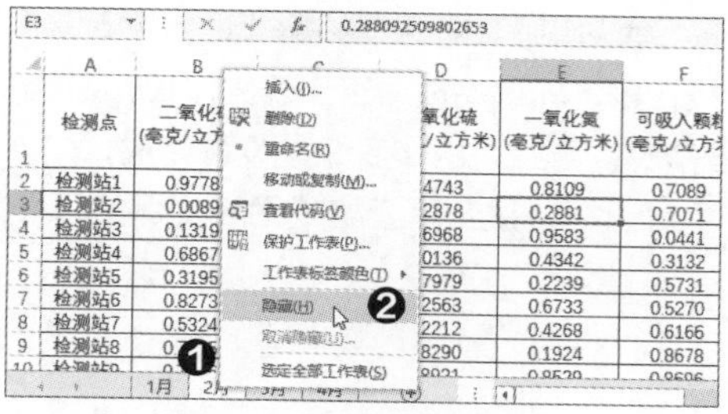

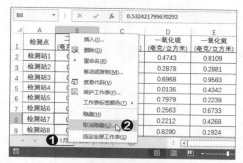

图1-54　选择“隐藏”命令

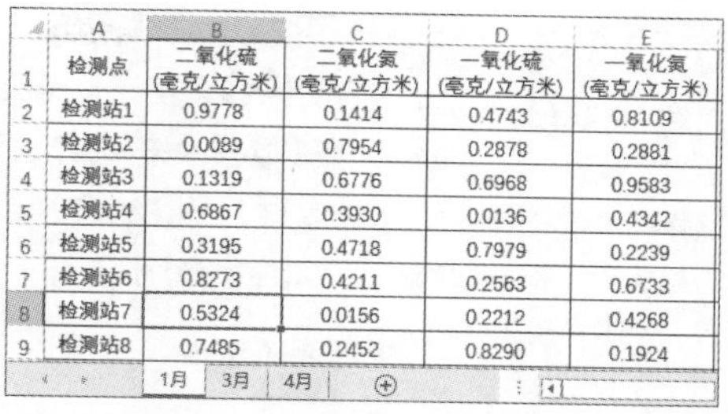

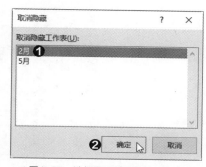

图1-55　隐藏工作表的效果

提示

用户也可以在“开始”选项卡的“单元格”选项组中单击“格式”下拉按钮，在下拉列表中选择“取消隐藏工作表”选项，在打开的“取消隐藏”对话框中设置即可。

Step 03 取消隐藏工作表。打开隐藏的工作表的工作簿，选中任意工作表并右击❶，在快捷菜单中选择“取消隐藏”命令❷，如图1-56所示。

Step 04 选择取消隐藏的工作表。打开“取消隐藏”对话框，在“取消隐藏工作表”的选项框中，选择工作表❶，然后单击“确定”按钮❷，即可显示选中的工作表，并在工作簿中隐藏该工作表时的位置显示，如图1-57所示。

图1-56　选择“取消隐藏”命令

图1-57　选择要取消隐藏的工作表

1.4.4 保护工作表

扫码看视频

当用户不希望工作表中的数据被其他人修改时，可以对工作表进行保护，或者设置浏览者的修改权限。下面介绍具体操作方法。

Step 01 启动保护工作表功能。打开“员工信息表.xlsx”工作簿，切换至“审阅”选项卡❶，单击“保护”选项组中“保护工作表”按钮❷，如图1-58所示。

Step 02 设置密码。打开“保护工作表”对话框，在“取消工作表保护时使用的密码”数值框中输入密码，如输入123456❶，单击“确定”按钮❷，如图1-59所示。

实例文件

原始文件：

实例文件\第01章\原始文件\员工信息表.xlsx

最终文件：

实例文件\第01章\最终文件\保护工作表.xlsx

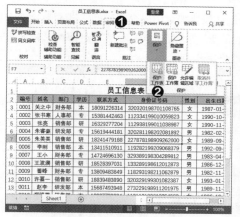

图1-58　单击“保护工作表”按钮

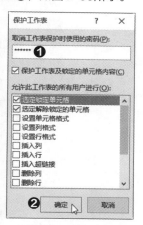

图1-59　输入密码

Step 03 确认密码。 打开"确认密码"对话框，在"重新输入密码"数值框中输入设置的密码①，单击"确定"按钮②，即可完成对工作表的保护，如图1-60所示。

Step 04 保护工作表不被修改。 至此，工作表保护设置完成，如果在工作表中修改或编辑数据，Excel会弹出提示对话框，提示单元格或图表受保护，必须先取消工作表保护，如图1-61所示。

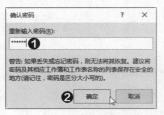

图1-60 输入密码　　图1-61 提示信息

Step 05 设置权限。 返回至步骤2，在"保护工作表"对话框中，输入密码为123456①，在"允许此工作表的所有用户进行"选项框中勾选"设置单元格格式"复选框②，然后单击"确定"按钮③，如图1-62所示。

Step 06 设置单元格格式。 打开"确认密码"对话框，输入密码，单击"确定"按钮，返回工作表。选中A2:H2单元格区域①，切换至"开始"选项卡②，单击"字体"选项组，设置填充颜色为深蓝色、字体颜色为白色③，如图1-63所示。

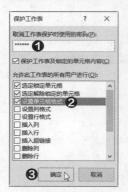

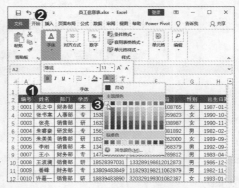

图1-62 勾选"设置单元格格式"复选框　　图1-63 设置填充颜色

Step 07 查看设置效果。 设置完成后，可见Excel中选中的单元格填充颜色为深蓝色、字体颜色为白色，效果如图1-64所示。

Step 08 撤销工作表保护。 切换至"审阅"选项卡，单击"保护"选项组中"撤销工作表保护"按钮，打开"撤销工作表保护"对话框，输入密码123456①，单击"确定"按钮即可②，如图1-65所示。

图1-64 查看设置单元格格式的效果　　图1-65 撤销工作表保护

用户还可以为工作簿设置打开密码，同时为工作表设置修改密码，需要在"另存为"对话框中实现，下面介绍具体操作方法。

Step 01 另存为工作表。 执行"文件>另存为"操作❶，选择"浏览"选项❷，如图1-66所示。

Step 02 设置保存方式。 打开"另存为"对话框，选择保存路径并设置文件名称❶，单击"工具"下拉按钮，在列表中选择"常规选项"选项❷，如图1-67所示。

图1-66 打开"另存为"对话框

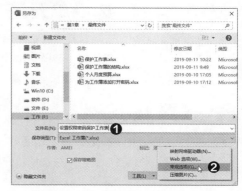
图1-67 保存工作表

Step 03 设置密码。 打开"常规选项"对话框，分别在"打开权限密码"和"修改权限密码"数值框中输入密码为123和456❶，单击"确定"按钮❷，如图1-68所示。

Step 04 确认密码。 打开"确认密码"对话框，在数值框中输入打开权限密码123 ❶，单击"确定"按钮❷，再次打开"确认密码"对话框，然后输入修改权限密码456，单击"确定"按钮，如图1-69所示。

图1-68 输入密码

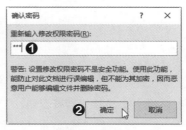
图1-69 确认密码

Step 05 验证保护效果。 返回至"另存为"对话框，单击"保存"按钮完成设置，关闭工作表。在保存文件夹中打开受保护的工作表，将打开"密码"对话框，需要分别输入打开和修改权限密码，如图1-70所示。

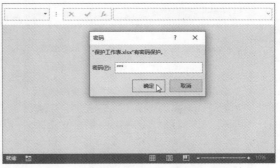
图1-70 输入密码

1.5 单元格和单元格区域的基本操作

单元格是工作表最基础的组成部分，是行和列交叉形成的格子，也是用户输入数据的存储单位。用户对工作表的各项操作都是通过对单元格操作完成的。本节将介绍单元格的选择、插入、合并以及保护等基本操作。

1.5.1 选择单元格

选择单元格是使用工作表时最频繁的操作，一般来说包括以下几种类型，选择单个单元格、选择单元格区域、选择整行或整列、选择全部单元格。

1. 选择单个单元格

直接将光标移至需要选中的单元格上，然后单击即可选中该单元格，如选择A5单元格，在名称框中将显示该单元格的名称，在编辑栏中显示单元格内容，如图1-71所示。

2. 选择单元格区域

用户在选择单元格区域时，可以选择连续或不连续的单元格。若选择连续的单元格区域，首先选中区域中的第一个单元格，按住鼠标左键拖曳至区域的最后一个单元格，释放鼠标即可。若选择不连续的，按住Ctrl键，然后逐个选择单元格即可，如图1-72所示。

图1-71　选择单个单元格

图1-72　选择不连续单元格

3. 选择整行或整列

将光标移至行号的位置时会变为向右的箭头，然后单击即可选中该行。若选择多行可以参考选择单元格区域的方法，既可选择连续的行，也可按Ctrl键选择不连续的行，如图1-73所示。选择列的方法和选择行相同，此处不再赘述。

4. 选择所有单元格

如果需要选择所有的单元格，可将光标移至行号和列标交叉处，单击全选按钮即可，如图1-74所示。

图1-73　选择不连续的行

图1-74　选择全部单元格

1.5.2

移动单元格

用户可以移动单元格，若只移动单元格的内容，单元格的名称会随之发生变化，而且移动后该位置自动填充空白单元格。下面介绍具体操作方法。

Step 01 **拖曳单元格**。选中D5单元格，将光标移至任意一条边上，会出现4个黑色的箭头，按住鼠标拖曳，如图1-75所示。

Step 02 **完成移动单元格操作**。当拖曳至目标位置时，释放鼠标左键即可完成移动操作，如图1-76所示。

图1-75 拖曳单元格　　　　　　　图1-76 查看移动单元格效果

1.5.3

插入和删除单元格

用户可以根据需要对单元格进行插入或删除操作，下面介绍具体操作方法。

Step 01 **插入单元格**。首先选中插入单元格的位置，如选中C5单元格❶，切换至"开始"选项卡❷，单击"单元格"选项组中"插入"下拉按钮❸，在下拉列表中选择"插入单元格"选项❹，如图1-77所示。

Step 02 **活动单元格右移**。打开"插入"对话框，选择"活动单元格右移"单选按钮❶，单击"确定"按钮❷，如图1-78所示。

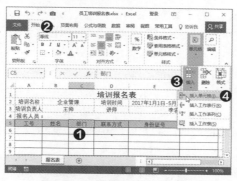 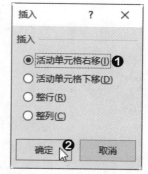

图1-77 选择"插入单元格"选项　　　图1-78 选中"活动单元格右移"单选按钮

Step 03 **查看效果**。返回工作表中可见在C5插入空白单元格，原单元格向右移动，如图1-79所示。

Step 04 **删除单元格**。选中需要删除的单元格，如选择C5单元格❶，在"开始"选项卡的"单元格"选项组中，单击"删除"下拉按钮❷，在下拉列表中选择"删除单元格"选项❸，如图1-80所示。

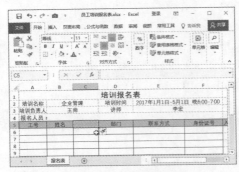

图1-79 查看插入单元格效果

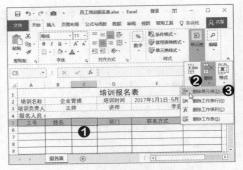

图1-80 选择"删除单元格"选项

Step 05 **选择需要删除的选项。** 打开"删除"对话框，选择"右侧单元格左移"单选按钮❶，然后单击"确定"按钮❷，如图1-81所示。

Step 06 **查看删除单元格的效果。** 返回工作表中，可见选中的单元格被删除，位于该单元格右侧的单元格区域，依次向左移动，如图1-82所示。

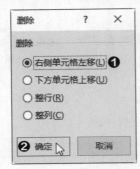

图1-81 选择相关选项

图1-82 查看删除单元格的效果

1.5.4 合并与取消合并单元格

在制作表格时，为了使表格整齐、美观，用户可以合并单元格，特别是制作表格标题的时候。合并单元格就是将多个连续的单元格合并为一个大的单元格，取消合并单元格与合并单元格相反。下面介绍具体操作方法。

Step 01 **选中需要合并的单元格区域。** 首先选择单元格区域，如选中A1:F1单元格区域❶，切换至"开始"选项卡，单击"对齐方式"选项组中"合并后居中"下拉按钮❷，在下拉列表中选择"合并后居中"选项❸，如图1-83所示。

Step 02 **合并单元格的效果。** 返回工作表中可见选中的单元格区域变为一个大的单元格，并且内容居中显示了，如图1-84所示。

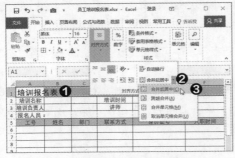

图1-83 选择"合并后居中"选项

图1-84 查看合并后的效果

上述介绍将选中的单元格合并为一个大的单元格，用户也可选择多行单元格区域，然后每行合并为一个单元格。下面介绍具体的操作方法。

Step 01 选择单元格。选中需要合并的单元格区域，如选择B2:C3单元格区域❶，切换至"开始"选项卡，单击"对齐方式"选项组中"合并后居中"下拉按钮❷，在下拉列表中选择"跨越合并"选项❸，如图1-85所示。

Step 02 查看跨越合并后的效果。返回工作表中，可见选中的单元格区域按行合并单元格，如图1-86所示。

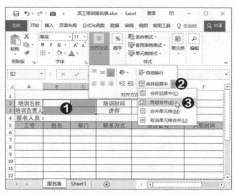
图1-85 选择"删除单元格"选项

图1-86 选择相关选项

提示

用户可以单击"对齐方式"选项组的对话框启动器按钮，在打开的"设置单元格格式"对话框中勾选"合并单元格"复选框，单击"确定"按钮，完成合并单元格操作。

Step 03 取消合并单元格。选中合并后的单元格❶，切换至"开始"选项卡，单击"对齐方式"选项组中"合并后居中"按钮，或者单击该下拉按钮❷，在列表中选择"取消单元格合并"选项❸，即可完成取消合并单元格的操作，如图1-87所示。

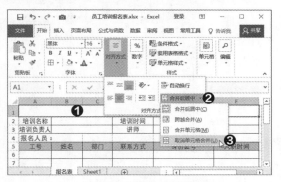
图1-87 取消合并单元格

1.5.5 保护部分单元格

扫码看视频

保护部分单元格，即保护其中一部分单元格不被修改，其余部分可以被编辑。因此我们有两种思路，第一种是保护部分单元格不被修改，第二种是设置允许修改的部分单元格。下面介绍保护部分单元格不被修改的操作方法。

方法1 保护部分单元格不被修改

Step 01 全选工作表。打开"员工培训报名表.xlsx"工作表，单击全选按钮❶，选择所有单元格，单击"开始"选项卡"对齐方式"选项组中的对话框启动器按钮❷，如图1-88所示。

Step 02 取消锁定单元格。打开"设置单元格格式"对话框，切换至"保护"选项卡❶，取消勾选"锁定"复选框❷，单击"确定"按钮❸，如图1-89所示。

实例文件

原始文件:

实例文件\第01章\原始文件\员工培训报名表.xlsx

最终文件:

实例文件\第01章\最终文件\保护部分单元格不被修改.xlsx

图1-88 单击对话框启动器按钮

图1-89 取消勾选"锁定"复选框

Step 03 **锁定保护的单元格。** 返回工作表中选择需要保护的单元格区域,如选择A2:F5单元格区域❶,再次打开"设置单元格格式"对话框,在"保护"选项卡中勾选"锁定"复选框❷,然后单击"确定"按钮,如图1-90所示。

Step 04 **设置保护工作表。** 返回工作表中,切换至"审阅"选项卡,单击"保护"选项组中"保护工作表"按钮,打开"保护工作表"对话框,设置密码为111❶,单击"确定"按钮❷,如图1-91所示。

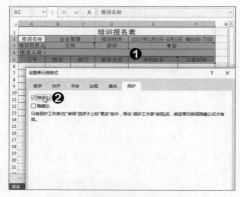

图1-90 勾选"锁定"复选框

图1-91 输入密码

提示

如果需要撤销保护,切换至"审阅"选项卡,单击"保护"选项组中"撤销保护工作表"按钮,在打开的对话框中输入设置的密码,单击"确定"按钮即可。

Step 05 **检查设置效果。** 打开"确认密码"对话框,输入111,单击"确定"按钮。返回工作表中,如果试图修改保护部分的单元格区域,Excel将弹出提示对话框,表示该区域保护不能修改,如果修改保护单元格区域外的单元格,则正常操作,如图1-92所示。

图1-92 输入数据

扫码看视频

实例文件

原始文件：

实例文件\第01章\原始文件\出差申请表.xlsx

最终文件：

实例文件\第01章\最终文件\允许用户编辑区域.xlsx

方法1 **设置允许用户编辑区域**

Step 01 **启动允许用户编辑功能。**打开“出差申请表.xlsx”工作表，切换至“审阅”选项卡❶，单击“保护”选项组中“允许编辑区域”按钮❷，如图1-93所示。

Step 02 **新建可编辑区域。**打开“允许用户编辑区域”对话框，单击“新建”按钮，如图1-94所示。

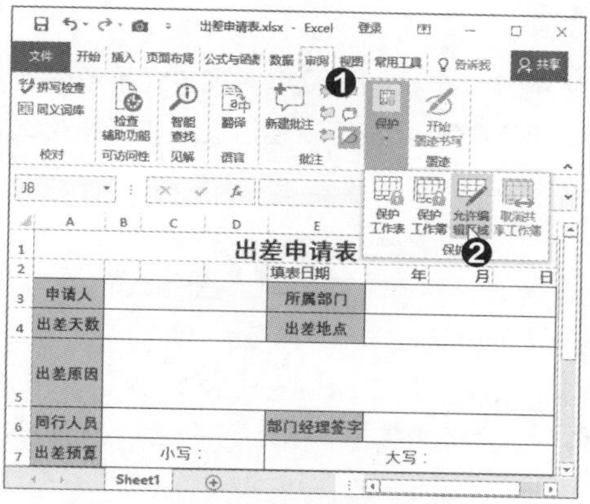

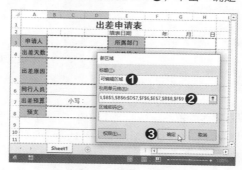

图1-93　单击“允许编辑区域”按钮

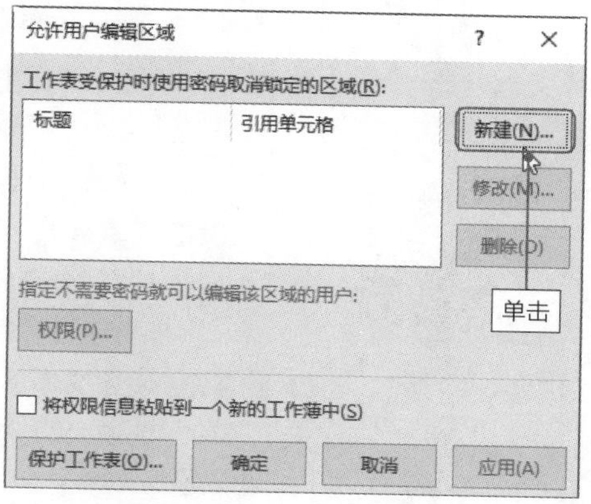

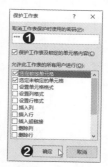

图1-94　单击“新建”按钮

Step 03 **选择可编辑区域。**打开“新区域”对话框，在“标题”文本框中输入名称❶，然后单击“引用单元格”右侧的折叠按钮，返回表格中选择允许用户编辑的单元格❷，最后单击“确定”按钮❸，如图1-95所示。

Step 04 **设置保护工作表。**返回“允许用户编辑区域”对话框，单击“保护工作表”按钮，在打开的对话框中设置密码为111❶，单击“确定”按钮❷，如图1-96所示。

图1-95　选择单元格

图1-96　输入密码

提示

在步骤4中的“允许用户编辑区域”对话框，可以单击“确定”按钮，然后切换至“审阅”选项卡，单击“保护”选项组中的“保护工作表”按钮。

Step 05 **检查保护效果。**输入确认密码后单击“确定”按钮，返回表格中。此时用户如果在允许输入区域外编辑数据，Excel将弹出提示对话框，提示不能修改数据，在允许编辑区域内输入数据，则正常操作，如图1-97所示。

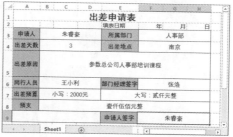

图1-97　输入数据

1.6 美化工作表

工作表编辑完成后，用户可以对其进行美化操作，使表格耳目一新，让浏览者不会因为枯燥的数据而影响心情。下面主要介绍如何设置单元格格式、单元格样式以及表格格式等。

1.6.1 设置单元格格式

在Excel表格中输入各种类型数据后，其对齐方式是不同的，而且字体、字号都是默认的，整个表格看起来不整齐。用户可以通过设置单元格格式，进行统一管理，使表格不但美观整齐，而且很专业。

1. 设置字体格式

字体格式包括字体、字形、字号、颜色等。在Excel中默认字体格式为黑色11号宋体，下面介绍设置表格表头的方法。

Step 01 **设置文本的字体。** 打开"员工床位安排表.xlsx"工作表，选中A1单元格，在"开始"选项卡的"字体"选项组中单击"字体"下三角按钮❶，在列表中选择"黑体"选项❷，如图1-98所示。

Step 02 **设置字号。** 保持该单元格为选中状态，单击"加粗"按钮❶，然后单击"字号"下三角按钮❷，在列表中选择14❸，如图1-99所示。

图1-98 设置字体

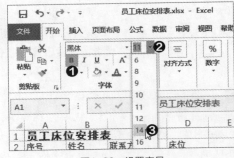
图1-99 设置字号

Step 03 **设置字体颜色。** 单击"字体颜色"下三角按钮❶，在列表中选择蓝色，可见选中文本已应用设置的颜色❷，如图1-100所示。读者也可以通过"填充颜色"按钮设置单元格的背景颜色。

Step 04 **通过对话框设置字体格式。** 选中单元格，单击"字体"选项组中对话框启动器按钮，打开"设置单元格格式"对话框，在"字体"选项卡中设置字体的格式，如图1-101所示。

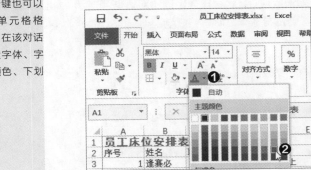
图1-100 设置字体颜色

图1-101 通过对话框设置格式

2. 设置对齐方式和边框

不同数据类型的默认对齐方式也不相同，要使表格整齐，设置表格的对齐方式是必不可少的。工作表中的网格线在打印时是不显示的，因此用户还需为表格添加边框。下面介绍具体操作方法。

Step 01 **打开对话框。**接着上一案例继续操作，选择A1:D1单元格区域合并单元格。选择表格区域任意单元格，按Ctrl+A组合键全选数据，按Ctrl+1快捷键，打开"设置单元格格式"对话框，在"对齐"选项卡中设置"水平对齐"和"垂直对齐"均为"居中"❶，单击"确定"按钮❷，如图1-102所示。

Step 02 **查看对齐效果。**返回工作表中，可见选中的所有数据均居中对齐，如图1-103所示。

图1-102 设置"居中"对齐

	A	B	C	D
1			员工床位安排表	
2	序号	姓名	联系方式	床位
3	1	逢赛必	14215670720	宿舍A-1床上
4	2	李志强	16883041756	宿舍A-1床下
5	3	明春秋	15964376106	宿舍A-2床上
6	4	钱学林	16308308159	宿舍A-2床下
7	5	史再来	17174979301	宿舍B-1床上
8	6	王波澜	13901115607	宿舍B-1床下
9	7	王小	15864079152	宿舍B-2床上
10	8	许嘉一	17974028812	宿舍B-2床下
11	9	张亮	14622275603	宿舍C-1床上
12	10	张书寒	13435544074	宿舍C-1床下
13	11	赵李	17633759765	宿舍C-2床上
14	12	朱美美	14961373622	宿舍C-2床下
15	13	朱睿豪	18105782380	宿舍D-4床上
16				

图1-103 文本居中显示

Step 03 **设置外边框样式。**全选表格区域，打开"设置单元格格式"对话框，切换至"边框"选项卡❶，选择线条样式，并设置线条颜色为深蓝色❷，然后单击"外边框"按钮❸，如图1-104所示。

Step 04 **设置内部线条。**根据相同的方法设置内部线条的样式，单击"确定"按钮，如图1-105所示。

图1-104 设置外部边框

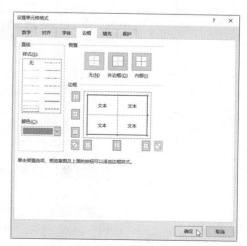

图1-105 设置内部线条

提 示

读者在"设置单元格格式"对话框中设置边框时，可以分别设置表格中不同的边框，如可以分别设置中间横边框、中间竖边框等，只需在"边框"选项区域中单击相应的按钮即可。

扫码看视频

提 示

读者在设置填充颜色时，需要根据字体的颜色设定。如果字体为深色，则底纹颜色适合浅色；如果字体颜色为浅色，则底纹颜色为深色。否则，文字会不清晰。

Step 05 **查看设置边框的效果。** 返回工作表中，可见选中数据区域已应用边框样式。为了展示效果，在第一行和第一列插入空白行和列，效果如图1-106所示。

员工床位安排表			
序号	姓名	联系方式	床位
1	逄襄必	14215670720	宿舍A-1床上
2	李志强	16883041756	宿舍A-1床下
3	明春秋	15964376106	宿舍A-2床上
4	钱学林	16308308159	宿舍A-2床下
5	史再来	17174979301	宿舍B-1床上
6	王波澜	13901115607	宿舍B-1床下
7	王小	15864079152	宿舍B-2床上
8	许嘉一	17974028812	宿舍B-2床下
9	张亮	14622275603	宿舍C-1床上
10	张书寒	13435544074	宿舍C-1床下
11	赵李	17633759765	宿舍C-2床上
12	朱美美	14961373622	宿舍C-2床下
13	朱睿豪	18105782380	宿舍D-4床上

图1-106　查看设置边框样式的效果

3. 设置表格底纹

Excel工作表默认的底纹颜色是白色，用户可以通过添加颜色、图案使表格更美观。读者可以根据需要为整个表格或者某单元格区域添加背景颜色，只是其选择单元格区域不同而已。下面介绍具体操作方法。

Step 01 **设置表格区域的底纹颜色。** 选择表格区域所有单元格，切换至"开始"选项卡❶，单击"字体"选项组中"填充颜色"的下三角按钮❷，在列表中选择浅绿色❸，可见表格区域全部填充选中的颜色，效果如图1-107所示。

Step 02 **分行填充颜色。** 在表格区域中按住Ctrl键隔一行选中一行❶，然后再填充浅绿色❷，效果如图1-108所示。当表格中数据比较多时，采取分行填充的方法可以使数据更清晰。

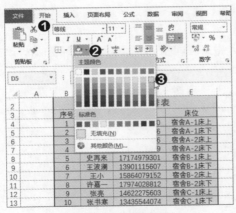

图1-107　填充表格区域

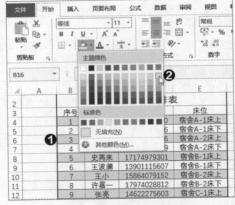

图1-108　隔行填充颜色

Step 03 **通过对话框设置底纹。** 选择表格区域，按Ctrl+1组合键打开"设置单元格格式"对话框，在"填充"选项卡中选择背景颜色即可，如图1-109所示。

Step 04 **填充渐变颜色。** 在"设置单元格格式"对话框的"填充"选项卡中单击"填充效果"按钮。打开"填充效果"对话框，在"颜色"选项区域中设置颜色1和颜色2的颜色❶，在"底纹样式"选项区域中选中"斜下"单选按钮❷，单击"确定"按钮❸，如图1-110所示。

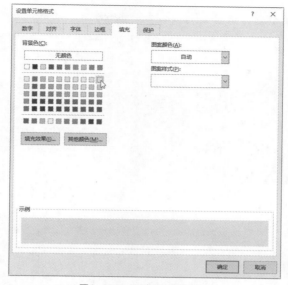

图1-109 通过对话设置底纹

图1-110 填充渐变颜色

Step 05 **查看设置渐变颜色的效果。**返回上级对话框后,单击"确定"按钮。返回工作表中可见,在表格中以单元格为单位填充设置了渐变色,效果如图1-111所示。

员工床位安排表			
序号	姓名	联系方式	床位
1	逄襄必	14215670720	宿舍A-1床上
2	李志强	16883041756	宿舍A-1床下
3	明春秋	15964376106	宿舍A-2床上
4	钱学林	16308308159	宿舍A-2床下
5	史再来	17174979301	宿舍B-1床上
6	王波澜	13901115607	宿舍B-1床下
7	王小	15864079152	宿舍B-2床上
8	许嘉一	17974028812	宿舍B-2床下
9	张亮	14622275603	宿舍C-1床上
10	张书寒	13435544074	宿舍C-1床下
11	赵李	17633759765	宿舍C-2床上
12	朱美美	14961373622	宿舍C-2床下
13	朱睿豪	18105782380	宿舍D-4床上

图1-111 查看渐变色效果

1.6.2 套用单元格样式

Excel提供多种单元格样式,其中包括数据和模型、标题、主题单元格样式以及数字格式等,用户可直接套用。下面介绍具体操作方法。

Step 01 **套用单元格样式。**打开"采购统计表.xlsx"工作簿,全选数据单元格区域❶,切换至"开始"选项卡❷,单击"样式"选项组中"单元格样式"下拉按钮❸,如图1-112所示。

Step 02 **选择样式。**在下拉列表中选择合适的样式,如选择"金色 着色4",如图1-113所示。

Step 03 **查看套用单元格样式效果。**返回工作表中,可见选中的单元格区域应用了选中的单元格样式,如图1-114所示。

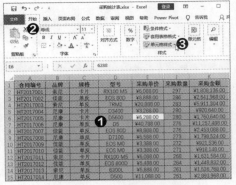

图1-112 选择单元格区域

图1-113 选择合适的样式

	A	B	C	D	E	J	K
1	合同编号	品牌	规格	型号	采购单价	采购数量	采购金额
2	HT2017001	索尼	卡片	RX100 M5	¥6,088.00	297	¥1,808,136.00
3	HT2017002	佳能	单反	EOS 80D	¥8,888.00	286	¥2,541,968.00
4	HT2017003	索尼	单反	7RM2	¥20,888.00	283	¥5,911,304.00
5	HT2017004	尼康	卡片	D3400	¥3,288.00	280	¥920,640.00
6	HT2017005	尼康	卡片	D5600	¥6,288.00	280	¥1,760,640.00
7	HT2017006	尼康	单反	D5	¥40,768.00	276	¥11,257,488.00
8	HT2017007	佳能	单反	EOS 80D	¥8,888.00	276	¥2,453,088.00
9	HT2017008	尼康	单反	D7100	¥6,588.00	273	¥1,798,524.00
10	HT2017009	佳能	单反	EOS M0	¥3,388.00	272	¥921,536.00
11	HT2017010	佳能	单反	EOS M0	¥3,388.00	271	¥918,148.00
12	HT2017011	索尼	卡片	RX100 M5	¥6,088.00	268	¥1,631,584.00
13	HT2017012	佳能	单反	EOS 800D	¥5,488.00	264	¥1,448,832.00
14	HT2017013	索尼	单反	6300L	¥5,888.00	261	¥1,536,768.00
15	HT2017014	尼康	单反	D500	¥11,088.00	261	¥2,893,968.00
16	HT2017015	索尼	单反	600L	¥4,299.00	260	¥1,117,740.00
17	HT2017016	佳能	单反	EOS 750D	¥6,088.00	258	¥1,570,704.00

图1-114 查看效果

Step 04 **修改单元格样式**。选中表格内任意单元格,切换至"开始"选项卡,单击"样式"选项组中"单元格样式"的下三角按钮,在列表中右击需要修改的样式❶,在快捷菜单中选择"修改"命令❷,如图1-115所示。

图1-115 选择"修改"命令

Step 05 **启动设置格式功能**。打开"样式"对话框,在"样式包括"区域,显示已经应用的单元格样式的格式,如数字、字体和填充等。保持默认状态,单击"格式"按钮,如图1-116所示。

Step 06 **设置格式**。打开"设置单元格格式"对话框,根据上一节知识,设置单元格格式,然后单击"确定"按钮,如图1-117所示。

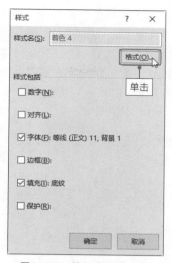

图1-116 单击"格式"按钮

图1-117 设置格式

Step 07 **查看修改样式后的效果。**返回工作表中可见表格应用修改后的单元格样式,如图1-118所示。

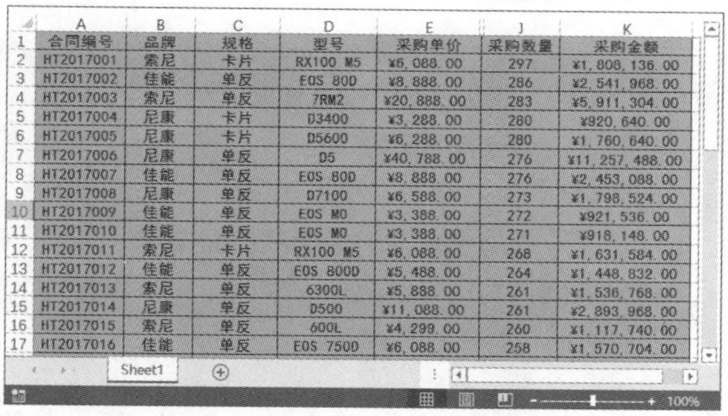

图1-118 查看修改样式后的效果

1.6.3 套用表格格式

Excel提供多种表格格式,套用方法和单元格样式相同,下面介绍具体操作方法。

Step 01 **选择表格格式。**选择数据单元格区域,切换至"开始"选项卡,单击"样式"选项组中"套用表格格式"下拉按钮,在展开的列表中选择合适的表格样式,如图1-119所示。

Step 02 **确定数据来源。**打开"套用表格式"对话框,保持默认状态,单击"确定"按钮,如图1-120所示。

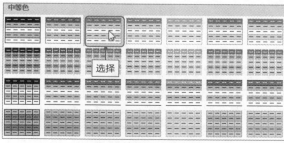

图1-119 选择表格格式

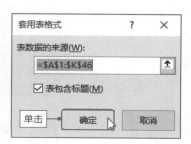

图1-120 单击"确定"按钮

Step 03 查看套用单元格样式的效果。返回工作表中，可见选中区域应用表格样式，而且应用筛选功能，在功能区增加"表格工具"选项卡，如图1-121所示。

Step 04 转换为普通区域。切换至"表格工具-设计"选项卡❶，单击"工具"选项组中"转换为区域"按钮❷，弹出提示对话框，单击"是"按钮，将表格转换为普通数据表，功能区不再显示"表格工具"选项卡，如图1-122所示。

图1-121 查看效果　　　　　　　图1-122 单击"转换为区域"按钮

1.6.4 应用主题

主题是一组格式选项组合，在Excel 2019中内置了30多种主题。为表格应用主题后读者还可以进一步设置主题的颜色、字体和效果。下面介绍具体操作方法。

Step 01 启动添加背景功能。打开"采购统计表.xlsx"工作表，选择数据区域并添加单元格格式，如图1-123所示。

Step 02 应用主题。切换至"页面布局"选项卡❶，单击"主题"选项组中"主题"下三角按钮❷，在列表中选择"环保"选项❸，如图1-124所示，可见表格内底纹颜色和字体发生了变化。

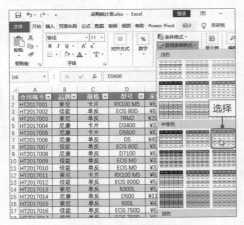

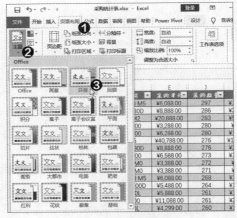

图1-123 套用表格格式　　　　　　　图1-124 应用主题

Step 03 设置颜色。单击"主题"选项组中"主题颜色"下三角按钮❶，在列表中选择"蓝色"选项❷，可见表格中底纹颜色由绿色变为蓝色，如图1-125所示。

Step 04 设置主题字体。单击"主题字体"下三角按钮❶，在列表中选择合适的字体❷，可见表格中文本字体应用选中的字体，如图1-126所示。

Step 05 保存主题。单击"主题"下三角按钮，在列表中选择"保存当前主题"选项，在打开的对话框中设置主题的名称❶，单击"保存"按钮❷，如图1-127所示。

Step 06 **应用主题**。保存主题完成后，如果需要为其他表格应用相同的主题时，单击"主题"下三角按钮❶，在列表中的"自定义"选项区域中选中保存的"蓝色环保主题"选项即可❷，如图1-128所示。

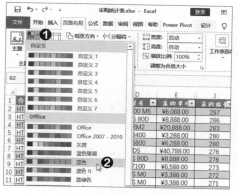

图1-125 设置主题颜色

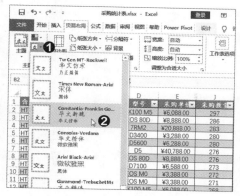

图1-126 设置主题字体

图1-127 保存主题

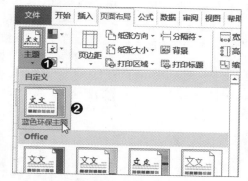

图1-128 应用主题

1.6.5 添加背景图片

本节介绍过在"设置单元格格式"对话框中设置填充底纹颜色，我们也可以将漂亮的图片添加到工作表中作为背景。下面介绍具体操作方法。

Step 01 **启动添加背景功能**。打开"员工信息表.xlsx"工作表，切换至"页面布局"选项卡❶，单击"页面设置"选项组中"背景"按钮❷，如图1-129所示。

Step 02 **选择图片**。打开"插入图片"面板，单击"浏览"按钮，弹出"工作表背景"对话框，选择合适的背景图片❶，单击"插入"按钮❷，如图1-130所示。

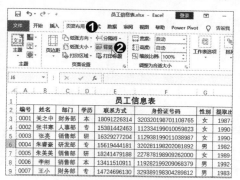

图1-129 单击"背景"按钮

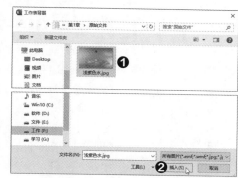

图1-130 单击"插入"按钮

Step 03 查看添加背景图片的效果。返回工作表中，可见整个工作表背景应用了选中的图片，如图1-131所示。

Step 04 设置只填充数据区域。选择工作表所有单元格，单击"字体"选项组中"填充颜色"下三角按钮❶，在列表中选择白色❷，如图1-132所示。

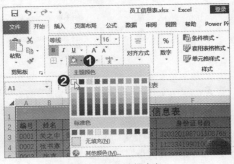

图1-131 查看效果　　　　　　　　　　图1-132 选择白色

Step 05 设置数据区域填充。选择表格中数据区域，单击"填充颜色"下三角按钮❶，在列表中选择"无填充"选项❷，如图1-133所示。

Step 06 查看只填充数据区域的效果。在表格的第一行和第一列分别插入一行或一列，展示的效果才更明显，如图1-34所示。

提示

删除背景图片的方法为，切换至"页面布局"选项卡，单击"页面设置"选项组中"删除背景"按钮即可。

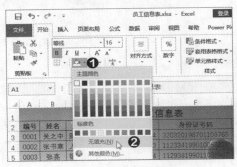

图1-133 设置无填充　　　　　　　　　　图1-134 查看效果

1.7 条件格式

设置条件格式可以轻松地突出显示所关注的单元格或单元格区域，强调特殊值和可视化数据。本节主要介绍如何利用条件格式功能突出满足条件的数据。

1.7.1 突出显示单元格规则

扫码看视频

设置突出显示单元格规则，可以为单元格指定的数字或文本设置满足条件的格式以突出显示。如突出显示员工"专业能力"成绩大于90分的数据，下面介绍具体操作方法。

Step 01 选择条件格式。打开"员工年底考核成绩表.xlsx"工作簿，选中D2:D18单元格区域❶，在"开始"选项卡的"样式"选项组中单击"条件格式"下三角按钮❷，在列表中选择"突出显示单元格规则>大于"选项❸，如图1-135所示。

Step 02 设置条件。打开"大于"对话框，在"为大于以下值的单元格设置格式"数值框中输入90❶，保持其他参数不变，单击"确定"按钮❷，如图1-136所示。

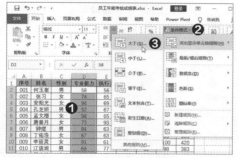

图1-135　选择条件格式

图1-136　设置字号

Step 03 **查看效果。** 返回工作表中，可见"专业能力"成绩大于90的数据文本颜色为深
红色，底纹颜色为浅红色，比其他数据更加突出，效果如图1-137所示。

序号	姓名	性别	专业能力	执行力	协调力	自控力	积极力	总分
001	何玉崔	男	58	56	62	70	79	325
002	张习	女	74	65	97	77	75	388
003	安阳光	女	94	69	90	91	79	423
004	孔芝妍	男	52	67	74	80	64	337
005	孟文楷	男	98	65	75	61	55	354
006	唐晏月	女	73	93	92	74	92	424
007	钟煜	男	94	63	53	90	72	372
008	丁佑浩	女	67	63	83	62	85	360
009	李涵灵	女	91	61	100	68	100	420
010	江语润	男	69	77	57	82	98	383
011	祝冰胖	女	65	89	100	76	53	377
012	宋雪燃	女	63	52	77	65	96	353
013	杜兰巧	男	92	77	100	73	92	434

图1-137　查看突出的效果

1.7.2　最前/最后规则

通过最前/最后规则可以突出数据中特殊部分内容，如突出显示员工的执行力得分最
低的3个数据，要求数据底纹颜色为深蓝色，字体颜色为白色，下面介绍具体操作方法。

Step 01 **选择条件格式。** 打开"员工年底考核成绩表.xlsx"工作簿，选中E2:E18单元格
区域❶，在"开始"选项卡的"样式"选项组中单击"条件格式"下三角按钮❷，在列
表中选择"最前/最后规则>最后10项"选项❸，如图1-138所示。

Step 02 **设置条件。** 打开"最后10项"对话框，在左侧数据中将数字10修改为3❶，单击
右侧文本框的下三角按钮❷，在列表中选择"自定义格式"选项❸，如图1-139所示。

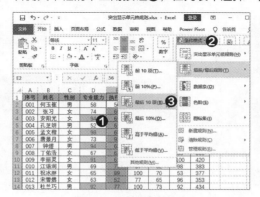

图1-138　选择条件格式

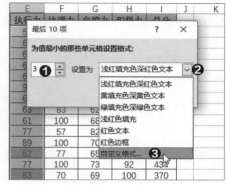

图1-139　设置条件

Step 03 **设置格式。** 打开"设置单元格格式"对话框，在"填充"选项卡中设置填充颜色
为深蓝色，在"字体"选项卡中设置字体颜色为白色，单击"确定"按钮，如图1-140
所示。

Step 04 **查看突出效果**。返回上级对话框中单击"确定"按钮,返回工作表中可见执行力成绩最低的3个数据被设置的格式突出,如图1-141所示。

图1-140 设置格式

序号	姓名	性别	专业能力	执行力	协调力	自控力	积极力
001	何玉崔	男	58	56	62	70	79
002	张习	女	74	65	97	77	75
003	安阳光	女	94	69	90	91	79
004	孔芝妍	男	52	67	74	80	64
005	孟文楷	女	98	65	75	61	55
006	唐晏月	女	73	93	92	74	92
007	钟煜	男	94	63	53	90	72
008	丁佑浩	女	67	63	83	62	85
009	李丽灵	女	91	61	100	68	100
010	江语润	男	69	77	57	82	98
011	祝冰畔	女	65	89	100	70	53
012	宋馨懿	女	63	52	77	65	96
013	杜兰巧	男	92	77	100	73	92
014	伍芙辰	女	78	53	70	69	100
015	房瑞洁	女	64	85	70	63	53
016	计书鑫	女	85	59	78	81	62
017	董网诗	男	99	86	62	79	61

图1-141 查看突出效果

1.7.3 数据条

扫码看视频

通过数据条可以直观地表现数据的大小,数据越大数据条就越长,数据越小数据条就越短。下面使用数据条表现"协调力"成绩的大小。

Step 01 **选择条件格式**。打开"员工年底考核成绩表.xlsx"工作簿,选中F2:F18单元格区域,在"开始"选项卡的"样式"选项组中单击"条件格式"下三角按钮❶,在列表中选择"数据条"选项,在子列表中选择合适的数据条❷,如图1-142所示。

Step 02 **查看效果**。返回工作表中,可见选中的单元格内添加了数据条,效果如图1-143所示。

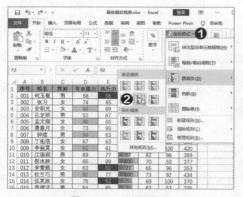

图1-142 选择数据条

序号	姓名	性别	专业能力	执行力	协调力	自控力	积极力	总分
001	何玉崔	男	58	56	62	70	79	325
002	张习	女	74	65	97	77	75	388
003	安阳光	女	94	69	90	91	79	423
004	孔芝妍	男	52	67	74	80	64	337
005	孟文楷	女	98	65	75	61	55	354
006	唐晏月	女	73	93	92	74	92	424
007	钟煜	男	94	63	53	90	72	372
008	丁佑浩	女	67	63	83	62	85	360
009	李丽灵	女	91	61	100	68	100	420
010	江语润	男	69	77	57	82	98	383
011	祝冰畔	女	65	89	100	70	53	377
012	宋馨懿	女	63	52	77	65	96	353
013	杜兰巧	男	92	77	100	73	92	434
014	伍芙辰	女	78	53	70	69	100	370
015	房瑞洁	女	64	85	70	63	53	335
016	计书鑫	女	85	59	78	81	62	365
017	董网诗	男	99	86	62	79	61	387

图1-143 查看应用数据条的效果

用户可以更改数据条的显示方向、颜色以及坐标轴。下面介绍具体的操作方法。首先介绍设置条形图的颜色、边框和方向。再次单击"条件格式"下三角按钮,在列表中选择"数据条>其他规则"选项。打开"新建格式规则"对话框,在"条形图外观"选项区域中设置填充为渐变填充、颜色为青色、实心边框、边框颜色为红色、方向为"从右到左",单击"确定"按钮,如图1-144所示。返回工作表中查看设置数据条的效果,如图1-145所示。

图1-144　设置条形图格式

序号	姓名	性别	专业能力	执行力	协调力	自控力	积极力	总分
001	何玉崔	男	58	56	62	70	79	325
002	张习	女	74	65	97	77	75	388
003	安阳光	女	94	69	90	91	79	423
004	孔芝妍	男	52	67	74	80	64	337
005	孟文楷	女	98	65	75	61	55	354
006	唐景月	女	73	93	92	74	92	424
007	钟煜	男	94	63	53	90	72	372
008	丁佑浩	女	67	63	83	62	85	360
009	李丽灵	女	91	61	100	68	100	420
010	江语润	男	69	77	57	82	98	383
011	祝冰胖	女	65	89	100	70	53	377
012	宋雪燃	女	63	52	77	65	96	353
013	杜兰巧	男	92	77	100	73	92	434
014	伍芙辰	女	78	53	70	69	100	370
015	房瑞洁	女	64	85	70	63	53	335
016	计书鑫	女	85	59	78	81	62	365
017	董网诗	男	99	86	62	79	61	387

图1-145　查看效果

接着介绍设置坐标轴的方法，在"新建格式规则"对话框中单击"负值和坐标轴"按钮，在打开对话框的"坐标轴设置"选项区域中设置坐标轴的位置和颜色，单击"确定"按钮，如图1-146所示。返回工作表中查看设置坐标轴的效果，如图1-147所示。

图1-146　设置坐标轴

序号	姓名	性别	专业能力	执行力	协调力	自控力	积极力	总分
001	何玉崔	男	58	56	62	70	79	325
002	张习	女	74	65	97	77	75	388
003	安阳光	女	94	69	90	91	79	423
004	孔芝妍	男	52	67	74	80	64	337
005	孟文楷	女	98	65	75	61	55	354
006	唐景月	女	73	93	92	74	92	424
007	钟煜	男	94	63	53	90	72	372
008	丁佑浩	女	67	63	83	62	85	360
009	李丽灵	女	91	61	100	68	100	420
010	江语润	男	69	77	57	82	98	383
011	祝冰胖	女	65	89	100	70	53	377
012	宋雪燃	女	63	52	77	65	96	353
013	杜兰巧	男	92	77	100	73	92	434
014	伍芙辰	女	78	53	70	69	100	370
015	房瑞洁	女	64	85	70	63	53	335
016	计书鑫	女	85	59	78	81	62	365
017	董网诗	男	99	86	62	79	61	387

图1-147　查看设置坐标轴的效果

1.7.4　色阶

色阶是指为单元格区域添加渐变颜色，通过颜色的深浅表明数据的大小。在本案例中为"自控力"的成绩添加色阶，下面介绍具体操作方法。

Step 01 **选择条件格式。** 打开"员工年底考核成绩表.xlsx"工作簿，选中G2:G18单元格区域❶，在"开始"选项卡的"样式"选项组中单击"条件格式"下三角按钮❷，在列表中选择"色阶>红-黄-绿 色阶"选项❸，如图1-148所示。

Step 02 **查看添加色阶的效果。** 返回工作表中可见选中单元格区域的数值从大到小的颜色为红色-黄色-绿色，两个数值中间使用两种颜色的过渡色填充，效果如图1-149所示。

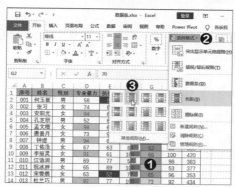

图1-148　选择条件格式

序号	姓名	性别	专业能力	执行力	协调力	自控力	积极力	总分
001	何玉崔	男	58	56	62	70	79	325
002	张习	女	74	65	97	77	75	388
003	安阳光	女	94	69	90	91	79	423
004	孔芝妍	男	52	67	74	80	64	337
005	孟文楷	女	98	65	75	61	55	354
006	唐景月	女	73	93	92	74	92	424
007	钟煜	男	94	63	53	90	72	372
008	丁佑浩	女	67	63	83	62	85	360
009	李丽灵	女	91	61	100	68	100	420
010	江语润	男	69	77	57	82	98	383
011	祝冰胖	女	65	89	100	70	53	377
012	宋雪燃	女	63	52	77	65	96	353
013	杜兰巧	男	92	77	100	73	92	434
014	伍芙辰	女	78	53	70	69	100	370
015	房瑞洁	女	64	85	70	63	53	335
016	计书鑫	女	85	59	78	81	62	365
017	董网诗	男	99	86	62	79	61	387

图1-149　查看添加色阶的效果

1.7.5 图标集

图标集包含方向、形状、标记和等级4种类型，使用不同的图标集来表示数据值的大小，更能形象地展示数据。下面为总分添加图标集。

选中I2:I18单元格区域❶，在"开始"选项卡的"样式"选项组中单击"条件格式"下三角按钮❷，在列表中选择"图标集>方向"选项下的三角形图标❸。在选中单元格区域内绿色三角形表示总分较高，黄色矩形表示总分在中等，红色三角形表示总分较低，效果如图1-150所示。

实例文件

原始文件：
实例文件\第01章\原始
文件\员工年底考核成绩
表.xlsx
最终文件：
实例文件\第01章\最终
文件\图标集.xlsx

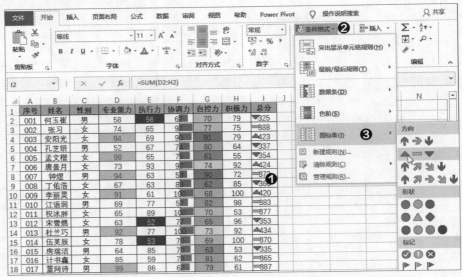

图1-150 应用图标集

读者可以自定义图标集的值范围，在"条件格式"下拉列表中选择"图标集>其他规则"选项，在打开的"新建格式规则"对话框中设置图标样式，在每个图标右侧设置值的范围即可，单击"确定"按钮，如图1-151所示。其中值的类型包括"数字"、"百分比"、"公式"、"百分点值"。

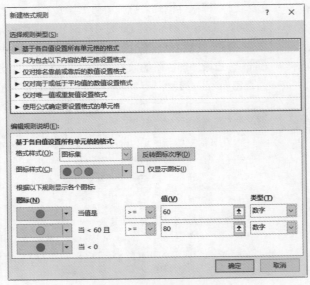

图1-151 设置值的范围

1.8 数据分析

Excel之所以应用广泛，是因为具有操作简单的数据分析功能。数据分析是Excel的核心功能之一，它可以帮助用户科学地分析数据，对工作表中大量的数据可以快速排序、筛选、分类汇总以及合并计算。数据透视表也是常用的分析工具。

1.8.1 数据排序

使用Excel进行数据分析时会经常用到排序功能。Excel中提供了对数据进行排序的多种方式，如按行或列排序、按升序或降序排序，也可以自定义排序的顺序，还可根据背景或字体的颜色进行排序。本节将主要介绍按单条件或多条件排序的方法。

在"采购统计表.xlsx"中，要求首先按照采购数量降序排列，然后再按规格升序排列和采购金额降序排列。下面介绍这两种排序的方法。

1. 按照采购数量降序排列

Step 01 **执行排序。** 打开"采购统计表.xlsx"工作簿，选中"采购数量"列任意单元格❶，切换至"数据"选项卡，单击"排序和筛选"选项组中的"降序"按钮❷，如图1-152所示。

Step 02 **查看排序效果。** 操作完成后，返回工作表中可见采购数量由大到小排序，效果如图1-153所示。

>> 实例文件

原始文件：
实例文件\第01章\原始
文件\采购统计表.xlsx
最终文件：
实例文件\第01章\最终
文件\按照采购数量降序
排列.xlsx

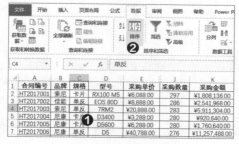

图1-152 单击"降序"按钮

图1-153 查看排序效果

2. 按规格升序和采购金额降序排列

Step 01 **启用"排序"功能。** 将光标定位在表格中任意单元格❶，单击"排序和筛选"选项组中"排序"按钮❷，如图1-154所示。

Step 02 **设置排序条件。** 打开"排序"对话框，单击"主要关键字"下三角按钮，在列表中选择"规格"选项❶，然后单击"添加条件"按钮❷，如图1-155所示。

>> 实例文件

最终文件：
实例文件\第01章\最终
文件\按规则升序和采购
金额降序排列.xlsx

图1-154 单击"排序"按钮

图1-155 设置主要关键字

Step 03 设置次要关键字。 在对话框中添加"次要关键字"，并设置为"采购金额"❶，单击"次序"下三角按钮，在列表中选择"降序"选项❷，单击"确定"按钮❸，如图1-156所示。

Step 04 查看排序效果。 返回工作表中，可见按规格升序排列，规格相同时按采购金额降序排列，如图1-157所示。

图1-156　设置次要关键字

合同编号	品牌	规格	型号	采购单价	采购数量	采购金额
HT2017006	尼康	单反	D5	¥40,788.00	276	¥11,257,488.00
HT2017037	尼康	单反	D5	¥40,788.00	193	¥7,872,084.00
HT2017003	索尼	单反	7RM2	¥20,888.00	283	¥5,911,304.00
HT2017014	尼康	单反	D500	¥11,088.00	261	¥2,893,968.00
HT2017002	佳能	单反	EOS 80D	¥8,888.00	286	¥2,541,968.00
HT2017026	尼康	单反	D610	¥11,388.00	220	¥2,505,360.00
HT2017007	佳能	单反	EOS 80D	¥8,888.00	276	¥2,453,088.00
HT2017043	尼康	单反	D750	¥14,388.00	161	¥2,316,468.00
HT2017034	尼康	单反	D500	¥11,088.00	202	¥2,239,776.00
HT2017008	尼康	单反	D7100	¥6,588.00	273	¥1,798,524.00
HT2017016	佳能	单反	EOS 750D	¥6,088.00	258	¥1,570,704.00
HT2017017	佳能	单反	EOS 750D	¥6,088.00	254	¥1,546,352.00
HT2017013	索尼	单反	6300L	¥5,888.00	261	¥1,536,768.00
HT2017012	佳能	单反	EOS 800D	¥5,488.00	264	¥1,448,832.00
HT2017027	尼康	单反	D7100	¥6,588.00	218	¥1,436,184.00
HT2017025	佳能	单反	EOS 800D	¥5,488.00	222	¥1,218,336.00
HT2017045	尼康	单反	D7200	¥7,488.00	151	¥1,130,688.00
HT2017039	索尼	单反	6300L	¥5,888.00	190	¥1,118,720.00
HT2017015	索尼	单反	600L	¥4,299.00	260	¥1,117,740.00
HT2017022	索尼	单反	600L	¥4,299.00	237	¥1,018,863.00
HT2017009	佳能	单反	EOS M0	¥3,388.00	272	¥921,536.00
HT2017010	佳能	单反	EOS M0	¥3,388.00	271	¥918,148.00

图1-157　查看排序效果

1.8.2 数据筛选

筛选功能也是Excel数据分析中经常使用的一个重要功能。筛选出的数据是满足条件的数据，其他数据按行被隐藏起来。Excel提供两种筛选方式，分别为筛选和高级筛选。

1. 对文本和数值筛选

Step 01 进入筛选模式。 打开"采购统计表.xlsx"工作簿，选中表格内任意单元格❶，切换至"数据"选项卡，单击"排序和筛选"选项组中"筛选"按钮❷，如图1-158所示。

Step 02 筛选"佳能"数据。 单击"品牌"右侧筛选按钮❶，在列表中取消勾选"全选"复选框，只勾选"佳能"复选框❷，如图1-159所示。

图1-158　单击"筛选"按钮

图1-159　勾选"佳能"复选框

Step 03 查看筛选效果。 单击"确定"按钮，完成筛选。可见工作表只显示"佳能"的相关数据，其他数据均隐藏起来，如图1-160所示。

合同编号	品牌	规格	型号	采购单价	采购数量	采购金额
3 HT2017002	佳能	单反	EOS 80D	¥8,888.00	286	¥2,541,968.00
8 HT2017007	佳能	单反	EOS 80D	¥8,888.00	276	¥2,453,088.00
10 HT2017009	佳能	单反	EOS M0	¥3,388.00	272	¥921,536.00
11 HT2017010	佳能	单反	EOS M0	¥3,388.00	271	¥918,148.00
13 HT2017012	佳能	单反	EOS 800D	¥5,488.00	264	¥1,448,832.00
17 HT2017016	佳能	单反	EOS 750D	¥6,088.00	258	¥1,570,704.00
18 HT2017017	佳能	单反	EOS 750D	¥6,088.00	254	¥1,546,352.00
19 HT2017018	佳能	卡片	EOS M6	¥3,988.00	253	¥1,008,964.00
20 HT2017019	佳能	卡片	EOS 5D	¥26,888.00	250	¥6,722,000.00
22 HT2017021	佳能	卡片	EOS 6D	¥13,888.00	240	¥3,333,120.00
26 HT2017025	佳能	单反	EOS 800D	¥5,488.00	222	¥1,218,336.00
29 HT2017028	佳能	单反	EOS 1300D	¥2,688.00	218	¥585,984.00
31 HT2017030	佳能	单反	EOS M3	¥3,088.00	217	¥670,096.00
32 HT2017031	佳能	单反	EOS M3	¥3,088.00	216	¥667,008.00
39 HT2017038	佳能	单反	EOS 200D	¥2,999.00	192	¥575,808.00

图1-160　查看筛选效果

2. 高级筛选

扫码看视频

Step 01 **设置筛选条件**。在B48:K49单元格区域中设置筛选的条件，品牌为佳能、采购数量大于230、采购金额大于200万，如图1-161所示。

Step 02 **启用"高级"功能**。选中表格内任意单元格❶，单击"数据"选项卡中"高级"按钮❷，如图1-162所示。

实例文件

实例文件\第01章\最终文件\高级筛选.xlsx

图1-161　设置筛选条件

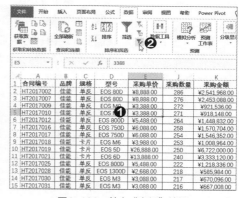

图1-162　单击"高级"按钮

Step 03 **设置条件区域**。打开"高级筛选"对话框，在列表区域中显示数据区域，单击"条件区域"折叠按钮，如图1-163所示。

Step 04 **选择条件区域**。返回工作表中选择B48:B49单元格区域，再次单击折叠按钮，如图1-164所示。

提示

如果没有选中数据区域单元格，则在步骤3中还需要选择列表区域的单元格。

提示

使用"高级"筛选时要注意以下两点：
1.条件区域的首行必须与标题行匹配。
2.条件区域标题行下方为条件区域，在同一行表示条件之间为"和"关系；如果在不同行表示条件之间为"或"关系。

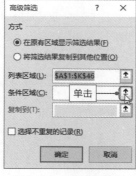

图1-163　单击折叠按钮

图1-164　选择条件单元格区域

Step 05 **查看筛选结果**。返回上级对话框单击"确定"按钮，可见工作表中显示佳能品牌采购数量大于230同时采购金额大于200万的4条数据，如图1-165所示。

合同编号	品牌	规格	型号	采购单价	采购数量	采购金额
HT2017002	佳能	单反	EOS 80D	¥8,888.00	286	¥2,541,968.00
HT2017007	佳能	单反	EOS 80D	¥8,888.00	276	¥2,453,088.00
HT2017019	佳能	卡片	EOS 5D	¥26,888.00	250	¥6,722,000.00
HT2017021	佳能	卡片	EOS 6D	¥13,888.00	240	¥3,333,120.00
	品牌	规格	型号	采购单价	采购数量	采购金额
	佳能				>230	>2000000

图1-165　查看筛选结果

1.8.3 分类汇总

分类汇总是对数据列表中的数据进行分类，在分类的基础上进行汇总。Excel中进行汇总的方式有很多，如求和、求平均值、最大值和最小值等，分类汇总的结果将分级显示。

1. 创建分类汇总

企业采购部门统计需要采购的数码相机，现在需要查看各品牌采购金额的总和。只需要使用单条件的分类汇总即可，下面介绍具体的操作方法。

Step 01 **对"品牌"进行排序。**打开"采购统计表.xlsx"工作簿，选中表格内"品牌"列的任意单元格❶，切换至"数据"选项卡，单击"排序和筛选"选项组中"升序"按钮❷，如图1-166所示。

Step 02 **启用"分类汇总"功能。**在"数据"选项卡❶的"分组显示"选项组中单击"分类汇总"按钮❷，如图1-167所示。

实例文件

实例文件\第01章\原始文件\采购统计表.xlsx

最终文件：
实例文件\第01章\最终文件\创建分类汇总.xlsx

提示

在分类汇总前必须对要汇总的字段进行排序。

图1-166　进行排序

图1-167　单击"分类汇总"按钮

提示

对数据进行分类汇总后，在工作表左侧显示分级，单击不同级别的数字即可显示不同级别的数据。

Step 03 **设置分类汇总。**打开"分类汇总"对话框，设置"分类字段"为"品牌"❶，汇总方式为求和，在"选定汇总项"列表框中勾选"采购金额"复选框❷，单击"确定"按钮❸，如图1-168所示。

Step 04 **查看分类汇总的结果。**返回工作表中可见对相同品牌的采购金额进行了求和汇总，并在表格结尾汇总了所有求和数据，如图1-169所示。

交叉参考

分类汇总使用的函数为SUBTOTAL，读者可参考6.1.4节内容学习。

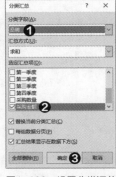

图1-168　设置分类汇总

图1-169　查看分类汇总效果

2. 多重分类汇总

统计需要采购的相机数据后，还需要统计各品牌的采购金额之和。并在此基础上，相同品牌的再按规格对采购数量进行求和，下面介绍具体操作方法。

Step 01 **设置排序。** 打开"采购统计表.xlsx"工作簿，打开"排序"对话框，设置主要关键字为品牌、升序❶；次要关键字为规格、升序❷，单击"确定"按钮❸，如图1-170所示。

Step 02 **设置主要关键字的分类汇总。** 单击"数据"选项卡中"分类汇总"按钮，打开"分类汇总"对话框，设置分类字段为"品牌"❶，汇总求和采购金额❷，单击"确定"按钮❸，如图1-171所示。

实例文件

最终文件：
实例文件\第01章\最终
文件\多重分类汇总.xlsx

提示

如果要清除分类汇总，打开"分类汇总"对话框单击"全部删除"按钮即可。

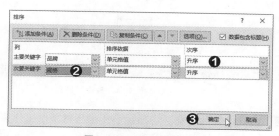

图1-170　设置排序条件

图1-171　设置主要关键字分类汇总

Step 03 **设置次要关键字的分类汇总。** 再次打开"分类汇总"对话框，设置分类字段为"规格"❶、汇总方式为"求和"、勾选"采购数量"复选框❷，取消勾选"替换当前分类汇总"复选框❸，如图1-172所示。

Step 04 **查看分类汇总的结果。** 单击"确定"按钮，可见品牌相同时按规格对采购数量进行求和汇总，如图1-173所示。

提示

在步骤3中必须取消勾选"替换当前分类汇总"复选框，否则会替换之前的按"品牌"的分类汇总。

图1-172　设置规格分类汇总

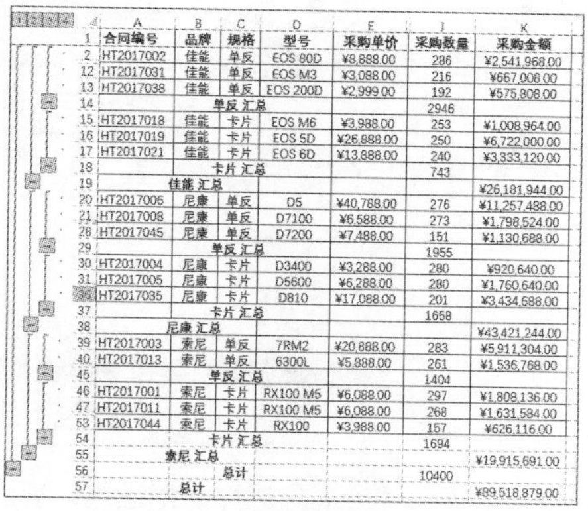

图1-173　查看多重分类汇总的效果

1.8.4 合并计算

在实际工作中如果需要将多个数据源汇总在一起时，可以使用合并计算功能。合并计算虽然有函数参与计算，但是操作方法很简单。

某家电商场在同一工作簿的不同工作表中存储着不同品牌的销售数量和销售金额，现在需要将4个季度的数据汇总在一起。下面介绍使用合并计算功能汇总数据的方法。

Step 01 查看数据源。打开"2019年季度销售统计表.xlsx"工作簿，该工作簿中包含5个工作表，其中4个是4个季度的数据统计表，可见每个表格的最左列品牌的排列顺序不同，如图1-174所示。

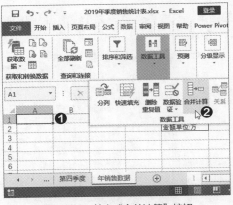

图1-174 查看源数据

Step 02 启用"合并计算"功能。切换至"年销售数量"工作表并选中A1单元格❶，切换至"数据"选项卡，单击"数据工具"选项组中"合并计算"按钮❷，如图1-175所示。

Step 03 启用"引用位置"功能。打开"合并计算"对话框，设置"函数"为"求和"❶，再单击"引用位置"右侧折叠按钮❷，如图1-176所示。

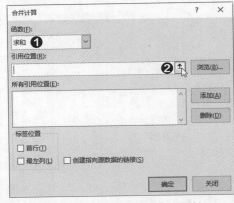

图1-175 单击"合并计算"按钮　　　　　图1-176 单击"引用位置"折叠按钮

Step 04 选择数据区域。返回工作表中切换至"第一季度"工作表，选中A1:C6单元格区域❶，再次单击折叠按钮❷，如图1-177所示。

Step 05 添加数据区域。返回"合并计算"对话框，在"引用位置"文本框中显示添加的单元格区域，单击"添加"按钮❶，即可添加到"所有引用位置"的列表中❷，如图1-178所示。

Step 06 设置合并计算的位置。根据相同的方法添加其他3个季度的数据区域❶，在"标签位置"选项区域中勾选"首行"、"最左列"复选框❷，单击"确定"按钮❸，如图1-179所示。

Step 07 **查看合并计算的结果。** 返回工作表中，即可在"年销售数据"的A1单元格处添加汇总的数据，然后设置文本格式、添加边框适当美化表格即可，效果如图1-180所示。

图1-177　选择第1季度数据

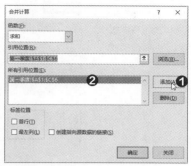

图1-178　添加引用的数据

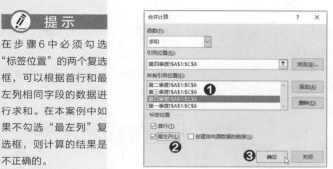

图1-179　设置合并计算的位置

图1-180　查看合并计算的结果

1.8.5 数据透视表

扫码看视频

数据透视是Excel常用的分析工具之一。它是一种交互的、交叉制表的Excel报表，用于对多种来源的数据进行汇总分析。数据透视表综合了排序、复选、分类汇总等优点，可方便地调整汇总方式且以不同的方式展示数据。下面介绍创建数据透视表的方法。

Step 01 **启用"数据透视表"功能。** 打开"采购统计表.xlsx"工作簿，选择表格内任意单元格❶，切换至"插入"选项卡，单击"表格"选项组中"数据透视表"按钮❷，如图1-181所示。

Step 02 **创建空白数据透视表。** 打开"创建数据透视表"对话框，确认"表/区域"文本框内引用为数据区域❶，单击"确定"按钮❷，如图1-182所示。

图1-181　单击"数据透视表"按钮

图1-182　创建空白数据透视表

Step 03 **查看数据透视表**。返回工作表中，可见在新的工作表中创建空白数据透视表，同时打开"数据透视表字段"导航窗格，如图1-183所示。

Step 04 **设置"行"区域字段**。在"数据透视表字段"导航窗格中，将"品牌"字段拖曳至"行"区域内，如图1-184所示。

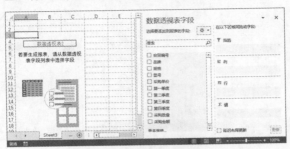

图1-183　查看数据透视表　　　　　图1-184　设置"行"区域字段

Step 05 **拖曳其他字体**。然后将"规格"拖曳到"品牌"下方❶，分别将"采购数量"和"采购金额"拖曳至"值"区域❷，如图1-185所示。

Step 06 **查看数据透视表的效果**。即可在新工作表中创建数据透视表，根据品牌和规格对数量和金额进行求和，效果如图1-186所示。

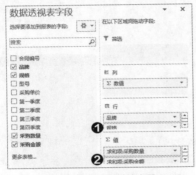

行标签	求和项:采购数量	求和项:采购金额
⊟佳能	3689	26181944
单反	2946	15117860
卡片	743	11064084
⊟尼康	3613	43421244
单反	1955	33450540
卡片	1658	9970704
⊟索尼	3098	19915691
单反	1404	11012719
卡片	1694	8902972
总计	10400	89518879

图1-185　设置其他字段　　　　　图1-186　查看数据透视表的效果

Step 07 **设置汇总方式**。选择"求和项:采购金额"列任意单元格并右击，在快捷菜单中选择"值字段设置"命令。打开"值字段设置"对话框，在"计算类型"列表框中选择"平均值"选项❶，并设置名称❷，单击"确定"按钮，如图1-187所示。

Step 08 **查看效果**。返回工作表中，可见对采购金额进行平均值汇总，效果如图1-188所示。

行标签	求和项:采购数量	平均采购金额
⊟佳能	3689	1745462.933
单反	2946	1259821.667
卡片	743	3688028
⊟尼康	3613	2713827.75
单反	1955	3716726.667
卡片	1658	1424386.286
⊟索尼	3098	1422549.357
单反	1404	1835453.167
卡片	1694	1112871.5
总计	10400	1989308.422

图1-187　设置汇总方式　　　　　图1-188　查看汇总效果

<table>
<tr><td>Chapter</td><td rowspan="2"></td></tr>
<tr><td>02</td></tr>
</table>

公式的基础

在Excel中对数据进行计算时，使用公式是最有效的方法之一。使用公式可以对工作表中所有数据进行各种计算和操作，还可以进行科学分析，执行数学中复杂的计算。本章介绍公式的基础知识，如公式的组成、编辑以及单元格的引用等。

2.1 Excel公式的组成

使用公式计算数据非常方便，但是在此之前需要了解公式的组成部分以及公式中的运算符号等，才能正确地计算数据。

2.1.1 公式的基本结构

公式以等号（=）开始的，在公式中可以包括单元格的引用、运算符、常量以及函数等，公式的结构如图2-1所示。

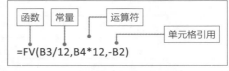

图2-1　公式的结构

上述公式中包括大部分元素，除此之外，公式的元素还有命名的名称以及逻辑值等。下面通过表格的形式介绍公式的组成元素，如表2-1所示。

表2-1　公式的组成元素

组成元素	说明	示例
函数	预先编写好的公式，直接使用可计算出结果	=SUM(B2:B10)
单元格引用	引用工作表中的数据所在的单元格的位置	B2，B2:B10
常量	公式中直接输入的数字或文本值	12，利率
运算符	公式中执行运算的类型	+、-、*
名称	将单元格或单元格区域定义名称	销售金额
逻辑值	用于判断真假、对错的	TRUE、FALSE

其中运算符将在2.1.2节中介绍；单元格的引用将在2.3节中介绍；名称将在2.4节中介绍；其中函数是本书介绍的重点，将在第5章中介绍。

2.1.2 公式中的运算符

运算符用于指定公式中各参数之间的计算类型，在公式计算过程中起着重要的作用。Excel的运算符主要分为4种类型，分别为算术运算符、比较运算符、引用运算符和文本运算符。

交叉参考

FV函数请参考11.3.2小节内容；SUM函数请参考6.1.1节内容。

提示

常量是一个不通过计算得出的值，始终是固定的。它可以是数字、日期、文本等。

1. 算术运算符

算术运算符可以进行数学运算，包括加、减、乘、除和百分比等等。下面我们通过表格的形式介绍各运算的符号、含义以及示例，如表2-2所示。

表2-2　算术运算符号

运算符号	意义	示例
+（加号）	加法运算	=A2+B2
–（减号）	减法运算	=A2–B2
*（乘号）	乘法运算	=A2*B2
/（除号）	除法运算	=A2/B2
%（百分号）	百分比运算	22%
^（脱字号）	乘方运算	2^3=8

2. 比较运算符

比较运算符主要用于比较两个数值或单元格引用的大小，返回逻辑值TRUE或FALSE，如果满足条件则返回TRUE，否则返回FALSE。比较运算符如表2-3所示。

表2-3　比较运算符号

运算符号	意义	示例
=（等于号）	等于	=3=3 返回TRUE
>（大于号）	大于	=3>4 返回FALSE
<（小于号）	小于	=3<4 返回TRUE
>=（大于或等于号）	大于或等于	=3>=5 返回FALSE
<=（小于或等于号）	小于或等于	=3<=5 返回TRUE
<>（不等于号）	不等于	=3<>5返回TRUE

3. 引用运算符

引用运算符主要用于进行单元格之间的引用。引用运算符如表2-4所示。

表2-4　引用运算符号

运算符号	意义	示例
:（冒号）	区域运算	A2:C5
,（逗号）	联合运算	A2:C5,D2:F5
（空格）	交叉运算	A2:C5 D2:F5

4. 文本运算符

文本运算符主要用于将多个字符进行联合，产生一个大的文本，通过&符号连接。文本运算符如表2-5所示。

表2-5　文本运算符号

运算符号	意义	示例
&（与号）	将多个值连接在一起	="Excel"&"2019"返回 Excel2019

2.1.3　运算符的运算顺序

　　在公式中常包含多种运算符，那么在执行计算时有什么先后顺序呢？当公式的运算顺序改变时，所计算的结果也是不同的，因此用户在使用公式计算时，一定要熟知运算符的运算顺序以及如何更改顺序。

　　公式的运算顺序是按照特定次序计算的，通常情况下是按从左向右的顺序进行运算，但是当公式中包含多个运算符时，则要按照一定规则的次序进行计算。下面以表格的形式介绍运算符的顺序，按从上到下的次序进行计算，如表2-6所示。

表2-6　运算符的运算顺序

优先级	运算符	说明
1	:（冒号）	区域运算
2	（空格）	交叉运算
3	,（逗号）	联合运算
4	-（负号）	负号
5	%（百分号）	百分比
6	^(脱字号)	乘方运算
7	*和/	乘法和除法
8	+和-	加法和减法
9	&	连接文本字符
10	=<>=>=<>	比较运算符

　　如果需要更改运算的顺序，用户可以添加括号，例如=2+3*4结果为14，将该公式修改为=(2+3)*4时，计算结果则为20。下面介绍该公式的运算顺序，首先计算括号内部的运算符，即2+3=5，然后再运算括号外的运算符，即括号内结果和4相乘结果为20。因此括号可以将运算优先级别低的运算符先计算。

　　在使用括号更改运算符顺序时，需要注意以下几点：

● 　在公式中使用括号时，必须要成对出现，即有左括号就必须有右括号。

● 　括号内必须遵循运算的顺序。

● 　在公式中多组括号进行嵌套使用时，其运算的顺序为从最内侧的括号逐级向外进行运算。

2.2　公式的编辑操作

　　通过上一节学习对公式有了基本的认识，本节将介绍在工作表中公式的基本操作，如何输入公式、修改公式、复制以及隐藏公式。

2.2.1　输入公式

　　如果需要使用公式计算数值，首先选择单元格，然后再输入公式。输入公式时必须以"="开头，再输入公式的组成元素，最后按Enter键执行计算。

方法1 利用鼠标输入

Step 01 **输入等号**。打开"销售统计表.xlsx"工作簿，在"1月份销售表"工作表中选中

实例文件

原始文件：
实例文件\第02章\原始
文件\销售统计表.xlsx
最终文件：
实例文件\第02章\最终
文件\输入公式.xlsx

提示

公式输入完成后需要按
Enter键执行计算，或
者单击编辑栏中"输
入"按钮，也可计算出
结果。

提示

在输入公式时，无论在开
头输入加号"+"、减号
"−"，计算机系统会自动
在前面加上等号"="并
执行计算。如在单元格中
输入"+2+2"，结果显
示为4，在编辑栏中显示
"=2+2"公式。

G6单元格，然后输入"="等号，如图2-2所示。

Step 02 选择引用的单元格。将光标移至B6单元格上单击，选中该单元格，此时在等号后显示该单元格，同时B6单元格被滚动的虚线选中，如图2-3所示。

图2-2　选中G6单元格输入等号 　　　　图2-3　选中B6单元格

Step 03 输入运算符号。在键盘上输入需要参与计算的运算符，此处输入"+"加号，需要统计各单元格内的数量之和，如图2-4所示。

Step 04 再次选择引用的单元格。然后再选择C6单元格，根据相同的方法添加其他需要引用的单元格，在之间输入加号，最后按Enter键确认计算，在G6单元格中显示计算结果，在编辑栏中显示计算公式，如图2-5所示。

图2-4　输入"+" 　　　　　　　　图2-5　计算结果

方法2 直接输入

Step 01 输入公式。选中G7单元格，然后直接输入"=B7+C7+D7+E7+F7"公式，如图2-6所示。在输入引用的单元格时，该单元格会被滚动条选中，而且滚动条的颜色和公式中引用单元格的颜色一致。

Step 02 计算结果。按Enter键计算结果，同样在编辑栏中显示计算公式，如图2-7所示。

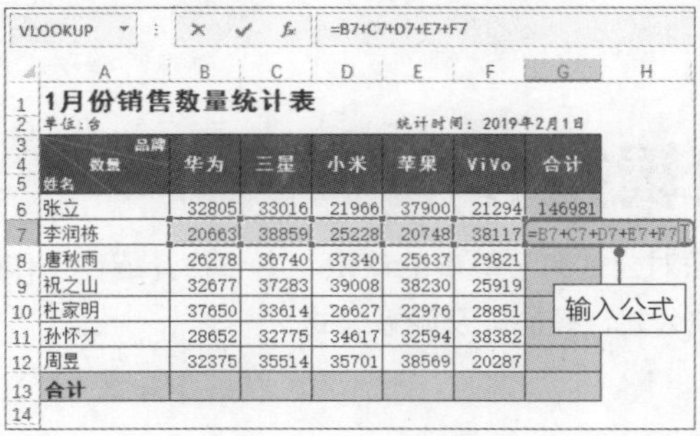

图2-6　输入"=B7+C7+D7+E7+F7"公式 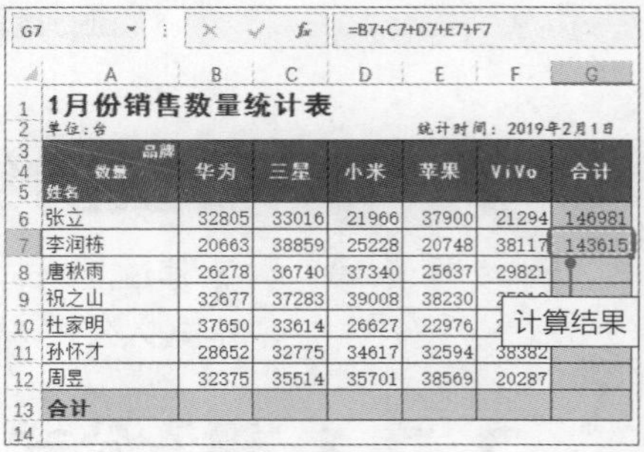　　　　图2-7　计算结果

　　在本案例中使用单元格引用参与计算，用户也可以直接引用常量进行计算，如在单元格中输入"=5+8-3"公式，按Enter键后在该单元格中显示计算结果为10。

2.2.2

复制公式

复制公式通常用于需要输入大量相同公式的表达式时，可以快速批量计算出结果。在复制公式时，公式中的单元格引用会随着粘贴单元格的位置而变化。下面介绍三种常用的复制公式的方法。

方法1 复制粘贴公式

Step 01 **选中公式进行复制**。选中G6单元格，按Ctrl+C组合键进行复制，G6单元格被虚线选中，如图2-8所示。

Step 02 **粘贴公式**。选中G7:G12单元格区域，然后按Ctrl+V组合键进行粘贴，可见选中的单元格应用公式，并计算出结果，如图2-9所示。当选中某计算结果的单元格时，由编辑栏中公式可见单元格的引用也随之发生变化。

> **提示**
>
> 除了使用组合键进行复制和粘贴公式外，还可以在"开始"选项卡的"剪贴板"选项组中单击"复制"和"粘贴"下三角按钮，选择相应的选项。

图2-8 使用组合键复制公式   图2-9 使用组合键粘贴公式

方法2 使用填充柄复制公式

Step 01 **输入公式并拖曳填充柄**。首先在G6单元格中输入"=B6+C6+D6+E6+F6"公式，并执行计算❶。然后将光标移至G6单元格右下角，当光标变为黑色十字时，按住鼠标左键向下拖曳至G12单元格❷，如图2-10所示。

Step 02 **填充公式**。然后释放鼠标左键，则拖曳公式覆盖的单元格区域都填充公式，并计算出结果，如图2-11所示。

> **提示**
>
> 使用填充柄填充公式时，还可以选中G6单元格，然后双击右下填充柄，将公式自动填充至表格的结尾单元格。

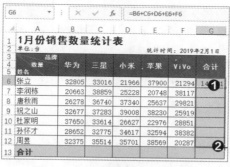

图2-10 将填充柄拖曳至G12单元格   图2-11 查看计算结果

方法3 使用填充命令复制公式

首先在G6单元格中输入计算公式，并执行计算❶，然后选择G6:G12单元格区域❷。切换至"开始"选项卡❸，单击"编辑"选项组中"填充"下三角按钮❹，在列表中选择"向下"选项❺，如图2-12所示。操作完成后即可将G6单元格中公式填充至G12单元格中，并计算出结果。

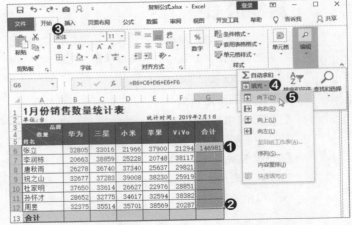

图2-12 选择"向下"选项填充公式

2.2.3 修改公式

扫码看视频

公式输入完成后，用户可以根据需要对其进行修改。如将统计员工销售数量的公式
修改为统计员工销量的平均值。下面介绍修改公式的操作方法。

Step 01 **进入可编辑公式模式。** 打开"1月份销售统计表.xlsx"工作簿，选中G6单元
格，按F2功能键，单元格中的公式处于可编辑状态，如图2-13所示。

Step 02 **重新输入公式。** 在单元格中或者在编辑栏中将求和公式修改为计算平均值的
"=(B6+C6+D6+E6+F6)/5"公式，按Enter键执行计算，如图2-14所示。

实例文件

原始文件：
实例文件\第02章\原始文
件\1月份销售统计表.xlsx
最终文件：
实例文件\第02章\最终
文件\修改公式.xlsx

图2-13 按F2功能键   图2-14 计算结果

公式进入可编辑模式的方法，除了按F2功能键外，还可以双击单元格或选中某单元
格后直接在编辑栏中单击。

2.2.4 隐藏公式

扫码看视频

使用公式计算数据时，在单元格中显示计算结果，在编辑栏中显示公式，为了防止
他人修改公式，用户可以将其隐藏，在编辑栏中就不显示计算公式了。下面介绍隐藏公
式的操作方法。

Step 01 **启动定位条件。** 打开"1月份销售统计表.xlsx"工作表，选中表格内任意单元格
❶，切换至"开始"选项卡❷，单击"编辑"选项组中"查找和选择"下三角按钮❸，
在列表中选择"定位条件"选项❹，如图2-15所示。

Step 02 **定位公式所在的单元格。** 打开"定位条件"对话框，选中"公式"单选按钮❶，
然后单击"确定"按钮❷，如图2-16所示。

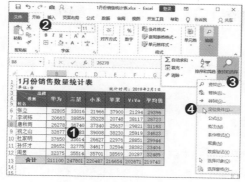 

图2-15 选择"定位条件"选项 　　　　图2-16 选中"公式"单选按钮

Step 03 **设置隐藏公式。**可见在表格中选中所有公式所在的单元格,按Ctrl+1组合键,打开"设置单元格格式"对话框,切换至"保护"选项卡❶,勾选"隐藏"复选框❷,单击"确定"按钮❸,如图2-17所示。

Step 04 **启动保护工作表。**返回工作表,切换至"审阅"选项卡❶,单击"保护"选项组中的"保护工作表"按钮❷,如图2-18所示。

 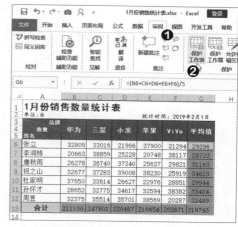

图2-17 勾选"隐藏"复选框 　　　　图2-18 单击"保护工作表"按钮

Step 05 **实施保护。**打开"保护工作表"对话框,保持默认设置,并且不需要设置密码,单击"确定"按钮,如图2-19所示。

Step 06 **查看隐藏效果。**返回工作表中,选中公式所在的单元格,在编辑栏中不显示公式,也不可以对其进行编辑操作,如图2-20所示。

图2-19 不设置密码 　　　　图2-20 隐藏公式的效果

2.3 单元格引用

在公式中引用单元格，是引用单元格内的数据进行计算，因此，正确的单元格引用才能得到正确的计算结果。在Excel中单元格引用一般有3种方式，即相对引用、绝对引用和混合引用。

2.3.1 相对引用

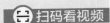

实例文件

原始文件：
实例文件\第02章\原始文件\年中大促图书折扣表.xlsx

最终文件：
实例文件\第02章\最终文件\相对引用.xlsx

相对引用是指公式中单元格的引用随着公式所在单元格的位置变化而变化。当公式所在的单元格移动时，其引用的单元格会随之变化。下面介绍单元格相对引用的操作。

Step 01 输入公式。 打开"年中大促图书折扣表.xlsx"工作簿，选中E3单元格然后输入"=C3*(1-D3)"公式，按Enter键计算出该图书折扣的价格，如图2-21所示。

Step 02 填充公式。 然后将公式填充至E9单元格，选中E4单元格，在编辑栏中可见公式中单元格的引用发生的变化，公式为"=C5*(1-D5)"，如图2-22所示。当公式在同一列中移动时，引用的单元格的行号随之改变；当公式在同一行中移动时，引用的列标会随之改变；当公式在不同行不同列中移动，则行号和列标均随之变化。

图2-21 计算折扣价格　　　　　　图2-22 查看相对引用效果

2.3.2 绝对引用

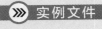

实例文件

原始文件：
实例文件\第02章\原始文件\年中大促图书折扣表2.xlsx

最终文件：
实例文件\第02章\最终文件\绝对引用.xlsx

绝对引用和相对引用是对立的，即公式所在的单元格发生改变时，引用的单元格不会随之变化。下面介绍具体操作方法。

Step 01 输入公式。 打开"年中大促图书折扣表2.xlsx"工作簿，所有图书均按20%的折扣率促销。选中D3单元格，然后输入公式"=C3*(1-E3)"，计算该图书的促销价格，如图2-23所示。

Step 02 添加绝对值符号。 选中公式中"E3"单元格，然后按1次F4功能键，即变为"$E$3"，如图2-24所示。在行号和列标左侧添加了"$"符号，表示绝对引用，即无论公式怎么移动，该单元格的引用是不变的。

图2-23 输入计算公式　　　　　　图2-24 按1次F4功能键

当使用绝对引用或混合引用时，通常使用F4功能键添加绝对符号，按F4功能键的次数不同所代表的含义不同。按1次F4键表示绝对列和绝对行；按2次F4键表示相对列和绝对行；按3次F4键表示绝对列和相对行；按4次F4键表示相对列和相对行。

Step 03 **填充公式。**按Enter键执行计算，然后将光标移至D3单元格右下角，双击填充柄，如图2-25所示。

Step 04 **查看绝对引用效果。**完成公式填充后即可计算出所有图书的折扣价，选中D5单元格，在编辑栏中的公式为“=C5*(1-$E$3)”，可见添加绝对值符号的单元格没有变化，如图2-26所示。

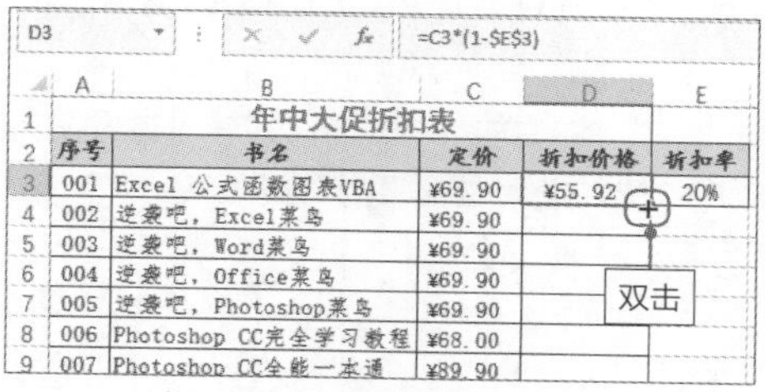

图2-25　双击填充柄

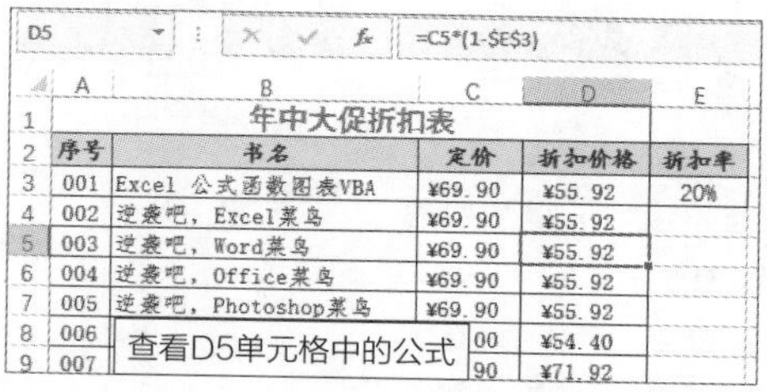

图2-26　查看绝对引用效果

2.3.3 混合引用

扫码看视频

实例文件

原始文件：

实例文件\第02章\原始文件\每月应存款.xlsx

最终文件：

实例文件\第02章\最终文件\混合引用.xlsx

混合引用是指相对引用和绝引用相结合的形式，即在单元格引用时包括相对行绝对列或是绝对行相对列。下面介绍具体操作方法。

Step 01 **输入公式。**打开“每月应存款.xlsx”工作簿，在B5单元格中输入“=-PMT(B2/12,B1*12,0,A5)”公式，如图2-27所示。

Step 02 **设置混合引用。**在公式中选择“B2”，按2次F4功能键，即可变为“B$2”，将“B1”修改为“B$1”，选中“A5”，按3次F4功能键，即可变为“$A5”，如图2-28所示。

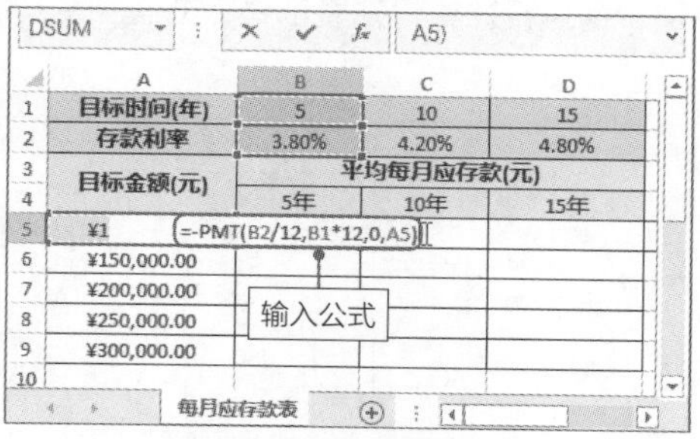

图2-27　输入公式

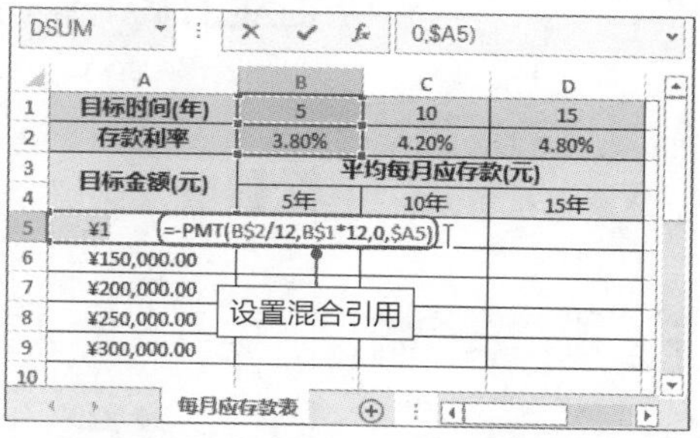

图2-28　按F4功能键设置混合引用

Step 03 **填充公式。**选中B5单元格，按住填充柄向右拖曳至D5单元格，将公式向右填充，然后选中该单元格区域右下角填充柄，向下拖曳至D9单元格，如图2-29所示。

Step 04 **查看混合引用的效果。**公式填充完成后，选中该区域中任意单元格，如C7单元格。在编辑栏中可见，混合引用的单元格是绝对行或绝对列是不发生变化的，相对行或相对列是发生变化的，如图2-30所示。

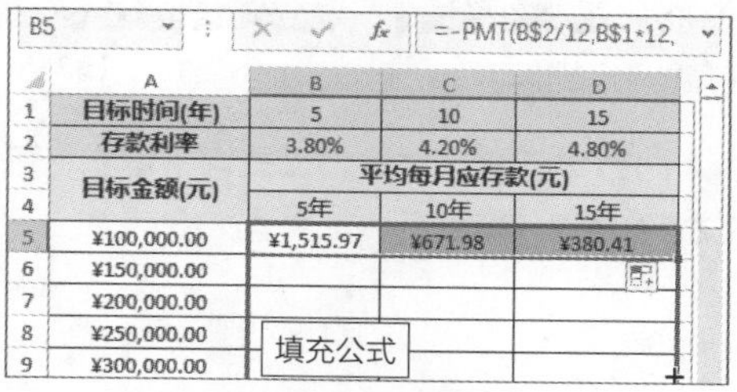

图2-29　将公式填充整个单元格区域

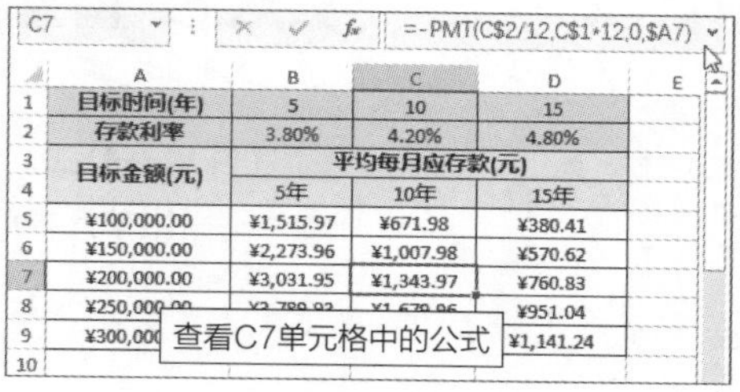

图2-30　查看效果

2.3.4 引用同一工作簿不同工作表中的数据

之前介绍单元格引用的几种情况，下面介绍直接引用其他工作表中的数据的方法。

Step 01 **选择需要引用的单元格。** 打开"员工销售统计表.xlsx"工作簿，切换至"员工销售统计表"工作表中，选中A1单元格然后输入"="，然后切换至"员工信息表"工作表，选择A1单元格，如图2-31所示。

Step 02 **查看引用效果。** 按Enter键确认计算，引用"员工信息表"工作表A1单元格中的内容，如图2-32所示。

实例文件

原始文件：
实例文件\第02章\原始
文件\每月应存款.xlsx
最终文件：
实例文件\第02章\最终
文件\混合引用.xlsx

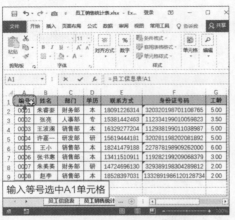

图2-31 选中"员工信息表"中A1单元格

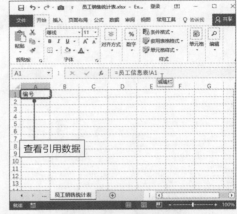

图2-32 按Enter键确认计算

Step 03 **输入公式。** 选中B1单元格，输入"=员工信息表!B1"公式，如图2-33所示。

Step 04 **确认计算。** 按Enter键执行计算，则显示"员工信息表"中B1单元格中的内容，如图2-34所示。

提示

在同一工作簿中引用不同工作表中的数据时，公式统一格式为：工作表名称+"！"+单元格或单元格区域。

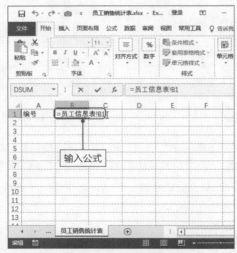

图2-33 输入"=员工信息表!B1"公式

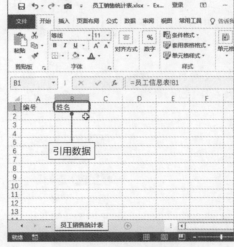

图2-34 引用数据

Step 05 **填充公式。** 选中A1:B1单元格区域，将公式向下填充，可见只引用单元格内的数据，不引用单元格的格式，如图2-35所示。

图2-35 填充引用的公式

2.3.5 引用不同工作簿中的数据

用户还可以引用不同工作簿中的数据，操作方法和引用同一工作簿中不同工作表的数据不同。下面介绍具体操作方法。

Step 01 **打开工作簿。** 打开"产品销售统计表1.xlsx"和"库存表.xlsx"工作簿，选中"库存表.xlsx"中D2单元格，如图2-36所示。

Step 02 **引用数据。** 在单元格中输入"="，然后选中"产品销售统计表1.xlsx"中的D2单元格，如图2-37所示。

实例文件

原始文件：
实例文件\第02章\原始文件\产品销售统计表1.xlsx和库存表.xlsx
最终文件：
实例文件\第02章\最终文件\引用不同工作簿中的数据.xlsx

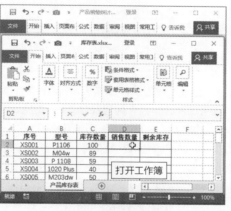
图2-36 选中D2单元格

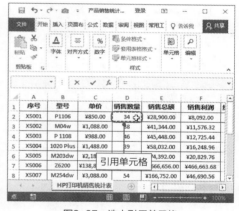
图2-37 选中引用单元格

Step 03 **填充公式。** 按Enter键执行计算，然后将公式填充至D8单元格，可见填充的数据都是一样的，如图2-38所示。因此，引用不同工作簿中数据时，不可以填充公式。

Step 04 **输入公式。** 在D2单元格中输入"=VLOOKUP(B2,[产品销售统计表1.xlsx]HP打印机销售统计表!\$B\$2:\$D\$9,3,FALSE)"公式，如图2-39所示。

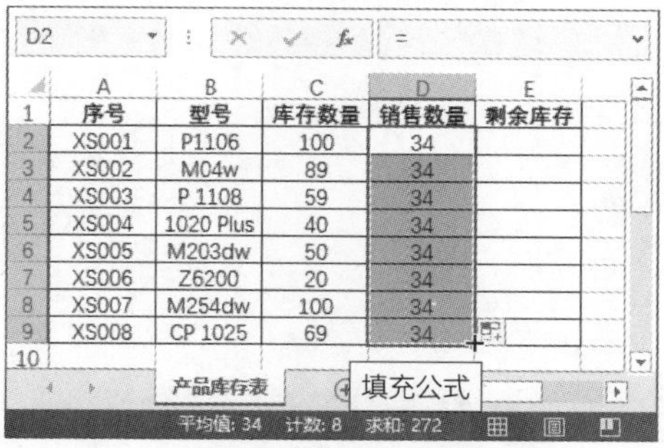

提示

当直接输入引用数据的公式时，有两种情况。第一种情况，打开引用的工作簿，则公式格式为：[工作簿名.xlsx]工作表名称+"！"+单元格或单元格区域；第二种情况，不打开引用的工作簿，则格式为：引用工作簿的路径+[工作簿名.xlsx]工作表名称+"！"+单元格或单元格区域。

图2-38 将公式向下填充

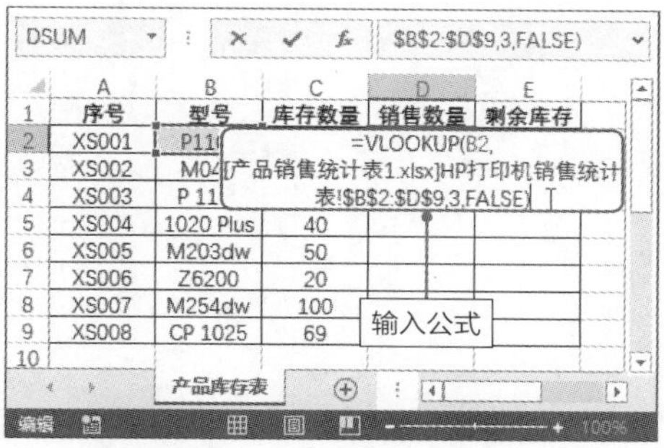

图2-39 输入VLOOKUP函数的公式

Step 05 **填充公式。** 按Enter键确认计算，然后将公式向下填充至D9单元格，如图2-40所示。

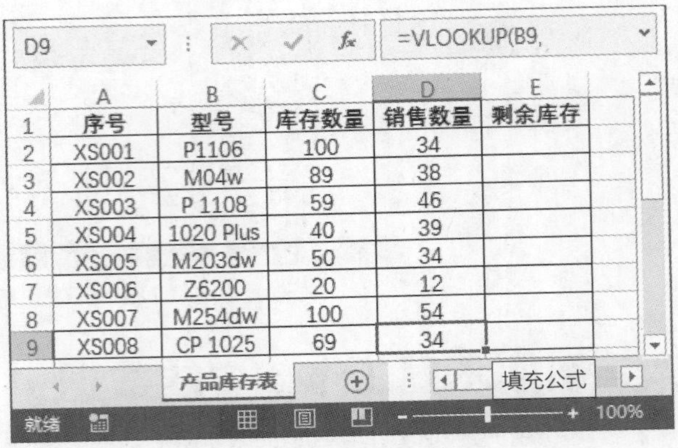

图2-40 将公式向下填充

2.3.6 引用样式

在Excel中有两种不同的引用样式，分别为A1引用样式和R1C1引用样式。

1. A1引用样式

默认情况下，Excel使用A1引用样式，此样式引用字母标识列（从A到XFD，共16384列），引用数字标识行（从1到1048576）。例如：B5单元格，表示B列和第5行相交的单元格；B2:D8单元格区域，表示从B列到D列和第2行到第8行之间的单元格区域。

2. R1C1引用样式

除了A1引用样式外，也可以使用统计工作表上行和列的R1C1引用样式。在R1C1样式中，Excel指出了行号在R右侧，而列号在C的右侧显示，例如R5C2引用的是第5行和第2列相交的单元格，也就是A1样式中的B5单元格。

在Excel中通过"Excel选项"对话框中打开R1C1引用样式。打开Excel软件，单击"文件"标签，在列表中选择"选项"选项。打开"Excel选项"对话框❶，切换至"公式"选项卡❷，在"使用公式"选项区域中勾选"R1C1引用样式"复选框❸，单击"确定"按钮❹，如图2-41所示。然后在两种不同的引用样式中查看选中B3单元格的效果，在名称框内显示单元格的引用，如图2-42所示。

> **提示**
>
> R1C1的引用样式很少使用，但这种引用样式有其自身的优点，如在录制宏时，Excel将使用R1C1引用样式录制一些命令。

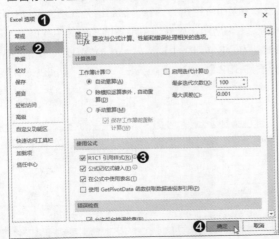

图2-41 打开R1C1引用样式

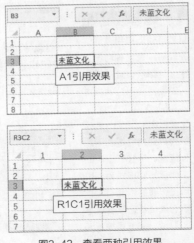

图2-42 查看两种引用效果

下面通过表格介绍两种引用样式区别，如表2-7所示。

表2-7 两种引用的区别

引用位置	A1引用样式	R1C1引用样式
引用A列和第6行交叉的单元格	A6	R6C1
引用B列第2行到第5行的单元格区域	B2:B5	R2C2:R5C2

下面通过表格介绍R1C1引用样式中的单元格引用，如表2-8所示。

表2-8 R1C1引用样式中的单元格引用

引用	含义
R[-2]C	对同一列，上面2行单元格的相对引用
R[3]C[2]	对下面3行、右侧2列单元格的相对引用
R3C2	对工作表第3行，第2列单元格的绝对引用
R/C	对当前行或列绝对引用

2.4 名称的使用

用户可以为单元格、单元格区域或常量等定义名称，在使用公式计算时直接输入名称即可参与计算，这样表现更直观。而且使用名称计算数据时不需要考虑单元格的引用，避免出现错误。

2.4.1 定义名称

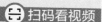

只有定义名称之后才能使用，如果使用未定义的名称，将返回错误值。通常定义名称有3种方法，通过"新建名称"对话框定义、使用名称框定义、根据所选内容进行定义。

方法1 通过"新建名称"对话框定义

Step 01 打开"新建名称"对话框。打开"手机各品牌销售统计表.xlsx"工作簿，选中B3:B14单元格区域❶，切换至"公式"选项卡❷，单击"定义的名称"选项组中"定义名称"按钮❸，如图2-43所示。

Step 02 设置名称。打开"新建名称"对话框，在"名称"文本框中输入名称❶，单击"确定"按钮❷，如图2-44所示。

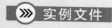
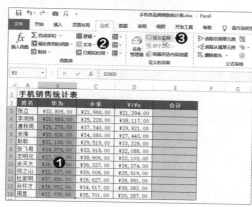

图2-43 单击"定义名称"按钮

图2-44 输入名称

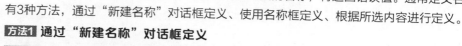

Step 03 **查看定义名称**。返回工作表，若选中B3:B14单元格区域，在名称框中显示"华为"，表示定义名称成功，如图2-45所示。

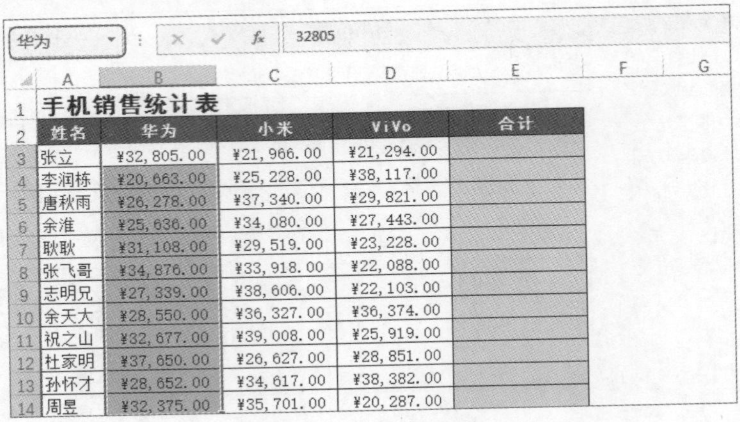

提示

在步骤2中单击"引用位置"右侧折叠按钮，返回工作表中重新选择引用的单元格区域。

图2-45 查看定义名称

在"新建名称"对话框中可以设置定义名称的使用范围，单击"范围"下三角按钮，在列表中选择"工作簿"选项，则表示在该工作簿不同的工作表中可以使用定义的名称。如果在列表中选择某个工作表名称，则表示该名称只能在该工作表中使用。

方法2 **使用名称框定义**

在定义名称时，还可以使用一种更便捷的方法，就是名称框。首先选择C3:C14单元格区域，然后在名称框内输入名称，如"小米"，然后按Enter键即可。单击名称框右侧下三角按钮，在列表查看定义的名称，如图2-46所示。

提示

使用名称框定义的范围是工作簿级别，定义的单元格或单元格区域为绝对引用。

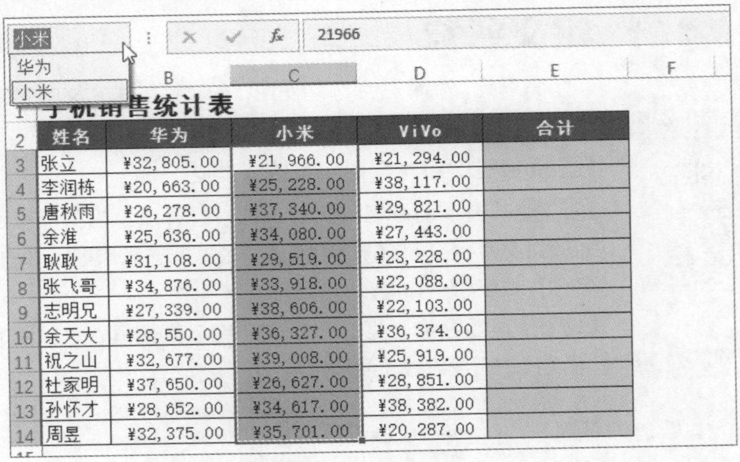

图2-46 名称框定义

方法3 **根据所选内容进行定义**

如果需要对表格中首行或某列进行定义名称时，使用以上两种方法会很麻烦，此时可使用"根据所选内容创建"功能快速定义多个名称。

Step 01 **启动"根据所选内容创建"功能**。打开工作表，选中A2:D14单元格区域❶，切换至"公式"选项卡❷，单击"定义的名称"选项组中"根据所选内容创建"按钮❸，如图2-47所示。

Step 02 **设置创建名称的依据**。打开"根据所选内容创建名称"对话框，勾选"首行"和"最左列"复选框❶，单击"确定"按钮❷，如图2-48所示。

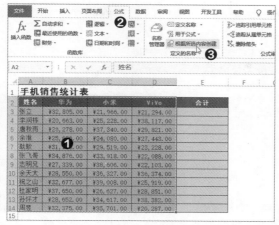

图2-47　单击"根据所选内容创建"按钮　　　　图2-48　设置创建名称依据

Step 03 验证定义的名称。在工作表的名称框中输入"李润栋"❶，然后按Enter键，自动选择"李润栋"对应单元格范围，对应的销售数据为B4:D4单元格区域❷，如图2-49所示。

Step 04 验证列和行交叉的单元格。在名称框中输入"余淮 小米"，员工姓名和品牌之间用空格隔开，按Enter键，会自动选择余淮销售小米手机的数据C6单元格，如图2-50所示。

李润栋		20663	
	手机销售统计表		
姓名	华为	小米	ViVo
张立	¥32,805.00	¥21,966.00	¥21,294.00
李润栋	¥20,663.00	¥25,228.00	¥38,117.00
唐秋雨	¥26,278.00	¥37,340.00	¥29,821.00
余淮	¥25,636.00	¥34,080.00	¥27,443.00
耿耿	¥31,108.00	¥29,519.00	¥23,228.00
张飞哥	¥34,876.00	¥33,918.00	¥22,088.00
志明兄	¥27,339.00	¥38,606.00	¥22,103.00
余天大	¥28,550.00	¥36,327.00	¥36,374.00
祝之山	¥32,677.00	¥39,008.00	¥25,919.00
杜家明	¥37,650.00	¥26,627.00	¥28,851.00
孙怀才	¥28,652.00	¥34,617.00	¥38,382.00
周昱	¥32,375.00	¥35,701.00	¥20,287.00

图2-49　显示所选型号对应信息　　　　图2-50　显示指定型号的销售数量

2.4.2　名称的应用

名称定义完成后就可以直接应用了，在公式和函数中可以使用名称直接引用项目。下面以计算各员工销售总和为例介绍使用名称参与公式计算的方法，主要有两种，一种是手动输入，另一种是通过"公式"选项卡"用于公式"下拉列表中的相应选项。

Step 01 手工输入名称。打开工作表，选中E4单元格，和输入公式一样先输入"="，然后直接输入定义的名称"华为"，表格会自动选中名称所对应的单元格区域，如图2-51所示。

Step 02 粘贴名称。接着输入"+"加号，单击"定义的名称"选项组"用于公式"下三角按钮❶，在列表中选择"小米"选项❷，如图2-52所示。操作完成后即可将"小米"名称引用在公式中。

实例文件

原始文件：

实例文件\第02章\原始文件\手机各品牌销售统计表.xlsx

最终文件：

实例文件\第02章\最终文件\名称的应用.xlsx

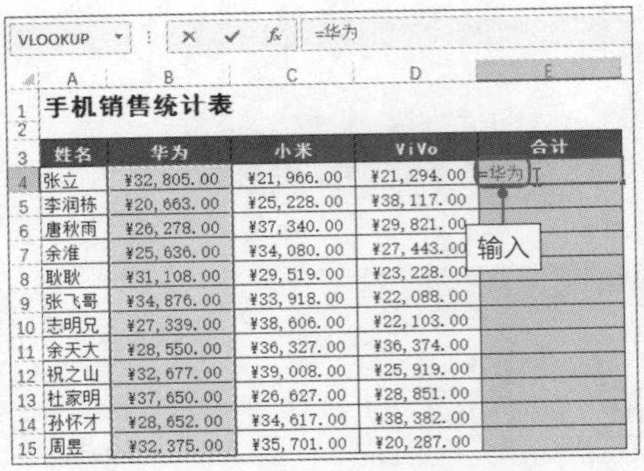

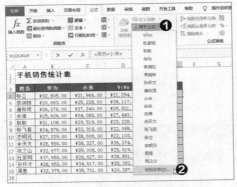

图2-51　输入名称

图2-52　选择名称选项

提示

在默认情况下，名称对单元格的引用为绝对引用方式。

Step 03 **粘贴名称**。接着再通过“粘贴名称”功能添加名称，继续输入“+”加号，再次单击“定义的名称”选项组中“用于公式”下三角按钮❶，在列表中选择“粘贴名称”选项❷，如2-53所示。

Step 04 **选择定义的名称**。打开“粘贴名称”对话框，在选项框中选择需要的名称，如“ViVo”❶，然后单击“确定”按钮❷，如图2-54所示。

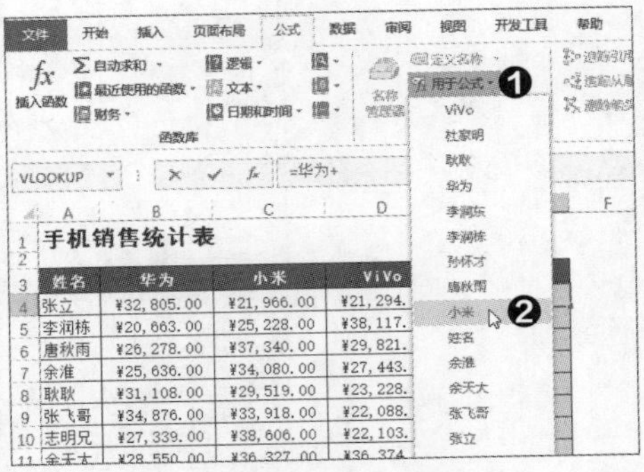

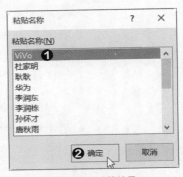

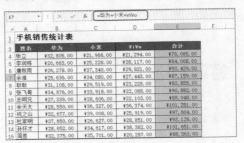

图2-53　选择“粘贴名称”选项

图2-54　计算结果

Step 05 **计算结果**。返回工作表中，在E4单元格中显示“=华为+小米+ViVo”公式，按Enter键即可计算出“张立”的销售总金额。然后将公式向下填充至E15单元格，选择该单元格区域内任意单元格，在编辑栏中都显示相同的公式，如图2-55所示。

图2-55　查看计算结果

交叉参考

数组公式将在第4章中详细介绍。

如果用户在同一工作表表格数据之外的单元格中输入“=华为+小米+ViVo”公式，按Enter键执行计算则返回#VALUE!错误值。这是因为这些名称都是一列数据，即为数组，执行计算时必须按Ctrl+Shift+Enter组合键。当然，用户也可以先选择单元格区域再输入公式，此时也需要按上述的组合键执行计算，如在本案例中，选择E4:E15单元格区域，输入公式再按Ctrl+Shift+Enter组合键即可。

2.4.3

扫码看视频

管理名称

用户管理定义的名称主要通过"名称管理器"对话框进行管理，如编辑或删除名称。下面介绍具体操作方法。

1. 编辑名称

用户可以根据需要编辑定义的名称，如修改名称或单元格引用，下面介绍具体操作方法。

Step 01 **打开"名称管理器"对话框。**打开工作簿，切换至"公式"选项卡❶，单击"定义的名称"选项组中"名称管理器"按钮❷，如图2-56所示。

Step 02 **选中需要编辑的名称。**打开"名称管理器"对话框，选择"小米"名称❶，单击"编辑"按钮❷，如图2-57所示。

实例文件

原始文件：
实例文件\第02章\原始文件\手机各品牌销售统计表.xlsx
最终文件：
实例文件\第02章\最终文件\管理名称.xlsx

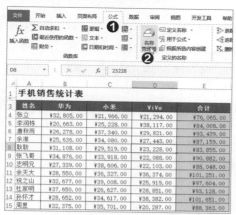

图2-56　单击"名称管理器"按钮

图2-57　单击"编辑"按钮

Step 03 **选择引用区域。**打开"编辑名称"对话框，设置名称为"小米手机"❶，单击"引用位置"折叠按钮❷，如图2-58所示。

Step 04 **选择引用范围。**返回工作表中，重新选择单元格区域，在文本框中显示工作表名称和引用位置，如图2-59所示。

提示

用户也可以为名称设置备注，在步骤3的"编辑名称"对话框的"备注"文本框中输入内容即可。

图2-58　输入名称

图2-59　选择范围

Step 05 **查看编辑效果。**然后依次单击"确定"按钮，返回工作表中。在名称框中输入"小米手机"❶，按Enter键后即选中设置的单元格区域❷，效果如图2-60所示。

小米手机 ❶ 21966

	A	B	C	D	E
1	手机销售统计表				
3	姓名	华为	小米	ViVo	合计
4	张立	¥32,805.00	¥21,966.00	¥21,294.00	¥76,065.00
5	李润栋	¥20,663.00	¥25,228.00	¥38,117.00	¥84,008.00
6	唐秋雨	¥26,278.00	¥37,340.00	¥29,821.00	¥93,439.00
7	余淮	¥25,636.00	¥34,080.00	¥27,443.00	¥87,159.00
8	耿耿	¥31,108.00	¥29,519.00	¥23,228.00	¥83,855.00
9	张飞哥	¥34,876.00	¥33,918.00	¥22,088.00	¥90,882.00
10	志明兄	¥27,339.00	¥38,606.00	¥22,103.00	¥88,048.00
11	余天大	¥28,550.00	¥36,327.00	¥36,374.00	¥101,251.00
12	祝之山	¥32,677.00	¥39,008.00	¥25,919.00	¥97,604.00
13	杜家明	¥37,650.00	¥26,627.00	¥28,851.00	¥93,128.00
14	孙怀才	¥28,652.00	¥34,617.00	¥38,382.00	¥101,651.00
15	周昱	¥32,375.00	¥35,701.00	¥20,287.00	¥88,363.00

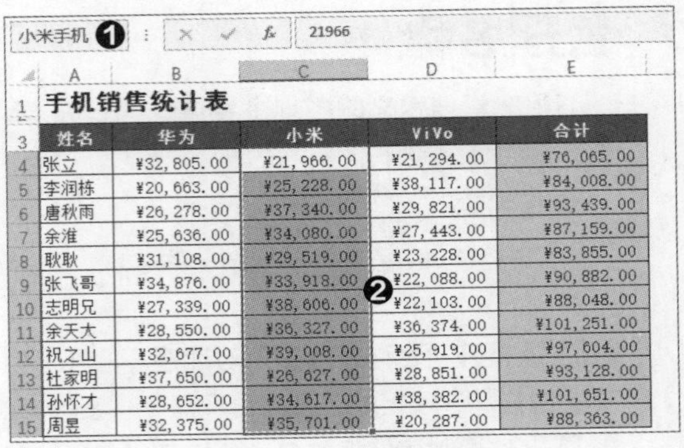

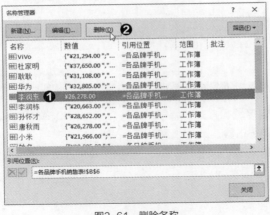

图2-60 查看编辑效果

2. 删除名称

如果不需要某名称，也可在“名称管理器”对话框中将其删除，具体操作方法如下。

Step 01 **打开“名称管理器”对话框。**打开工作表，按Ctrl+F3组合键，打开“名称管理器”对话框，选中需要删除的名称，如“李润东”❶，然后单击“删除”按钮❷，如图2-61所示。

Step 02 **确认删除名称。**弹出提示对话框，提示用户是否要删除名称，单击“确定”按钮，即可删除，如图2-62所示。

图2-61 删除名称

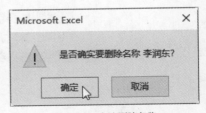

图2-62 确认删除名称

> **提示**
> 在“名称管理器”对话框中也可新建名称，单击“新建”按钮，在打开的“新建名称”对话框中设置名称和引用位置后，单击“确定”按钮即可。

3. 查看名称

用户也可以将工作簿中所有名称和引用位置导出，选择需要导出的位置，单击“定义的名称”选项组中“用于公式”下三角按钮，在列表中选择“粘贴名称”选项，打开“粘贴名称”对话框，单击“粘贴列表”按钮即可，如图2-63所示。

	A	B
16		
17	ViVo	=各品牌手机销售表!$D$4:$D$15
18	杜家明	=各品牌手机销售表!$B$13:$D$13
19	耿耿	=各品牌手机销售表!$B$8:$D$8
20	华为	=各品牌手机销售表!$B$4:$B$15
21	李润栋	=各品牌手机销售表!$B$5:$D$5
22	孙怀才	=各品牌手机销售表!$B$14:$D$14
23	唐秋雨	=各品牌手机销售表!$B$6:$D$6
24	小米	=各品牌手机销售表!$C$4:$C$15
25	姓名	=各品牌手机销售表!$B$4:$D$15
26	余淮	=各品牌手机销售表!$B$7:$D$7
27	余天大	=各品牌手机销售表!$B$11:$D$11
28	张飞哥	=各品牌手机销售表!$B$9:$D$9
29	张立	=各品牌手机销售表!$B$4:$D$4
30	志明兄	=各品牌手机销售表!$B$10:$D$10
31	周昱	=各品牌手机销售表!$B$15:$D$15
32	祝之山	=各品牌手机销售表!$B$12:$D$12

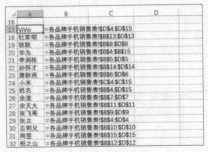

图2-63 查看名称

Chapter

03

公式的审核、错误检查

在Excel中使用公式或函数计算数据时，难免会出失误，从而产生错误值。此时，Excel提供公式审核功能可以及时帮助用户对公式进行检查。本章介绍公式的审核和错误检查。

3.1 公式的审核

在使用公式进行数据计算时，有时会出现异常情况，导致无法计算出结果，如单元格引用错误、数据格式错误等。Excel为了确保数据的准确性，提供了后台检查错误功能，可以快速准确地查找错误的根源。

3.1.1 显示公式

当用户需要查看工作表中的所有公式时，可以将公式显示，即在单元格中不显示计算结果而显示计算公式。下面介绍具体操作方法。

Step 01 启动显示公式功能。 打开"计算销售数据表"工作簿，切换至"公式"选项卡，单击"公式审核"选项组中"显示公式"按钮或者按Ctrl+'组合键，如图3-1所示。

Step 02 查看显示公式的效果。 返回工作表中，可见显示所有单元格中的公式，适当调整单元格的宽度，如图3-2所示。

> **提示**
>
> 在单元格中显示公式，除了以上操作方法外，还可以在输入公式前将单元格设置为"文本"格式，输入公式后只显示公式，而不会显示结果。若需要显示计算结果，将单元格设置为"常规"格式，然后重新激活公式结束编辑即可。

图3-1　单击"显示公式"按钮　　　　图3-2　查看效果

如果需要取消显示公式操作，在"公式审核"选项组中再次单击"显示公式"按钮即可。

3.1.2 错误检查

Excel可以后台检查错误，如果单元格中包含不符合某条规则的公式，在单元格的左上角会出一个绿色的小三角形，并且在左侧出现感叹号形状的"错误指示器"按钮。

1. 启动后台检查功能

要启用后台检查功能，也通过"Excel选项"对话框。在"公式"❶选项的右侧面板中，勾选"错误检查"选项区域中的"允许后台错误检查"复选框❷，单击"使用此

颜色标识错误"右侧的颜色按钮，在打开的颜色面板中选择合适的颜色，此处选择红色
❸。并在"错误检查规则"选项区域中勾选相应的复选框，单击"确定"按钮❹，如图
3-3所示。

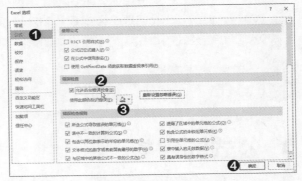

图3-3　启用后台检查功能

2. 查找并修改错误

　　在使用公式进行计算时，可能会出现小失误导致公式计算错误，此时，用户可使用
"错误检查"功能进行检查。下面介绍具体操作方法。

Step 01 **启动错误检查功能。** 打开"销售统计表"工作簿，切换至"公式"选项卡❶，在
"公式审核"选项组中单击"错误检查"按钮❷，如图3-4所示。

Step 02 **修改错误。** 打开"错误检查"对话框，显示G9单元格中公式不一致，单击"从
上部复制公式"按钮，即可将G8单元格中的公式填充至G9单元格中，如图3-5所示。

提示

如果单元格中公式错
误，当选中该单元格
时，在左侧出现下三
角按钮，单击后在列表
中选择合适的选项，就
会显示错误的原因。

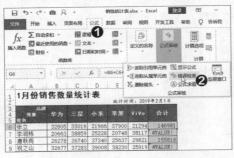

图3-4　单击"错误检查"按钮

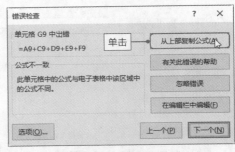

图3-5　单击"从上部复制公式"按钮

Step 03 **继续检查错误。** 上一错误修改完成后，在对话框中显示G7单元格中出错，原因
是值错误，单击"显示计算步骤"按钮，如图3-6所示。

Step 04 **显示求值。** 打开"公式求值"对话框，显示公式引用的位置，在"求值"列表框
中显示公式，可见有一个单元格的引用是错误的，如图3-7所示。

提示

如果显示错误的公式没
有问题，此时，用户可
以单击"错误检查"对
话框中的"忽略错误"
按钮。

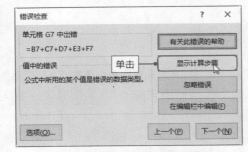

图3-6　单击"显示计算步骤"按钮

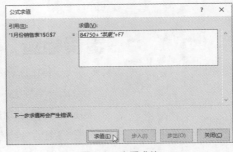

图3-7　查看求值

Step 05 **在编辑栏中修改公式**。关闭"公式求值"对话框,返回"错误检查"对话框,单击"在编辑栏中编辑"按钮,公式变为可编辑状态,在编辑栏中将E3修改为E7即可,如图3-8所示。

Step 06 **完成修改**。按照相同的方法继续修改,修改完成会弹出提示对话框,单击"确定"按钮即可,如图3-9所示。

图3-8 修改公式	图3-9 完成修改

当Excel中出现错误时,也可以使用"追踪错误"功能,即可显示该公式引用的单元格。选中出现错误值的单元格,如G7单元格,单击"公式审核"选项组中"错误检查"下三角按钮,在列表中选择"追踪错误"选项。在工作表中显示公式中所有追踪引用的单元格,使用蓝色线和箭头表示,如图3-10所示。

图3-10 追踪错误

3.1.3 查找循环引用

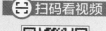

如果某个公式直接或间接引用公式所在的单元格时,它将创建循环引用,例如在D2单元格中输入"=B2+C2+D2"公式。循环引用会导致重复执行计算,从而产生错误的结果。

1. 循环引用警告消息

当打开Excel工作簿时,首次检测到循环引用时,将弹出提示对话框,显示工作簿中包含循环引用,如图3-11所示。单击"帮助"按钮可以了解循环引用的信息,单击"确定"按钮将关闭该对话框,并忽略该消息。Excel接受循环引用的公式,并显示数据0(一般情况下)。

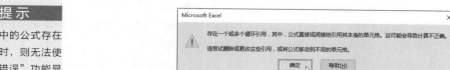

图3-11 循环引用警告消息

2. 查找并删除循环引用

工作表中包含循环的公式时，在状态栏中显示循环引用的单元格。如果循环引用位于其他工作表中而该工作表为非活动工作表，则在活动工作表的状态栏中显示"循环引用"文本，而不包含单元格的地址。

除此之外，我们还可以通过"循环引用"功能查找该公式。切换至"公式"选项卡❶，单击"公式审核"选项组中"错误检查"下三角按钮❷，在列表中选择"循环引用"选项❸，在子列表中显示循环引用的单元格，如图3-12所示。

图3-12 查找循环引用的单元格

如果循环引用的单元格所在工作表为非活动的工作表时，使用"循环引用"功能时，在列表中会显示工作簿名称+工作表名称+单元格地址，如图3-13所示。

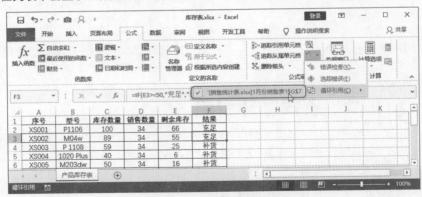

图3-13 跨工作簿查找循环引用

查找到循环引用的单元格后，对公式进行修改即可。具体修改公式的方法用户可参照2.2.3节中的内容。在本案例中G7单元格中包含循环引用的公式"=B7+C7+D7+E7+F7+G7"，只需要将公式修改为"=B8+C8+D8+E8+F8"即可。修改完循环引用的公式后，在状态栏中不再显示"循环引用"。

默认情况下循环引用在Excel中是不可用的，但是可以通过设置迭代计算的次数允许使用循环引用。还是需要在"Excel选项"对话框中启用迭代计算功能。打开"Excel选项"对话框，选择"公式"选项❶，在右侧"计算选项"选项区域中勾选"启用迭代计算"复选框❷，并设置最多迭代次数和最大误差即可❸，如图3-14所示。

提示

在介绍函数时，如果需要跨工作簿引用单元格时，输入的格式为"[工作簿名称.xlsx]工作表名称!单元格引用"。

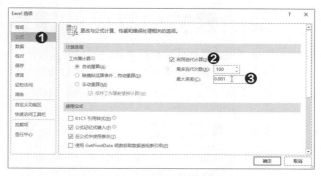

图3-14 启用迭代计算

启用迭代计算功能后,每次打开Excel工作簿,公式都会重新计算一次,并显示新的结果。当两次重新计算结果之间差值的绝对值小于或等于最大误差值,或者达到所设置的最多迭代次数时,则Excel会自动停止计算。

3.1.4 追踪公式的引用关系

扫码看视频

用户在检查公式时,首先要清楚公式中引用的单元格的从属关系,如果引用比较多时,可以使用追踪引用单元格功能。下面介绍具体的操作方法。

Step 01 **启动追踪从属单元格功能**。打开"销售统计表"工作簿,选中D8单元格❶,切换至"公式"选项卡❷,单击"公式审核"选项组中"追踪从属单元格"按钮❸,如图3-15所示。

Step 02 **查看效果**。返回工作表中,可见追踪引用的单元格的箭头指向G8和D13单元格,蓝色加点所在的单元格表示从属于G8和D13单元格,如图3-16所示。

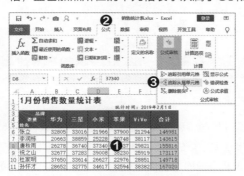

图3-15 单击"追踪从属单元格"按钮

图3-16 显示从属关系

Step 03 **启动追踪引用单元格功能**。选中G6单元格,单击"公式审核"选项组中"追踪引用单元格"按钮,将所有G6单元格中公式引用的单元格都标记出来,如图3-17所示。

图3-17 显示引用效果

3.2 解决公式中常见的错误值

使用公式或函数进行计算的过程中，用户经常会发现按Enter键后，在单元格中显示错误的信息，如#N/A!、#VALUE!、#DIV/O!和#REF!等。出现错误的原因有很多种，下面向用户介绍一些常见的错误值及其解决方法。

3.2.1 ####错误值

在单元格中输入数值型的数字、日期或时间时，如果列宽不够宽或者日期与时间公式产生一个负值时，则会显示####错误值。下面介绍出现该错误值的解决方法。

解决方法1：

适当调整列宽即可。在Excel中调整列宽的方法很多，最直接是将光标移至需要调整列宽单元格列标右侧分界线上，变为向左和向右的双向箭头时，按住鼠标左键向右拖曳至合适位置，释放鼠标左键即可，如图3-18所示。也可以选中该单元格❶，然后切换至"开始"选项卡，单击"单元格"选项组中"格式"下三角按钮❷，在列表中选择"自动调整列宽"选项❸，如图3-19所示。

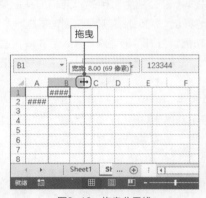

图3-18　拖曳分界线

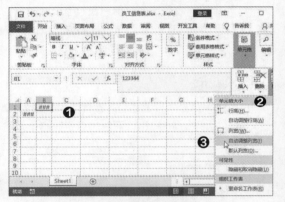

图3-19　选择"自动调整列宽"选项

解决方法2：

在执行日期和时间计算时，确保公式的正确性。现在大部分计算机使用的是1900年的日期系统，那么如果使用较早的日期或时间值减去较晚的日期与时间值则会产生####错误值。如果检查公式是正确的，而且必须要计算日期或时间之间的值时，可以设置单元格的格式为非日期或非时间格式即可。

3.2.2 #DIV/0!错误值

在输入公式时，如果被零除时，或除数引用的单元格为空时（在Excel中空白单元格被当作零值），则会显示#DIV/0!错误值。下面介绍解决的方法。

解决方法1：

将公式中为零的除数，修改为非零的值即可。

解决方法2：

在公式中除数引用为空白单元格时，修改单元格的引用或者在该单元格中输入相应的数值即可。

3.2.3 #N/A错误值

在使用函数或公式时，其中没有可用的数值时，将产生#N/A错误值。下面介绍解决的方法。

解决方法：

如果工作表中某些单元格暂时没有数值，请在这些单元格中输入"#N/A"，公式在引用这些单元格时，将不进行数值计算，而是返回#N/A，如图3-20所示。

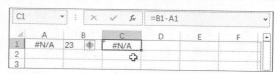

图3-20　显示#N/A错误值

3.2.4 #NUM!错误值

当函数或公式中某数字有问题时，则会产生#NUM!错误值。下面介绍解决的方法。

解决方法：

如数字太大或太小，Excel无法计算出正确的结果，此时只需要修改公式或函数中Excel无法表示的数字即可。

3.2.5 #NAME?错误值

当在公式中使用Excel不能识别的文本时，会产生#NAME?错误值，产生的原因很多，下面将详细介绍其原因和解决方法。

原因1： 使用不存在的名称，或删除正在使用的名称。

解决方法1：

首先检查在公式中使用的名称是否存在，如果不存在则为其定义对应的名称即可。切换至"公式"选项卡，单击"定义的名称"选项组中"名称管理器"按钮，在打开的"名称管理器"对话框中查看是否有需要的名称。

原因2： 使用文本时，没有输入双引号。

解决方法2：

当公式或函数中有文本参与计算时，必须使用双引号将文本括起来，如="Excel"&"2016"则返回Excel2016，如果不添加引号则返回#NAME?错误值。或者函数的名称输入错误，如图3-21所示。

C2		▼	:	✕	✓	*fx*	=couut(A1:A6)	
◢	A		B		C		D	E
1	Excel							
2		2019		◈	#NAME?			
3	2019年9月10日							
4	中文							
5								
6	未蓝文化							
7								

图3-21　显示#NAME?错误值

原因3： 在单元格区域引用时未使用冒号。

解决方法3：

在公式中使用单元格区域时必须使用冒号。

交叉参考
名称的相关知识读者可参考2.4节进行学习。

3.2.6　#VALUE!错误值

在公式中使用错误的参数或运算对象类型、公式自动更正功能不能使用时，会产生#VALUE!错误值。下面介绍解决的方法。

原因1：将数字或逻辑值误输入为文本格式。

解决方法1：

在这种情况下，Excel是不能自动将其转换为所需的数字类型，此时，需要确认公式或函数的运算符和参数正确，并且引用的单元格中包含有效数值。例如，在A1单元格中为数值型数字，B1单元格中为文本型，在C1单元格中输入"=A1+B1"公式则返回#VALUE!错误值，在C2单元格中输入"=SUM(A1:B1)"公式，则返回A1单元格中数字，因为SUM函数忽略文本，如图3-22所示。

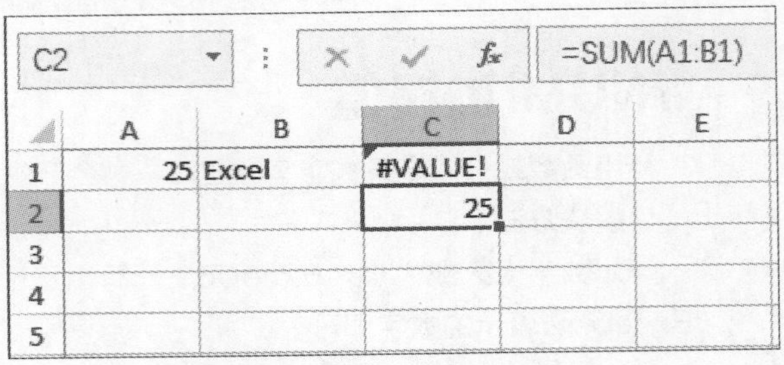

图3-22　查看效果

原因2：将单元格的引用、公式或函数作为数组常量参与计算。

解决方法2：

检查数组公式中的常量是不是单元格引用、公式或函数，如果是对其进行修改。

原因3：赋予需要单一数值的运算符或函数一个数值区域。

解决方法3：

将数值区域改为单一数值。修改数值区域，使其包含公式所在的数据行或列。

3.2.7　#REF!错误值

删除了由其他公式引用的单元格，或将移动单元格粘贴到由其他公式引用的单元格中，产生#REF!错误值。下面介绍解决的方法。

解决方法：

修改公式中引用的单元格，也可恢复删除的的单元格。

> **提示**
>
> 用户可单击快速访问工具栏中"撤销"按钮，恢复上一步的操作。

3.2.8　#NULL!错误值

当公式或函数中的区域运算符或单元格引用错误，则产生#NULL!错误值。下面介绍解决的方法。

解决方法：

更改区域的运算符，单元格区域之间使用逗号隔开。例如，输入公式"=SUM(A1:C1 A3:C3)"时，两区域之间使用空格则返回#NULL!错误值，只需将空格修改为逗号即可，因为空格表示交叉运算，对两个单元格区域交叉部分进行求和，而公式中两个区域不相交，所以显示#NULL!错误值。逗号表示联合运算，即公式中将两个单元格区域中所有数据进行求和。

Chapter
04

数组公式

对于刚接触Excel数组公式的人来说，会感觉数组是很神秘的，其实数组公式很简单。相信通过本章学习，用户会习惯使用数组公式。

数组公式就是多重运算，返回一个或多个结果。和普通公式区别在于，数组公式必须按Ctrl+Shift+Enter组合键结束，其公式被大括号括起来，而且是对多个数据同时进行计算的。

4.1 数组的类型

数组是指按行、列排列的一组数据元素的集合。在Excel中位于一行或一列上的数组称为一维数组，位于多行或多列上的数组称为二维数组。下面介绍数组的几种常见类型。

4.1.1 一维数组

数组是按行和列进行集合，所以一维数组又分为一维水平数组和一维纵向数组。它们的应用都是一样的，本节将以一维水平数组为例介绍其含义。

Step 01 **输入一维水平数组。**选择需要输入数组的单元格区域，如选中A2:E2单元格区域，然后在编辑栏中输入数组公式 "={"序号","姓名","部门","职务","基本工资"}"，输入的文本需要用英文半角状态下的双引号括起来，如图4-1所示。

Step 02 **将数据输入到对应的单元格中。**按Ctrl+Shift+Enter组合键执行计算，可见数组公式中的数据分别输入到不同的单元格中，如图4-2所示。

> ✏️ **提示**
>
> 在步骤01中，如果输入的是数字，则不需要使用双引号。

图4-1 输入数组公式

图4-2 计算数组公式

Step 03 **查看一维水平数组的效果。**选中该区域中任意单元格，则在编辑栏中均显示输入的数组公式，而且数组公式在大括号内，如图4-3所示。

> ✏️ **提示**
>
> 一维水平数组中各常量之间使用逗号隔开，而一维纵向数组的常量之间使用分号隔开。

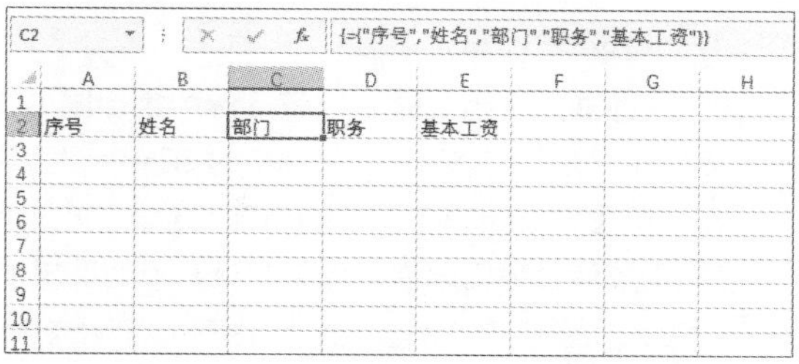

图4-3 显示数组公式

4.1.2 二维数组

二维数组的输入方法结合了一维数组的输入方法，使用逗号将一行内的常量分开，使用分号将各行分开。下面介绍二维数组的输入方法。

Step 01 **输入二维数组**。选中A3:CE5单元格区域，然后在编辑栏中输入二维数组公式"={1,"李飞","美工部","经理",3500;2,"韩梅梅","人事部","主管",3800;3,"李磊","策划部","经理",4000}"，如图4-4所示。

图4-4　输入二维数组

Step 02 **分散数据**。按Ctrl+Shift+Enter组合键执行计算，数据分别输入到指定单元格中，选中该区域中任意单元格，在编辑栏中显示相同的公式，如图4-5所示。

图4-5　分散二维数组中的数据

4.2 数组公式的计算

本节主要介绍数组公式的计算方式，根据数组的类型可分为同方向一维数组的运算、一维数组与二维数组的运算等等。下面介绍具体操作方法。

4.2.1 同方向一维数组运算

同方向一维数组之间的运算要求两个数组具有相同的尺寸，然后进行相同元素的一一对应运算。如果运算的两个数组尺寸不一致，则仅两个数组都有元素的部分进行计算，其他部分返回错误值。下面分别介绍使用一般公式计算和数组公式计算的操作方法，方便读者对比哪种计算更便捷。

在"年中大促图书销售表.xlsx"工作表中，统计出所有图书的销售总金额，现在需要计算出每本图书的销售总数量。

1. 一般公式计算

Step 01 **输入数组公式**。打开"年中大促图书销售表.xlsx"工作簿，选中F3单元格，然后输入"=C3*D3*E3"公式，按Enter键执行计算，最后将公式向下填充到F11单元格。即可计算出每本图书的销售金额，如4-6所示。

Step 02 **计算销售总量**。如果要计算所有图书的销售总金额，必须将所有图书的销售金额加起来，选中F12单元格，然后输入"=SUM(F3:F11)"公式，按Enter键执行计算，如图4-7所示。

F3 =C3*D3*E3

序号	书名	定价	折扣率	数量	销售金额
年中大促销售表					
001	Excel 公式函数图表VBA	¥69.90	25%	226	¥3,949.35
002	逆袭吧，Excel菜鸟	¥69.90	20%	250	¥3,495.00
003	逆袭吧，Word菜鸟	¥69.90	20%	468	¥6,542.64
004	逆袭吧，Office菜鸟	¥69.90	20%	446	¥6,235.08
005	逆袭吧，Photoshop菜鸟	¥69.90	25%	306	¥5,347.35
006	Photoshop CC 完全学习教程	¥68.00	25%	459	¥7,803.00
007	Photoshop CC 全能一本通	¥89.90	20%	495	¥8,900.10
008	CAD中从入门到精通	¥69.90	15%	306	¥3,208.41
009	SolidWordks从入门到精通	¥69.90	20%	459	¥6,416.82
				合计	

图4-6 计算每本图书的销售金额

F12 =SUM(F3:F11)

序号	书名	定价	折扣率	数量	销售金额
年中大促销售表					
001	Excel 公式函数图表VBA	¥69.90	25%	226	¥3,949.35
002	逆袭吧，Excel菜鸟	¥69.90	20%	250	¥3,495.00
003	逆袭吧，Word菜鸟	¥69.90	20%	468	¥6,542.64
004	逆袭吧，Office菜鸟	¥69.90	20%	446	¥6,235.08
005	逆袭吧，Photoshop菜鸟	¥69.90	25%	306	¥5,347.35
006	Photoshop CC 完全学习教程	¥68.00	25%	459	¥7,803.00
007	Photoshop CC 全能一本通	¥89.90	20%	495	¥8,900.10
008	CAD中从入门到精通	¥69.90	15%	306	¥3,208.41
009	SolidWordks从入门到精通	¥69.90	20%	459	¥6,416.82
				合计	¥51,897.75

图4-7 计算销售总金额

交叉参考

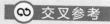

SUM函数将在6.1.1节中详细介绍。

扫码看视频

2. 数组公式计算

在“年中大促图书销售表.xlsx”工作表中选中F12单元格，然后输入“=SUM(C3:C11*D3:D11*E3:E11)”数组公式，按Ctrl+Shift+Enter组合键执行计算，即可同时计算各图书销售总金额，如图4-8所示。

F12 {=SUM(C3:C11*D3:D11*E3:E11)}

序号	书名	定价	折扣率	数量	销售金额
年中大促销售表					
001	Excel 公式函数图表VBA	¥69.90	25%	226	
002	逆袭吧，Excel菜鸟	¥69.90	20%	250	
003	逆袭吧，Word菜鸟	¥69.90	20%	468	
004	逆袭吧，Office菜鸟	¥69.90	20%	446	
005	逆袭吧，Photoshop菜鸟	¥69.90	25%	306	
006	Photoshop CC 完全学习教程	¥68.00	25%	459	
007	Photoshop CC 全能一本通	¥89.90	20%	495	
008	CAD中从入门到精通	¥69.90	15%	306	
009	SolidWordks从入门到精通	¥69.90	20%	459	
				合计	51897.75

图4-8 使用数组公式计算

实例文件

原始文件：

实例文件\第04章\原始文件\年中大促图书销售表.xlsx

最终文件：

实例文件\第04章\最终文件\数组公式计算.xlsx

通过以上实例对一般公式和数组公式的比较，可以得出，使用一般公式计算总销售金额需要两步计算才能得到结果，而采用数组公式一步即可计算出结果，两种不同方法计算的结果是一致的。在本案例中使用数组公式计算时，如果按Enter键执行计算，结果为#VALUE!错误值。

下面通过简单的数组计算介绍分析数据公式的运算原理。在图4-9中为两个数组公式，在数组运算中*就是算术运算符中的乘号，+是加号。

公式	计算过程	计算结果
{=SUM({2,3}*{4,5})}	=SUM(2*4,3*5)	23
{=SUM({2,3}+{4,5})}	=SUM(2+4,3+5)	14

图4-9 数组公式运算原理

第一个数组公式“=SUM({2,3}*{4,5})”是将两列数据每行数字相乘，将结果再相加，即2*4+3*5=23；第二个数组公式“SUM({2,3}+{4,5})”是将两列数据每行数字相加，然后将结果再相加，即(2+4)+(3+5)=14。

4.2.2 不同方向的一维数组运算

如果两个不同方向的一维数组进行运算，其中一个数组中的各数值与另一数组中的各数值分别计算，返回一个矩形阵的结果。下面介绍具体操作方法。

扫码看视频

▶ 实例文件

原始文件：
实例文件\原始文件\第
04章\每月应存款.xlsx
最终文件：
实例文件\第04章\最终
文件\不同方向一维数组
运算.xlsx

Step 01 **输入公式。** 打开"每月应存款.xlsx"工作簿，选中B5:D9单元格区域，输入"=-PMT($B$2:$D$2/12,$B$1:$D$1*12,0,$A5:$A9)"公式，其中包含两个一维水平数组和一个纵向数组，如图4-10所示。

Step 02 **计算结果。** 按Ctrl+Shift+Enter组合键执行计算，同时计算出相关数据，如图4-11所示。

图4-10　输入公式

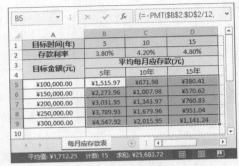

图4-11　计算结果

4.2.3 单值与一维数组的运算

单值与一维数组的运算是该值分别和数组中的各个数值进行运算，最终返回与数组同方向同尺寸的结果数组。在年中大促时，某出版社所有图书均以20%的折扣售书，下面计算各图书的折扣价格。

Step 01 **输入公式。** 打开"年中大促折扣表"工作簿，选中D3:D9单元格区域，然后输入"=C3:C9*(1-E3)"数组公式，如图4-12所示。

Step 02 **计算结果。** 按Ctrl+Shift+Enter组合键执行计算，计算出每本图书的折扣价格，如图4-13所示。

扫码看视频

✎ 提示

从输入数组公式可见使
用数组公式计算结果时，
不需要考虑单元格引用
情况。

▶ 实例文件

原始文件：
实例文件\原始文件\第04
章\年中大促折扣表.xlsx

图4-12　输入公式

图4-13　计算结果

4.2.4 一维数组与二维数组之间的运算

当一维数组与二维数组具有相同尺寸时，返回与二维数组一样特征的结果。在工作表中统计出不同型号的华为手机单价，并统计不同时期各产品的销售数量，现在需要快速计算出各手机在不同时期内的销售金额。下面介绍使用数组公式计算的方法。

Step 01 **输入公式。** 打开"不同折扣价格的销售金额.xlsx"工作表，选中G4:I35单元格区域，然后输入"=C4:C35*D4:F35"公式，其中一维数组C4:C35为各手机的单价，二维数组D4:F35为不同时期的销售数量，如图4-14所示。

Step 02 **计算结果。** 按Ctrl+Shift+Enter组合键执行计算，在选中单元格中快速计算出各型号的手机的销售金额，如图4-15所示。

扫码看视频

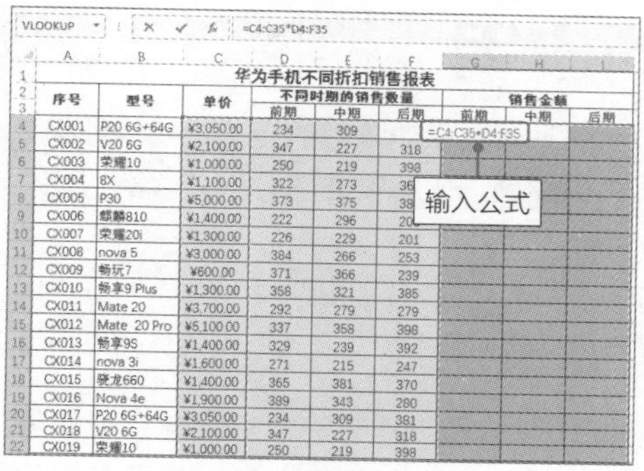

图4-14　输入公式

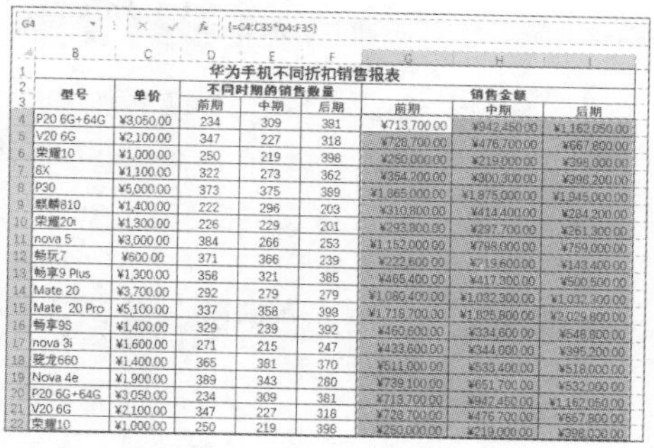

图4-15　计算结果

4.2.5　二维数组之间的运算

　　两个二维数组运算按尺寸较小的数组的位置逐一进行对应的运算，返回结果的数组和较大尺寸的数组的特性一致。

　　在统计华为手机销售报表时，统计出不同手机的折扣价格，以及不同折扣的销售数量，下面需要计算出不同折扣价格下各手机的销售金额，将使用二维数组快速计算出结果。

Step 01 **输入公式。** 打开"华为手机销售统计表.xlsx"工作表，选中J4:L35单元格区域，然后输入"=G4:I35*D4:F35"公式，在公式中包含两个二维数组，如图4-16所示。

Step 02 **计算结果。** 按Ctrl+Shift+Enter组合键执行计算，同时计算出两个二维数组相乘的结果，如图4-17所示。

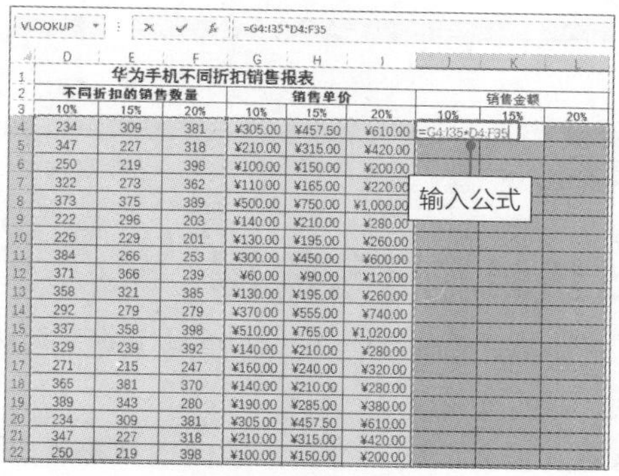

图4-16　输入公式

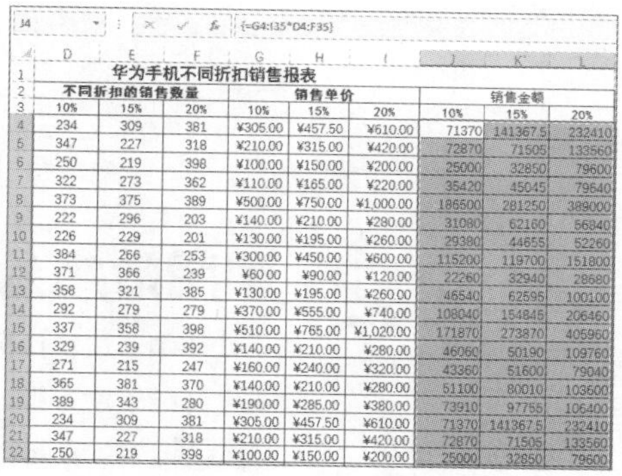

图4-17　计算结果

　　结合本节所学知识，作者总结使用数组公式的注意事项如下：

● 在输入数组公式之前，必须选择用于保存结果的单元格或单元格区域；

● 创建多个单元格数组公式时，不能更改结果中单个单元格的内容；

● 不能在多个单元格数组公式中插入单元格或删除其中部分单元格；

● 可以移动或删除整个数组公式，但是不能移动或删除部分内容。

　　如果需要修改数组公式，首先要选择数组公式所在的单元格区域，然后按F2功能键，在编辑栏中修改数组公式，最后再次按Ctrl+Shift+Enter组合键结束编辑并计算出结果。

　　如果在包含数组公式的工作表中添加了新的数据，可以扩展数组公式。首先选择需要扩展的单元格区域，然后再修改数组公式即可。

4.3 数组公式的应用

前两节介绍数组公式的基础知识和常规的运算，使用数组公式有很多优点，如运算快，不用担心单元格的引用问题。本节将介绍数组公式的应用，将所学的知识应用到现实中，下面主要以案例形式介绍。

4.3.1 判断是否需要完善信息

扫码看视频

实例文件

原始文件：
实例文件\第04章\原始文件\使用数组公式判断是否需要补全信息.xlsx
最终文件：
实例文件\第04章\最终文件\判断是否需要完善信息.xlsx

在统计人员的信息时，有的员工提供的信息不全，现在需要判断是否需要完善信息。在Excel中可以判断输入信息的单元格区域中是否有空单元格，如果有就需要完善，否则不需要。下面介绍使用数组公式快速判断。

Step 01 选择单元格并输入公式。打开"使用数组公式判断是否需要补全信息.xlsx"工作表，选中F2单元格，然后输入"=IF(AND(A2:E2<>""),"不需要","需要")"数组公式，公式中包括一维数组，如图4-18所示。

Step 02 填充公式查看判断结果。按Ctrl+Shift+Enter组合键执行计算，即可显示"不需要"文本，表示该员工的信息是完整的。然后将F2单元格中的公式向下填充至F14单元格，显示"需要"文本的表示该行员工信息不全面，如图4-19所示。

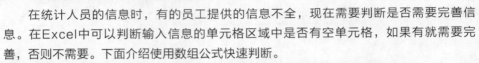

图4-18 输入数组公式　　图4-19 查看判断结果

4.3.2 利用数组公式统计前3名数据

扫码看视频

实例文件

原始文件：
实例文件\第04章\原始文件\学生成绩统计表.xlsx
最终文件：
实例文件\第04章\最终文件\利用数组公式统计前3名.xlsx

交叉参考

LARGE函数将在10.3.3节中详细介绍。

期中考试结束后，老师统计出各学生的考试总分，现在需要统计出3个最好的成绩。下面介绍使用数组公式计算的方法。

Step 01 选择单元格区域并输入公式。打开"学生成绩统计表.xlsx"工作表，选中Q3:Q5单元格区域，然后输入"=LARGE(F2:F14,{1;2;3})"公式，公式中包括一维数组和常量数组，如图4-20所示。

Step 02 查看计算结果。按Ctrl+Shift+Enter组合键执行计算，在选中单元格区域显示成绩最多的3条数据，并按照降序排序，如图4-21所示。

图4-20 输入公式　　图4-21 查看计算结果

4.3.3 利用数组公式生成工资条

财务部门将所有员工的工资统计在一张表中，在发工资时还需要将工资条给员工，如何利用工资表制作工资条呢？下面介绍利用数组公式生成工资条的方法。

Step 01 **输入公式。**打开"10月份工资表.xlsx"工作簿，其中包括"员工工资表"和"工资条"两张工作表，切换至"工资条"工作表，选中A1:F1单元格区域，输入"=CHOOSE(MOD(ROW(1:1),3)+1,"",员工工资表!$A$1:$F$1,OFFSET(员工工资表!$A$1:$F$1,INT(ROW(1:1)/3)+1,))"公式，如图4-22所示。

图4-22 输入公式

Step 02 **查看计算结果。**按Ctrl+Shift+Enter组合键，在选中区域引用"员工工资表"中的数据标题内容，如图4-23所示。

图4-23 查看计算结果

Step 03 **生成工资条。**将光标移至该单元格区域右下角，按住填充柄向下拖曳，直至所有员工的工资显示完全，然后再设置表格的边框、对齐方式、字体格式，效果如图4-24所示。

	A	B	C	D	E	F	G	H
1	编号	姓名	基本工资	岗位补贴	保险	实发工资		
2	1	朱睿豪	2500	901	87	3314		
3								
4	编号	姓名	基本工资	岗位补贴	保险	实发工资		
5	2	张亮	2800	718	81	3437		
6								
7	编号	姓名	基本工资	岗位补贴	保险	实发工资		
8	3	王波滔	2500	605	86	3019		
9								
10	编号	姓名	基本工资	岗位补贴	保险	实发工资		
11	4	许嘉一	2800	963	82	3681		

图4-24 查看工资条的效果

4.3.4　利用数组公式比较两个单元格区域不同值的个数

当用户需要比较两个区域中不同值的个数时，也可以使用数组公式快速进行计算。下面介绍具体操作方法。

Step 01 **输入公式。** 打开"气象数据.xlsx"工作簿，选中C10单元格，然后输入公式"=SUM(IF(B2:P4=B6:P8,0,1))"，如图4-25所示。

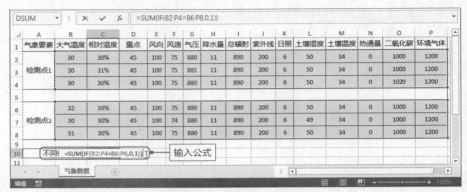

图4-25　输入公式

Step 02 **计算不同值的个数。** 按Ctrl+Shift+Enter组合键执行计算，显示两组数据有7处不同，如图4-26所示。

图4-26　计算结果

Step 03 **使用其他公式计算结果。** 选中D10单元格输入"=SUM(1*(B2:P4<>B6:P8))"公式，然后按Ctrl+Shift+Enter组合键执行计算，结果是一样的，如图4-27所示。

图4-27　计算结果

实例文件

原始文件：
实例文件\第04章\原始文件\气象数据.xlsx
最终文件：
实例文件\第04章\最终文件\利用数组公式比较两个单元格区域不同值的个数.xlsx

交叉参考

IF函数将在12.1.2节中详细介绍。

Chapter 05

函数的基础

在学习函数之前，相信很多读者提到函数都感觉好难啊！或者有些读者认为函数就是求和、平均值、最大值和最小值等。其实函数的应用很广泛，种类也很多，只要我们掌握其用法，理解它是计算什么数值的，就会很简单。

5.1 函数的概述

函数是Excel中最重要的部分，它的计算功能很强大，让很多复杂的数据瞬间计算出结果。

5.1.1 函数是什么

扫码看视频

函数是Excel中预先编好的公式，只需要在函数中输入相应的参数即可计算出结果。Excel中的函数很多，基本上可以应用到各个行业，因此学好函数可以轻松完成各项复杂的工作。

下面通过在期中考试成绩表中计算每位学生的平均值为例介绍公式与函数的区别，下面介绍具体操作。

Step 01 **使用公式计算**。打开工作表，选中I2单元格，输入计算平均分的公式为"(C2+D2+E2+F2+G2+H2)/6"，按Enter键执行计算，如图5-1所示。

Step 02 **使用函数计算**。同样选中I2单元格，输入"=AVERAGE(C2:H2)"公式，按Enter键即可计算出结果，如图5-2所示。

提示

在步骤1的公式中数字6表示统计6门功课，需要用户去数一下。而在步骤2中使用函数时，只需在函数中输入单元格区域即可。

图5-1 使用公式计算	图5-2 使用函数计算

可见使用公式计算平均值时，需要输入很长的公式，而使用函数可以将公式变短。从函数公式中可见其结构为：函数名称(参数1，参数2…)，其中函数名称是不区分大小写的，如图5-3所示。在Excel中大部分的函数都是有参数的，也有的函数是无参数的，如TODAY、NOW函数，只需要输入"=TODAY()"即可。

交叉参考

AVERAGE函数将在10.2.1节中详细介绍；PMT函数将在11.2.1节中详细介绍。

在函数计算中所需的信息被称为参数，例如，需要求和时就对Excel下指令"求和"，但Excel不知道对谁求和、求和的范围。要想正确计算出求和的结果，就需要指定求和的参数。其中参数可以是单元格引用、常量、公式或者函数。

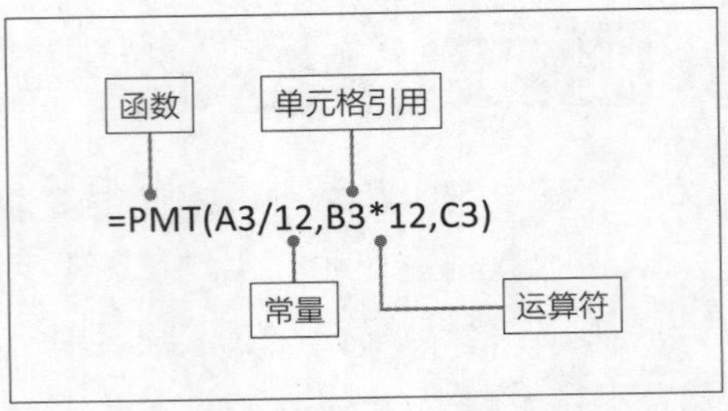

图5-3　函数的结构

5.1.2 函数的类型

在Excel中包含上百种函数，并且根据Excel的版本升级还在不断更新函数，例如在Excel 2019中新增IFS、CONCAT和TEXTJOIN等函数。本节将根据函数涉及内容和使用方法来介绍不同种类的函数。

1. 财务函数

财务函数主要用于财务领域的计算，如计算债券的利息、结算日的天数、投资的未来值，还包括固定资产折旧的相关函数。

常用的财务函数包括：FV、ACCRINT、DB、PMT、NPV、SLN等。

2. 日期与时间函数

日期与时间函数主要用于计算日期和时间，如计算两个日期间相关的天数、两个日期之间完整工作日数、计算日期的年份值。

常用的日期与时间函数包括：DATE、DAYS360、HOUR、MONTH、WEEKDAY、TODAY、YEAR等。

3. 数学与三角函数

数学与三角函数主要用于计算数据，如求和、求绝对值、向下取整数、计算两数值相除的余数、对数据列表的分类汇总等。

常用的数学与三角函数包括：INT、MOD、RAND、SUMIF、SUM、SUBTOTAL、PRODUCT、ROUND等。

4. 统计函数

统计函数用于对数据区域时行统计分析，如求平均值、求最大值、求最小值、统计个数、返回数据组中第n 个最小值等。

常用的统计函数包括：MAX、AVERAGE、RAND、SUMIF、RANK、SMLL等。

5. 查找与引用函数

查找与引用函数用于在数据区域中查找指定的数值或是查找某单元格的引用，如根据给定的索引值，从参数串中选出相应值或操作时，可以使用CHOOSE；以指定的引用为参照系，通过给定偏移量返回新的引用时，可以使用OFFSET。

常用的查找与引用函数包括：ADDRESS、HLOOKUP、INDEX、LOOKUP、ROW、MATCH、VLOOKUP等。

6. 文本函数

文本函数主要用于处理文字串，如将多个文本字符合并为一个、返回字符串在另一个字符串中的起始位置、从字符串指定位置返回某长度的字符。

常用的文本函数包括：CONCATENATE、FIND、LEFT、LEN、MID、TEXT、CLEAN、REPLACE、RIGHT等。

交叉参考

财务函数将在第11章详细介绍；日期与时间函数将在第7章详细介绍；数学与三角函数将在第6章详细介绍；统计函数将在第10章详细介绍；查找与引用函数将在第9章详细介绍；逻辑函数、信息函数和数据库函数将在第12章详细介绍。

7. 逻辑函数

逻辑函数主要用于真假值的判断，如判断是否满足条件并返回不同的值、判断所有参数是否为真返回TRUE。

常用的逻辑函数包括：AND、OR、TRUE、FALSE、IF、NOT等。

8. 数据库函数

数据库函数主要用于分析数据清单中的数值是否符合指定条件，如返回满足给定条件的数据库中记录的字段中数据的最大值。

常用的数据库函数包括：DAVERAGE、DMAX、DSUM、DPRODUCT等。

9. 信息函数

信息函数主要用于确定单元格内数据的类型以及错误值的种类，如确定数字是否为奇数、检测值是否为#N/A。

常用的信息函数包括：CELL、INFO、ISERR、TYPE等。

10. 工程函数

工程函数主要用于工程分析，如将二进制转换为十进制、返回复数的自然对数等。

常用的工程函数包括：BIN2DEC、COMOLEX、ERF、IMCOS等。

11. 加载宏和自动化函数

为了利用外部数据库而设置的函数，也包含将数值换算成欧洲单位的函数。

其常用函数包括：EUROCONVERT、SQL、REQUEST等。

5.2 函数的输入

在了解函数的基本结构和类型后，开始尝试使用函数计算数据。当然第一步必须学会如何输入函数，当我们对函数比较熟悉时，可以直接输入函数和参数并计算；当对函数不是很了解时，可以通过"插入函数"对话框查找函数，并根据引导输入参数来计算出结果。

5.2.1 直接输入函数

直接输入函数时不需要过多的操作，只需输入函数和相关参数，然后按Enter键即可。但是用户必须熟悉该函数的名称以及各项参数。下面以SUM函数为例介绍直接输入函数的方法。

Step 01 **输入等号和函数名称。** 打开"学生成绩统计表.xlsx"工作簿，选中F2单元格，然后输入"=SUM"，如图5-4所示。

Step 02 **输入括号和参数。** 然后输入英文状态下小括号，在括号内输入计算的单元格区域，如(C2:H2)，如图5-5所示。在输入函数的参数时，一定注意单元格的引用和运算符的使用。

Step 03 **计算结果。** 公式输入完成后，按Enter键执行计算，即在F2单元格中显示结果，然后将F2单元格中的公式填充至表格结尾即可，如图5-6所示。

在步骤1中输入函数时，会显示开头输入相同内容的相关函数，从列表中选择也可以。如果不显示相关函数，用户需要打开"Excel选项"对话框，在"公式"选项卡的"使用公式"区域勾选"公式记忆式键入"复选框即可，如图5-7所示。

图5-4　输入函数名称　　　　　　　　图5-5　输入参数

图5-6　计算结果　　　　　　　　　　图5-7　勾选"公式记忆式键入"复选框

5.2.2　通过对话框输入函数

如果不是很确定函数的用法，或者不清楚函数参数的顺序时，可以通过对话框输入函数，如"插入函数"或"函数参数"对话框。下面将详细介绍函数的输入方法。

1. 通过"插入函数"对话框输入

用户对插入的函数不是很了解时，可使用"插入函数"对话框输入，根据提示的向导逐步输入数据，可保证正确率。下面以文本函数REPLACE为例介绍具体操作方法。

Step 01 打开"插入函数"对话框。打开"员工信息表.xlsx"工作簿，选中F2单元格，切换至"公式"选项卡，单击"函数库"选项组中"插入函数"按钮，如图5-8所示。

Step 02 选择函数。打开"插入函数"对话框，单击"或选择类别"下三角按钮，在列表中选择"文本"选项，在"选择函数"选项框中选择REPLACE函数，单击"确定"按钮，如图5-9所示。

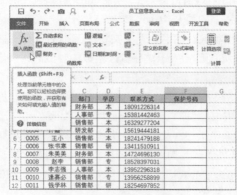

图5-8　单击"插入函数"按钮

图5-9　选择REPLACE函数

Step 03 **输入参数**。打开"函数参数"对话框，然后输入对应的参数，或者单击文本框右侧折叠按钮，在表格选中对应的单元格，在文本框的右侧显示引用单元格的内容，单击"确定"按钮，如图5-10所示。

Step 04 **计算结果**。返回工作表中，可见在F2单元格中显示替换文本的效果，在编辑栏中显示计算公式。将公式向下填充至F14单元格区域，如图5-11所示。

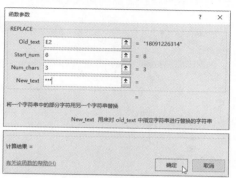

图5-10　输入参数　　　　图5-11　计算结果

2. 通过"函数参数"对话框输入函数

如果用户知道函数的类别，可以在"函数库"中直接选择该函数，即可在打开的"函数参数"对话框中输入参数。下面通过计算应付利息介绍具体操作方法。

Step 01 **选择函数**。打开"证券利息.xlsx"工作簿，选中D4单元格，切换至"公式"选项卡，单击"函数库"选项组中"财务"下三角按钮，在列表中选择ACCRINT函数，如图5-12所示。

Step 02 **输入参数**。打开"函数参数"对话框，在参数文本框中输入引用的单元格，在对话框下方显示计算的结果，单击"确定"按钮，如图5-13所示。

图5-12　选择ACCRINT函数　　　　图5-13　输入参数

Step 03 **查看计算结果**。返回工作表中即可在D4单元格中显示计算结果，在编辑栏中显示计算公式，如图5-14所示。

证券发行日	计息日	成交日	利息
2019-4-25	2019-5-1	2020-5-1	5%
证券金额	年付息次数	年基准	应付利息
¥50,000.00	1	3	¥2,293.15

图5-14　查看计算结果

如果用户对函数不了解，但是必须使用函数计算时，可以通过关键字搜索函数。在"插入函数"对话框的"搜索函数"文本框中输入关键字，如"计数"，单击"转到"按钮，即可在"选择函数"列表框中显示关于计数的所有函数，如图5-15所示。

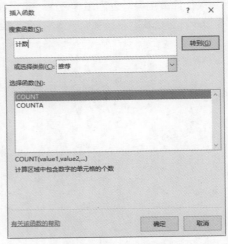

图5-15　搜索函数

5.3 函数的修改

函数输入后，用户可以根据需要对其进行修改，如修改函数名称或参数等。除此之外，还可以对函数公式进行复制、删除、填充、隐藏等，与2.2节中介绍的公式操作类似。

5.3.1 修改函数

修改函数主要包括修改函数名称和其参数。在"相机年度销售统计表.xlsx"中将计算年度销售总额的公式修改为佳能相机年度销售总额。下面介绍修改函数的具体操作方法。

Step 01 函数进入可编辑状态。打开"相机年度销售统计表.xlsx"工作簿，选中M3单元格，将光标定位在编辑栏中的公式上并单击，此时函数公式进入可编辑状态，如图5-16所示。

Step 02 修改函数名称和参数。然后在编辑栏中将SUM修改为SUMIF，再修改参数，最终函数公式为"=SUMIF(A3:A30,"佳能",L3:L30)"，如图5-17所示。

图5-16　函数进入可编辑状态　　　　图5-17　修改函数名称和参数

Step 03 **重新执行计算。** 修改完成后，按Enter键执行计算，然后修改对应的标题，如图5-18所示。

M3			f_x	=SUMIF(A3:A30,"佳能",L3:L30)	

	H	I	J	K	L	M
1			销售金额		各产品销售总额	佳能年度销售总额
2	第一季度	第二季度	第三季度	第四季度		
3	¥3,164,128.00	¥1,973,136.00	¥3,421,880.00	¥3,093,024.00	¥11,652,168.00	¥94,663,892.00
4	¥1,898,848.00	¥1,333,584.00	¥1,882,384.00	¥1,245,776.00	¥6,360,592.00	
5	¥1,826,400.00	¥1,388,064.00	¥1,747,256.00	¥1,905,544.00	¥6,867,264.00	
6	¥991,872.00	¥747,264.00	¥588,672.00	¥873,600.00	¥3,201,408.00	
7	¥9,760,344.00	¥7,367,312.00	¥8,442,832.00	¥7,851,296.00	¥33,421,784.00	
8	¥2,944,256.00	¥5,208,000.00	¥5,027,456.00	¥4,860,800.00	¥18,040,512.00	
9	¥1,447,644.00	¥997,000.00	¥1,072,772.00	¥857,420.00	¥4,374,836.00	
10	¥620,793.00	¥803,732.00	¥1,178,607.00	¥827,724.00	¥3,430,856.00	
11	¥1,219,760.00	¥707,152.00	¥728,768.00	¥1,182,704.00	¥3,838,384.00	
12	¥748,748.00	¥758,912.00	¥1,006,236.00	¥962,192.00	¥3,476,088.00	
13	¥855,360.00	¥1,477,440.00	¥1,458,000.00	¥1,279,152.00	¥5,069,952.00	

Sheet1

就绪 100%

图5-18 计算结果

5.3.2 删除、复制和隐藏函数

函数的删除、复制和隐藏操作和2.2节介绍的公式的相关操作是一样，请参照其操作方法，此处不再赘述。

5.4 嵌套函数

嵌套函数是将一个函数作为另一个函数的参数使用。使用嵌套函数时，返回值的类型是和最外层函数的参数类型相符的。嵌套函数的结构如图5-19所示。

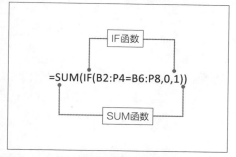

图5-19 嵌套函数的结构

下面以根据身份证号码计算员工性别为例，介绍嵌套函数的使用方法，具体操作如下。

Step 01 **打开"插入函数"对话框。** 打开"员工档案.xlsx"工作簿，选中G2单元格，然后单击编辑栏左侧"插入函数"按钮，如图5-20所示。

Step 02 **选择IF函数。** 打开"插入函数"对话框，在"或选择类别"列表中选择"逻辑"选项，在"选择函数"选项框选择IF函数，单击"确定"按钮，如图5-21所示。

实例文件

原始文件：
实例文件\第05章\原始
文件\员工档案.xlsx
最终文件：
实例文件\第05章\最终
文件\嵌套函数.xlsx

图5-20 单击"插入函数"按钮　　　　　　图5-21 选择IF函数

提示

在身份证号码中，第17
位数字为偶数时则表示
性别为女，为奇数时则
表示性别为男。

Step 03 设置IF函数的参数。打开"函数参数"对话框，在Logical_test文本框中输入
"MOD(MID(F2,17,1),2)"，在Value_if_true文本框中输入"'男'"，在Value_if_flase
文本框中输入"'女'"，单击"确定"按钮，如图5-22所示。

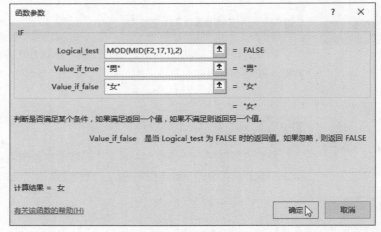

图5-22 输入参数

Step 04 计算结果并填充公式。返回工作表中，可见G2单元格计算出员工性别，在编辑
栏中显示计算函数公式，然后将公式填充到表格结尾，如图5-23所示。

交叉参考

MID函数将在8.3.3节中
详细介绍。

	A	B	C	D	E	F	G	H
1	编号	姓名	部门	学历	联系方式	身份证号	性别	
2	0001	朱睿豪	财务部		18091226314	111692199409092407	女	
3	0002	张亮	人事部	专	15381442463	295990199711128638	男	
4	0003	王波澜	销售部		16329277204	583324199203021315	男	
5	0004	许嘉一	研发部	本	15619444181	336611199311235439	男	
6	0005	王小	销售部		18241479188	194208199405283553	男	
7	0006	张书寒	销售部	研	13411510911	690468199608262709	女	
8	0007	朱美美	销售部	本	14724696130	679552198902171752	男	
9	0008	赵李	销售部	专	18528397031	473833198711072899	男	
10	0009	李志强	人事部	本	13952296318	463808198612183283	女	
11	0010	逄赛必	销售部	专	13956258899	335845199107237885	女	
12	0011	钱学林	销售部	研	18254697852	364013198902285619	男	
13	0012	史再来	财务部		15654586987	289530199607091337	男	
14	0013	明春秋		本	18425635684	291592199111117635	男	

图5-23 查看计算结果

数学和三角函数

在使用Excel工作表时，经常需要进行各种数学运算，计算方法有很多种，但是最快捷、最准确的是使用数学与三角函数。数学与三角函数共包括70多个函数，如求和函数、四舍五入函数、乘幂函数、指数函数以及正余弦函数等。

6.1 求和函数

提到数学和三角函数时，相信很多用户首先想到的就是求和函数，对数据进行求和计算也是工作和生活中应用最广泛的。本节主要介绍求和以及有条件的求和函数，如SUM、SUMIF、SUMIFS、SUMPRODUCT和SUBTOTAL等函数。

6.1.1 SUM函数

🔄 扫码看视频

≫ 实例文件

原始文件：
实例文件\第06章\原始文件\学生成绩统计表.xlsx
最终文件：
实例文件\第06章\最终文件\SUM函数.xlsx

SUM函数是Excel中比较常见的函数之一，主要用于计算数据并求和。下面详细介绍该函数的功能和用法。

SUM函数返回单元格区域中数字、逻辑值以及数字的文本表达式的之和。

表达式：SUM(number1,number2, ...)

参数含义：number1和number2表示需要进行求和的参数，参数的数量最多为255个，该参数可以是单元格区域、数组、常量、公式或函数。

EXAMPLE 计算学生总成绩

下面以计算学生成绩为例介绍SUM函数的应用，首先计算每位学生的总成绩，然后再计算所有语文和英语的总成绩。

Step 01 输入求和公式。打开"学生成绩统计表.xlsx"工作簿，选中F2单元格，然后输入"=SUM(C2:E2)"公式，表示对C2:E2单元格区域内数据求和，如图6-1所示。

Step 02 向下填充公式。按Enter键执行计算，可见在F2单元格中计算出该名学生的成绩总分，然后将公式向下填充至F14单元格，即可计算出每位学生的总成绩，如图6-2所示。

	A	B	C	D	E	F
1	编号	姓名	语文	数学	英语	总分
2	0001	朱睿豪	86	128	=SUM(C2:E2)	
3	0002	张亮	114	111	98	
4	0003	王波澜	113	83	80	
5	0004	许嘉一	130	103		
6	0005	王小	81	114	114	
7	0006	张书寒	122	86	109	
8	0007	朱美美	108	150	110	
9	0008	赵李	88	98	85	
10	0009	李志强	129	87	103	
11	0010	逄赛必	134	145	83	
12	0011	钱学林	90	133	108	
13	0012	史再来	139	95	105	
14	0013	明春秋	116	126	101	

输入公式

图6-1　输入公式

	A	B	C	D	E	F
1	编号	姓名	语文	数学	英语	总分
2	0001	朱睿豪	86	128	83	297
3	0002	张亮	114	111	98	323
4	0003	王波澜	113	83	80	276
5	0004	许嘉一	130	103	106	339
6	0005	王小	81	114	114	309
7	0006	张书寒	122	86	109	317
8	0007	朱美美	108	150	110	368
9	0008	赵李	88	98	85	271
10	0009	李志强	129	87	103	319
11	0010	逄赛必	134	145	83	362
12	0011	钱学林	90	133	108	331
13	0012	史再来	139	95	105	339
14	0013	明春秋	116	126	1	343

填充公式

图6-2　向下填充公式

Step 03 **计算所有学生语文和英语总分**。选中F15单元格，打开"插入函数"对话框，选择SUM函数❶，单击"确定"按钮❷，如图6-3所示。

Step 04 **输入参数**。打开"函数参数"对话框，在Number1文本框中输入"C2:C14"❶，在Number2文本框中输入"E2:E14"❷，单击"确定"按钮❸，如图6-4所示。

图6-3　选择SUN函数

图6-4　输入参数

Step 05 **计算结果**。返回工作表中可见计算出语文和英语的总分，在编辑栏中可查看计算公式，如图6-5所示。

编号	姓名	语文	数学	英语	总分
0001	朱睿豪	86	128	83	297
0002	张亮	114	111	98	323
0003	王波澜	113	83	80	276
0004	许嘉一	130	103	106	339
0005	王小	81	114	114	309
0006	张书寨	122	86	109	317
0007	朱美美	108	150	110	368
0008	赵李	88	98	85	271
0009	李志强	129	87	103	319
0010	逄骞必	134	145	83	362
0011	钱学林	90	133	108	331
0012	史再来	139	95	105	339
0013	明春秋	116	126	101	343
			语文和英语总分		2735

图6-5　计算结果

在Excel中对于求和的方式有很多种，除了上述介绍的使用SUM函数进行求和外，还可以使用"自动求和"功能。在本案例中计算每位学生的总成绩时，选中C2:F14单元格区域❶，此处一定要选择求和结果的区域。切换至"开始"选项卡❷，单击"编辑"选项组中"自动求和"按钮❸，即可快速计算结果，如图6-6所示。

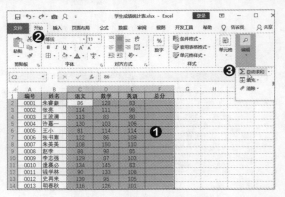

图6-6　使用"自动求和"功能

6.1.2

SUMIF和SUMIFS函数

　　SUM函数是将引用的所有数据进行求和，SUMIF和SUMIFS函数是对引用的数据中满足条件的数据进行求和，SUMIF函数为单条件求和，SUMIFS函数为多条件求和，下面介绍这两个函数的功能和应用。

1. SUMIF函数

　　SUMIF函数用于对指定数据区域中满足条件的数值进行求和。

　　表达式：SUMIF(range,criteria,sum_range)

　　参数含义：range表示根据条件计算的区域；criteria表示求和条件，其形式可以为数字、逻辑表达式、文本等，当为文本条件或含有逻辑或数学符号的条件必须使用双引号；sum_range 表示实际求和的区域，如果省略该参数，则条件区域就是实际求和区域。

EXAMPLE 统计不同性别的数学总成绩和总分

Step 01 **计算所有男生的数学总分。**打开"期中考试成绩表.xlsx"工作簿，选中M2单元格，打开"插入函数"对话框，选择SUMIF函数❶，单击"确定"按钮❷，如图6-7所示。

Step 02 **输入参数。**打开"函数参数"对话框，在Range文本框中输入"$C$2:$C$13"❶，在Criteria文本框中输入"L2"❷，在Sum_range文本框中输入"$E$2:$E$13"❸，单击"确定"按钮❹，如图6-8所示。

提示

SUMIF函数中参数需要说明以下几点。

1.Criteria参数可以使用通配符，如?和*。如果需要查找问号或星号，可在该字符前添加波形符号~。

2. SUMIF 函数匹配超过 255 个字符的字符串时，将返回不正确的结果 #VALUE!。

3. sum_range 参数与 range 参数的大小和形状可以不同。

图6-7 选择函数

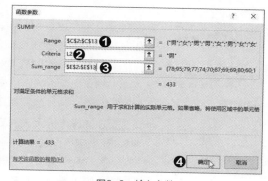

图6-8 输入参数

实例文件

原始文件：
实例文件\第06章\原始文件\期中考试成绩表.xlsx
最终文件：
实例文件\第06章\最终文件\SUMIF函数.xlsx

Step 03 **计算所有男生总分之和。**选中N2单元格，根据步骤2中的参数输入公式"=SUMIF($C$2:$C$13,L2,$I$2:$I$13)"，按Enter键执行计算，如图6-9所示。

图6-9 输入公式

Step 04 **计算女生的数据。**选中M2:N2单元格区域,然后将公式向下填充,分别计算出所有女生的数学和总分之和,如图6-10所示。

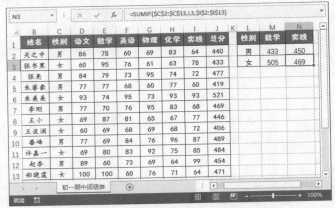

图6-10 查看计算结果

2. SUMIFS函数

SUMIFS函数表示在指定的数据范围内对满足多条件的数据进行求和。

表达式:SUMIFS(sum_range, criteria_range1, criteria1, criteria_range2, criteria2, ...)

参数含义:sum_range表示用于条件计算求和的单元格区域;criteria_range1表示条件的第一个区域;criteria1表示第一个区域需要满足的条件;criteria_range2表示条件的第二个区域;criteria2表示条件2。criteria_range和criteria是成对出现的,最多允许127对区域和条件。

EXAMPLE 统计满足条件的总分之和

某商场统计了各品牌手机销量后,需要提取相关数据进行分析,如计算单价大于2000的华为手机的销售总金额以及小米手机销量在200以上的销售总金额。从条件来看都是大于1个条件的,需要使用SUMIFS函数。

Step 01 **计算单价大于2000的华为手机销售总金额。**打开"手机销售统计表.xlsx"工作簿,在表格下面输入条件,选中F24单元格,打开"插入函数"对话框,选择SUMIFS函数❶,单击"确定"按钮❷,如图6-11所示。

Step 02 **输入参数。**打开"函数参数"对话框,然后在文本框中输入对应的参数❶,单击"确定"按钮❷,即可计算出满足条件的结果,如图6-12所示。

图6-11 选择SUMIFS函数

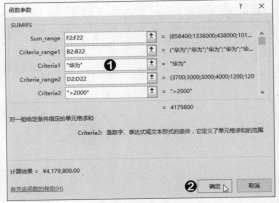

图6-12 输入参数

Step 03 小米手机销量大于200的销售总金额。选择F25单元格，然后输入"=SUMIFS(F2:F22,B2:B22,"小米",E2:E22,">200")"公式，按Enter键执行计算，查看计算结果，如图6-13所示。

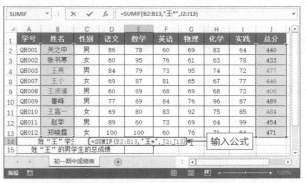

图6-13 计算小米手机销售大于200的销售总金额

使用SUMIF和SUMIFS函数进行求和时，其criteria参数都可以使用通配符。下面介绍使用通配符进行求和的操作方法。

Step 01 计算姓"王"学生的总成绩。打开"期中考试成绩表.xlsx"工作簿，在表格下面输入条件，选中E14单元格，输入"=SUMIF(B2:B13,"王*",J2:J13)"公式，按Enter键执行计算，为突出结果将本次执行计算的单元格标记为红色，如图6-14所示。

图6-14 输入公式

Step 02 修改公式中的通配符。选中F14单元格，然后输入公式"=SUMIF(B2:B13,"王?",J2:J13)"，将星号改为问号，按Enter键执行计算，并比较两次计算结果的不同，如图6-15所示。

图6-15 修改公式

Step 03 计算姓"王"的男学生的总成绩。选择E15单元格，然后输入"=SUMIFS (J2:J13,B2:B13,"王*",C2:C13,"男")"公式，按Enter键执行计算，查看计算结果，如图6-16所示。

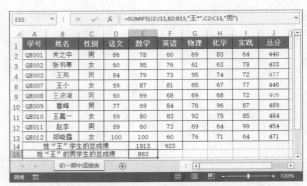

图6-16 输入公式计算结果

6.1.3 SUMPRODUCT函数

SUMPRODUCT函数相应的数组或区域乘积之和。

表达式：SUMPRODUCT(array1,array2,array3, ...)

参数含义：array1,array2,array3, ...表示数组，其相应元素需要进行相乘并求和，最多为255个，其中各参数的数组必须有相同的维度，否则返回错误的值。

EXAMPLE 计算采购统计表中相关数据

商场为了十一促销打算采购一批相机，现在需要根据采购统计的数据进行分析计算，如计算总采购金额、相机采购的次数等。下面介绍使用SUMPRODUCT函数计算出相应结果的方法。

Step 01 输入公式计算采购的总金额。打开"采购统计表.xlsx"工作簿，完善表格，选中I3单元格，打开"插入函数"对话框，选择SUMPRODUCT函数❶，单击"确定"按钮❷，如图6-17所示。

Step 02 输入参数计算的数组参数。打开"函数参数"对话框，输入相应的数组参数❶，单击"确定"按钮❷，如图6-18所示。

图6-17 输入公式

图6-18 输入参数

Step 03 验证计算结果。然后选中I3单元格并输入"=SUM(G2:G46)"公式，按Enter键执行计算，可见两次计算结果是一致的，如图6-19所示。

Step 04 **计算佳能单反相机采购次数。** 选中I7单元格，然后输入公式"=SUMPRODUCT((B2:B46="佳能")*(C2:C46="单反"))"，按Enter键执行计算，结果为12次，如图6-20所示。

图6-19　验证计算结果

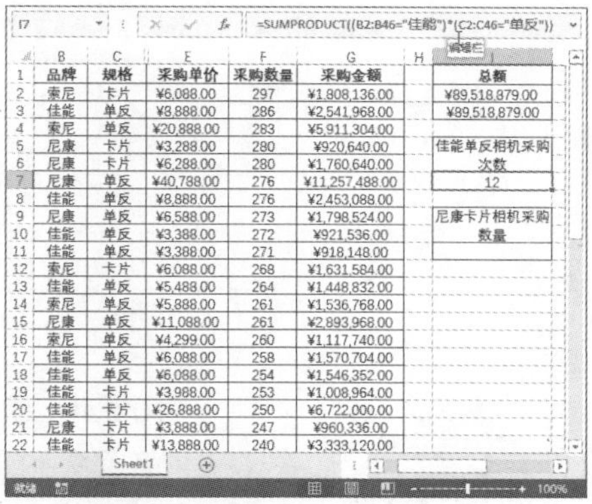

图6-20　输入公式

Step 05 **计算尼康卡片相机的采购数量。** 选中I11单元格，然后输入公式"=SUMPRODUCT((B2:B46="尼康")*(C2:C46="卡片"),F2:F46)"，按Enter键执行计算，即可计算出采购数量，如图6-21所示。

图6-21　计算结果

提示

在步骤5中当同时满足(B2:B46="尼康")*(C2:C46="卡片")时则返回1，与F2:F46单元格区域中对应的数值相乘，即计算出总数量。

6.1.4 SUBTOTAL函数

SUBTOTAL函数返回列表或数据库中的分类汇总。

表达式：SUBTOTAL(function_num,ref1,ref2, …)

参数含义：function_num 表示1 到 11（包含隐藏值）或 101 到 111（忽略隐藏值）之间的数字，指定使用何种函数在列表中进行分类汇总计算。ref表示要对其进行分类汇总计算的第1至29个命名区域或引用，该参数必须是对单元格区域的引用。

下面介绍function_num参数的取值和说明，如表6-1所示。

提示

Excel中分类汇总功能就是根据SUBTOTAL函数的原理进行汇总的。对数据进行分类汇总后，选择汇总数据，在编辑栏中可以查看SUBTOTAL函数公式。

表6-1　function_num参数

值（包含隐藏值）	值（忽略隐藏值）	函数	函数说明
1	101	AVERAGE	计算平均值
2	102	COUNT	统计非空值单元格计数
3	103	COUNTA	统计非空值单元格计数（包括字母）
4	104	MAX	计算最大值

（续表）

值（包含隐藏值）	值（忽略隐藏值）	函数	函数说明
5	105	MIN	计算最小值
6	106	PRODUCT	计算乘积
7	107	STDEV	计算标准偏差（忽略逻辑值和文本）
8	108	STDEVP	计算标准偏差值
9	109	SUM	求和
10	110	VAR	计算给定样本的方差
11	111	VARP	计算整个样本的总体方差

扫码看视频

实例文件

原始文件：
实例文件\第06章\原始文
件\手机销售统计表.xlsx
最终文件：
实例文件\第06章\最终
文件\SUBTOTAL函
数.xlsx

EXAMPLE 使用SUBTOTAL函数统计筛选后的金额

对各品牌手机统计出销售金额后，需要通过筛选数据，并统计筛选后数据的销售金额。同时在本案例中比较一下SUBTOTAL和SUM函数的计算结果。

Step 01 启用冻结首行。打开"手机销售统计表.xlsx"工作簿，该工作表中数据很多，所以通过冻结首行的方法显示底部内容。选中任意单元格❶，然后切换至"视图"选项卡，单击"窗口"选项组中"冻结窗格"下三角按钮❷，在下拉列表中选择"冻结首行"选项❸，如图6-22所示。

Step 02 输入公式。在D24:F26单元格区域，完善表格，主要能体现function_num参数取值不同，结果是否一致。在F24单元格中输入"=SUBTOTAL(9,F2:F22)"公式，对销售金额进行求和，求和时包含隐藏的值，如图6-23所示。

图6-22　冻结首行

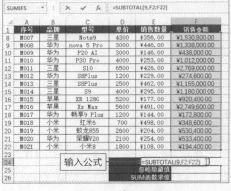

图6-23　输入公式

提示

步骤2中Function_
num参数是9表示包含
隐藏的值并进行求和；
步骤3中该参数为109表
示忽略隐藏的值并进行
求和。

Step 03 输入忽略隐藏值公式。选中F25单元格，然后输入"=SUBTOTAL(109,F2:
F22)"公式，如图6-24所示。

图6-24　输入公式

Step 04 输入SUM函数公式。然后在F25单元格中输入“=SUM(F2:F22)”公式，按Enter键执行计算，可见3个数值是一样的，如图6-25所示。

Step 05 隐藏部分行。选中14-16行后单击鼠标右键，在快捷菜单中选择“隐藏”命令，如图6-26所示。

> **提示**
> 本实例是以求和为例介绍函数的应用，用户也可采用其他计算方式进行同类运算。

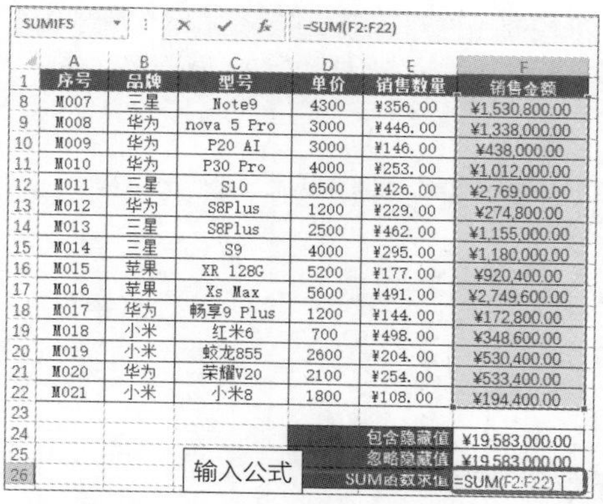

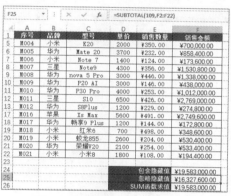

图6-25 输入公式

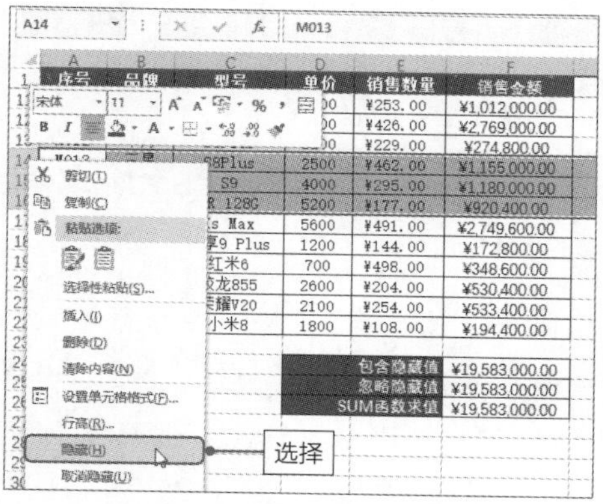

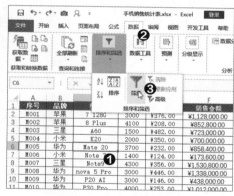

图6-26 隐藏部分行

Step 06 比较计算结果。返回工作表中，可见忽略隐藏值的结果发生变化，因为隐藏部分的数值没有参与计算，如图6-27所示。

Step 07 启动“筛选”功能。选中表格内任意单元格❶，然后切换至“数据”选项卡❷，单击“排序和筛选”选项组中“筛选”按钮❸，如图6-28所示。

> **提示**
> “筛选”功能是Excel中比较常用的功能之一，可以对文本、数值、日期等数据类型进行筛选。可以方便地筛选出用户需要的数据。

图6-27 忽略隐藏值的结果发生变化

图6-28 单击“筛选”按钮

Step 08 筛选出“华为”和“三星”的数据。此时工作进入筛选模式，在每列标题右侧显示下三角按钮，单击“品牌”下三角按钮❶，在列表中勾选“华为”和“三星”复选框❷，单击“确定”按钮❸，如图6-29所示。

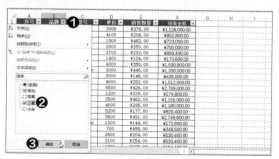

图6-29 勾选相应的复选框

Step 09 **比较结果。**从结果可见SUBTOTAL对筛选后的数据进行汇总求和，而SUM函数是对所有数据进行求和，如图6-30所示。第一列的序号比较乱，下面介绍如何使用SUBTOTAL函数生成连续的序号。

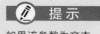

Step 10 **设置序号为连续。**再次单击“品牌”下三角按钮，在列表中勾选“全选”筛选框，然后单击“确定”按钮即可取消筛选。在A2单元格中输入“=SUBTOTAL(3,B$1:B2)-1”公式，并填充至A22单元格，设置序号区域的单元格格式，如图6-31所示。

> 提示
>
> 步骤10中的公式采用SUBTOTAL函数的第3种统计方法，统计B1:B2区域中非空单元格的个数，然后减去1就是本单元格的序号。

F25　=SUBTOTAL(109,F2:F22)

	A	B	C	D	E	F
1	序号	品牌	型号	单价	销售数量	销售金额
4	M003	三星	A60	1500	¥482.00	¥723,000.00
6	M005	华为	Mate 20	3700	¥232.00	¥858,400.00
8	M007	三星	Note9	4300	¥356.00	¥1,530,800.00
9	M008	华为	nova 5 Pro	3000	¥446.00	¥1,338,000.00
10	M009	华为	P20 AI	3000	¥146.00	¥438,000.00
11	M010	华为	P30 Pro	4000	¥253.00	¥1,012,000.00
12	M011	三星	S10	6500	¥426.00	¥2,769,000.00
13	M012	华为	S8Plus	1200	¥229.00	¥274,800.00
14	M013	三星	S8Plus	2500	¥462.00	¥1,155,000.00
15	M014	三星	S9	4000	¥295.00	¥1,180,000.00
18	M017	华为	畅享9 Plus	1200	¥144.00	¥172,800.00
21	M020	华为	荣耀V20	2100	¥254.00	¥533,400.00
23						
24					包含隐藏值	¥11,985,200.00
25					忽略隐藏值	¥11,985,200.00
26					SUM函数求值	¥19,583,000.00

图6-30　比较结果

SUMIFS　=SUBTOTAL(3,B$1:B2)-1

	A	B	C	D	E
1	序号	品牌	型号	单价	销售数量
2	=SUBTOTAL(3,B$1:B2)-1	苹果	7 128G	3000	¥376.00
3		苹果	输入公式	4100	¥208.00
4		三星		1500	¥482.00
5	004	小米	K20	2000	¥350.00
6	005	华为	Mate 20	3700	¥232.00
7	006	小米	Note 7	1400	¥124.00
8	007	三星	Note9	4300	¥356.00
9	008	华为	nova 5 Pro	3000	¥446.00
10	009	华为	P20 AI	3000	¥146.00
11	010	华为	P30 Pro	4000	¥253.00
12	011	三星	S10	6500	¥426.00
13	012	华为	S8Plus	1200	¥229.00
14	013	三星	S8Plus	2500	¥462.00
15	014	三星	S9	4000	¥295.00
16	015	苹果	XR 128G	5200	¥177.00

图6-31　输入公式

Step 11 **进行筛选数据，**并查看序号效果。再次筛选出“华为”和“三星”的数据，查看设置序号的效果，如图6-32所示。

A4　=SUBTOTAL(3,B$1:B4)-1

	A	B	C	D	E	F
1	序号	品牌	型号	单价	销售数量	销售金额
4	001	三星	A60	1500	¥482.00	¥723,000.00
6	002	华为	Mate 20	3700	¥232.00	¥858,400.00
8	003	三星	Note9	4300	¥356.00	¥1,530,800.00
9	004	华为	nova 5 Pro	3000	¥446.00	¥1,338,000.00
10	005	华为	P20 AI	3000	¥146.00	¥438,000.00
11	006	华为	P30 Pro	4000	¥253.00	¥1,012,000.00
12	007	三星	S10	6500	¥426.00	¥2,769,000.00
13	008	华为	S8Plus	1200	¥229.00	¥274,800.00
14	009	三星	S8Plus	2500	¥462.00	¥1,155,000.00
15	010	三星	S9	4000	¥295.00	¥1,180,000.00
18	011	华为	畅享9 Plus	1200	¥144.00	¥172,800.00
21	012	华为	荣耀V20	2100	¥254.00	¥533,400.00
23						
24					包含隐藏值	¥11,985,200.00
25					忽略隐藏值	¥11,985,200.00
26					SUM函数求值	¥19,583,000.00

图6-32　查看效果

6.2 求积函数

在Excel中对数据进行计算时，经常会需要求积，本节将介绍两个常用的求积函数，即PRODUCT和MMULT函数。

6.2.1 PRODUCT函数

PRODUCT函数用于计算所有数字的乘积。

表达式：PRODUCT(number1,number2,...)

参数含义：number1,number2,...表示1~255个需要求积的数字，可以是数字、逻辑值、文本格式的数字或者是单元格的引用。如果是不连续的单元格或单元格区域，之间用逗号分隔参数。

> 提示
>
> 如果该参数为文本，则返回错误值。

6.2.2

扫码看视频

实例文件

原始文件：
实例文件\第06章\最终
文件\华为手机销售价格
报表.xlsx
最终文件：
实例文件\第06章\最
终文件\MMULT函
数.xlsx

提示

读者在学习时可参考第
4章的数组公式的相关
知识。

提示

在步骤3中的公式，首先
使用MMULT函数计算出
不同折扣的单价，然后
使用SUMPRODUCT函
数将单价和数量相乘并
求和。

MMULT函数

MMULT函数返回两数组的矩阵乘积。

表达式：MMULT(array1，array2)

参数含义：array1,array2表示进行矩阵乘法运算的两个数组。

如果数组1的列数和数组2行数不相等，或者数组1的行数和数组2的列数不相等，或者单元格中包含空值、字符串等，则会产生#VALUE! 错误值。

EXAMPLE 计算打折后单价和总销售额

企业在促销活动结束后，由市场部统计华为手机在不同折扣下各型号的销售数据，现在需要对其进行相关计算。下面介绍MMULT函数的使用方法。

Step 01 **计算商品打折后的单价。** 打开"华为手机销售价格报表.xlsx"工作簿，切换至"计算销售单价"工作表，选中D4:F35单元格，然后输入"=MMULT(C4:C35,(1-D3:F3))"公式，相当于数组公式中不同方向的一维数组之间的运算，如图6-33所示。

Step 02 **计算单价。** 按Ctrl+Shift+Enter组合键确认计算，可得出不同折扣的各商品的单价，如图6-34所示。

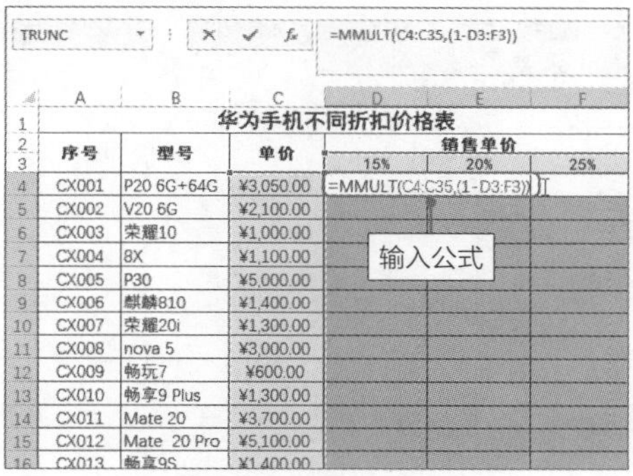

图6-33　输入公式 　　　　　　　　　图6-34　计算单价

Step 03 **输入计算总销售额的公式。** 切换至"计算销售总额"工作表，选中G4单元格，然后输入"=SUMPRODUCT(MMULT(C4:C35,(1-D3:F3)),D4:F35)"公式，如图6-35所示。

Step 04 **查看结果。** 按Enter键执行计算，即可计算出销售总额，如图6-36所示。

图6-35　输入公式 　　　　　　　　　图6-36　查看结果

6.3 数值取舍

在Excel中处理数据时，用户经常会遇到对数字的取舍，如将数值按2位小数进位或对数值进行取整等。本节我们将针对取舍情况介绍几种常用的取舍函数，如INT、ROUND和FLOOR等函数。

6.3.1 INT和TRUNC函数

实例文件

原始文件：
实例文件\第06章\原始
文件\工资准备金.xlsx
最终文件：
实例文件\第06章\最终
文件\INT函数.xlsx

1. INT函数

INT函数将数值向下取整为最接近的整数。

表达式：INT(number)

参数含义：number 表示需要舍入的数值或引用的单元格。如果指定某单元格区域，只会返回第一个单元格的结果。如果是数值以外的文本，则返回错误值#VALUE!。

INT函数用来求不超过数值本身的最大整数，因此，当数值为正数时，直接舍去小数部分；当数值为负数时，舍去小数之后则超过数值本身，所以要在负数整数的基础上减去1。例如15.8和-15.8，使用INT函数处理后分别返回15和-16。

EXAMPLE 计算员工工资各种面值的数量

某公司采用现金发放工资，在发工资之前财务人员需要统计各种面值的数量，才能确保工资顺利发放。

Step 01 **选择函数。** 打开"工资准备金.xlsx"工作簿，选中D4单元格，然后打开"插入函数"对话框，选择INT函数❶，单击"确定"按钮❷，如图6-37所示。

Step 02 **输入参数。** 打开"函数参数"对话框，在Number文本框中输入"C4/$D$3"❶，然后单击"确定"按钮❷，如图6-38所示。

提示

MOD函数返回两数相除的余数。

图6-37 选择函数

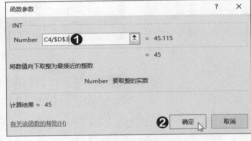

图6-38 输入参数

Step 03 **输入公式计算50元金额的数量。** 选中E4单元格然后输入公式"=INT(MOD(C4,$D$3)/$E$3)"，按Enter键执行计算，如图6-39所示。

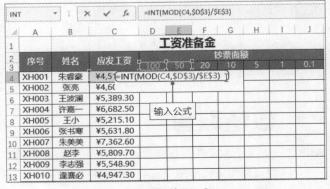

图6-39 输入公式

Step 04 **输入公式计算20元金额的数量。** 选中F4单元格然后输入公式"=INT(MOD(C4, $E$3)/$F$3)",按Enter键执行计算,如图6-40所示。

Step 05 **输入公式计算10元金额的数量。** 选中G4单元格,然后输入公式"=INT(MOD(MOD(C4,$E$3),$F$3)/$G$3)",按Enter键执行计算,如图6-41所示。

提 示

在步骤5中首先使用MOD判断工资除以50的余额,然后再计算余额除以20的余额,最后使用INT函数判断需要10元的数量。

图6-40 输入公式

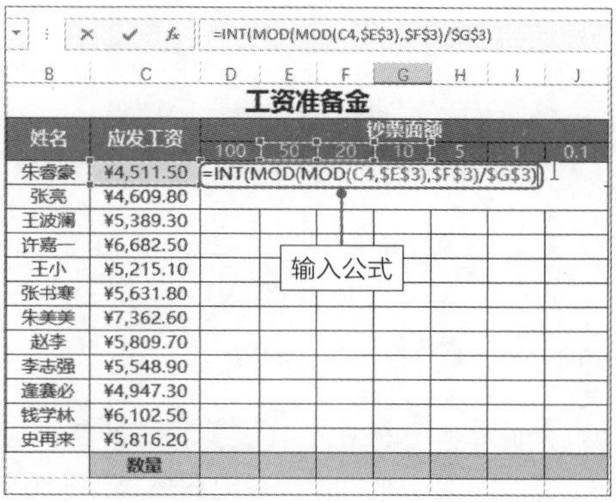

图6-41 输入公式

Step 06 **输入公式计算5元金额的数量。** 选中H4单元格然后输入公式"=INT(MOD(C4,$G$3)/$H$3)",按Enter键执行计算,如图6-42所示。

Step 07 **输入公式计算1元金额的数量。** 选中I4单元格,然后输入公式"=INT(MOD(C4,$H$3)/$I$3)",按Enter键执行计算,如图6-43所示。

图6-42 输入公式

图6-43 输入公式

Step 08 **输入公式计算1角金额的数量。** 选中J4单元格然后输入公式"=ROUND(MOD(C4,$I$3),1)*10",按Enter键执行计算,如图6-44所示。

交叉参考

ROUND函数将在本章6.3.2节中详细介绍。

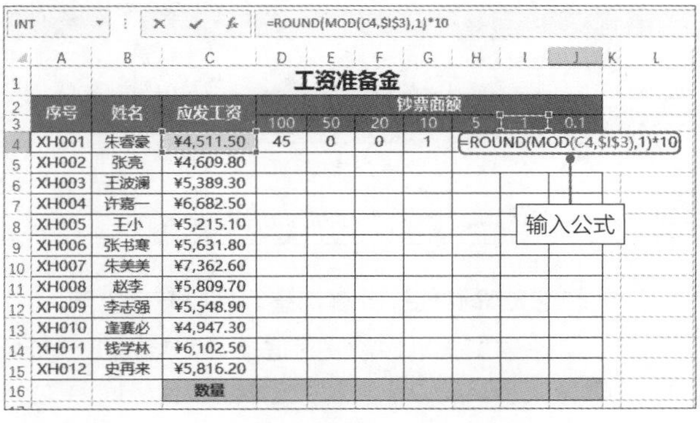

图6-44 输入公式

Step 09 **填充公式**。选中D4:J4单元格区域，然后将公式向下填充至J15单元格，查看各种面额的数量，如图6-45所示。

序号	姓名	应发工资	钞票面额						
			100	50	20	10	5	1	0.1
XH001	朱睿豪	¥4,511.50	45	0	0	1	0	1	5
XH002	张亮	¥4,609.80	46	0	0	0	1	4	8
XH003	王波澜	¥5,389.30	53	1	1	1	1	4	3
XH004	许嘉一	¥6,682.50	66	1	1	1	0	2	5
XH005	王小	¥5,215.10	52	0	0	1	1	0	1
XH006	张书美	¥5,631.80	56	0	1	1	0	1	8
XH007	朱美美	¥7,362.60	73	1	0	1	0	2	6
XH008	赵李	¥5,809.70	58	0	0	0	1	4	7
XH009	李志强	¥5,548.90	55	0	2	0	1	3	9
XH010	逄赛必	¥4,947.30	49	0	2	0	1	2	3
XH011	钱学林	¥6,102.50	61	0	0	0	0	2	5
XH012	史再来	¥5,816.20	58	0	0	1	1	1	2
数量									

图6-45 填充公式

提示

在步骤10中使用SUM函数计算出各种面额的数量，然后财务人员准备工资即可。

Step 10 **统计各种面额的数量**。选中D16单元格，然后输入"=SUM(D4:D15)"公式，并向右填充至J16单元格，查看各种面额的总数量，如图6-46所示。

J16 | =SUM(J4:J15)

序号	姓名	应发工资	钞票面额						
			100	50	20	10	5	1	0.1
XH001	朱睿豪	¥4,511.50	45	0	0	1	0	1	5
XH002	张亮	¥4,609.80	46	0	0	0	1	4	8
XH003	王波澜	¥5,389.30	53	1	1	1	1	4	3
XH004	许嘉一	¥6,682.50	66	1	1	1	0	2	5
XH005	王小	¥5,215.10	52	0	0	1	1	0	1
XH006	张书美	¥5,631.80	56	0	1	1	0	1	8
XH007	朱美美	¥7,362.60	73	1	0	1	0	2	6
XH008	赵李	¥5,809.70	58	0	0	0	1	4	7
XH009	李志强	¥5,548.90	55	0	2	0	1	3	9
XH010	逄赛必	¥4,947.30	49	0	2	0	1	2	3
XH011	钱学林	¥6,102.50	61	0	0	0	0	2	5
XH012	史再来	¥5,816.20	58	0	0	1	1	1	2
数量			672	3	7	7	7	26	62

图6-46 填充公式

2. TRUNC函数

TRUNC函数返回舍去指定位数的值。

表达式：TRUNC(number，number_digits)

参数含义：number表示需要截尾取整的数字或单元格引用，若为单元格区域时，返回第一个单元格的结果。如果该参数为数值以外的文本则返回#VALUE!错误值；number_digits表示取整精度的数字，该参数可以是正整数、0或负整数，如果省略表示为0。

下面通过表格展示位数和舍去位置的关系，如表6-2所示。

表6-2 位数和舍去位置

序号	位数	舍去的位置
1	正数（n）	小数点后n+1位舍去
2	省略（0）	小数点后第1位舍去
3	负数（-n）	小数点第n位舍去

提示

使用TRUNC函数时如果舍去小数部分，那结果和INT函数的结果是一致的。

EXAMPLE 计算销售额并以万元表示

某大型手机卖场，年底统计出华为手机各型号的年销售金额，由于数值太大，很难区分大小，所以需要将数值转换为以万为单位。转换后的数值很容易比较，下面介绍使用TRUNC函数转换单位的方法。

实例文件

原始文件：

实例文件\第06章\原始文件\2019年各手机销售统计表.xlsx

最终文件：

实例文件\第06章\最终文件\TRUNC函数.xlsx

Step 01 **选择函数。**打开“2019年各手机销售统计表.xlsx”工作簿，选中F3单元格，然后打开“插入函数”对话框，单击“或选择类别”下三角按钮，在列表中选择“数学与三角函数”选项，选择TRUNC函数❶，单击“确定”按钮❷，如图6-47所示。

Step 02 **输入参数。**打开“函数参数”对话框，在Number文本框中输入“E3”，在Num_digits文本框中输入“-4”❶，单击“确定”按钮❷，如图6-48所示。

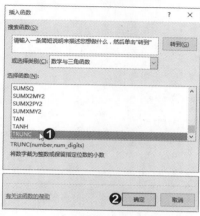

图6-47　选择函数

图6-48　输入参数

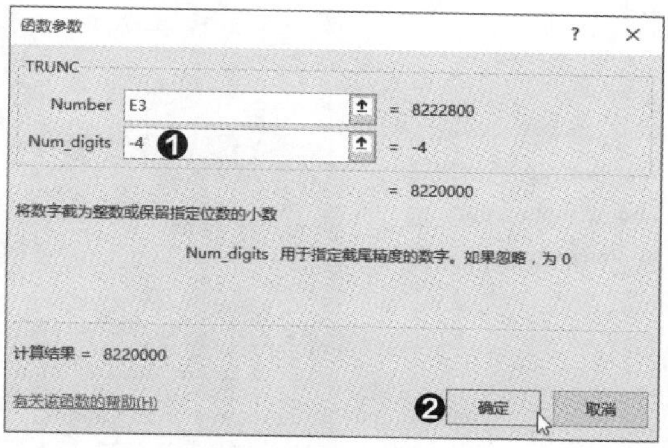

Step 03 **修改函数公式。**返回工作表中可见计算结果的万位后均是0，因为销售额的单位为万元，所以将公式修改为“=TRUNC(E3,-4)/10000”，如图6-49所示。

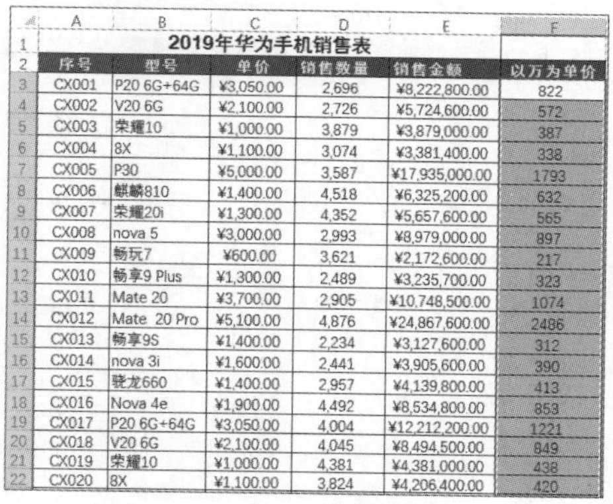

Step 04 **填充公式。**按Enter键执行计算，然后将公式向下填充至F34单元格，查看计算结果，如图6-50所示。

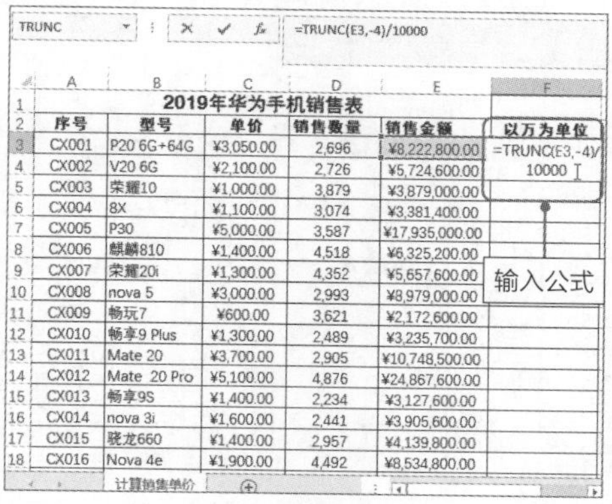

	A	B	C	D	E	F
1	2019年华为手机销售表					
2	序号	型号	单价	销售数量	销售金额	以万为单位
3	CX001	P20 6G+64G	¥3,050.00	2,696	¥8,222,800.00	=TRUNC(E3,-4)/10000
4	CX002	V20 6G	¥2,100.00	2,726	¥5,724,600.00	
5	CX003	荣耀10	¥1,000.00	3,879	¥3,879,000.00	
6	CX004	8X	¥1,100.00	3,074	¥3,381,400.00	
7	CX005	P30	¥5,000.00	3,587	¥17,935,000.00	
8	CX006	麒麟810	¥1,400.00	4,518	¥6,325,200.00	
9	CX007	荣耀20i	¥1,300.00	4,352	¥5,657,600.00	
10	CX008	nova 5	¥3,000.00	2,993	¥8,979,000.00	
11	CX009	畅玩7	¥600.00	3,621	¥2,172,600.00	
12	CX010	畅享9 Plus	¥1,300.00	2,489	¥3,235,700.00	
13	CX011	Mate 20	¥3,700.00	2,905	¥10,748,500.00	
14	CX012	Mate 20 Pro	¥5,100.00	4,876	¥24,867,600.00	
15	CX013	畅享9S	¥1,400.00	2,234	¥3,127,600.00	
16	CX014	nova 3i	¥1,600.00	2,441	¥3,905,600.00	
17	CX015	骁龙660	¥1,400.00	2,957	¥4,139,800.00	
18	CX016	Nova 4e	¥1,900.00	4,492	¥8,534,800.00	

图6-49　修改公式

	A	B	C	D	E	F
1	2019年华为手机销售表					
2	序号	型号	单价	销售数量	销售金额	以万为单价
3	CX001	P20 6G+64G	¥3,050.00	2,696	¥8,222,800.00	822
4	CX002	V20 6G	¥2,100.00	2,726	¥5,724,600.00	572
5	CX003	荣耀10	¥1,000.00	3,879	¥3,879,000.00	387
6	CX004	8X	¥1,100.00	3,074	¥3,381,400.00	338
7	CX005	P30	¥5,000.00	3,587	¥17,935,000.00	1793
8	CX006	麒麟810	¥1,400.00	4,518	¥6,325,200.00	632
9	CX007	荣耀20i	¥1,300.00	4,352	¥5,657,600.00	565
10	CX008	nova 5	¥3,000.00	2,993	¥8,979,000.00	897
11	CX009	畅玩7	¥600.00	3,621	¥2,172,600.00	217
12	CX010	畅享9 Plus	¥1,300.00	2,489	¥3,235,700.00	323
13	CX011	Mate 20	¥3,700.00	2,905	¥10,748,500.00	1074
14	CX012	Mate 20 Pro	¥5,100.00	4,876	¥24,867,600.00	2486
15	CX013	畅享9S	¥1,400.00	2,234	¥3,127,600.00	312
16	CX014	nova 3i	¥1,600.00	2,441	¥3,905,600.00	390
17	CX015	骁龙660	¥1,400.00	2,957	¥4,139,800.00	413
18	CX016	Nova 4e	¥1,900.00	4,492	¥8,534,800.00	853
19	CX017	P20 6G+64G	¥3,050.00	4,004	¥12,212,200.00	1221
20	CX018	V20 6G	¥2,100.00	4,045	¥8,494,500.00	849
21	CX019	荣耀10	¥1,000.00	4,381	¥4,381,000.00	438
22	CX020	8X	¥1,100.00	3,824	¥4,206,400.00	420

图6-50　查看计算结果

提示

在步骤2中设置Num_digits的值为-4，表示将保留至小数点左侧第4位，即万位。

6.3.2 ROUND、ROUNDUP和ROUNDDOWN函数

1. ROUND函数

ROUND函数返回按照指定的位数进行四舍五入的运算结果。

表达式：ROUND(number, num_digits)

参数含义：number表示需要进行四舍五入的数值或单元格内容；num_digits表示需要取多少位的参数，该参数大于0时，表示取小数点后对应位数的四舍五入数值，若等于0时，表示则将数字四舍五入到最接近的整数，若小于0时，表示对小数点左侧前几位进行四舍五入。

扫码看视频

实例文件

原始文件：

实例文件\第06章\原始文件\员工福利表.xlsx

最终文件：

实例文件\第06章\最终文件\ROUND函数.xlsx

提示

在步骤1的公式中将计算结果保留至小数点右侧1位，即表示保留至角。

交叉参考

MMULT函数在6.2.2节中详细介绍；SUM函数在6.1.1节中详细介绍。

提示

ROUNDUP函数和ROUND函数功能相似，不同点是前者是向上舍入数值，无论舍去的尾数是否大于等于5都要向上加1。

EXAMPLE 计算员工奖励金额金额并保留至角

某企业为了激励员工的工作积极性，推行一系列奖励制度。总共有3项奖励，分别为鼓励奖、孝顺金和年终奖，它们分别占当月实发工资的2.5%、3%和5.2%，下面使用ROUND函数计算员工奖励的金额。

Step 01 **输入公式。**打开“员工福利表.xlsx”工作簿，选中D3:F15单元格区域，然后输入“=ROUND(MMULT(C3:C15,D2:F2),1)”公式，如图6-51所示。

Step 02 **计算结果。**按Ctrl+Shift+Enter组合键执行计算，即可计算出所有员工的福利金额，如图6-52所示。

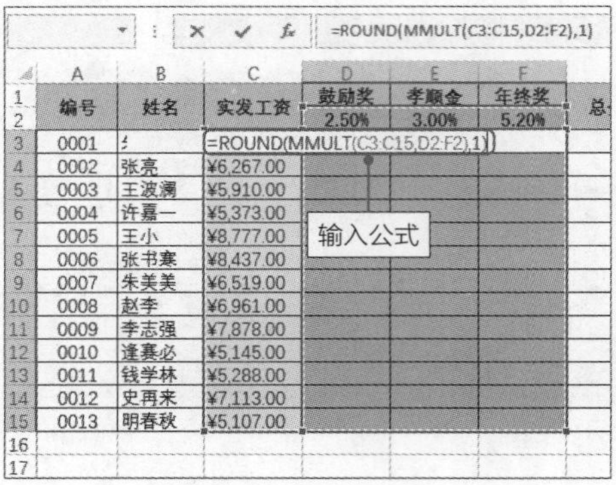

=ROUND(MMULT(C3:C15,D2:F2),1)

编号	姓名	实发工资	鼓励奖	孝顺金	年终奖
			2.50%	3.00%	5.20%
0001		=ROUND(MMULT(C3:C15,D2:F2),1)			
0002	张亮	¥6,267.00			
0003	王波澜	¥5,910.00			
0004	许嘉一	¥5,373.00			
0005	王小	¥8,777.00			
0006	张书寒	¥8,437.00			
0007	朱美美	¥6,519.00			
0008	赵李	¥6,961.00			
0009	李志强	¥7,878.00			
0010	逢赛必	¥5,145.00			
0011	钱学林	¥5,288.00			
0012	史再来	¥7,113.00			
0013	明春秋	¥5,107.00			

图6-51 输入公式

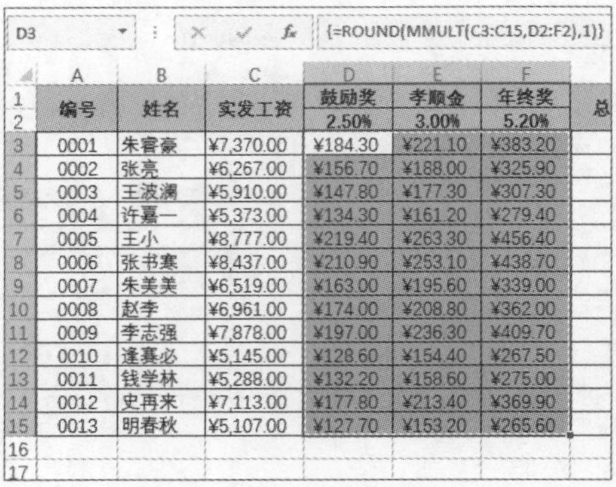

D3 {=ROUND(MMULT(C3:C15,D2:F2),1)}

编号	姓名	实发工资	鼓励奖	孝顺金	年终奖
			2.50%	3.00%	5.20%
0001	朱睿豪	¥7,370.00	¥184.30	¥221.10	¥383.20
0002	张亮	¥6,267.00	¥156.70	¥188.00	¥325.90
0003	王波澜	¥5,910.00	¥147.80	¥177.30	¥307.30
0004	许嘉一	¥5,373.00	¥134.30	¥161.20	¥279.40
0005	王小	¥8,777.00	¥219.40	¥263.30	¥456.40
0006	张书寒	¥8,437.00	¥210.90	¥253.10	¥438.70
0007	朱美美	¥6,519.00	¥163.00	¥195.60	¥339.00
0008	赵李	¥6,961.00	¥174.00	¥208.80	¥362.00
0009	李志强	¥7,878.00	¥197.00	¥236.30	¥409.70
0010	逢赛必	¥5,145.00	¥128.60	¥154.40	¥267.50
0011	钱学林	¥5,288.00	¥132.20	¥158.60	¥275.00
0012	史再来	¥7,113.00	¥177.80	¥213.40	¥369.90
0013	明春秋	¥5,107.00	¥127.70	¥153.20	¥265.60

图6-52 计算结果

Step 03 **计算员工福利总额。**选中G3单元格并输入“=SUM(D3:F3)”公式，如图6-53所示。

Step 04 **填充公式。**按Enter键执行计算，然后将公式向下填充，完成计算，如图6-54所示。

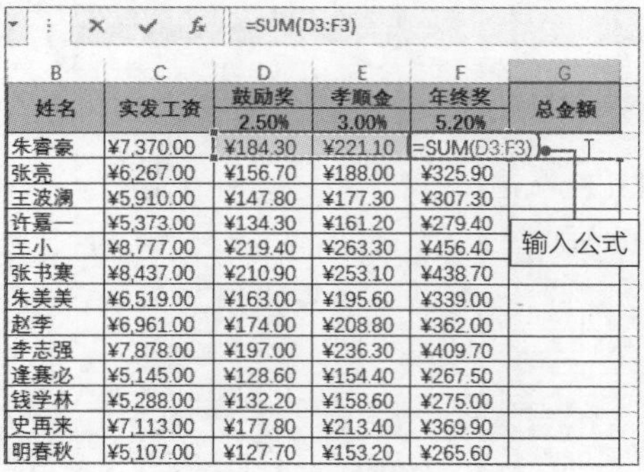

=SUM(D3:F3)

姓名	实发工资	鼓励奖	孝顺金	年终奖	总金额
		2.50%	3.00%	5.20%	
朱睿豪	¥7,370.00	¥184.30	¥221.10	=SUM(D3:F3)	
张亮	¥6,267.00	¥156.70	¥188.00	¥325.90	
王波澜	¥5,910.00	¥147.80	¥177.30	¥307.30	
许嘉一	¥5,373.00	¥134.30	¥161.20	¥279.40	
王小	¥8,777.00	¥219.40	¥263.30	¥456.40	
张书寒	¥8,437.00	¥210.90	¥253.10	¥438.70	
朱美美	¥6,519.00	¥163.00	¥195.60	¥339.00	
赵李	¥6,961.00	¥174.00	¥208.80	¥362.00	
李志强	¥7,878.00	¥197.00	¥236.30	¥409.70	
逢赛必	¥5,145.00	¥128.60	¥154.40	¥267.50	
钱学林	¥5,288.00	¥132.20	¥158.60	¥275.00	
史再来	¥7,113.00	¥177.80	¥213.40	¥369.90	
明春秋	¥5,107.00	¥127.70	¥153.20	¥265.60	

图6-53 输入公式

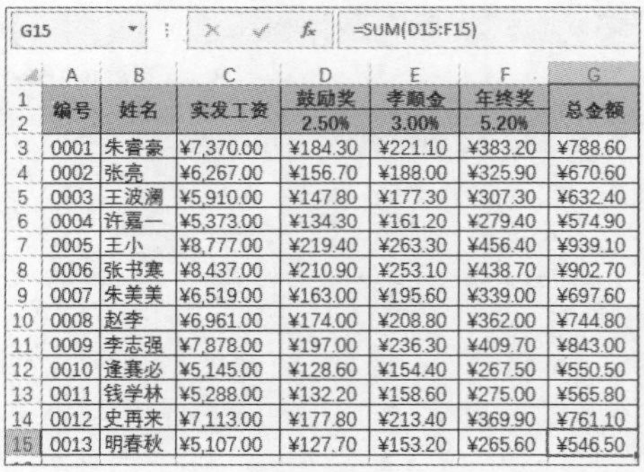

G15 =SUM(D15:F15)

编号	姓名	实发工资	鼓励奖	孝顺金	年终奖	总金额
			2.50%	3.00%	5.20%	
0001	朱睿豪	¥7,370.00	¥184.30	¥221.10	¥383.20	¥788.60
0002	张亮	¥6,267.00	¥156.70	¥188.00	¥325.90	¥670.60
0003	王波澜	¥5,910.00	¥147.80	¥177.30	¥307.30	¥632.40
0004	许嘉一	¥5,373.00	¥134.30	¥161.20	¥279.40	¥574.90
0005	王小	¥8,777.00	¥219.40	¥263.30	¥456.40	¥939.10
0006	张书寒	¥8,437.00	¥210.90	¥253.10	¥438.70	¥902.70
0007	朱美美	¥6,519.00	¥163.00	¥195.60	¥339.00	¥697.60
0008	赵李	¥6,961.00	¥174.00	¥208.80	¥362.00	¥744.80
0009	李志强	¥7,878.00	¥197.00	¥236.30	¥409.70	¥843.00
0010	逢赛必	¥5,145.00	¥128.60	¥154.40	¥267.50	¥550.50
0011	钱学林	¥5,288.00	¥132.20	¥158.60	¥275.00	¥565.80
0012	史再来	¥7,113.00	¥177.80	¥213.40	¥369.90	¥761.10
0013	明春秋	¥5,107.00	¥127.70	¥153.20	¥265.60	¥546.50

图6-54 填充公式

2. ROUNDUP函数

ROUNDUP函数根据指定的位数向上舍入数值。

表达式：ROUNDUP(number,num_digits)

参数含义：number表示需要向上舍入的任意实数，如果引用单元格区域，则只返回第1个单元格内数值的结果，如果number是数值之外的文本，则返回错误值；num_digits表示舍入后的数字的小数位数，该参数大于0时，则指定小数点右侧位置向上舍入，若等于0时，则从小数点右侧第1位开始舍入，若为小于0时，则从整数的指定位置舍入。

下面以示例介绍该函数的用法，如图6-55所示。

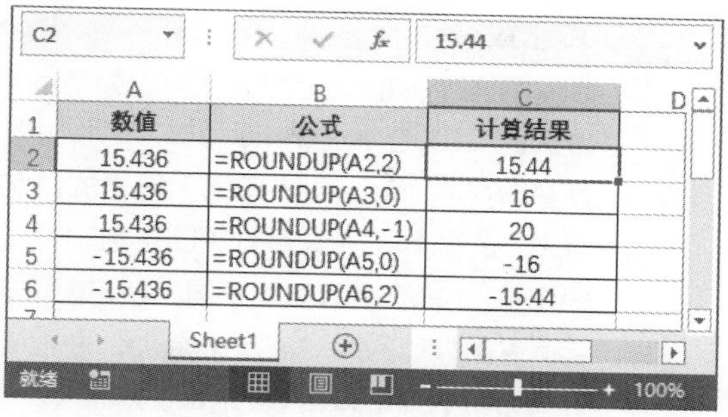

C2 15.44

	A	B	C
1	数值	公式	计算结果
2	15.436	=ROUNDUP(A2,2)	15.44
3	15.436	=ROUNDUP(A3,0)	16
4	15.436	=ROUNDUP(A4,-1)	20
5	-15.436	=ROUNDUP(A5,0)	-16
6	-15.436	=ROUNDUP(A6,2)	-15.44

Sheet1 就绪 100%

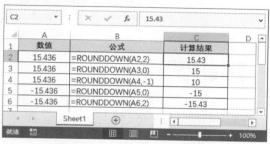

图6-55 ROUNDUP函数示例

3. ROUNDDOWN函数

ROUNDDOWN 函数根据指定的位数向下舍入数值。

表达式：ROUNDDOWN(number,num_digits)

参数含义：number 表示需要向下舍入的任意实数；num_digits 表示舍入后的数字的小数位数。

下面以示例介绍该函数的用法，如图6-56所示。

C2 15.43

	A	B	C
1	数值	公式	计算结果
2	15.436	=ROUNDDOWN(A2,2)	15.43
3	15.436	=ROUNDDOWN(A3,0)	15
4	15.436	=ROUNDDOWN(A4,-1)	10
5	-15.436	=ROUNDDOWN(A5,0)	-15
6	-15.436	=ROUNDDOWN(A6,2)	-15.43

Sheet1 就绪 100%

图6-56 ROUNDDOWN函数示例

6.3.3 EVEN和ODD函数

1. EVEN函数

EVEN函数返回向上取整舍入到最接近的偶数。

表达式：EVEN(number)

参数含义：number表示向上取舍的数字，该参数可以是数值或单元格的引用，若为数值之外的文本，则返回#VALUE!错误值。

下面以示例介绍该函数的用法，如图6-57所示。

提示

从示例中可以看出无论number是正数还是负数，都是在远离0方向取偶数的。

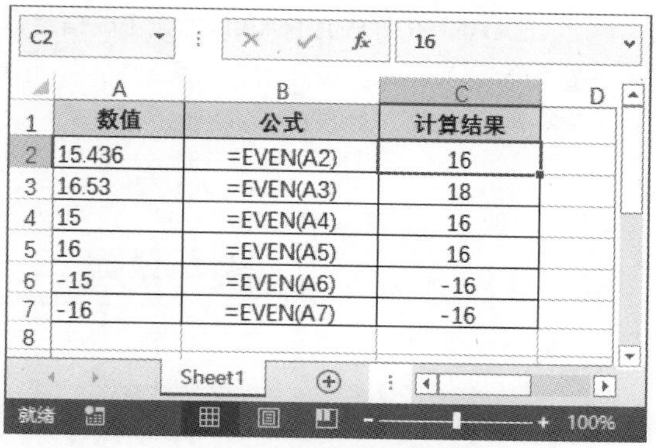

C2 16

	A	B	C
1	数值	公式	计算结果
2	15.436	=EVEN(A2)	16
3	16.53	=EVEN(A3)	18
4	15	=EVEN(A4)	16
5	16	=EVEN(A5)	16
6	-15	=EVEN(A6)	-16
7	-16	=EVEN(A7)	-16
8			

Sheet1 就绪 100%

图6-57 EVEN函数示例

2. ODD函数

ODD函数返回向上取整舍入到最接近的奇数。

表达式：ODD(number)

参数含义：number表示向上取舍的数字，该参数可以是数值或单元格的引用，若为数值之外的文本，则返回#VALUE!错误值。

EVEN和ODD函数功能不同，但是用法是相同的，只是一个返回的是偶数一个是奇数。它们返回数值的绝对值都比原数值的绝对值大。

下面以示例介绍该函数的用法，如图6-58所示。

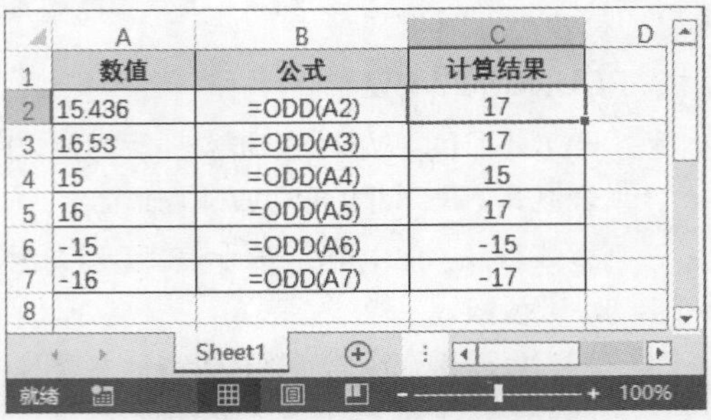

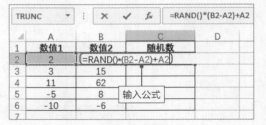

	A	B	C
1	数值	公式	计算结果
2	15.436	=ODD(A2)	17
3	16.53	=ODD(A3)	17
4	15	=ODD(A4)	15
5	16	=ODD(A5)	17
6	-15	=ODD(A6)	-15
7	-16	=ODD(A7)	-17

图6-58　ODD函数示例

6.4 随机函数

在日常工作中我们会经常遇到需要随机数的情况，例如，随机排位、随机抽取检验的商品。Excel提供了RAND和RANDBETWEEN两个随机函数。

6.4.1 RAND函数

扫码看视频

RAND函数返回0至1之间的随机数值。

表达式：RAND

参数含义：该函数没有参数，如果在括号内输入数值，则弹出提示对话框显示该公式有问题。

当RAND函数遇到以下情况时，会自动刷新生成的数据。

- 单元格中的内容发生变化时；
- 打开包含RAND函数的工作簿时；
- 按F9键或Shift+F9组合键时。

EXAMPLE 使用RAND函数生成指定数值间的随机数

Step 01 输入公式。打开相应的实例文件，选中C2单元格，然后输入公式“=RAND()*(B2-A2)+A2”，如图6-59所示。

提示

用户也可以使用RAND和INT函数一次生成多个指定范围内的整数。以生成1-100之间的整数，选择单元格区域，然后输入“=INT(RAND()*100+1)”，然后按Ctrl+Shift+ Enter组合键执行计算即可。

	A	B	C
1	数值1	数值2	随机数
2	2	8	=RAND()*(B2-A2)+A2
3	3	15	
4	11	62	
5	-5	8	
6	-10	-6	

图6-59　输入公式

Step 02 **计算指定范围内的随机数。**按Enter键执行计算，即可计算出2至9之间的随机数，然后将公式向下填充，如图6-60所示。

	A	B	C	D
			C2	=RAND()*(B2-A2)+A2
1	数值1	数值2	随机数	
2	2	9	3.581173928	
3	3	15	14.82255018	
4	11	62	22.02689946	
5	-5	8	5.401035095	
6	-10	-6	-7.918410512	
7				
8				

图6-60　计算结果

6.4.2 RANDBETWEEN函数

实例文件

原始文件：
实例文件\第06章\原始文件\年中大奖得主信息.xlsx
最终文件：
实例文件\第06章\最终文件\ RANDBETWEEN函数.xlsx

RANDBETWEEN函数返回指定两个数值之间的随机整数。

表达式：RANDBETWEEN(bottom,top)

参数含义：bottom表示返回的最小整数；top表示返回的最大整数。如果任意参数为数值之外的文本或单元格区域时，则返回#VALUE!错误值；当bottom大于top时，则返回#NUM!错误值。

EXAMPLE 随机抽取员工

某公司年终将对一名员工进行奖励，为了体现公平公正的原则，将使用电脑随机抽取。下面介绍使用RANDBETWEEN函数随机抽取员工的信息的两种方法。

方法1 通过员工编号抽取员工

Step 01 **输入公式计算随机的员工编号。**打开"年终大奖得主信息.xlsx"工作簿，选中E2单元格，输入公式"=RANDBETWEEN(10001,10017)"，如图6-61所示。

Step 02 **查看抽取的员工编辑。**按Enter键执行计算，即可随机抽取员工的编号，如图6-62所示。

	A	B	C	D	E	F
	TRUNC				=RANDBETWEEN(10001,10017)	
1	员工编号	员工姓名		等级	员工编号	姓名
2	10001	朱睿豪		=RANDBETWEEN(10001,10017)		
3	10002	张亮		二等奖		
4	10003	王波澜				
5	10004	许喜一				
6	10005	王小		输入公式		
7	10006	张书寒				
8	10007	朱美美				
9	10008	赵李				
10	10009	李志强				
11	10010	逄赛必				
12	10011	钱学林				
13	10012	史再来				
14	10013	明春秋				
15	10014	李明公				
16	10015	申公豹				
17	10016	哪吒				
18	10017	熬丙				

图6-61　输入公式

	A	B	C	D	E	F
	E2				=RANDBETWEEN(10001,10017)	
1	员工编号	员工姓名		等级	员工编号	姓名
2	10001	朱睿豪		一等奖	10010	
3	10002	张亮		二等奖		
4	10003	王波澜				
5	10004	许喜一				
6	10005	王小				
7	10006	张书寒				
8	10007	朱美美				
9	10008	赵李				
10	10009	李志强				
11	10010	逄赛必				
12	10011	钱学林				
13	10012	史再来				
14	10013	明春秋				
15	10014	李明公				
16	10015	申公豹				
17	10016	哪吒				
18	10017	熬丙				

图6-62　查看计算结果

交叉参考

VLOOKUP函数将在9.1.2节中详细介绍。

Step 03 **输入公式查找员工编号对应的员工姓名。**选中F2单元格，输入"=VLOOKUP(E2,A2:B18,2,FALSE)"公式，如图6-63所示。

Step 04 **查看获奖的员工信息。**按Enter键执行计算，即可查找出指定员工编号对应的员工姓名，如图6-64所示。

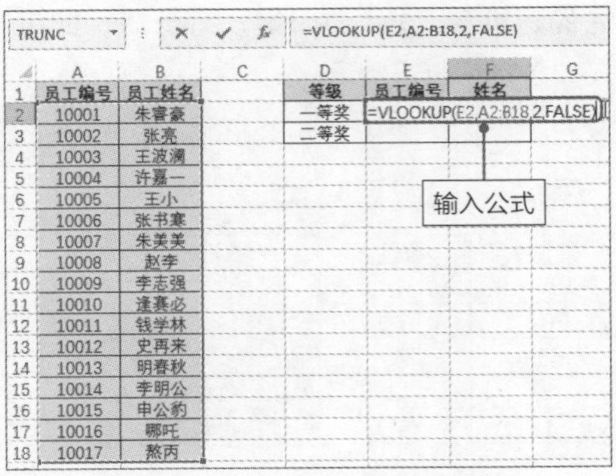

图6-63　输入VLOOKUP公式

图6-64　查看最后信息

方法2　随机抽取员工姓名

方法一只适合员工编号是连续的数字的情况，方法二可以通过员工姓名直接抽取员工。下面介绍使用RANDBETWEEN和INDEX函数组合显示随机的员工姓名，具体操作方法如下。

Step 01　输入随机公式。 选中F3单元格，然后输入"=INDEX(B:B,RANDBETWEEN(2,18))"公式，如图6-65所示。

Step 02　查看显示结果。 按Enter键执行计算，即可随机显示员工姓名，如图6-66所示。

交叉参考

INDEX函数将在9.2.2节中详细介绍。

提示

在步骤01中，RAND-BETWEEN函数的两个参数的值是，员工姓名单元格区域内行号的范围。

图6-65　输入公式

图6-66　显示结果

日期与时间函数

用户在Excel中处理日期和时间时，有时会出现错误，掌握日期与时间函数的应用可以节省很多时间，解决不必要的麻烦。本章主要从以下几方面介绍日期与时间函数，如日期函数、工作日函数、星期函数以及时间函数。在介绍日期与时间函数的同时还配合一些工作中常用的案例，使读者可以轻松解决很多关于日期与时间的问题。

7.1 认识日期与时间

在介绍日期与时间函数的应用之前，先来学习日期与时间在Excel中的含义以及Excel中的日期系统。

7.1.1 日期与时间的表示方法

Excel中的日期是以数字来管理的，此数字称为序列值。序列值分为整数与小数两部分，整数部分管理日期，小数部分管理时间。

日期的序列值是"整数.小数"中的整数部分，是将1900年1月1日作为1，一直到9999年12月31日为止的天数顺序来划分。日期和其序列值是一一对应的，因此不用担心闰年的问题。例如将43739数值设置日期格式后，则显示为"2019-10-1"的日期数值。

日期数据是把1日作为1的整数的数据。时间数据的序列值是"整数.小数"中的小数部分。深夜0点时作为0，经过24小时后成为1的整数的数据。如1点为1/24，2点为2/24…中午12点时为0.5，下午6点时为0.75。隔天的深夜0点再次被设置为0。

将时间的显示形式作为小数后，在Excel上作为时刻数据。表示的形式通常为时、分、秒，用数字表示为0:00:00，有时也可以省略秒的部分，如0:00。但是在编辑栏中均显示为0:00:00形式，如果单元格中输入时间的数据，则Excel自动将该单元格显示为时间格式，并将其显示为时刻的数据。

> **提示**
>
> 在Excel中输入日期按Enter键后，系统自动将该单元格设置为日期格式。用户只需要将单元格格式设置为"常规"即可查看该日期的序列值。

7.1.2 日期系统

Excel中包含两种日期系统，分别为1900年日期系统和1904年日期系统，电脑默认情况下采用1900年日期系统。下面根据year值的不同介绍两种日期系统的区别，通过表格的形式展示比较结果，如表7-1所示。

表7-1　比较两种日期系统

1900年日期系统	1904年日期系统	示例	结果
0<yaer>1899	4<yaer>1899	=DATE(119,10,1)	2019-10-1
1900<yaer>9999	1904<yaer>9999	=DATE(2019,10,1)	2019-10-1
10000<yaer<0	10000<yaer<4	=DATE(10001,10,1)	#NUM!

由表格可知，两种日期系统其年份的取值范围是不同的，如果在规定的范围之内，

> **提示**
>
> 如果在Excel中输入"=DATE(3,10,1)"公式，在1900日期系统中显示"19.3-10-1"，而在1904日期系统中显示#NUM!。

其计算方法和结果是一致的。例如在表格中"=DATE(119,10,1)"公式，年份为119，两种日期系统下计算方法1900+119=2019表示年份，其他月份和天不变。

那么在Excel中如何切换两种日期系统呢？单击"文件"标签，在列表中选择"选项"选项。打开"Excel选项"对话框，选择"高级"选项❶，在右侧的"计算此工作簿时"选项区域中勾选"使用1904日期系统"复选框❷，单击"确定"按钮❸，即可由1900日期系统切换至1904日期系统，如图7-1所示。

> **提示**
>
> 如果取消勾选"使用1904日期系统"复选框，则切换至1900日期系统。

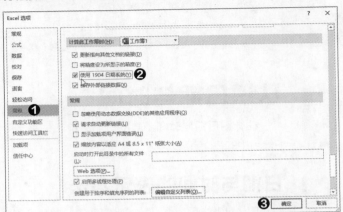

图7-1　切换到1904日期系统

7.2 日期函数

使用日期函数处理日期是每个Excel工作人员必备技能之一。使用日期函数可以提取日期部分内容、计算两个日期之间的天数等。下面我们将由浅入深地介绍日期函数的功能、表达式以及应用。

7.2.1 使用序列号表示日期

Excel提供YEAR、MONTH和DAY函数，可以分别从日期值中提取年、月、日。下面详细介绍各函数的应用。

1. YEAR函数

YEAR函数返回指定日期的年份，返回年份值是整数，其范围是1900~9999。

表达式：YEAR(serial_number)

参数含义：serial_number表示需要提取年份的日期值，如果该参数是日期格式以外的文本，则返回#VALUE!错误值。

下面以示例形式介绍YEAR函数的应用，如图7-2所示。

	A	B	C	D
1	日期	公式	返回结果	说明
2	2019-10-5	=YEAR(A2)	2019	提取A2单元格中日期的年份
3	2019年10月5日	=YEAR(A3)	2019	提取A3单元格中日期的年份
4	43743	=YEAR(A4)	2019	提取A4单元格中日期的年份
5		=YEAR("2019-10-5")	2019	提取带字符串日期的年份
6		=YEAR(DATE(2019,10,5))	2019	提取其他函数结果的年份

图7-2　YEAR函数示例

EXAMPLE计算员工的年龄

人事部门已统计出员工的出生日期，现在需要统计员工的年龄，此时可以使用YEAR函数快速计算出结果。下面介绍具体的操作方法。

Step 01 **输入公式。** 打开"员工年龄统计表.xlsx"工作簿，选中D2单元格，然后输入公式"=YEAR(TODAY())-YEAR(C2)"，如图7-3所示。

Step 02 **查看员工年龄。** 按Enter键执行计算，然后将公式填充至D14单元格，如图7-4所示。

实例文件

原始文件：
实例文件\第07章\原始文件\员工年龄统计表.xlsx
最终文件：
实例文件\第07章\最终文件\YEAR函数.xlsx

	A	B	C	D	E
	员工编号	员工姓名	出生日期	年龄	
2	BM001	朱睿豪		=YEAR(TODAY())-YEAR(C2)	
3	BM002	张亮	1998-12-5		
4	BM003	王波澜	1982-1-5		
5	BM004	许嘉一	2008-11-30		
6	BM005	王小	2002-7-25		
7	BM006	张书寒	1991-9-26		
8	BM007	朱美美	1996-5-15		
9	BM008	赵李	1989-6-16		
10	BM009	李志强	2001-12-1		
11	BM010	逢赛必	2008-5-9		
12	BM011	钱学林	1995-2-1		
13	BM012	史再来	1993-2-6		

图7-3　输入公式

	A	B	C	D
1	员工编号	员工姓名	出生日期	年龄
2	BM001	朱睿豪	2000-4-5	19
3	BM002	张亮	1998-12-5	21
4	BM003	王波澜	1982-1-5	37
5	BM004	许嘉一	2008-11-30	11
6	BM005	王小	2002-7-25	17
7	BM006	张书寒	1991-9-26	28
8	BM007	朱美美	1996-5-15	23
9	BM008	赵李	1989-6-16	30
10	BM009	李志强	2001-12-1	18
11	BM010	逢赛必	2008-5-9	11
12	BM011	钱学林	1995-2-1	24
13	BM012	史再来	1993-2-6	26
14	BM013	明春秋	1987-12-31	32

图7-4　计算员工年龄

2. MONTH函数

MONTH函数返回指定日期中的月份，返回值为1~12之间的整数。

表达式：MONTH（serial_number）

参数含义：serial_number表示需要返回月份的日期，可以是单元格引用、日期序列号等，如果是非日期值则返回#VALUE!错误值。

3. DAY函数

DAY函数返回指定日期的天数，返回值是1~31之间的整数。

表达式：DAY（serial_number）

参数含义：serial_number表示需要返回天数的日期，可以是单元格引用、日期序列号等，如果是非日期值则返回#VALUE!错误值。

下面以示例形式介绍MONTH和DAY函数的应用，如图7-5所示。

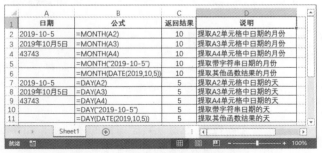

	A	B	C	D
1	日期	公式	返回结果	说明
2	2019-10-5	=MONTH(A2)	10	提取A2单元格中日期的月份
3	2019年10月5日	=MONTH(A3)	10	提取A3单元格中日期的月份
4	43743	=MONTH(A4)	10	提取A4单元格中日期的月份
5		=MONTH("2019-10-5")	10	提取带字符串日期的月份
6		=MONTH(DATE(2019,10,5))	10	提取其他函数结果的月份
7	2019-10-5	=DAY(A2)	5	提取A2单元格中日期的天
8	2019年10月5日	=DAY(A3)	5	提取A3单元格中日期的天
9	43743	=DAY(A4)	5	提取A4单元格中日期的天
10		=DAY("2019-10-5")	5	提取带字符串日期的天
11		=DAY(DATE(2019,10,5))	5	提取其他函数结果的天

图7-5　MONTH和DAY函数示例

提示

在计算员工年龄时，是当天日期的年份减去出生日期的年份。使用TODAY函数计算当天日期，在打开该工作簿时，系统会自动更新数据。

7.2.2　返回当前日期

如果需要在表格中输入当前日期时，可以使用函数进行快速准确输入。主要函数包括TODAY和NOW。

1. TODAY函数

TODAY函数返回当前电脑系统的日期。

表达式：TODAY

2. NOW函数

NOW函数返回当前电脑系统的日期和时间，和TODAY函数一样没有参数。

表达式：NOW

EXAMPLE 返回早例会的日期和时间

`Step 01` **输入公式。** 打开"早例会签到表.xlsx"工作簿，选中D2单元格，然后输入公式"=NOW"，如图7-6所示。

`Step 02` **计算结果。** 按Enter键执行计算，即可显示当前的日期和时间，效果如图7-7所示。

实例文件

原始文件：
实例文件\第07章\原始文件\早例会签到表.xlsx
最终文件：
实例文件\第五章\最终文件\NOW函数.xlsx

图7-6 输入公式　　　　　　　　　　图7-7 计算结果

在Excel中也可以使用快捷键快速输入当前日期和时间，按Ctrl+;组合键可输入当前日期，按Ctrl+Shift+;组合键可输入当前时间，如图7-8所示。

	A	B	C
1	**组合键**	**返回值**	
2	Ctrl+;	2019-8-15	
3	Ctrl+Shift+;	12:12	
4			

图7-8 组合键输入日期和时间

提示

使用函数输入日期和时间时，按F9功能可刷新日期和时间，而使用组合键输入的时间则不会变化。

7.2.3 返回日期

使用Excel处理日期时，有时需要返回指定的日期，用户可以使用DATE、EDATE、EMONTH函数。

1. DATE函数

DATE函数返回特定日期的序列号，如果输入函数之前，单元格的格式为"常规"，需要将结果设为日期格式。

表达式：DATE(year,month,day)

参数含义：year表示年份，是1~4位的数字；month表示月份；day表示天数，为正整数或负整数。

month参数的值为1~12之间的整数，如month的值大于12，则将从year年份加上指定的数值，并从1月份往上加，如DATE(2017,14,20)，则返回2018/2/20。如

果month数值小于0则在year年份上减去指定数值，如DATE(2017,-2,20)，则返回2016/10/20。其中day参数和month类似此处不再赘述。

EXAMPLE 统计某超市的牛奶是否过期

某超市对牛奶的管理很严格，随时监控是否过期。需要对日期进行管理，所以可以使用日期相关函数，如DATE函数，然后再通过当天日期判断是否过期，并将过期的数值突出显示出来。

Step 01 输入公式。 打开"某超市牛奶统计表.xlsx"工作簿，选中E2单元格，然后输入"=DATE(YEAR(C2),MONTH(C2),DAY(C2)+D2)"公式，如图7-9所示。

图7-9　输入公式

Step 02 计算过期日期。 按Enter键执行计算，然后将公式向下填充，计算出各产品的过期日期，如图7-10所示。

图7-10　计算过期的日期

Step 03 使用IF函数判断是否过期。 选中F2单元格，然后输入"=IF(TODAY-E2<0,"未过期","过期")"公式，按Enter键执行计算，并将公式向下填充，即可判断出各产品是否过期，如图7-11所示。

图7-11　判断产品是否过期

Step 04 **突出显示过期数据。** 选择A2:F13单元格区域❶，切换至"开始"选项卡，单击"样式"选项组中"条件格式"下三角按钮❷，在列表中选择"新建规则"选项❸，如图7-12所示。

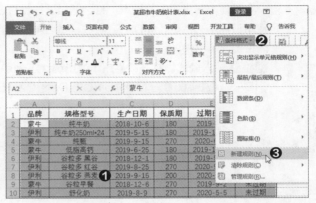

图7-12 使用"条件格式"功能

Step 05 **设置条件规则。** 打开"新建格式规则"对话框，在"选项规则类型"列表框中选择"使用公式确定要设置格式的单元格"选项，在"编辑规则说明"选项区域中的文本框中输入"=$F2="过期""公式❶，单击"格式"按钮❷，如图7-13所示。

Step 06 **设置满足条件的格式。** 打开"设置单元格格式"对话框，设置字体格式和填充颜色等，如图7-14所示。

图7-13 设置条件规则

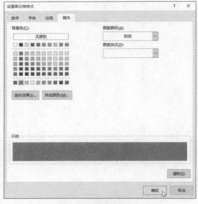

图7-14 设置单元格格式

Step 07 **查看突出效果。** 依次单击"确定"按钮，回到表格中可见，在选中的单元格区域内，凡是过期数据的行均应用设置的格式，以突出显示，如图7-15所示。

	A	B	C	D	E	F
1	品牌	规格型号	生产日期	保质期	过期日期	是否过期
2	蒙牛	纯牛奶	2018-10-6	180	2019-4-4	过期
3	伊利	纯牛奶250ml*24	2019-5-15	180	2019-11-11	未过期
4	蒙牛	纯甄	2019-9-15	270	2020-6-11	未过期
5	蒙牛	低脂高钙	2019-6-25	180	2019-12-22	未过期
6	伊利	谷粒多 黑谷	2018-12-1	180	2019-5-30	过期
7	伊利	谷粒多 红谷	2019-8-25	270	2020-5-21	未过期
8	伊利	谷粒多 燕麦	2019-9-15	200	2020-4-2	未过期
9	蒙牛	谷粒早餐	2018-12-6	270	2019-9-2	未过期
10	伊利	舒化奶	2019-8-9	270	2020-5-5	未过期
11	蒙牛	特仑苏	2018-12-5	180	2019-6-3	过期
12	伊利	无菌枕纯牛奶	2019-10-3	270	2020-6-29	未过期
13	蒙牛	真果粒	2019-9-16	200	2020-4-3	未过期

图7-15 查看突出数据的效果

2. EDATE函数

EDATE函数返回指定日期之前或之后几个月的日期。

表达式：EDATE(start_date,months)

参数含义：start_date表示起始日期；months表示start_date之前或之后的月份数。

用户在使用EDATE函数时，也可以返回指定之前或之后的月数和天数，如返回2017/12/15之后2个月10天的日期值，只需在指定的单元格中输入公式"=EDATE("2017/12/15"+10,2)"，返回2018/2/25日期。

3. EOMONTH函数

EOMONTH函数返回在某日期之前或之后，与该日期相隔指定月份的最后一天的日期。

表达式：EOMONTH(start_date,months)

参数含义：start_date代表开始日期，如果输入的是无效日期，则函数返回#VALUE!错误值；months表示start_date之前或之后的月份数，为正数时表示起始日期之后，为负数时表示起始日期之前，为0时，返回起始日期当月最后一天。

EXAMPLE 计算采购商品的结账日期

某企业采购一批商品，其结账日期为每个月的15号，但是到货日期在当月15号之前的，则次月可结账。如果到货日期在当月15号之后，则结账日期为隔月的15号。下面通过EOMONTH函数计算结账日期。

Step 01 **选择函数。** 打开"计算采购商品的结账日期.xlsx"工作簿，选中F2单元格，打开"插入函数"对话框，选择EOMONTH函数❶，单击"确定"按钮❷，如图7-16所示。

Step 02 **输入函数的参数。** 打开"函数参数"对话框，在Start_date文本框中输入E3，在Months文本框中输入"IF(DAY(E3)<=15,0,1)"❶，单击"确定"按钮❷，如图7-17所示。

图7-16　输入公式

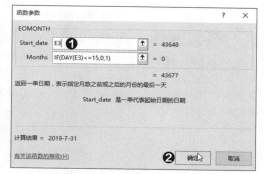

图7-17　计算日期

Step 03 **修改公式。** 返回工作表中，将F3单元格中显示该月的最后一天的日期，企业规定结账日为次月的15号，所以在日期的基础上加15，所以将公式修改为"=EOMONTH(E3,IF(DAY(E3)<=15,0,1))+15"，然后将公式向下填充，如图7-18所示。

| F3 | ▼ | : | × | ✓ | fx | =EOMONTH(E3,IF(DAY(E3)<=15,0,1))+15 |

▲	A	B	C	D	E	F
1	采购统计表					
2	商品名称	采购数量	采购价格	采购金额	到货日期	结账日期
3	晶体二极管	500	¥10.50	¥5,250.00	2019-7-2	2019-8-15
4	直插电解电容	680	¥58.00	¥39,440.00	2019-7-3	2019-8-15
5	晶体管	590	¥26.00	¥15,340.00	2019-7-5	2019-8-15
6	光耦	540	¥35.00	¥18,900.00	2019-7-15	2019-8-15
7	发光管	120	¥21.00	¥2,520.00	2019-7-20	2019-9-15
8	连接器	300	¥87.00	¥26,100.00	2019-7-26	2019-9-15
9						

图7-18　计算采购商品的结账日期

用户也可以使用EOMONTH函数判断指定年份是闰年还是平年，如判断2019年是平年还是闰年，在单元格中输入"=IF(DAY(EOMONTH(DATE(2019,2,1),0))=28,"平年","闰年")"公式，按Enter键即可显示"平年"。使用EOMONTH函数返回2019年2月最后一天的日期，使用DAY函数提取天数，使用IF函数判断提取数为28天则为"平年"，若不是28天则为"闰年"。

7.2.4 计算日期之间的天数

在进行日期之间运算时，经常需要计算两日期之间相差的天数。日期是一种特殊的数值，也可以进行加减运算。在Excel中通常使用计算天数的函数有DAYS、DAYS360和DATEDIF函数，本节将详细介绍这3个函数的用法，除此之外，还介绍YEARFRAC函数的用法。

1. DAYS函数

DAYS函数返回两个日期之间的天数。

表达式：DAYS(end_date, start_date)

参数含义：end_date表示计算天数的终止日期；start_date表示计算天数的起始日期。

2. DAYS360函数

DAYS360函数按一年360天的算法，计算两个日期之间的天数，通常用在一些会计计算中。

表达式：DAYS360(start_date,end_date,method)

参数含义：start_date表示起始日期；end_date表示结束日期；method为逻辑值，表示计算时采用欧洲方法还是美国方法。

method参数为FALSE或省略时，表示采用美国方法，如果起始日期是一个月的第31天，则将这一天视为同一个月份的第30天。如果结束日期是一个月的第31天、且开始日期早于一个月的第30天，则将这个结果日期视为下一个月的第1天，否则结束日期等于同一个月的第30天。

method参数为TRUE时，采用欧洲方法，如果开始日期或结束日期是一个月的第31 天，则将这一天视为同一个月份的第30天。

3. DATEDIF函数

DATEDIF函数Excel隐藏函数中功能比较强的函数，该函数在"插入函数"对话框中是找不到的。DATEDIF函数返回两个日期之间的天数、月数或年数。

表达式：DATEDIF(start_date,end_date,unit)

参数含义：start_date表示起始日期；end_date表示结束日期；unit表示所需信息的返回代码，使用代码时需要添加双引号。如果start_date在end_date之后，则返回错误值。

提 示

使用DAYS函数计算天数时，如果日期参数超出有效日期范围，则返回#NUM!错误值。

提 示

在使用DAYS360函数时，如果start_date发生在end_date之后，则函数返回负数。

unit代码介绍如表7-2所示。

表7-2　unit代码说明

unit	返回值说明
y	返回时间段中年数
m	返回时间段中月数
d	返回时间段中天数
md	返回两个日期之间的天数，忽略日期中的月和年
ym	返回两个日期之间的月数，忽略日期中的年和日
yd	返回两个日期之间的天数，忽略日期中的年

DATEDIF函数示例，如图7-19所示。

图7-19　DATEDIF函数示例

EXAMPLE 计算员工的年龄和还差的月数

　　之前介绍使用YEAR和TODAY函数计算员工的年龄的方法，在本节中将介绍使用DATEDIF和TODAY函数计算员工年龄的方法。同时还会计算出员工还差多少个月就到下一个年龄了。

Step 01 输入公式计算年龄。 打开"员工信息表.xlsx"工作簿，选中I3单元格，然后输入"=DATEDIF(H3,TODAY,"Y")"公式，该公式表示只统计两个日期之间的年数，如图7-20所示。

Step 02 计算年龄。 按Enter键执行计算，然后将公式向下填充，即可计算出员工的年龄，如图7-21所示。

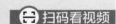

图7-20　输入公式

图7-21　计算年龄

Step 03 输入公式计算月份。 选中J3单元格，然后输入"=12-DATEDIF(H3,TODAY(),"ym")"公式，该公式计算该员工到明年生日时还差的月数，如图7-22所示。

Step 04 **计算年龄。**按Enter键执行计算，然后将公式向下填充，即可计算出员工的年龄，如图7-23所示。

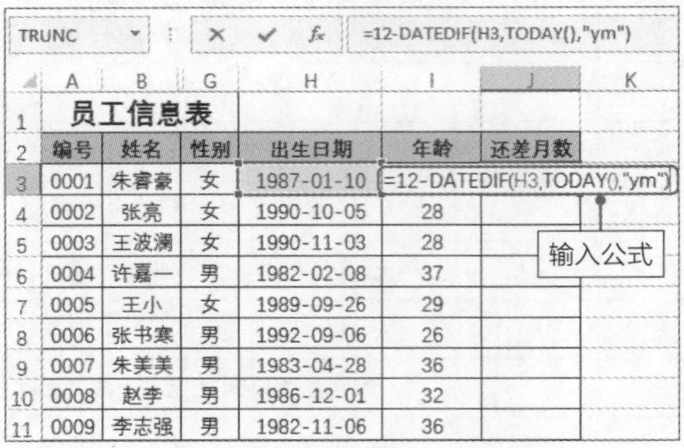

图7-22 输入公式

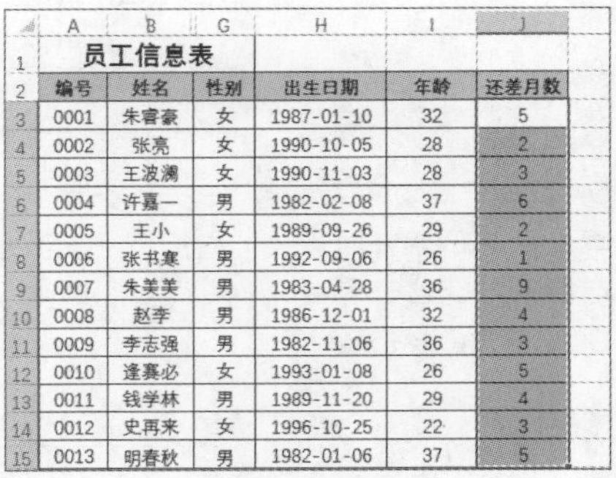

图7-23 计算月数

4. YEARFRAC函数

YEARFRAC函数返回开始日期和结束日期之间的天数占全年天数的百分比。

表达式：YEARFRAC(start_date,end_date,basis)

参数含义：start_date表示起始日期；end_date表示结束日期；basis表示日计算基准类型。

basis参数的取值说明，如表7-3所示。

表7-3 basis参数说明

basis	说明
0或省略	采用NASD方法计算，一年360天为基准
1	实际天数/该年的实际天数
2	实际天数/360
3	实际天数/365
4	采用欧洲方法计算，一年360天为基准

> **提示**
> DATEDIF函数是隐藏函数，在“插入函数”对话框中是无法找到该函数的，只能通过直接输入使用。

> **提示**
> 如basis参数的值小于0或大于4时，则返回#NUM!错误值。

EXAMPLE 计算某证券的利息

Step 01 **输入公式计算利息天数占全年的百分比。**打开“计算某证券在一定时间内的利息.xlsx”工作簿，选中B6单元格，然后输入“=YEARFRAC(B4,B5,1)”公式，如图7-24所示。

Step 02 **查看计算结果。**按Enter键执行计算，并设置单元格格式为百分比，如图7-25所示。

> **实例文件**
> 原始文件：
> 实例文件\第07章\原始文件\计算某证券在一定时间内的利息.xlsx
> 最终文件：
> 实例文件\第07章\最终文件\YEAEFRAC函数.xlsx

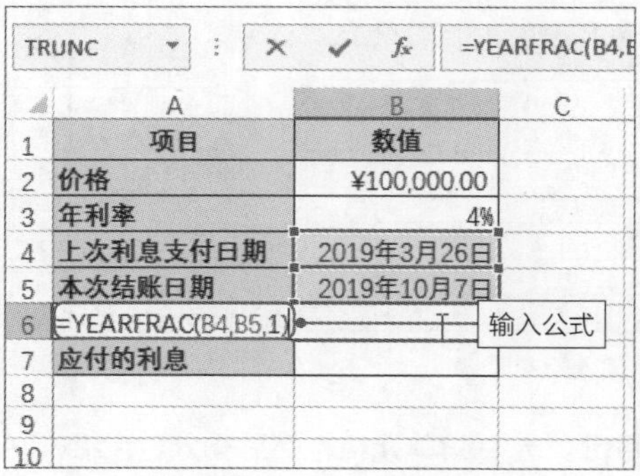

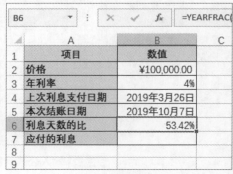

图7-24 输入公式

图7-25 计算百分比

Step 03 输入公式计算应付的利息。选中B7单元格并输入"=B2*B3*B6"公式，按Enter键即可计算出应付的利息，如图7-26所示。

	A	B	C
1	项目	数值	
2	价格	¥100,000.00	
3	年利率	4%	
4	上次利息支付日期	2019年3月26日	
5	本次结账日期	2019年10月7日	
6	利息天数的比	53.42%	
7	应付的利息	¥2,136.99	
8			

图7-26 计算应付的利息

7.3 工作日函数

在Excel中工作日函数主要是计算除去周末和节假日之后的天数，本节主要介绍WORKDAY、NETWORKDAYS两个函数的功能和用法。

7.3.1 WORKDAY函数

WORKDAY函数某日期之前或之后相隔指定工作日数的某一日的日期。其中工作日不包含周末、法定节假日以及指定的假日。

表达式：WORKDAY(start_date, days, holidays)

参数含义：start_date表示开始的日期；days表示开始日期之前或之后工作日的数量；holidays表示指定需要从工作日中排除的日期。

其中days参数为正值时将产生未来的值，为负值则产生过去的值，如果该参数不是整数，则将截去小数部分取整数。

EXAMPLE 若结账日为周末则向后延迟到第一个工作日

某企业的结账日期为每月的15号，但是如果15号为周末则自动延后到第一个工作日结账。本案例需要使用WORKDAY和EOMONTH两个函数计算出结果。

Step 01 输入公式计算常规结账日期。打开"某项目支付通知.xlsx"工作簿，选中B5单元格，然后输入"=EOMONTH(B4,IF(DAY(B4)<=15,0,1))+15"公式，可见显示的计算日期为周天，如图7-27所示。

B5 ▾ : × ✓ fx =EOMONTH(B4,IF(DAY(B4)<=15,0,1))+15

	A	B	C	D	E	F
1	某项目支付通知					
2						
3	支付项目	日期		休息日	日期	
4	完成项目	2019年7月26日		周六	2019年9月14日	
5	支付日期	2019年9月15日		周天	2019年9月15日	
6						
7						

图7-27 输入公式计算结账日

Step 02 重新计算计算结账日期。在B5单元格中输入"=WORKDAY(EOMONTH(B4,1)+14,1)"公式，按Enter键执行计算，可见日期为15号之后的第一个工作日的日期，如图7-28所示。

| B5 | | : | × | ✓ | fx | =WORKDAY(EOMONTH(B4,1)+14,1) |

	A	B	C	D	E
1	某项目支付通知				
2					
3	支付项目	日期		休息日	日期
4	完成项目	2019年7月26日		周六	2019年9月14日
5	支付日期	2019年9月16日		周天	2019年9月15日
6					

图7-28 计算日期

该项目完成后的第2个月的15日结账，因为2019年9月15日为周天，所以延后到下一个工作日，也就是2019年9月16日。在步骤2中使用EOMONTH函数计算出次月月末的日期，然后再加14天，也就是2019年9月14日，然后再使用WORKDAY函数计算下一个工作日的日期。

7.3.2 WORKDAY.INTL函数

WORKDAY.INTL函数使用自定义周末参数返回在指定的若干个工作日之前/之后的日期。

表达式：WORKDAY.INTL (start_date,days,[weekend],[holidays])

参数含义：start_date表示开始日期；days表示天数，需设置为整数；weekend表示周末，用整数或输入整数的单元格来指定作为假日的周末号码；holidays表示在工作日中需要排除的日期值。

下面通过表格形式展示weekend参数的含义，如表7-4所示。

表7-4 weekend参数的含义

周末号码	设置的休息日	周末号码	设置的休息日
1或省略	六、日	11	日
2	日、一	12	一
3	一、二	13	二
4	二、三	14	三
5	三、四	15	四
6	四、五	16	五
7	五、六	17	六

EXAMPLE 指定每周四为休息日计算到货日期

某商场为了周末两天更好地完成销售，规定员工每周四休息，其他时间均正常工作。现在采购了一批商品，要求到货日期不能在休息日的节假日，此时可以使用WORKDAY.INTL函数计算出到货的日期。

Step 01 选择函数。打开"计算采购商品的到货日期.xlsx"工作簿，选中G2单元格，然后单击编辑栏中"插入函数"按钮，在打开的对话框中选择WORKDAY.INTL函数，如图7-29所示。

Step 02 输入参数。打开"函数参数"对话框，设置开始日期Start_date为E3，天数Days为F3，再设置节假日Weenkend为15，表示周四休息❶，单击"确定"按钮❷，如图7-30所示。

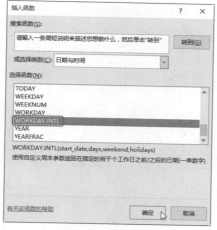

图7-29　选择函数

图7-30　输入参数

提示

在公式中还需要去除节假日的4天。

Step 03 **计算到货日期。** 返回工作表中计算出该商品的到货日期，将公式向下填充到G8单元格，即可查看所有商品的到货日期，如图7-31所示。

				G3		=WORKDAY.INTL(E3,F3,15,$I$3:$I$6)	

	A	B	E	F	G	H	I
1			采购统计表				
2	商品名称	采购数量	采购日期	供货周期	到货日期		节假日
3	晶体二极管	500	2019-8-2	65	2019-10-19		2019-8-1
4	直插电解电容	680	2019-8-3	56	2019-10-9		2019-10-1
5	晶体管	590	2019-8-5	61	2019-10-18		2019-10-2
6	光耦	540	2019-8-15	55	2019-10-20		2019-10-3
7	发光管	120	2019-8-20	41	2019-10-9		
8	连接器	300	2019-8-26	48	2019-10-23		
9							
10							

图7-31　查看计算结果

7.3.3　NETWORKDAYS函数

NETWORKDAYS函数返回两个日期之间所有工作日数。该函数与WORKDAY函数的用法相似。

表达式：NETWORKDAYS(start_date,end_date,holidays)

参数含义：start_date表示开始日期；end_date表示结束日期；holidays表示在工作日中需要排除的日期值。

EXAMPLE 判断结账日期是否为周末

提示

如果任何参数为无效的日期，则返回#VALUE!错误值。

扫码看视频

实例文件

原始文件：
实例文件\第07章\原始文件\手机销售统计表.xlsx

Step 01 **输入公式。** 打开"手机销售统计表.xlsx"工作簿，选中H2单元格，然后输入"=IF(NETWORKDAYS(G2,G2),"工作日","周末")"公式，如图7-32所示。

			WORKDAY...		=IF(NETWORKDAYS(G2,G2),"工作日","周末")		

	C	E	G	H	I	J
1	产品型号	销售数量	结账日期	备注		
2	荣耀8 64G		=IF(NETWORKDAYS(G2,G2),"工作日","周末")			
3	Mate 9 64G	15	2019-12-22			
4	荣耀8 32G	32	2020-1-8			
5	Mate 9 128G	15	2019-12-26	输入公式		
6	畅玩6X 32G	21	2020-1-12			
7	nova 64G	14	2019-12-27			
8	畅享7 32G	12	2019-12-19			
9						
10						

图7-32　输入公式

最终文件：
实例文件\第07章\最终文件\NETWORKDAYS
函数.xlsx

Step 02 **判断结果。** 按Enter键执行计算，并将公式向下填充，判断结账日期是否为周末，如图7-33所示。

	B	C	E	G	H	I
H2			fx	=IF(NETWORKDAYS(G2,G2),"工作日","周末")		
1	销售日期	产品型号	销售数量	结账日期	备注	
2	2019-8-16	荣耀8 64G	20	2019-12-29	周末	
3	2019-8-16	Mate 9 64G	15	2019-12-22	周末	
4	2019-8-16	荣耀8 32G	32	2020-1-8	工作日	
5	2019-8-16	Mate 9 128G	15	2019-12-26	工作日	
6	2019-8-16	畅玩6X 32G	21	2020-1-12	周末	
7	2019-8-16	nova 64G	14	2019-12-27	工作日	
8	2019-8-16	畅享7 32G	12	2019-12-19	工作日	
9						
10						

图7-33　查看判断结果

> **提示**
>
> 在公式中NETWORK-DAYS的起始日期和终止日期是同一天，如果该日期为工作日则返回1，如果为周末则返回0。

7.4 星期值函数

在Excel中，星期值函数主要计算某日期的星期值或是星期的数量。本节主要介绍WEKDAY和WEEKNUM函数的功能和具体用法。

7.4.1 WEEKDAY函数

WEKDAY函数返回指定日期为星期几的数值，默认情况下，返回的值为1时，表示星期天；返回的值为7时，表示星期六，以此类推。

表达式：WEEKDAY(serial_number，return_type)

参数含义：serial_number表示需要返回日期数的日期，它可以是带引号的文本字符串、日期序列号或其他公式或函数的结果；return_type表示确定返回值类型的数字。

其中，return_type参数的取值超过范围，则返回#NUM!错误值。下面以表格形式介绍return_type的数值范围以及数值说明，如表7-5所示。

> **提示**
>
> 其中serial_number为日期外的文本时，返回#VALUE!错误值，若该参数不在当前日期基数值范围内，则返回#NUM!错误值。

表7-5　return_type参数含义

return_type	说明
1或省略	星期日作为一周的开始，数字1(星期日)到数字7(星期六)
2	星期一作为一周的开始，数字1(星期一)到数字7(星期日)
3	星期一作为一周的开始，数字0(星期一)到数字6(星期日)
11	星期一作为一周的开始，数字1(星期一)到数字7(星期日)
12	星期二作为一周的开始，数字1(星期二)到数字7(星期一)
13	星期三作为一周的开始，数字1(星期三)到数字7(星期二)
14	星期四作为一周的开始，数字1(星期四)到数字7(星期三)
15	星期五作为一周的开始，数字1(星期五)到数字7(星期四)
16	星期六作为一周的开始，数字1(星期六)到数字7(星期五)
17	星期日作为一周的开始，数字1(星期日)到数字7(星期六)

> **提示**
>
> 我们习惯从星期一到星期天用1到7表示，所以，通常情况下设置return_type的参数数值为2。

> **扫码看视频**

EXAMPLE 标记月工作计划表中周末的行

企业为了帮助员工更好地规划工作日期，为每位发放月计划表。现在需要将计划表中周末的日期标记出来，方便安排工作时尽量避开。下面介绍具体的操作方法。

Step 01 **输入公式计算星期值。**打开"2019年9月工作计划表.xlsx"工作簿，选中B4单
元格，然后输入"=WEEKDAY(DATE($A$2,$B$2,A4),2)"公式，如图7-34所示。

Step 02 **显示计算结果。**按Enter键执行计算，并将公式向下填充，显示星期值，都是用
小写阿拉伯数字表示，如图7-35所示。

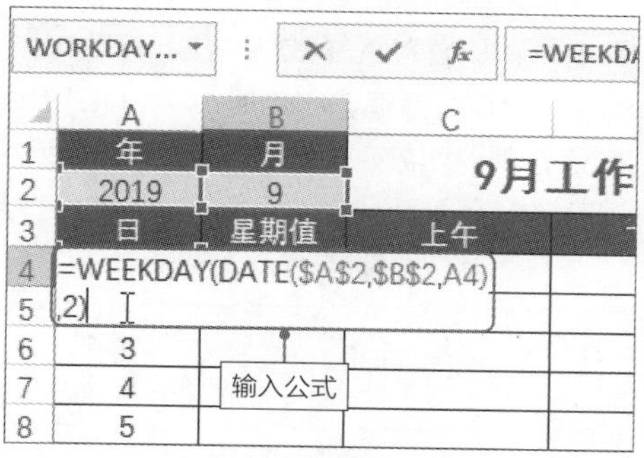

图7-34　输入公式

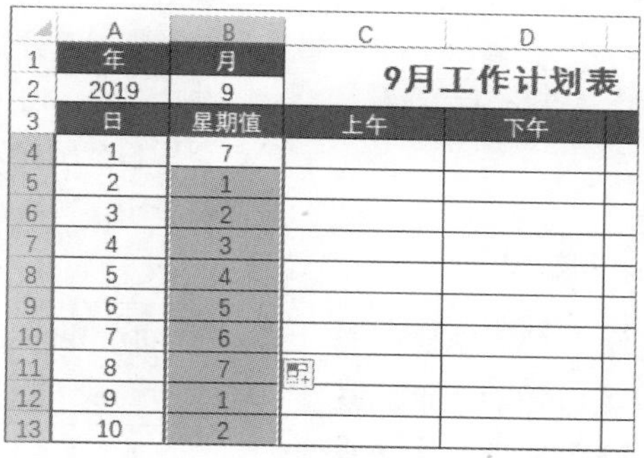

图7-35　显示计算结果

Step 03 **应用条件格式。**选择计划表的主体部分，如A4:F33单元格区域，单击"条件格
式"下三角按钮，在列表中选择"新建格式规则"选项。在打开的对话框中输入相关公式
"=$B4>5"❶，单击"格式"按钮❷，如图7-36所示。

Step 04 **设置格式。**打开"设置单元格格式"对话框，设置填充颜色为灰色，其他格式保
持不变，如图7-37所示。

图7-36　修改公式

图7-37　查看结果

Step 05 **查看标记的效果。**依次单击"确定"按钮，回到表中可见凡是周六和周天的行均
填充灰色，如图7-38所示。

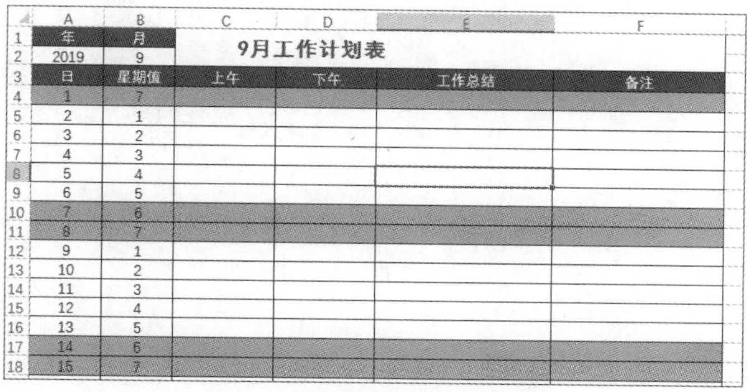

图7-38　查看标记周末的效果

7.4.2 WEEKNUM函数

WEEKNUM函数返回指定日期是一年中第几个星期的数值。

表达式：WEEKNUM(serial_num,return_type)

参数含义：serial_num表示需要计算一年中周数的日期；return_type表示确定星期计算从哪一天开始的数字，默认值为1，即是从星期日开始。

其中，serial_num参数为非日期值，则返回#VALUE!错误值；如果return_type参数是取值范围之外的数值，则返回#NUM!错误值。下面介绍return_type参数的取值范围及说明，如表7-6所示。

表7-6 return_type参数说明

return_type	说明	系统
1或省略	星期从星期日开始	系统1
2	星期从星期一开始	系统1
11	星期从星期一开始	系统1
12	星期从星期二开始	系统1
13	星期从星期三开始	系统1
14	星期从星期四开始	系统1
15	星期从星期五开始	系统1
16	星期从星期六开始	系统1
17	星期从星期日开始	系统1
21	星期从星期一开始	系统2

EXAMPLE 计算各项目周期的周数

某企业根据现有项目的周期，统计出一个项目的需要多少周才能完成，下面介绍使用WEEKNUM函数计算周数的方法。

Step 01 **输入公式。** 打开"项目统计表.xlsx"工作簿，选中G3单元格，然后输入"=IF(YEAR(B4)=YEAR(F4),WEEKNUM(F4,2)-WEEKNUM(B4,2),WEEKNUM(DATE(LEFT(B4,4),12,31),2)-WEEKNUM(B4,2)+WEEKNUM(F4,2))"公式，如图7-39所示。

扫码看视频

实例文件

原始文件：
实例文件\第07章\原始文件\项目统计表.xlsx
最终文件：
实例文件\第07章\最终文件\WEEKNUM函数.xlsx

	A	B	C	D	E	F	G
1			各项目跟进表				
2				日期	2019-8-16		
3	项目	前期	提出方案	实施	改进项目	完成项目	周期(周)
4	项目1	2019-5-10	2019-5-29	2019-9-30	2019-12-1	2020-2-1	=IF(YEAR(B4)
5	项目2	2019-2-12	2019-3-25	2019-5-1	2019-7-15	2019-12-3	=YEAR(F4),
6	项目3	2019-5-8	2019-5-20	2019-7-15	2019-9-15	2020-1-15	WEEKNUM(F4,2)
7	项目4	2019-3-26	2019-4-20	2019-6-28	2019-8-26	2019-12-2	-WEEKNUM(B4,
8	项目5	2019-8-9	2019-9-15	2019-11-2	2019-12-1	2020-3-15	2),WEEKNUM(
9	项目6	2019-10-9	2019-11-3	2019-12-9	2020-1-15	2020-6-15	DATE(LEFT(B4,4)
10							,12,31),2)-
12							WEEKNUM(B4,
13							2)+WEEKNUM(
14							F4,2))
15							

输入公式

图7-39 输入公式

Step 02 **计算项目周期。** 按Enter键执行计算，然后将公式填充至表格结尾，查看计算结果，如图7-40所示。

交叉参考

LEFT函数在8.3.1节中详细介绍；DATE函数在7.2.3节中详细介绍。

	A	B	C	D	E	F	G
1	各项目跟进表						
2				日期		2019-8-16	
3	项目	前期	提出方案	实施	改进方案	完成项目	周期(周)
4	项目1	2019-5-10	2019-5-29	2019-9-30	2019-12-1	2020-2-1	39
5	项目2	2019-2-12	2019-3-25	2019-5-1	2019-7-15	2019-12-30	46
6	项目3	2019-5-8	2019-5-20	2019-7-15	2019-9-15	2020-1-15	37
7	项目4	2019-3-26	2019-4-20	2019-6-28	2019-8-26	2019-12-20	38
8	项目5	2019-8-9	2019-9-15	2019-11-2	2019-12-1	2020-3-15	32
9	项目6	2019-10-9	2019-11-3	2019-12-9	2020-1-15	2020-6-15	37

图7-40　计算项目的周期

在步骤1中的公式很长，有点唬人，逐步分解之后就很容易理解了。首先使用YEAR(B4)=YEAR(F4)判断需要统计两个日期是否在一年内，使用IF函数返回判断的结果，如果在一年内则使用WEEKNUM(F4,2)-WEEKNUM(B4,2)公式计算，如果不在一年内使用WEEKNUM(DATE(LEFT(B4,4),12,31),2)-WEEKNUM(B4,2)+WEEKNUM(F4,2)公式计算。

7.4.3 使用WEEKNUM和SUMIF函数计算周销售额

某商场每天统计日销售额，每月结束后需要对每周的销售额进行统计。在统计之前我们需要使用WEEKNUM函数计算出每天属于哪个周次，然后再使用SUMIF对满足条件的数据进行汇总，下面介绍具体操作方法。

Step 01 添加辅助列并完善表格。打开"9月份销售明细表.xlsx"工作簿，在表格右侧添加"周次"列并设置居中对齐，然后再完善表格，并设置字体、字号和对齐方式，如图7-41所示。

Step 02 输入公式计算日期的周次。选中D3单元格，然后输入公式"=WEEKNUM(B3,2)"，该公式计算出指定日期所处的周次，按Enter键执行计算，然后将公式填充至D32单元格，如图7-42所示。

扫码看视频

实例文件

原始文件：
实例文件\第07章\原始文件\9月份销售明细表.xlsx
最终文件：
实例文件\第07章\最终文件\计算周销售额.xlsx

图7-41　完善表格　　　　图7-42　输入公式计算周次

Step 03 输入公式。选中G3单元格，然后输入"=SUMIF($D$3:$D$33,35,$C$3:$C$33)"公式，该公式表示汇总第35周次所有销售额，如图7-43所示。

Step 04 填充公式。按Enter键执行计算，然后将公式向下填充至G7单元格，可见所有数值是一样的，因为，在SUMIF函数中第2个参数引用的是周次，在填充公式时，该参数不变，如图7-44所示。

交叉参考

SUMIF函数在6.1.2节中详细介绍。

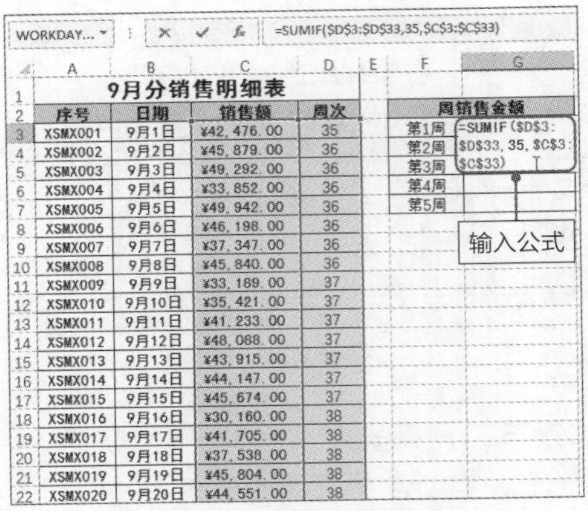

序号	日期	销售额	周次
XSMX001	9月1日	¥42,476.00	35
XSMX002	9月2日	¥45,879.00	36
XSMX003	9月3日	¥49,292.00	36
XSMX004	9月4日	¥33,852.00	36
XSMX005	9月5日	¥49,942.00	36
XSMX006	9月6日	¥46,198.00	36
XSMX007	9月7日	¥37,347.00	36
XSMX008	9月8日	¥45,840.00	36
XSMX009	9月9日	¥33,189.00	37
XSMX010	9月10日	¥35,421.00	37
XSMX011	9月11日	¥41,233.00	37
XSMX012	9月12日	¥48,088.00	37
XSMX013	9月13日	¥43,915.00	37
XSMX014	9月14日	¥44,147.00	37
XSMX015	9月15日	¥45,674.00	37
XSMX016	9月16日	¥30,160.00	38
XSMX017	9月17日	¥41,705.00	38
XSMX018	9月18日	¥37,538.00	38
XSMX019	9月19日	¥45,804.00	38
XSMX020	9月20日	¥44,551.00	38

图7-43 输入公式

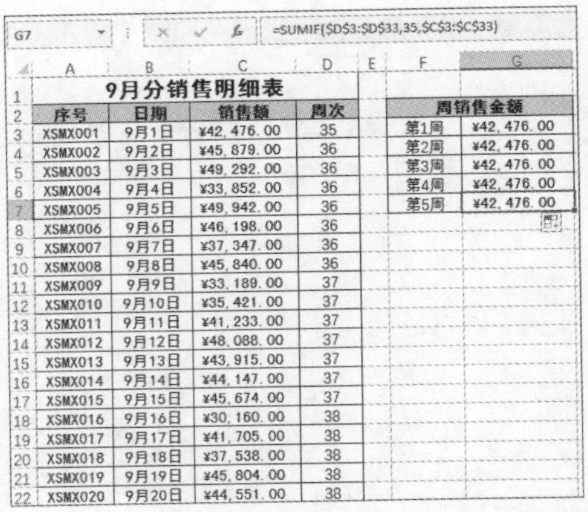

周销售金额	
第1周	¥42,476.00
第2周	¥42,476.00
第3周	¥42,476.00
第4周	¥42,476.00
第5周	¥42,476.00

图7-44 填充公式

Step 05 修改公式。选中G4单元格并双击，然后将SUMIF函数的第2个参数修改为36，然后按Enter键执行计算，然后根据相同的方法修改SUMIF函数中的参数，即可计算9月份周销售额，如图7-45所示。

> **提示**
> 在步骤5中修改函数的参数为36，表示9月份在全年中周次为36的日期。与9月份第1周、第2周、第3周、第4周、第5周和第6周对应的周次分别为35、36、37、38、39和40。

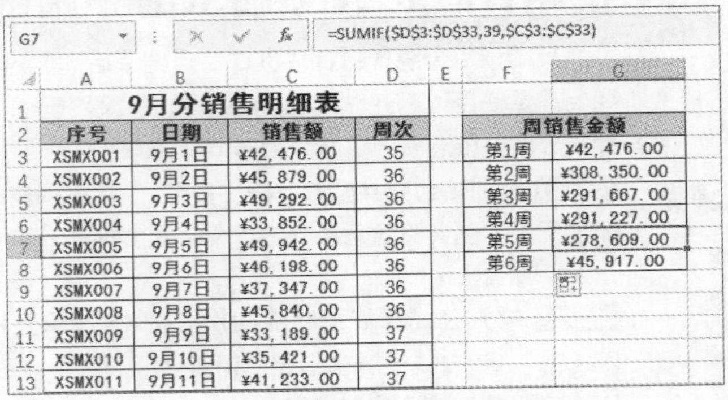

序号	日期	销售额	周次
XSMX001	9月1日	¥42,476.00	35
XSMX002	9月2日	¥45,879.00	36
XSMX003	9月3日	¥49,292.00	36
XSMX004	9月4日	¥33,852.00	36
XSMX005	9月5日	¥49,942.00	36
XSMX006	9月6日	¥46,198.00	36
XSMX007	9月7日	¥37,347.00	36
XSMX008	9月8日	¥45,840.00	36
XSMX009	9月9日	¥33,189.00	37
XSMX010	9月10日	¥35,421.00	37
XSMX011	9月11日	¥41,233.00	37

周销售金额	
第1周	¥42,476.00
第2周	¥308,350.00
第3周	¥291,667.00
第4周	¥291,227.00
第5周	¥278,609.00
第6周	¥45,917.00

图7-45 查看计算结果

7.5 时间函数

在此之前本章介绍的是日期相关的函数，本节将介绍Excel中主要的时间函数，如TIME、HOUR、MINUTE和SECOND函数。

7.5.1 常用的时间函数

下面将详细介绍各函数的功能和用法。

1. TIME函数

TIME函数返回指定时间的十进制数字。该函数返回小数值为0~0.999988426之间的数值，表示0:00:00~23:59:59之间的时间值。

表达式：TIME(hour, minute, second)

参数含义：hour是0~32767之间的数值，代表小时，当该参数大于23时，将除以24，余数作为小时；minute 是0~ 32767之间的数值，代表分钟，当该参数大于59时，将被转换为小时和分钟；second 是0~32767之间的数值，代表秒，大于59时，将被转换为小时、分钟和秒。

扫码看视频

实例文件

原始文件：

实例文件\第07章\原始文件\快递公司取件统计表.xlsx

最终文件：

实例文件\第07章\最终文件\TIME函数.xlsx

EXAMPLE 计算讲座结束的时间

学校为了更好地让学生学习各方面技能，每周日会安排各种讲座。现在需要根据演讲的开始时间和演讲时间计算各讲座的结束时间。

Step 01 输入公式。打开“周末各讲座时间安排表.xlsx”工作簿，选中F2单元格并输入公式“=D3+TIME(0,E3,0)”，如图7-46所示。

WORKDAY... =D3+TIME(0,E3,0)

	A	B	C	D	E	F
1	周日讲座时间安排表					
2	会场	讲师	演讲内容	开始时间	演讲时间（分）	结束时间
3	会场1	朱睿豪	高效办公	09:30		=D3+TIME(0,E3,0)
4	会场2	张亮	AI智能	10:00	60	
5	会场1	王波澜	留住人才	01:40	90	
6	会场2	许嘉一	中流砥柱的员工	01:00	70	
7	会场3	王小	选择工作	02:00	70	
8	会场1	张书寒	管理员工	06:30	60	
9	会场2	朱美美	职业规划	04:00	80	

输入公式

图7-46 输入公式

Step 02 计算结束时间。按Enter键执行计算，然后将公式向下填充，计算出各讲座的结束时间，如图7-47所示。

	A	B	C	D	E	F
1	周日讲座时间安排表					
2	会场	讲师	演讲内容	开始时间	演讲时间（分）	结束时间
3	会场1	朱睿豪	高效办公	09:30	60	10:30
4	会场2	张亮	AI智能	10:00	60	11:00
5	会场1	王波澜	留住人才	01:40	90	03:10
6	会场2	许嘉一	中流砥柱的员工	01:00	70	02:10
7	会场3	王小	选择工作	02:00	70	03:10
8	会场1	张书寒	管理员工	06:30	60	07:30
9	会场2	朱美美	职业规划	04:00	80	05:20

图7-47 计算结果

本案例中没有涉及到时间相加大于24小时的情况，如果遇到该情况需要需要使用TEXT函数将格式转换为“[h]:mm”才能计算出正确结果。用户也可以通过设置单元格格式的方法设置时间格式。

2. HOUR函数

HOUR函数返回指定时间的小时数，介于0~23之间的整数。

表达式：HOUR(serial_number)

参数含义：serial_number表示需要提取小时数的时间，若该参数为日期以外的文本，则返回#VALUE!错误值。

MINUTE和SECOND函数和HOUR函数类似，只是它们分别返回指定时间的分钟和秒数，下面以示例形式介绍这两个函数的用法，如图7-48所示。

C5 1

	A	B	C	D
1	时间	公式	返回结果	说明
2	8:30:00 AM	=MINUTE(A2)	30	返回A2单元格中时间的分钟数
3	8:30:15 PM	=MINUTE(A3)	30	返回A3单元格中时间的分钟数
4	13:45:25	=MINUTE(A4)	45	返回A4单元格中时间的分钟数
5	0.54265	=MINUTE(A5)	1	返回A5单元格中时间的分钟数
6	8:30:00 AM	=SECOND(A6)	0	返回A6单元格中时间的秒数
7	8:30:15 PM	=SECOND(A7)	15	返回A7单元格中时间的秒数
8	13:45:25	=SECOND(A8)	25	返回A8单元格中时间的秒数
9	0.54265	=SECOND(A9)	17	返回A9单元格中时间的秒数

Sheet1 Sheet2

就绪 100%

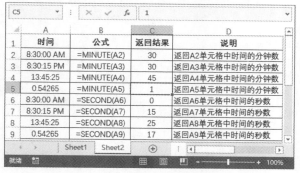

图7-48 函数示例

7.5.2 制作员工加班费查询表

扫码看视频

某单位统计各员工当月加班时间，并根据规定加班1小时补贴25元，分钟大于等于30分钟按1小时计算。下面介绍具体操作方法。

Step 01 输入公式转换时间。打开“员工加班费统计表.xlsx”工作簿，在“加班总数”右侧插入列，选中E2单元格，输入公式“=TEXT(D2,"[h]:mm")”，如图7-49所示。

Step 02 填充公式。按Enter键执行计算，然后将公式向下填充，完成所有时间转换，如图7-50所示。

WORKDAY... =TEXT(D2,"[h]:mm")

	A	B	C	D	E	F
1	序号	姓名	部门	加班总数	转换时间	加班费
2	X001	张立	财务部	=TEXT(D2,"[h]:mm")		
3	X002	李润栋	人事部	15:15		
4	X003	唐秋雨	销售部	22:00		
5	X004	祝之山	研发部	30:25:00		
6	X005	杜家明	销售部	35:50:00		
7	X006	孙怀才	销售部	24:36:00		
8	X007	周昱	财务部	22:56		
9	X008	王波澜	销售部	45:10:00		
10	X009	番峰	财务部	25:50:00		
11	X010	许嘉一	销售部	14:35		
12	X011	赵李	研发部	30:00:00		
13	X012	郑晓霆	销售部	31:26:00		
14						
15		姓名	加班费			
16						

图7-49 输入公式转换时间

E2 =TEXT(D2,"[h]:mm")

	A	B	C	D	E	F
1	序号	姓名	部门	加班总数	转换时间	加班费
2	X001	张立	财务部	20:30	20:30	
3	X002	李润栋	人事部	15:15	15:15	
4	X003	唐秋雨	销售部	22:00	22:00	
5	X004	祝之山	研发部	30:25:00	30:25	
6	X005	杜家明	销售部	35:50:00	35:50	
7	X006	孙怀才	销售部	24:36:00	24:36	
8	X007	周昱	财务部	22:56	22:56	
9	X008	王波澜	销售部	45:10:00	45:10	
10	X009	番峰	财务部	25:50:00	25:50	
11	X010	许嘉一	销售部	14:35	14:35	
12	X011	赵李	研发部	30:00:00	30:00	
13	X012	郑晓霆	销售部	31:26:00	31:26	
14						
15		姓名	加班费			
16						

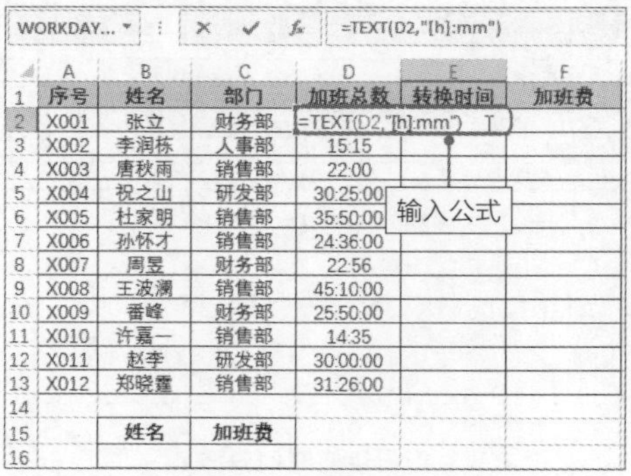

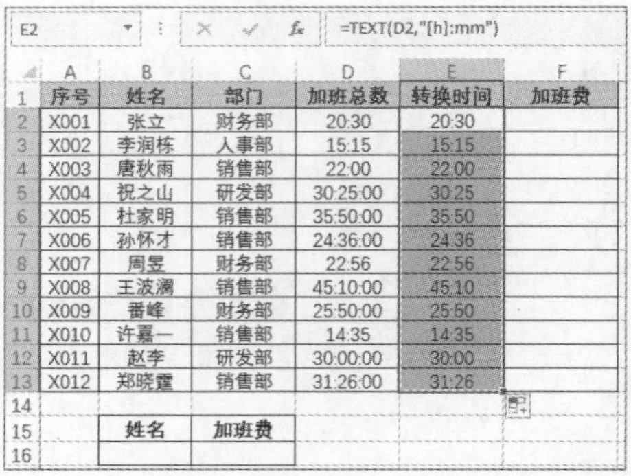

图7-50 填充公式

Step 03 输入计算加班费的公式。选中F2单元格，输入“=IF(MINUTE(E2)>=30,(LEFT(E2,2)+1)*25,LEFT(E2,2)*25)”公式，如图7-51所示。

Step 04 显示加班费。按Enter键执行计算，并将公式向下填充，如图7-52所示。

WORKDAY... 25,LEFT(E2,2)*25)

	A	B	C	D	E	F
1	序号	姓名	部门	加班总数	转换时间	加班费
2	X001	张立	财务部	20:30	20:30	=IF(MINUTE(E2)>=30,(LEFT(E2,2)+1)*25,LEFT(E2,2)*25)
3	X002	李润栋	人事部	15:15	15:15	
4	X003	唐秋雨	销售部	22:00	22:00	
5	X004	祝之山	研发部	06:25	30:25	
6	X005	杜家明	销售部	35:50:00	35:50	
7	X006	孙怀才	销售部	24:36:00	24:36	
8	X007	周昱	财务部	22:56	22:56	
9	X008	王波澜	销售部	45:10:00	45:10	
10	X009	番峰	财务部	25:50:00	25:50	
11	X010	许嘉一	销售部	14:35	14:35	
12	X011	赵李	研发部	30:00:00	30:00	
13	X012	郑晓霆	销售部	31:26:00	31:26	
14						
15		姓名	加班费			
16						

图7-51 输入公式

F2 =IF(MINUTE(E2)>=30,(LEFT(E2,2)+1)*

	A	B	C	D	E	F
1	序号	姓名	部门	加班总数	转换时间	加班费
2	X001	张立	财务部	20:30	20:30	¥525.00
3	X002	李润栋	人事部	15:15	15:15	¥375.00
4	X003	唐秋雨	销售部	22:00	22:00	¥550.00
5	X004	祝之山	研发部	06:25	30:25	¥750.00
6	X005	杜家明	销售部	35:50:00	35:50	¥900.00
7	X006	孙怀才	销售部	24:36:00	24:36	¥625.00
8	X007	周昱	财务部	22:56	22:56	¥575.00
9	X008	王波澜	销售部	45:10:00	45:10	¥1,125.00
10	X009	番峰	财务部	25:50:00	25:50	¥650.00
11	X010	许嘉一	销售部	14:35	14:35	¥375.00
12	X011	赵李	研发部	30:00:00	30:00	¥750.00
13	X012	郑晓霆	销售部	31:26:00	31:26	¥775.00
14						
15		姓名	加班费			

图7-52 显示加班费

Step 05 启用数据验证功能。选中B16单元格❶，切换至“数据”选项卡❷，单击“数据工具”选项组中“数据验证”按钮❸，如图7-53所示。

	A	B	C	D	E	F
1	序号	姓名	部门	加班总数		
8	X007	周昱	财务部	22:56	22:56	¥575.00
9	X008	王波澜	销售部	45:10:00	45:10	¥1,125.00
10	X009	番峰	财务部	25:50:00	25:50	¥650.00
11	X010	许嘉一	销售部	14:35	14:35	¥375.00
12	X011	赵李	研发部	30:00:00	30:00	¥750.00
13	X012	郑晓霆	销售部	31:26:00	31:26	¥775.00
14						
15		姓名	加班费			
16						

图7-53 单击“数据验证”按钮

实例文件

原始文件：实例文件\第07章\原始文件\员工加班费统计表.xlsx

最终文件：实例文件\第07章\最终文件\ 员工加班费查询表.xlsx

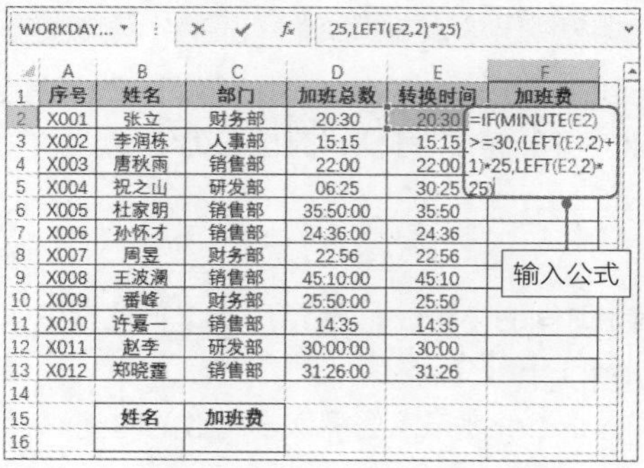

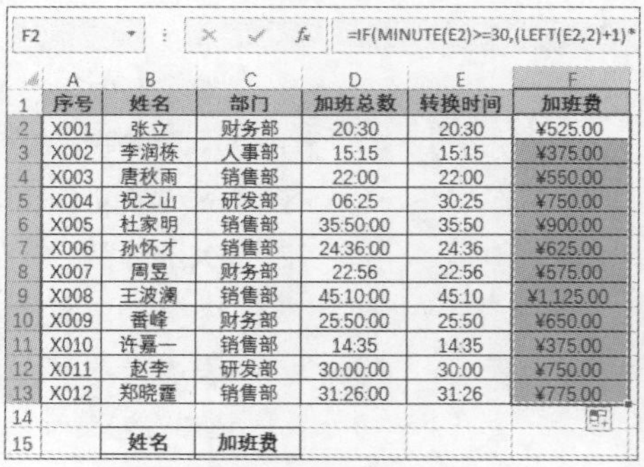

提 示

如果不使用TEXT函数转换，在图7-51的D5单元格中可见在编辑栏中显示1900/1/1 6:25:00，提取小时数则是6，会计算出错误的数值。

提 示

在步骤3中的公式，使用MINUTE函数提取加班时间的分钟数，然后使用IF函数判断分钟是否大于或等于30，若是则在LEFT提取的小时数加1，如果小于30则不加1，然后使用加班总数乘以25元即可。

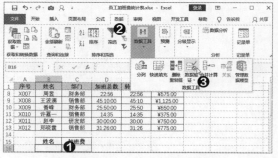

Step 06 设置数据验证。打开"数据验证"对话框，在"设置"选项卡中设置"允许"为
"序列"❶，单击"来源"右侧折叠按钮❷，如图7-54所示。

Step 07 选择单元格区域。返回工作表中选择B2:B13单元格区域❶，然后单击折叠按钮
❷，如图7-55所示。返回"数据验证"对话框中，单击"确定"按钮。

图7-54　单击折叠按钮 　　　　　　　　　　图7-55　选择单元格区域

交叉参考

VLOOKUP函数将在
9.1.2节中详细介绍。

Step 08 选择员工姓名。返回工作表中，单击B16单元格右侧下三角按钮❶，在列表中选
择需要查询的员工姓名❷，如图7-56所示。

Step 09 输入公式引用数值。选中C16单元格，输入"=VLOOKUP(B16,B2:F13,5,
FALSE)"公式，如图7-57所示。

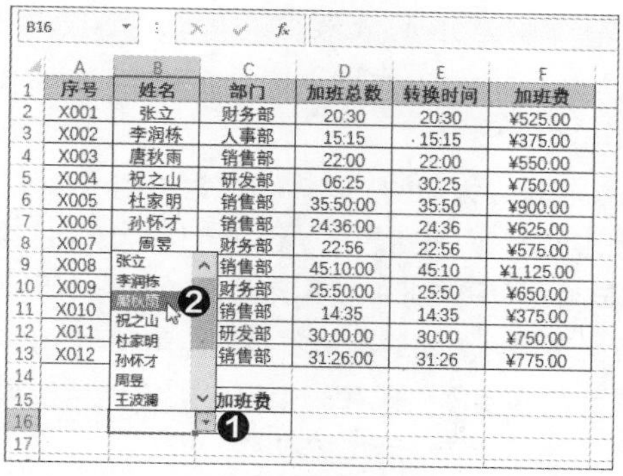

提示

步骤9的公式表示，在
B2:F13单元格区域中
查找B16单元格中的内
容，返回对应的第5列
单元格中的数据。

图7-56　选择员工姓名 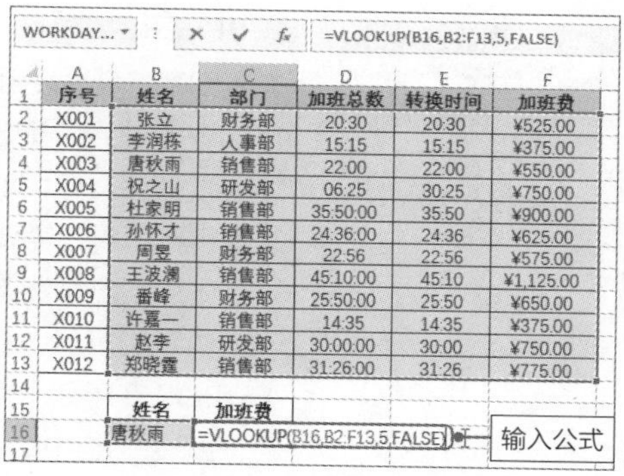　　　　　　　　　　图7-57　输入公式

Step 10 查看员工的加班费。按Enter键执行计算，则计算出"唐秋雨"员工的加班费，
如图7-58所示。

Step 11 继续验证效果。在B16单元格列表中选择"祝之山"，在C16单元格会自动显示
该员工的加班费，如图7-59所示。

图7-58　显示员工加班费 　　　　　　　　　　图7-59　验证效果

文本函数

文本型数据是Excel中常见的数据之一，Excel提供了专门处理文本字符的函数。本章主要从以下几方面介绍文本函数，如文本转换、提取字符、查找和替换字符等，将详细介绍文本函数的功能、表达式以及参数的含义，并以案例形式说明常用函数的用法。

8.1 文本的转换

使用工作表的用户经常需要将字符进行转换，如英文的大写和小写转换、文本字符串全角和半角转换以及数值表现形式的转换等。

8.1.1 英文大小写转换

介绍英文大小写转换和设置首字母大写时，主要用到以下3个函数，分别为UPPER、LOWER和PROPER。下面将分别介绍各函数的用法。

1. UPPER函数

UPPER函数用于将文本字符串中所有小写字母转换为大写字母。

表达式：UPPER(text)

参数含义：text表示转换为大写的文本，可以为引用的单元格或文本字符串，引用文本字符串时，需要使用半角双引号括起来，否则返回#NAME?错误值。

下面通过示例的形式介绍UPPER的使用方法，如图8-1所示。

由示例可见，将英文转换为大写时，其本身的全角和半角是不会发生变化的，例如A3和C3单元格。但是英文的字体格式在转换后会被取消，如A5单元各中文本设置倾斜，A6单元格中文本设置加粗，转换后均被取消。

2. LOWER函数

LOWER函数与UPPER函数功能相反，将文本字符串中所有英文转换为小写字母。

表达式：LOWER(text)

参数含义：text表示需要转换为小写的文本，可以是单元格或文本字符串，引用文本字符串时，需要使用半角双引号括起来，否则返回#NAME?错误值。

为了和UPPER进行比较，这里采用相同的示例，如图8-2所示。

> **提示**
>
> UPPER函数的参数不能引用单元格区域，否则会返回#VALUE!错误值。

> **提示**
>
> LOWER函数和UPPER函数相同，其参数不能引用单元格区域，否则会返回#VALUE!错误值。

C3		fx	ELILILLY	
	A	B	C
1	名称	公式	结果
2	I Brands Bandc	=UPPER(A2)	I BRANDS BANDC
3	E l i l i l l y	=UPPER(A3)	E L I L I L L Y
4	ranythe lnon	=UPPER(A4)	RANYTHE LNON
5	Supervalu-5m	=UPPER(A5)	SUPERVALU-5M
6	Liberty Mutual	=UPPER(A6)	LIBERTY MUTUAL
7	函数与公式	=UPPER(A7)	函数与公式
8		=UPPER("Excel 2019")	EXCEL 2019
9			

图8-1　UPPER的示例

	A	B	C
1	名称	公式	结果
2	I Brands Bandc	i brands bandc	i brands bandc
3	E l i l i l l y	e l i l i l l y	e l i l i l l y
4	ranythe lnon	ranythe lnon	ranythe lnon
5	Supervalu-5m	supervalu-5m	supervalu-5m
6	Liberty Mutual	liberty mutual	liberty mutual
7	函数与公式	函数与公式	函数与公式
8		excel 2019	excel 2019

图8-2　LOWER函数示例

3. PROPER函数

PROPER函数将文本字符串的首字母及任何非字母字符之后的首字母转换成大写，并将其余字母转换为小写。

表达式：PROPER(text)

参数含义：text表示需要转换为首字母大写的文本，可以是单元格或文本字符串，引用文本字符串时，需要使用半角双引号括起来，否则返回#NAME?错误值。

选中D2单元格，输入“=PROPER(B2)”公式，然后将公式向下填充，查看将单词首字母转换为大写的效果，如图8-3所示。

> **提示**
> 在输入英文文本时，特别是人名或企业名称等专有名词时，每个单词的第一个字母都要大写，在输入时来回切换大小写很麻烦。用户可以全部输入小写，再使用PROPER函数转换即可。

D2 =PROPER(B2)

	A	B	D
1	序号	公司名称	PROPER函数
2	001	STATE FARM INSURANCE KGIO	State Farm Insurance Kgio
3	002	i brands bandc	I Brands Bandc
4	003	*American Family Insurance dfe*	American Family Insurance Dfe
5	004	**Wells Fargo American Electricdad**	Wells Fargo American Electricdad
6	005	supervalu dtafg	Supervalu Dtafg
7	006	ｒａｙｔｈｅ　ｉｎｏｎ	Ｒａｙｔｈｅ　Ｉｎｏｎ
8			

图8-3 PROPER函数的应用

8.1.2 全角半角字符转换

在Excel中使用文本函数还可以进行全角半角相互转换。下面介绍ASC和WIDECHAR两个函数的应用。

1. ASC函数

ASC函数主要用于将全角字符转换为半角字符。

表达式：ASC(text)

参数含义：text表示需要进行半角转换的字母，可以为单元格或引用的文本，如果不包含全角字母则返回结果保持不变。

在D2单元格中输入“=ASC(B2)”公式，然后按Enter键执行计算，并将公式向下填充至D7单元格，查看转换为半角的效果，如图8-4所示。

从转换的结果可以分析，使用ASC函数可以将英文、数字和标点符号从全角状态下转换为半角状态，如B2和B7单元格转换的效果。在转换的过程中将本身部分格式取消，如B3和B4单元格的转换效果。

	A	B	D
1	序号	公司名称	ASC函数
2	001	State Farm Insurance Kgio	State Farm Insurance Kgio
3	002	ｉ　ｂｒａｎｄｓ　５８６	i brands 586
4	003	*American Family Insurance Dfe*	American Family Insurance Dfe
5	004	**Wells Fargo American Electricdad**	Wells Fargo American Electricdad
7	006	＂＂	""
8	007	公式函数图表ＶＢＡ	公式函数图表VBA
9			
10			

图8-4 ASC函数的应用

2. WIDECHAR函数

WIDECHAR 函数将半角字符转换为全角字符。

表达式：WIDECHAR (text)

参数含义：text表示需要转换为全角字符的文本。

EXAMPLE 限制输入文本类型为全角字符

在制作表格时，如果需要在某特定的单元格区域内输入全角字符时，可以通过WIDECHAR函数和数据验证功能相结合进行限制。

Step 01 **设置数据验证规则。** 打开"企业信息表.xlsx"工作簿，选中C2:C7单元格区域，单击"数据"选项卡中"数据验证"按钮。在打开的对话框中设置"允许"为"自定义"❶，在"公式"文本框中输入"=WIDECHAR(C2)=C2"❷，如图8-5所示。

Step 02 **设置输入信息。** 切换至"输入信息"选项卡，在"标题"和"输入信息"文本框中输入相关内容❶，单击"确定"按钮❷，如图8-6所示。

图8-5　设置数据验证规则

图8-6　设置输入信息

Step 03 **验证效果。** 在设置的单元格区域中输入半角状态时，将弹出提示对话框，如图8-7所示。

图8-7　验证设置效果

8.1.3 转换文本格式

在Excel中可以通过函数转换数值的表现形式，函数包括TEXT、FIXED、RMB、DOLLAR、BAHTTEXT、NUMBERSTRING。下面主要介绍TEXT、FIXED、RMB和NUMBERSTRING四种函数的应用。

1. TEXT函数

TEXT函数表示将数值转换为指定格式的文本。

表达式：TEXT(value,format_text)

参数含义：value为数值、计算结果为数值的公式或对包含数值的单元格的引用；format_text表示指定格式代码，使用双引号括起来。

下面介绍TEXT的常用格式代码，如图8-8所示。

	A	B	C	D
1	数值	格式代码	函数公式	返回值
2	452.27	00.0	=TEXT(A2,"00.0")	452.3
3	2.3	00.00	=TEXT(A3,"00.00")	02.30
4	35.68	####	=TEXT(A4,"####")	36
5	-36	正数;负数;零	=TEXT(A5,"正数;负数;零")	负数
6	20171225	0000年00月00日	=TEXT(A6,"0000年00月00日")	2017年12月25日
7	20171225	0000-00-00	=TEXT(A7,"0000-00-00")	2017-12-25
8	2017/12/25	dd-mmm-yyyy	=TEXT(A8,"dd-mmm-yyyy")	25-Dec-2017
9	2017/12/25	yyyy年mm月	=TEXT(A9,"yyyy年mm月")	2017年12月
10	2017/12/25	aaaa	=TEXT(A10,"aaaa")	星期一

图8-8　TEXT函数格式代码

2. FIXED函数

FIXED函数用于将数字按指定的小数位数进行取整，利用句号和逗号，以小数格式对该数进行格式设置，并以文本形式返回结果。

表达式：FIXED(number,decimals,no_commas)

参数含义：number表示要进行舍入并转换为文本的数值；decimals表示十进制数的小数位数；no_commas为一个逻辑值，如果为TRUE，则会禁止FIXED在返回的文本中包含逗号。

3. RMB函数

RMB用于将数字转换成人民币格式的文本。

表达式：RMB(number,decimals)

函数参数：number表示需要转换为货币的数字、单元格的引用；decimals表示需要保留的小数点位数，默认情况下为2，即保留2位小数，若该参数值为负数，表示从小数点往左按相应的位数进行四舍五入。

4. NUMBERSTRING函数

NUMBERSTRING函数用于将数字转换为中文大写。

表达式：NUMBERSTRING(number,type)

参数含义：number表示需要转换为中文大写的数字，不能为负数，否则返回#NUM!错误值；type表示返回结果的类型，有3种形式，如图8-9所示。

	A	B	C
1	数值	公式	返回结果
2	123456	=NUMBERSTRING(A2,1)	一十二万三千四百五十六
3	123456	=NUMBERSTRING(A3,2)	壹拾贰万叁仟肆佰伍拾陆
4	123456	=NUMBERSTRING(A4,3)	一二三四五六
5	-123456	=NUMBERSTRING(A5,1)	#NUM!

图8-9　NUMBERSTRING函数的3种形式

8.2　查找与替换函数

用户经常会从单元格或字符中查找某些信息，或是为了保护某些信息，需要替换部分内容。查找与替换函数包括FIND、FINDB、SEARCH、REPLACE、SUBSTITUTE等函数。本节将主要介绍FIND、SEARCH、REPLACE、SUBSTITUTE函数的功能及应用。

8.2.1　查找函数

在Excel中查找函数主要包括FIND、FINDB、SEARCH、SEARCHB，下面主要介绍FIND和SEARCH两个函数。

1. FIND函数

FIND函数用于在一个文本中查找另一个文本字符串，区分大小写，并从首字符开始返回起始位置编号。

表达式：FIND(find_text,within_text,start_num)

参数含义：find_text表示需要查找的字符串，如果输入的文本没有用引号括起来，则返回#NAME? 错误值；within_text表示包含要查找的文本；start_num表示指定开始查找的字符数，如果省略则为1。

EXAMPLE 使用FIND函数查找指定字符的位置

Step 01 查找"o"字母的位置。新建工作表，输入相关数据，选中B2单元格，然后输入"=FIND("o",A2)"公式，表示从文本最左侧查找第一次出现"o"字母的位置，如图8-10所示。

Step 02 显示查找结果。按Enter键执行计算，可见显示其位置是在第2个字符，如图8-11所示。

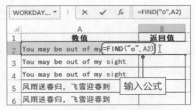
图8-10 输入公式

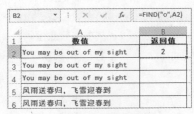
图8-11 显示查找位置

Step 03 从第5个字符开始查找"o"字母的位置。选中B3单元格，然后输入"=FIND("o",A3,5)"公式，表示从文本第5个字符开始查找第一次出现"o"字母的位置，按Enter键执行计算，如图8-12所示。

Step 04 查找空格出现的位置。选中B4单元格，然后输入"=FIND(" ",A4)"公式，表示从文本查找第一次出现空格的位置，按Enter键执行计算，如图8-13所示。

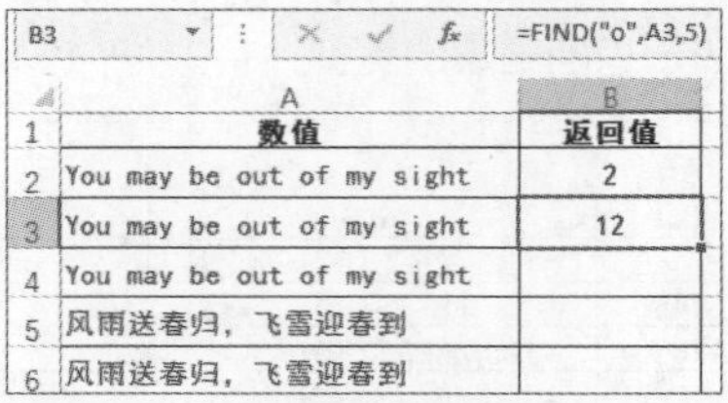

图8-12 从第5个字符查找"o"的位置

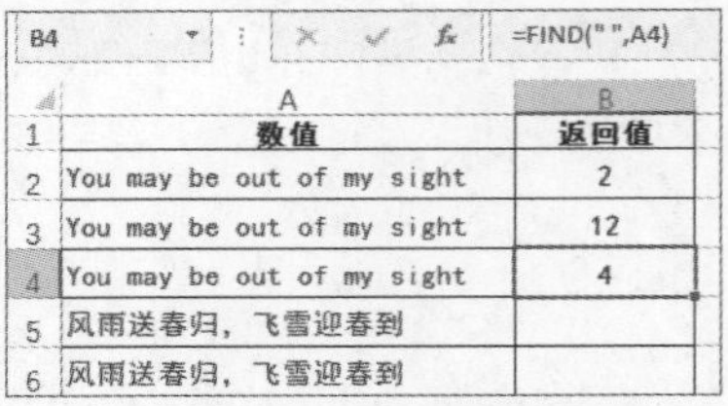

图8-13 查找空格出现的位置

Step 05 查找"O"显示的结果。选中B5单元格，然后输入"=FIND("O",A5)"公式，表示从文本查找大写字母"O"的位置，按Enter键执行计算，如图8-14所示。

Step 06 查找"春"时显示的结果。选中B6单元格，然后输入"=FIND("春",A6)"公式，表示从文本查找空值的位置，按Enter键执行计算，如图8-15所示。

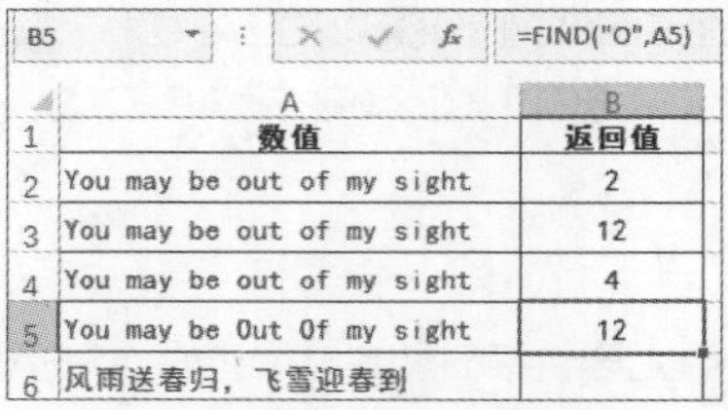

图8-14 查找大写字母"O"的位置

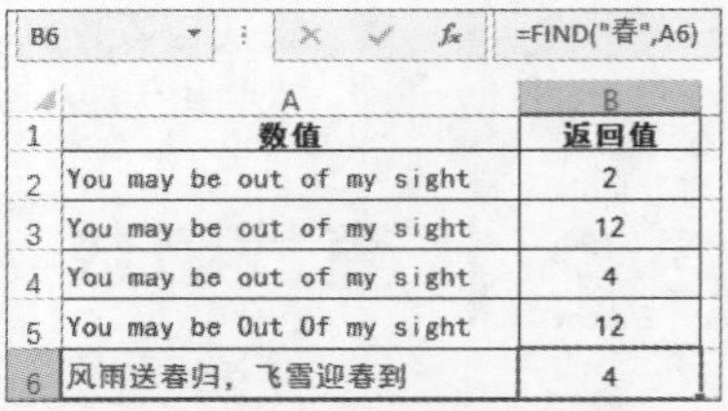

图8-15 查找"春"时显示的结果

2. SEARCH函数

SEARCH函数和FIND函数使用方法是相同的，只是它不区分大小写。SEARCH函数返回指定字符串在原始文本字符串中首次出现的位置，忽略英文的大小写。

表达式：SEARCH (find_text,within_text,start_num)

参数含义：find_text表示需要查找的字符串；within_text表示包含要查找的文本；start_num表示指定开始查找的字符数，如果省略则为1。

替换函数

在Excel中为了对重要数据进行保护，可以替换部分内容，如手机号码、身份证号码或账号等。替换函数主要包括REPLACE、REPLACEB和SUBSTITUTE函数，下面主要介绍REPLACE和SUBSTITUTE两个函数。

1. REPLACE 函数

REPLACE 函数使用新字符串替换指定位置和数量的旧字符。

表达式：REPLACE(old_text,start_num,num_chars，new_text)

参数含义：old_text表示需要替换的字符串；start_num表示替换字符串的开始位置；num_chars表示从指定位置替换字符的数量；new_text表示需要替换old_text的文本。

EXAMPLE 替换员工的身份证号码

Step 01 **选择REPLACE函数**。打开"员工档案.xlsx"工作簿，在合适位置插入列，选中G2单元格，打开"插入函数"对话框，选择REPLACE函数，如图8-16所示。

Step 02 **输入函数参数**。打开"函数参数"对话框，在参数文本框中输入参数❶，单击"确定"按钮❷，如图8-17所示。

图8-16 选择函数

图8-17 输入参数

Step 03 **查看效果**。返回工作表中，可见G2单元格中将F2单元格中部分字符用星号代替，可以有效保护员工的信息，如图8-18所示。

Step 04 **填充公式**。将G2单元格中公式向下填充，即可隐藏所有员工的部分身份证的号码，如图8-19所示。

如果要防止别人查看身份证号码，可以将F列隐藏，然后通过"保护工作表"功能进行加密，浏览者就不能显示隐藏的F列了。

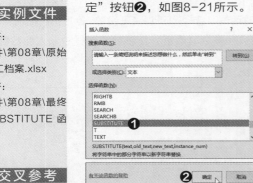

图8-18 查看替换后的效果

图8-19 填充公式

2. SUBSTITUTE 函数

SUBSTITUTE 函数用于在文本字符串中使用新文本替换旧文本。

表达式：SUBSTITUTE(text,old_text,new_text,instance_num)

参数含义：text表示需要替换其中字符的文本，或是对含有文本的单元格的引用；old_text表示需要替换的旧文本；new_text表示替换旧文本的新文本；instance_num表示使用新文本替换第几次出现的旧文本，如果省略则替换text中所有旧文本。

EXAMPLE 使用*替换联系方式中部分字符

Step 01 **选择函数**。打开"员工档案.xlsx"工作簿，在"联系方式"右侧插入1列，选中F2单元格，打开"插入函数"对话框，选择SUBSTITUTE函数❶，单击"确定"按钮❷，如图8-20所示。

Step 02 **输入参数**。打开"函数参数"对话框，在Text文本框中输入E3，在Old_text文本框中输入"MID(E3,6,4)"，在New_text文本框中输入"'*****'"❶，单击"确定"按钮❷，如图8-21所示。

图8-20 选择函数

图8-21 输入参数

Step 03 **填充公式**。然后将F2单元格中公式填充至表格结尾，可见指定的文本被替换为*，如图8-22所示。

图8-22 查看替换后的效果

8.3 提取字符串

用户有时需要提取文本中有用的信息，从提取的位置可分为从文本左、中或右提取。提取字符串的相应函数包括LEFT、LEFTB、RIGHT、RIGHTB、MID和LEN等，本节主要介绍LEFT、RIGHT、MID和LEN4个函数。

8.3.1 LEFT函数

实例文件

原始文件：
实例文件\第08章\原始文件\合同代码.xlsx
最终文件：
实例文件\第08章\最终文件\LEFT函数的应用.xlsx

提示

国家代码的数字长短不等，有的是两位数，有的是4位数。在使用LEFT函数时无法确定第2个参数的，此时可以使用FIND函数查找代码的位数。

提示

在步骤4中G2:H8单元格区域为国家代码和对应的国家名称的表格。

LEFT函数主要从指定文本的左侧第一个字符返回给定数量的字符。

表达式：LEFT(text,num_chars)

参数含义：text表示提取的文本，可以为单元格引用或文本字符串，必须使用双引号括起来；num_chars表示从左开始提取的字符数量，字符为单字节字符。

EXAMPLE 从合同代码中提取国家名称

某企业与世界各国的企业有业务往来，为了更好地管理业务合同，在合同开头均使用国家的代码，然后在"-"符号右侧是合同的代码。下面需要提取国家代码，并显示国家的名称。

Step 01 输入函数公式提取国家代码。 打开"合同代码.xlsx"工作簿，选中C2单元格，然后输入"=LEFT(B2,FIND("-",B2)-1)"公式，如图8-23所示。

Step 02 填充公式。 按Enter键执行计算，即可提取"-"符号左侧的国家代码，然后将公式向下填充，如图8-24所示。

图8-23 输入公式　　　　　　　　图8-24 填充公式

Step 03 复制提取的国家代码。 选中C2:C6单元格区域，按Ctrl+C组合键复制，选中D2单元格并右击，在快捷菜单中选择"值"命令。粘贴数字后再单击D2单元格左侧下三角按钮，在列表中选择"转换为数字"选项，如图8-25所示。

Step 04 输入公式查看代码对应的国家名称。 选择E2单元格，然后输入公式"=VLOOKUP(D2,$G$2:$H$8,2,FALSE)"，如图8-26所示。

图8-25 复制提取的数字　　　　　　图8-26 输入公式

Step 05 显示国家名称。 将E2单元格中的公式填充至表格结尾，即可显示所有合同代码对应的国家名称，如图8-27所示。

| E2 | | | ▼ | : | × | ✓ | fx | =VLOOKUP(D2,$G$2:$H$8,2,FALSE) |

图8-27 显示国家名称

8.3.2 RIGHT函数

RIGHT函数从一个文本字符串的最右侧字符开始提取指定数量的字符，字符串中不区分全角或半角。

表达式：RIGHT(text,num_chars)

参数含义：text表示提取字符的文本，可以为单元格引用和指定的文本字符；num_chars表示需要提取字符的数量。

EXAMPLE 提取产品名称

Step 01 选择函数。打开"格力销售信息.xlsx"工作簿，选中E2单元格，打开"插入函数"对话框，在"或选择类别"列表中选择"文本"选项，然后选择RIGHT函数❶，单击"确定"按钮❷，如图8-28所示。

Step 02 设置参数。打开"函数参数"对话框，在Text文本框中输入B2，在Num_chars文本框中输入"(LEN(B2)-2)"❶，单击"确定"按钮❷，如图8-29所示。

提示

在RIGHT函数的第2个参数使用LEN函数提取text参数中的全部字符数量，然后减去产品品牌名称的字符数量2，就是需要从右侧提取的字符数量了。

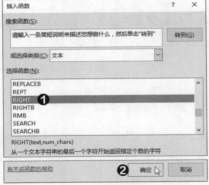

图8-28 选择函数

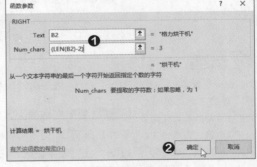

图8-29 设置参数

Step 03 计算结果。返回工作表中可见已经提取产品的名称，如图8-30所示。

Step 04 显示所有产品名称。将E2单元格中的公式填充至E14单元格，可见提取所有产品的名称，如图8-31所示。

提示

函数RIGHT和LEFT中第2个参数取值范围是相同的，此处不再赘述。

图8-30 计算结果

图8-31 显示所有产品名称

8.3.3 MID函数

MID函数用于返回字符串中从指定位置开始的指定数量的字符。与LEFT和RIGHT函数相比，MID提取字符更自由。

表达式：MID(text, start_num, num_chars)

参数含义：text表示需要提取字符串的文本，可以是单元格引用或指定文本；start_num表示需要提取字符的位置，即从左起第几位开始截取；num_chars表示从text中指定位置提取字符的数量。若num_chars为负数，则返回#VALUE!错误值；若num_chars为0数，则返回空值；若省略num_chars，则显示该函数输入参数太少。

EXAMPLE 从身份证号码中提取员工的退休日期

身份证号码中可以提取员工的出生日期，企业规定男员工60岁、女员工55岁到退休年龄，下面计算出每位员工的退休日期。

Step 01 输入计算公式。 打开“员工档案1.xlsx”工作簿，选中G2单元格，然后输入“=DATE(MID(F2,7,4)+IF(D2="男",60,55),MID(F2,11,2),MID(F2,13,2)-1)”公式，如图8-32所示。

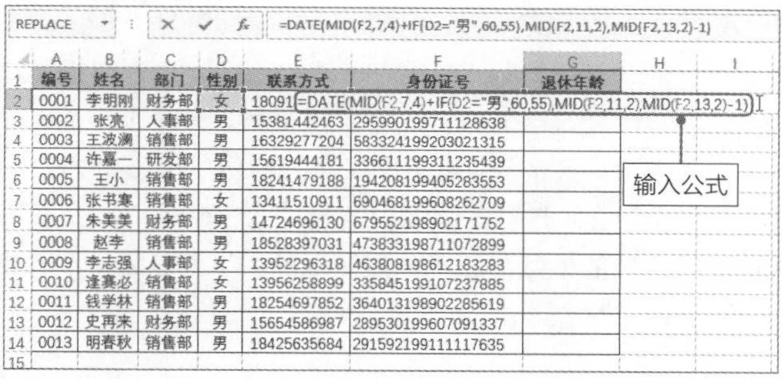

REPLACE　=DATE(MID(F2,7,4)+IF(D2="男",60,55),MID(F2,11,2),MID(F2,13,2)-1)

	A	B	C	D	E	F	G
1	编号	姓名	部门	性别	联系方式	身份证号	退休年龄
2	0001	李明刚	财务部	女	18091	=DATE(MID(F2,7,4)+IF(D2="男",60,55),MID(F2,11,2),MID(F2,13,2)-1)	
3	0002	张亮	人事部	男	15381442463	295990199711128638	
4	0003	王波澜	销售部	男	16329277204	583324199203021315	
5	0004	许嘉一	研发部	男	15619444181	336611199311235439	
6	0005	王小	销售部	男	18241479188	194208199405283553	
7	0006	张书寒	销售部	女	13411510911	690468199608262709	
8	0007	朱美美	财务部	男	14724696130	679552198902171752	
9	0008	赵李	销售部	男	18528397031	473833198711072899	
10	0009	李志强	人事部	女	13952296318	463808198612183283	
11	0010	逢赛必	销售部	女	13956258899	335845199107237885	
12	0011	钱学林	销售部	男	18254697852	364013198902285619	
13	0012	史再来	财务部	男	15654586987	289530199607091337	
14	0013	明春秋	销售部	男	18425635684	291592199111117635	
15							

图8-32　输入公式

Step 02 填充公式计算出退休日期。 按Enter键确认计算，在G2单元格中显示“李明刚”的退休日期。然后将公式向下填充到表格结尾即可计算出所有员工的退休日期，如图8-33所示。

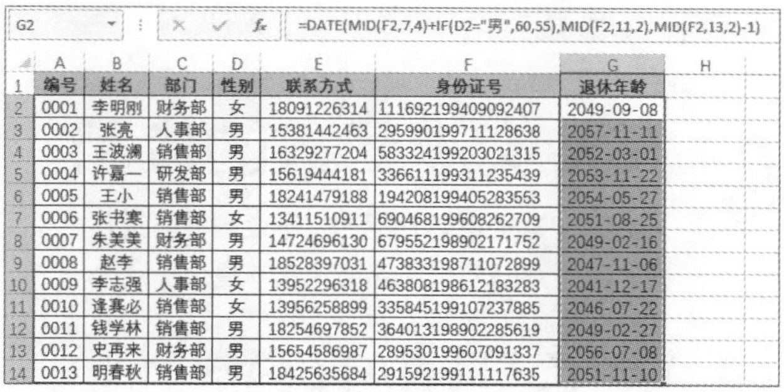

G2　=DATE(MID(F2,7,4)+IF(D2="男",60,55),MID(F2,11,2),MID(F2,13,2)-1)

	A	B	C	D	E	F	G
1	编号	姓名	部门	性别	联系方式	身份证号	退休年龄
2	0001	李明刚	财务部	女	18091226314	111692199409092407	2049-09-08
3	0002	张亮	人事部	男	15381442463	295990199711128638	2057-11-11
4	0003	王波澜	销售部	男	16329277204	583324199203021315	2052-03-01
5	0004	许嘉一	研发部	男	15619444181	336611199311235439	2053-11-22
6	0005	王小	销售部	男	18241479188	194208199405283553	2054-05-27
7	0006	张书寒	销售部	女	13411510911	690468199608262709	2051-08-25
8	0007	朱美美	财务部	男	14724696130	679552198902171752	2049-02-16
9	0008	赵李	销售部	男	18528397031	473833198711072899	2047-11-06
10	0009	李志强	人事部	女	13952296318	463808198612183283	2041-12-17
11	0010	逢赛必	销售部	女	13956258899	335845199107237885	2046-07-22
12	0011	钱学林	销售部	男	18254697852	364013198902285619	2049-02-27
13	0012	史再来	财务部	男	15654586987	289530199607091337	2056-07-08
14	0013	明春秋	销售部	男	18425635684	291592199111117635	2051-11-10

图8-33　填充公式

身份证号码中包含很多信息，前6位数代表着该用户所归属的省、市/州、县的行政区划分代码。第7至14位数代表该用户的出生年、月、日。第15至16位数代表该用户归属地的派出所代码。第17位数代表该用户的性别，奇数为男性，偶数为女性。最后一位数字是该用户的校验码，由相关制作单位按照公式计算出来的，尾号通常为0-9，若计算结果为10，那么尾号将为X代替。可以使用函数根据第17位数判断性别，公式为“=IF(ISODD(RIGHT(LEFT(F2,17))),"男","女")”，其中F2单元格为身份证号码。

提示

如果text引用的文本没有用英文状态双引号括起来，则函数返回#NAME? 错误值。

扫码看视频

实例文件

原始文件：

实例文件\第08章\原始文件\员工档案1.xlsx

最终文件：

实例文件\第08章\最终文件\MID函数.xlsx

提示

在步骤1中，使用MID函数分别提取出员工的出生日期的年、月和日。然后使用IF函数判断是男还是女，并加上对应的退休年龄。最后使用DATE函数生成日期。

交叉参考

DATE函数在7.2.3节中介绍；IF函数将在12.1.2节中介绍。

提示

首先提取出第17位数字，使用ISODD函数判断奇偶数，最后使用IF函数判断性别。

8.3.4

LEN函数

LEN函数用于返回文本字符串中字符数量，不区分半角和全角，其中句号、逗号和空格为一个字符进行计算。

表达式：LEN(text)

参数含义：text表示返回文本长度的文本字符串，可以是单元格引用或指定文本，如果是单元格的区域，则返回#VALUE!错误值。

LEN函数的应用，如图8-34所示。

> 📝 **提示**
>
> A3单元格中存在一个空格；A4单元格中有一个句号；A5单元格为英文全角。

	A	B	C
1	数值	公式	返回值
2	Excel工作表	=LEN(A2)	8
3	Excel 工作表	=LEN(A3)	9
4	Excel工作表。	=LEN(A4)	9
5	Ｅｘｃｅｌ工作表	=LEN(A5)	8
6		=LEN("Excel工作表")	8
7			

图8-34 LEN函数的应用

下面介绍4个提取字符的函数，也可以提取文本中指定字节数的文本。需要注意的是此处是字节数，而不是字符数。一个汉字为两个字节或1个字符；一个英文为1个字节或1个字符，但是如果英文为全角状态下则为2个字节或1个字符。其函数是在本节中的4个函数的最右侧添中字母"B"即可，如LEFTB、RIGHTB、MIDB和LENB，这些函数的参数与原函数是一致的。下面以LEFT和LEFTB两个函数为例介绍其不同，如图8-35所示。

> 📝 **提示**
>
> 使用LEFTB和LEFT函数时，其第2个参数均为6，其引用的单元格也是相同的，可见不同函数返回值是不同的。在C3单元格中包括一个空格。

	A	B	C
1	数值	LEFTB函数	LEFT函数
2	Excel工作表	Excel	Excel工
3	Excel 工作表	Excel	Excel
4	Excel工作表。	Excel	Excel工
5	Ｅｘｃｅｌ工作表	Ｅｘｃ	Ｅｘｃｅｌ工
6			

图8-35 LEFTB和LEFT函数的示例

8.4 其他文本函数的应用

除了以上章节介绍的文本函数外，还包括不同功能的文本函数，如合并文本、删除文本以及判断两个单元格中文本是否一致等。

8.4.1 CONCATENATE函数

CONCATENATE函数将多个字符进行合并。

表达式：CONCATENATE(text1, text2, ...)

参数含义：text1、text2表示需要合并折文本或数值，也可以是单元格的引用，数量最多为255个。

EXAMPLE 将员工的姓名、性别和联系方式合并在一起

Step 01 输入公式。打开"员工档案.xlsx"工作簿，选中H2单元格并输入公式"=CONCATENATE(B2,D2,E2)"，如图8-36所示。

🔲 扫码看视频

实例文件

原始文件：

实例文件\第08章\最终文件\ 员工档案.xlsx

最终文件：

实例文件\第08章\最终文件\ CONCATENATE函数.xlsx

REPLACE =CONCATENATE(B2,D2,E2)

	B	C	D	E	F	G	H
1	姓名	部门	性别	联系方式	身份证号	退休年龄	合并的信息
2	李明刚	财务部	女	18091226314	111692199409092407	1994-09-09	=CONCATENATE(B2,D2,E2)
3	张亮	人事部	男	15381442463	295990199711128638	1997-11-12	
4	王波澜	销售部	男	16329277204	583324199203021315	1992-03-02	
5	许嘉一	研发部	男	15619444181	336611199311235439	1993-11-23	
6	王小	销售部	男	18241479188	194208199405283553	1994-05-28	
7	张书寒	销售部	女	13411510911	690468199608262709	1996-08-26	
8	朱美美	财务部	男	14724696130	679552198902171752	1989-02-17	
9	赵李	销售部	男	18528397031	473833198711072899	1987-11-07	
10	李志强	人事部	女	13952296318	463808198612183283	1986-12-18	
11	逢赛必	销售部	女	13956258899	335845199107237885	1991-07-23	
12	钱学林	销售部	男	18254697852	364013198902285619	1989-02-28	
13	史再来	财务部	男	15654586987	289530199607091337	1996-07-09	
14	明春秋	销售部	男	18425635684	291592199111117635	1991-11-11	

输入公式

图8-36 输入合并的函数公式

Step 02 **查看合并效果。**按Enter键执行计算，可见将员工的姓名、性别和联系方式合并在一起，如图8-37所示。

H2 =CONCATENATE(B2,D2,E2)

	B	C	D	E	F	G	H
1	姓名	部门	性别	联系方式	身份证号	退休年龄	合并的信息
2	李明刚	财务部	女	18091226314	111692199409092407	1994-09-09	李明刚女18091226314
3	张亮	人事部	男	15381442463	295990199711128638	1997-11-12	
4	王波澜	销售部	男	16329277204	583324199203021315	1992-03-02	
5	许嘉一	研发部	男	15619444181	336611199311235439	1993-11-23	
6	王小	销售部	男	18241479188	194208199405283553	1994-05-28	
7	张书寒	销售部	女	13411510911	690468199608262709	1996-08-26	
8	朱美美	财务部	男	14724696130	679552198902171752	1989-02-17	
9	赵李	销售部	男	18528397031	473833198711072899	1987-11-07	
10	李志强	人事部	女	13952296318	463808198612183283	1986-12-18	
11	逢赛必	销售部	女	13956258899	335845199107237885	1991-07-23	
12	钱学林	销售部	男	18254697852	364013198902285619	1989-02-28	
13	史再来	财务部	男	15654586987	289530199607091337	1996-07-09	
14	明春秋	销售部	男	18425635684	291592199111117635	1991-11-11	

图8-37 合并数据

提示

在Excel中合并数据也可以使用“&”符号，本案例输入公式“=B2&"/"&D2&"/"&E2”，也可达到相同的效果。

Step 03 **修改公式。**可见信息混合在一起，下面添加“/”符号以分开信息。选中H2单元格并按F2功能键，然后将公式修改为“=CONCATENATE(B2,"/",D2,"/",E2)”，并按Enter键执行计算，如图8-38所示。

H2 =CONCATENATE(B2,"/",D2,"/",E2)

	B	C	D	E	F	G	H
1	姓名	部门	性别	联系方式	身份证号	退休年龄	合并的信息
2	李明刚	财务部	女	18091226314	111692199409092407	1994-09-09	李明刚/女/18091226314
3	张亮	人事部	男	15381442463	295990199711128638	1997-11-12	
4	王波澜	销售部	男	16329277204	583324199203021315	1992-03-02	
5	许嘉一	研发部	男	15619444181	336611199311235439	1993-11-23	
6	王小	销售部	男	18241479188	194208199405283553	1994-05-28	
7	张书寒	销售部	女	13411510911	690468199608262709	1996-08-26	
8	朱美美	财务部	男	14724696130	679552198902171752	1989-02-17	
9	赵李	销售部	男	18528397031	473833198711072899	1987-11-07	
10	李志强	人事部	女	13952296318	463808198612183283	1986-12-18	
11	逢赛必	销售部	女	13956258899	335845199107237885	1991-07-23	
12	钱学林	销售部	男	18254697852	364013198902285619	1989-02-28	
13	史再来	财务部	男	15654586987	289530199607091337	1996-07-09	
14	明春秋	销售部	男	18425635684	291592199111117635	1991-11-11	

图8-38 修改公式

Step 04 **填充公式。**然后将该公式填充至表格结尾，即可将所有员工的指定信息合并在一起并以“/”符号分开，如图8-39所示。

H3 =CONCATENATE(B3,"/",D3,"/",E3)

	B	C	D	E	F	G	H
1	姓名	部门	性别	联系方式	身份证号	退休年龄	合并的信息
2	李明刚	财务部	女	18091226314	111692199409092407	1994-09-09	李明刚/女/18091226314
3	张亮	人事部	男	15381442463	295990199711128638	1997-11-12	张亮/男/15381442463
4	王波澜	销售部	男	16329277204	583324199203021315	1992-03-02	王波澜/男/16329277204
5	许嘉一	研发部	男	15619444181	336611199311235439	1993-11-23	许嘉一/男/15619444181
6	王小	销售部	男	18241479188	194208199405283553	1994-05-28	王小/男/18241479188
7	张书寒	销售部	女	13411510911	690468199608262709	1996-08-26	张书寒/女/13411510911
8	朱美美	财务部	男	14724696130	679552198902171752	1989-02-17	朱美美/男/14724696130
9	赵李	销售部	男	18528397031	473833198711072899	1987-11-07	赵李/男/18528397031
10	李志强	人事部	女	13952296318	463808198612183283	1986-12-18	李志强/女/13952296318
11	逢赛必	销售部	女	13956258899	335845199107237885	1991-07-23	逢赛必/女/13956258899
12	钱学林	销售部	男	18254697852	364013198902285619	1989-02-28	钱学林/男/18254697852
13	史再来	财务部	男	15654586987	289530199607091337	1996-07-09	史再来/男/15654586987
14	明春秋	销售部	男	18425635684	291592199111117635	1991-11-11	明春秋/男/18425635684

图8-39 填充公式

8.4.2 EXACT函数

EXACT函数用来对比两个单元格中的文本内容是否一致，如果一致则返回TRUE，否则返回FALSE。

表达式：EXACT(text1,text2)

参数含义：text1表示需要比较的第1个字符串；text2表示需要比较的第2个字符串。

EXAMPLE 比较股票收盘价格是否一致

某金融公司，每天需要比较两个部分统计的当天股票收盘价格，下面介绍具体的操作方法。

Step 01 输入公式并计算结果。 打开"股票收盘价格比较.xlsx"工作簿，选中E2单元格，然后输入公式"=EXACT(C2,D2)"，按Enter键，然后将公式向下填充，如图8-40所示。

Step 02 修改公式。 为了使结果更一目了然，将使用IF函数对其进行判断并返回不同的值。将公式修改为"=IF(EXACT(C2,D2)=TRUE,"一致","请核实")"，如图8-41所示。

实例文件

原始文件：
实例文件\第08章\最终文件\股票收盘价格比较.xlsx

最终文件：
实例文件\第08章\最终文件\EXACT函数.xlsx

序号	名称	收盘价格1	收盘价格2	比较结果
MS001	金力永磁	¥64.46	¥64.46	TRUE
MS002	中国平安	¥89.98	¥89.88	FALSE
MS003	招商银行	¥36.27	¥36.27	TRUE
MS004	恒瑞医药	¥76.60	¥76.60	TRUE
MS005	宇环数控	¥19.60	¥19.60	TRUE
MS006	贵州茅台	¥1,130.10	¥1,130.10	TRUE
MS007	邻益智造	¥8.68	¥8.78	FALSE
MS008	风华高科	¥13.56	¥13.56	TRUE
MS009	三角防务	¥35.01	¥35.10	FALSE
MS010	XD大唐发	¥2.77	¥2.77	TRUE
MS011	深科技	¥12.90	¥12.90	TRUE
MS012	名雕股份	¥19.78	¥19.78	TRUE

图8-40 输入公式并计算结果

=IF(EXACT(C2,D2)=TRUE,"一致","请核实")

序号	名称	收盘价格1	收盘价格2	比较结果
MS001	金力永磁	=IF(EXACT(C2,D2)=TRUE,"一致","请核实")		
MS002	中国平安	¥89.98	¥89.88	FALSE
MS003	招商银行	¥36.27	¥36.27	TRUE
MS004	恒瑞医药	¥76.60	¥76.60	TRUE
MS005	宇环数控	¥19.60	¥19.60	TRUE
MS006	贵州茅台	¥1,130.10	¥1,130.10	TRUE
MS007	邻益智造	¥8.68	¥8.78	FALSE
MS008	风华高科	¥13.56	¥13.56	TRUE
MS009	三角防务	¥35.01	¥35.10	FALSE
MS010	XD大唐发	¥2.77	¥2.77	TRUE
MS011	深科技	¥12.90	¥12.90	TRUE
MS012	名雕股份	¥19.78	¥19.78	TRUE

输入公式

图8-41 修改公式

交叉参考

IF函数将在12.1.2节中详细介绍。

Step 03 显示比较结果。 按Enter键执行计算，并将公式填充至表格结尾，效果如图8-42所示。

Step 04 应用条件格式突出不一致的数据。 选中C2:E13单元格区域，单击"开始"选项卡中的"条件格式"下三角按钮，在列表中选择"新建规则"选项。在打开的对话框中输入规则的公式，单击"格式"按钮，如图8-43所示。

提示

使用IF函数判断比较结果，一致时返回"一致"文本，否则返回"请核实"文本。

=IF(EXACT(C2,D2)=TRUE,"一致","请核实")

序号	名称	收盘价格1	收盘价格2	比较结果
MS001	金力永磁	¥64.46	¥64.46	一致
MS002	中国平安	¥89.98	¥89.88	请核实
MS003	招商银行	¥36.27	¥36.27	一致
MS004	恒瑞医药	¥76.60	¥76.60	一致
MS005	宇环数控	¥19.60	¥19.60	一致
MS006	贵州茅台	¥1,130.10	¥1,130.10	一致
MS007	邻益智造	¥8.68	¥8.78	请核实
MS008	风华高科	¥13.56	¥13.56	一致
MS009	三角防务	¥35.01	¥35.10	请核实
MS010	XD大唐发	¥2.77	¥2.77	一致
MS011	深科技	¥12.90	¥12.90	一致
MS012	名雕股份	¥19.78	¥19.78	一致

图8-42 显示比较结果

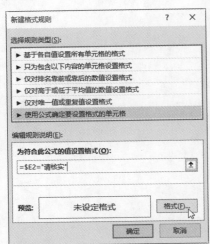

图8-43 设置规则

Step 05 **设置格式。** 在打开的"设置单元格格式"对话框中设置字体为加粗显示，颜色为白色，底纹颜色为红色，如图8-44所示。

Step 06 **查看效果。** 依次单击"确定"按钮，即可将两次统计收盘价格不一致的数据突出显示，如图8-45所示。

提示

设置条件规则的公式中若返回结果为"请核实"文本时，设置对应的格式。

图8-44 设置格式

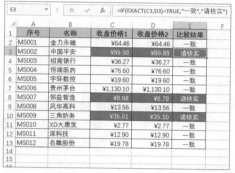

图8-45 查看效果

8.4.3 CLEAN和TRIM函数

CLEAN函数删除文本中不能打印的字符。

表达式：CLEAN(text)

参数含义：text表示需要删除非打印字符的文本。

TRIM函数删除文本之间多余的空格，只保留一个空格。

表达式：TRIM(text)

参数含义：text表示需要删除多余空格的文本。

下面通过示例介绍两个函数用法，如图8-46所示。

数值	公式	返回结果
Excel　工作表	=CLEAN(A2)	Excel　工作表
Excel　工作表	=TRIM(A3)	Excel 工作表
工　作　表	=TRIM(A4)	工 作 表
Excel 工作表	=CLEAN(A5)	Excel工作表
Excel 工作表	=TRIM(A6)	Excel工作表

图8-46 函数比较

8.4.4 REPT函数

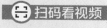
扫码看视频

REPT函数可以输入多个重复的文本或符号。

表达式：REPT(text,number_times)

参数含义：text表示重复出现的文本；number_times表示文本重复的数量，该参数为0时，则返回空文本，若为非整数时，则重复值为取整，不进行四舍五入计算。

EXAMPLE 制作数据条并添加百分比

某企业统计出各产品的销售金额，为了方便比较各产品的销售情况，计算出各产品销售金额占总金额的百分比，下面介绍具体的操作方法。

Step 01 计算所有产品的销售总金额。 打开"产品销售统计表.xlsx"工作表，选中E10单元格，输入"=SUM(E2:E9)"公式，按Enter键计算出销售总金额，如图8-47所示。

E10		:	×	✓	fx	=SUM(E2:E9)

▲	A	B	C	D	E	F
1	序号	型号	单价	销售数量	销售总额	数据条
2	XS001	P1106	¥850.00	34	¥28,900.00	
3	XS002	M04w	¥1,088.00	38	¥41,344.00	
4	XS003	P 1108	¥988.00	46	¥45,448.00	
5	XS004	1020 Plus	¥1,488.00	39	¥58,032.00	
6	XS005	M203dw	¥2,188.00	34	¥74,392.00	
7	XS006	Z6200	¥138,888.00	12	¥1,666,656.00	
8	XS007	M254dw	¥3,088.00	54	¥166,752.00	
9	XS008	CP 1025	¥1,988.00	34	¥67,592.00	
10					¥2,149,116.00	

图8-47 计算所有产品的销售总额

Step 02 选择函数。 选中F2单元格，打开"插入函数"对话框，在"选择函数"选项框中选择REPT函数❶，单击"确定"按钮❷，如图8-48所示。

Step 03 设置参数。 打开"函数参数"对话框，在Text文本框中输入""|""❶，在Number_times文本框中输入"E2/$E$10*100"❷，设置重复的数量，单击"确定"按钮❸，如图8-49所示。

图8-48 选择函数 　　　　　　图8-49 输入参数

Step 04 查看数据条件的效果。 返回工作表中将公式填充至表格结尾，设置颜色为红色，可见数据条越长表示该产品的销售额越大，效果如图8-50所示。

F2		:	×	✓	fx	=REPT("|",E2/$E$10*100)

▲	A	B	C	D	E	F
1	序号	型号	单价	销售数量	销售总额	数据条
2	XS001	P1106	¥850.00	34	¥28,900.00	‖‖‖‖‖
3	XS002	M04w	¥1,088.00	38	¥41,344.00	‖‖‖‖‖‖‖
4	XS003	P 1108	¥988.00	46	¥45,448.00	‖‖‖‖‖‖
5	XS004	1020 Plus	¥1,488.00	39	¥58,032.00	‖‖‖‖‖‖‖
6	XS005	M203dw	¥2,188.00	30	¥65,640.00	‖‖‖‖‖‖‖‖
7	XS006	Z6200	¥13,888.00	2	¥27,776.00	‖‖‖‖
8	XS007	M254dw	¥3,088.00	20	¥61,760.00	‖‖‖‖‖‖‖‖
9	XS008	CP 1025	¥1,988.00	34	¥67,592.00	‖‖‖‖‖‖‖‖
10					¥396,492.00		

图8-50 显示结果

Step 05 **修改公式。**为了使各产品的销售比例更明显，还需要在数据条右侧添加百分比。选中F2单元格并双击，将公式修改为"=REPT("|",E2/$E$10*100)&ROUND(E2/$E$10*100,2)&"%""，如图8-51所示。

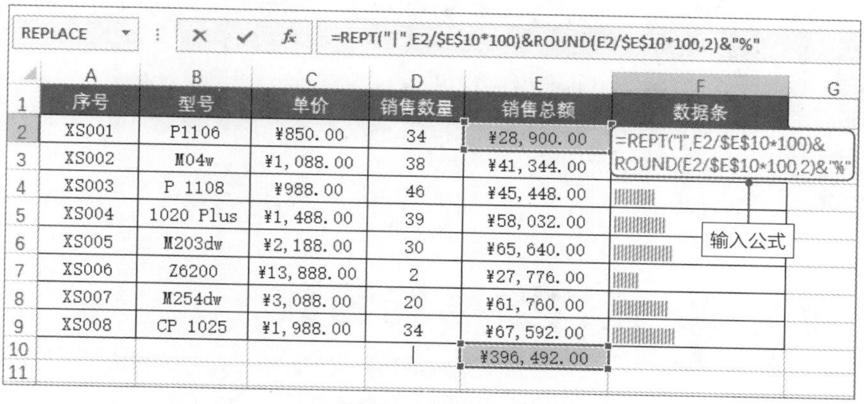

交叉参考

ROUND函数将在6.3.2节中详细介绍。

	A	B	C	D	E	F	G
					REPLACE	=REPT("|",E2/$E$10*100)&ROUND(E2/$E$10*100,2)&"%"	
1	序号	型号	单价	销售数量	销售总额	数据条	
2	XS001	P1106	¥850.00	34	¥28,900.00	=REPT("|",E2/$E$10*100)& ROUND(E2/$E$10*100,2)&"%"	
3	XS002	M04w	¥1,088.00	38	¥41,344.00		
4	XS003	P 1108	¥988.00	46	¥45,448.00	‖‖‖‖‖‖	
5	XS004	1020 Plus	¥1,488.00	39	¥58,032.00	‖‖‖‖‖‖ 输入公式	
6	XS005	M203dw	¥2,188.00	30	¥65,640.00	‖‖‖‖‖‖	
7	XS006	Z6200	¥13,888.00	2	¥27,776.00	‖‖‖	
8	XS007	M254dw	¥3,088.00	20	¥61,760.00	‖‖‖‖‖‖	
9	XS008	CP 1025	¥1,988.00	34	¥67,592.00	‖‖‖‖‖‖	
10					¥396,492.00		
11							

图8-51 修改公式

Step 06 **执行计算。**按Enter键执行计算，可见在数据条右侧添加该产品销售额所占的百分比，表示该产品的销售金额占总金额的7.29%，如图8-52所示。

提示

在Excel中提供数据条件功能，选中单元格区域，切换至"开始"选项卡，单击"样式"选项组中"条件格式"下三角按钮，在列表中选择"数据条"然后在子列表中选择相应选项即可。

	A	B	C	D	E	F
	F2					=REPT("|",E2/$E$10*100)&ROUND(E2/$E$10*100,2)&"%"
1	序号	型号	单价	销售数量	销售总额	数据条
2	XS001	P1106	¥850.00	34	¥28,900.00	‖‖‖‖7.29%
3	XS002	M04w	¥1,088.00	38	¥41,344.00	‖‖‖‖‖‖
4	XS003	P 1108	¥988.00	46	¥45,448.00	‖‖‖‖‖‖
5	XS004	1020 Plus	¥1,488.00	39	¥58,032.00	‖‖‖‖‖‖
6	XS005	M203dw	¥2,188.00	30	¥65,640.00	‖‖‖‖‖‖
7	XS006	Z6200	¥13,888.00	2	¥27,776.00	‖‖‖‖
8	XS007	M254dw	¥3,088.00	20	¥61,760.00	‖‖‖‖‖‖
9	XS008	CP 1025	¥1,988.00	34	¥67,592.00	‖‖‖‖‖‖
10					¥396,492.00	
11						

图8-52 执行计算

Step 07 **显示数据条和百分比。**将公式向下填充至F9单元格，即所有产品显示数据条和百分比，如图8-53所示。

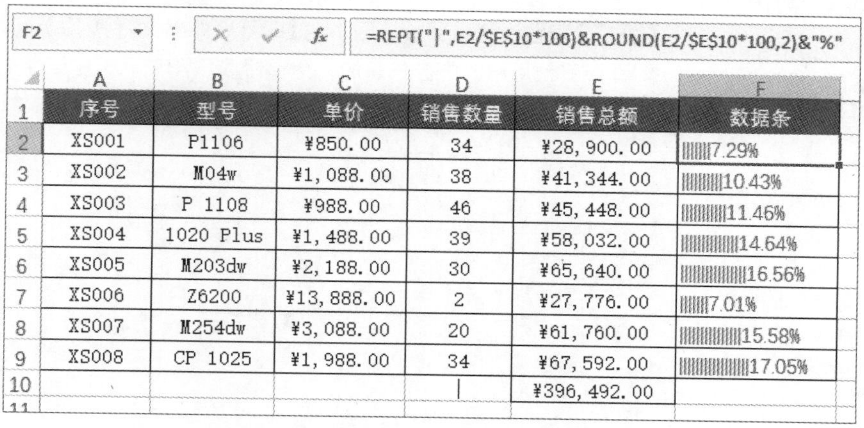

	A	B	C	D	E	F
	F2					=REPT("|",E2/$E$10*100)&ROUND(E2/$E$10*100,2)&"%"
1	序号	型号	单价	销售数量	销售总额	数据条
2	XS001	P1106	¥850.00	34	¥28,900.00	‖‖‖‖7.29%
3	XS002	M04w	¥1,088.00	38	¥41,344.00	‖‖‖‖‖10.43%
4	XS003	P 1108	¥988.00	46	¥45,448.00	‖‖‖‖‖‖11.46%
5	XS004	1020 Plus	¥1,488.00	39	¥58,032.00	‖‖‖‖‖‖14.64%
6	XS005	M203dw	¥2,188.00	30	¥65,640.00	‖‖‖‖‖‖16.56%
7	XS006	Z6200	¥13,888.00	2	¥27,776.00	‖‖‖‖7.01%
8	XS007	M254dw	¥3,088.00	20	¥61,760.00	‖‖‖‖‖‖15.58%
9	XS008	CP 1025	¥1,988.00	34	¥67,592.00	‖‖‖‖‖‖17.05%
10					¥396,492.00	
11						

图8-53 显示数据条和百分比

查找与引用函数

在Excel中如果用户需要在工作表中查找或引用某数据时，可以使用查找与引用函数。该类函数是使用最频繁的函数之一，可以查找对应单元格的数值或单元格的位置。

9.1 查找数据的函数

使用查找数据的函数查找单元格区域中的某单元格的内容，并进行显示。不同的函数以工作表的不同部分为基准查找，如VLOOKUP函数以单元格区域的最左侧的列为基准查找。在查找数据时，还可使用CHOOSE函数从指定的列表中查找。

9.1.1 CHOOSE函数

CHOOSE函数在数值参数列表中返回指定的数值参数。

表达式：CHOOSE(index_num, value1, [value2], ...)

参数含义：index_num 必要参数，数值表达式或字段，它的运算结果是一个数值，且界于 1 和254之间的数字，或者为公式或对包含 1 到 254 之间某个数字的单元格的引用；value1, value2, ...为数值参数，参数的个数介于 1 到254之间。CHOOSE函数基于 index_num参数，从这些值参数中选择一个数值或一项要执行的操作。参数可以为数字、单元格引用、已定义名称、公式、函数或文本。

EXAMPLE 计算不同月份的产量

某工厂按月统计出流水线上每个工人的产量，其单位是吨。现在需要根据要求计算不同月份的生产总量，以及前几个月的生产总量。在本案例中计算第6个月和前6个月的生产总量，下面介绍具体的操作方法。

`Step 01` **输入公式**。打开"员工年生产统计表.xlsx"工作簿，选中C19单元格并输入"=SUM(CHOOSE(C18,B4:B16,C4:C16,D4:D16,E4:E16,F4:F16,G4:G16,H4:H16,I4:I16,J4:J16,K4:K16,L4:L16,M4:M16))"公式，如图9-1所示。

`Step 02` **查看计算结果**。按Enter键即可计算出6月份的生产总量，如图9-2所示。如果需要计算其他月份的生产总量时，直接修改C18单元格中数字为指定的月份即可。

提示

如果index_num小于1或大于列表中最大一个值的序号时，则返回#VALUE!错误值；如果为小数时，则将被截尾取整。

扫码看视频

实例文件

原始文件：

实例文件\第09章\原始文件\员工年生产统计表.xlsx

最终文件：

实例文件\第09章\最终文件\CHOOSE函数.xlsx

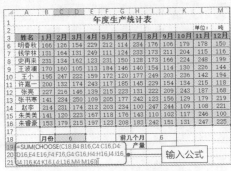

图9-1 输入函数

图9-2 查看计算结果

Step 03 **输入公式计算前6个月生产总量。**选中I19单元格，然后输入公式“=SUM(B4:CHOOSE(I18,B16,C16,D16,E16,F16,G16,H16,I16,J16,K16,L16,M16))”，如图9-3所示。

Step 04 **查看计算结果。**按Enter键即可计算出前6个月的生产总量，如图9-4所示。如果计算其他前几个月的生产总量，只需要修改I18单元格中数字即可。

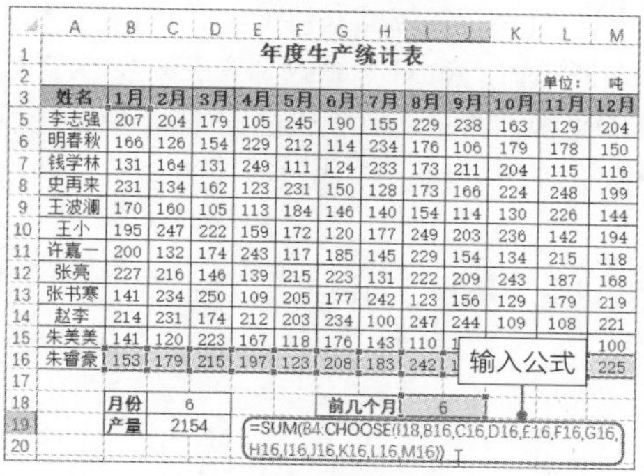

	A	B	C	D	E	F	G	H	I	J	K	L	M
1	年度生产统计表												
2												单位：	吨
3	姓名	1月	2月	3月	4月	5月	6月	7月	8月	9月	10月	11月	12月
5	李志强	207	204	179	105	245	190	155	229	238	163	129	204
6	明春秋	166	126	154	229	212	114	234	176	106	179	178	150
7	钱学林	131	164	131	249	111	124	233	173	211	204	115	116
8	史再来	231	134	162	123	231	150	128	173	166	224	248	199
9	王波澜	170	160	105	113	184	146	140	154	114	130	226	144
10	王小	195	247	222	159	172	120	177	249	203	236	142	194
11	许嘉一	200	132	174	243	117	185	145	229	154	134	215	118
12	张亮	227	216	146	139	215	223	131	222	209	243	187	168
13	张书寒	141	234	250	109	205	177	242	123	156	129	179	219
14	赵李	214	231	174	212	203	234	100	247	244	109	108	221
15	朱美美	141	120	223	167	118	176	143	110	1			100
16	朱睿豪	153	179	215	197	123	208	183	242	1			225
17													
18		月份	6				前几个月		6				
19		产量	2154										
20													

图9-3 输入公式

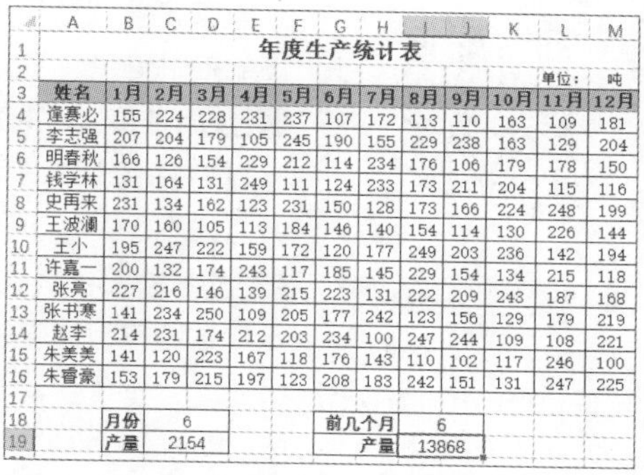

	A	B	C	D	E	F	G	H	I	J	K	L	M
1	年度生产统计表												
2												单位：	吨
3	姓名	1月	2月	3月	4月	5月	6月	7月	8月	9月	10月	11月	12月
4	逢赛必	155	224	228	231	237	107	172	113	110	163	109	181
5	李志强	207	204	179	105	245	190	155	229	238	163	129	204
6	明春秋	166	126	154	229	212	114	234	176	106	179	178	150
7	钱学林	131	164	131	249	111	124	233	173	211	204	115	116
8	史再来	231	134	162	123	231	150	128	173	166	224	248	199
9	王波澜	170	160	105	113	184	146	140	154	114	130	226	144
10	王小	195	247	222	159	172	120	177	249	203	236	142	194
11	许嘉一	200	132	174	243	117	185	145	229	154	134	215	118
12	张亮	227	216	146	139	215	223	131	222	209	243	187	168
13	张书寒	141	234	250	109	205	177	242	123	156	129	179	219
14	赵李	214	231	174	212	203	234	100	247	244	109	108	221
15	朱美美	141	120	223	167	118	176	143	110	102	117	246	100
16	朱睿豪	153	179	215	197	123	208	183	242	151	131	247	225
17													
18		月份	6				前几个月		6				
19		产量	2154					产量	13868				

图9-4 查看计算结果

根据计算前几个月的生产总量的方法，也可以计算后几个月的生产总量。下面介绍具体的操作方法。

Step 01 **输入公式。**在G21:J22单元格区域中完善表格，下面计算后3个月的生产总量。选中I22单元格，然后输入“=SUM(CHOOSE(I21,M4,L4,K4,J4,I4,H4,G4,F4,E4,D4,C4,B4):M16)”公式，如图9-5所示。

Step 02 **查看计算结果。**选中M2单元格，输入“=SUM(CHOOSE(3,C2:C30,D2:D30,E2:E30,F2:F30))”公式，按Enter键执行计算，如图9-6所示。

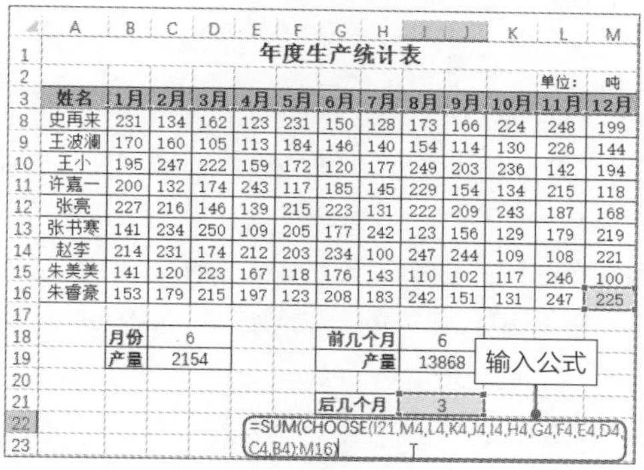

	A	B	C	D	E	F	G	H	I	J	K	L	M
1	年度生产统计表												
2												单位：	吨
3	姓名	1月	2月	3月	4月	5月	6月	7月	8月	9月	10月	11月	12月
8	史再来	231	134	162	123	231	150	128	173	166	224	248	199
9	王波澜	170	160	105	113	184	146	140	154	114	130	226	144
10	王小	195	247	222	159	172	120	177	249	203	236	142	194
11	许嘉一	200	132	174	243	117	185	145	229	154	134	215	118
12	张亮	227	216	146	139	215	223	131	222	209	243	187	168
13	张书寒	141	234	250	109	205	177	242	123	156	129	179	219
14	赵李	214	231	174	212	203	234	100	247	244	109	108	221
15	朱美美	141	120	223	167	118	176	143	110	102	117	246	100
16	朱睿豪	153	179	215	197	123	208	183	242	151	131	247	225
17													
18		月份	6				前几个月		6				
19		产量	2154					产量	13868				
20													
21							后几个月		3				
22													
23													

图9-5 输入公式

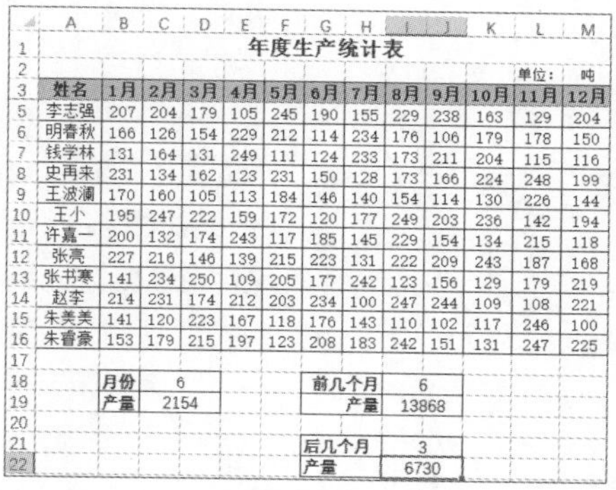

	A	B	C	D	E	F	G	H	I	J	K	L	M
1	年度生产统计表												
2												单位：	吨
3	姓名	1月	2月	3月	4月	5月	6月	7月	8月	9月	10月	11月	12月
5	李志强	207	204	179	105	245	190	155	229	238	163	129	204
6	明春秋	166	126	154	229	212	114	234	176	106	179	178	150
7	钱学林	131	164	131	249	111	124	233	173	211	204	115	116
8	史再来	231	134	162	123	231	150	128	173	166	224	248	199
9	王波澜	170	160	105	113	184	146	140	154	114	130	226	144
10	王小	195	247	222	159	172	120	177	249	203	236	142	194
11	许嘉一	200	132	174	243	117	185	145	229	154	134	215	118
12	张亮	227	216	146	139	215	223	131	222	209	243	187	168
13	张书寒	141	234	250	109	205	177	242	123	156	129	179	219
14	赵李	214	231	174	212	203	234	100	247	244	109	108	221
15	朱美美	141	120	223	167	118	176	143	110	102	117	246	100
16	朱睿豪	153	179	215	197	123	208	183	242	151	131	247	225
17													
18		月份	6				前几个月		6				
19		产量	2154					产量	13868				
20													
21							后几个月		3				
22							产量		6730				

图9-6 查看计算结果

9.1.2 VLOOKUP函数

VLOOKUP函数在单元格区域的首列查找指定的数值，返回该区域的相同行中任意指定的单元格中的数值。

表达式：VLOOKUP(lookup_value,table_array,col_index_num,range_lookup)

参数含义：lookup_value表示需要在数据表第一列中进行查找的数值，lookup_value可以为数值、引用或文本字符串；table_array表示在其中查找数据的数据表，可以引用区域或名称，数据表的第一列中的数值可以是文本、数字或逻辑值；col_index_num为table_array中待返回的匹配值的列序号；range_lookup为一逻辑值，指明函数VLOOKUP函数查找时是精确匹配，还是近似匹配。

提示

在步骤1中的公式，首先使用CHOOSE函数查找的单元格区域为G4:G16，最后再使用SUM函数进行求和。

提示

在步骤3中，使用CHOOSE函数计算出需要统计单元格区域的最后一个单元格。然后使用SUM计算出从B4单元格到所计算出的单元格之间的数据之和。

交叉参考

SUM函数在6.1.1节中详细介绍。

提示

使用VLOOKUP函数时，如果range_lookup为FLASE而且lookup_value为文本，则可以使用通配符。

其中，col_index_num参数小于1时，则返回#VALUE!错误值，若大于table_array的列数时，则返回#REF!错误值。如果range_lookup为TRUE或省略时表示近似匹配，此时首列必须以升序排列，若找不到查找的数值，则返回小于lookup_value的最大值；如果为FALSE，则返回精确匹配，若找不到查找的数值，则返回#N/A错误值。

EXAMPLE 制作信息查询表

某企业统计员工的联系方式和床位的安排情况，现在需要制作信息查询表，查询员工的相关信息。下面介绍使用VLOOKUP函数制作查询表的方法。

Step 01 选择VLOOKUP函数。 打开"员工床位安排表.xlsx"工作簿，在F1:G4单元格区域中完善查询表，选中G3单元格，打开"插入函数"对话框，选择VLOOKUP函数，如图9-7所示。

Step 02 输入参数。 打开"函数参数"对话框，在参数文本框中输入参数❶，单击"确定"按钮❷，如图9-8所示。

图9-7 选择函数

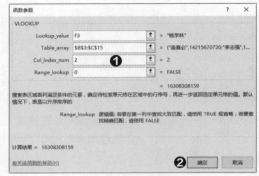

图9-8 输入参数

Step 03 填充公式。 在G3单元格中显示查询的结果，然后将公式向下填充至G5单元格，效果如图9-9所示。

Step 04 修改公式。 可见在G5单元格中显示错误值#N/A，是因为员工的姓名输入错误。为了避免出现错误值，将G3单元格中的公式修改为"=IFNA(VLOOKUP(F3,B3:C15,2,0),"请确认查询信息")"，如图9-10所示。

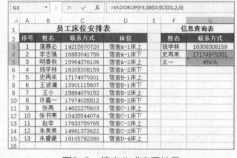

图9-9 填充公式查看结果　　　　　图9-10 修改公式

Step 05 查看查询的结果。 再次将G3单元格中的公式向下填充至G5单元格，可见G3和G4单元格中结果不变，G5单元格中显示"请确认查询信息"文本，表示查询的内容不在B3:C15单元格区域之内，如图9-11所示。

提示

为了防止出现查询姓名输入错误，可以使用“数据验证”功能从列表中选择员工的姓名。

G3 =IFNA(VLOOKUP(F3,$B$3:$C$15,2,0),"请确认查询信息")

	A	B	C	D	E	F	G
1	员工床位安排表					信息查询表	
2	序号	姓名	联系方式	床位		姓名	联系方式
3	1	逄赛必	14215670720	宿舍A-1床上		钱学林	16308308159
4	2	李志强	16883041756	宿舍A-1床下		史再来	17174979301
5	3	明春秋	15964376106	宿舍A-2床上		王一	请确认查询信息
6	4	钱学林	16308308159	宿舍A-2床下			
7	5	史再来	17174979301	宿舍B-1床上			
8	6	王波澜	13901115607	宿舍B-1床下			
9	7	王小	15864079152	宿舍B-2床上			
10	8	许嘉一	17974028812	宿舍B-2床下			
11	9	张亮	14622275603	宿舍C-1床上			

图9-11　查看查询结果

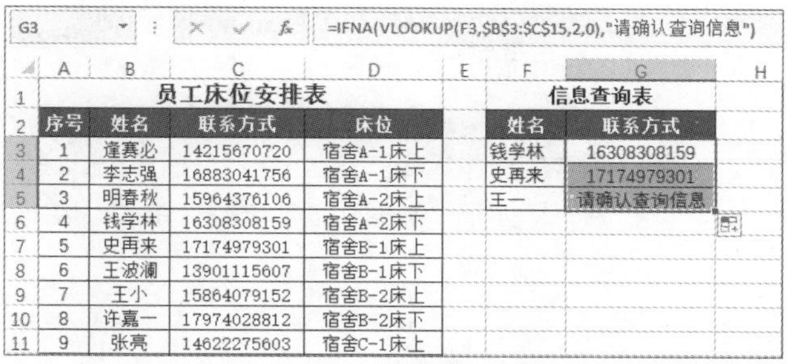

在使用VLOOKUP函数查找数值时存在一个问题，就是无法反向查找。例如，在本案例中如果知道员工的联系方式，是无法查找员工的姓名的，因为查找的值在查找区域的最左侧。在G8单元格中输入朱美美的联系方式，如果直接使用VLOOKUP函数则返回#N/A错误值。

我们可以将源数据中“联系方式”列复制并插入到“姓名”列的左侧，再使用VLOOKUP函数查找。这种方法是不建议使用的，因为修改了源数据。我们通过IF函数对查找的区域重新编排，在F8单元格中输入“=VLOOKUP(G8,IF({1,0},C3:C15,B3:B15),2,0)”公式，按Enter键即可显示查询的结果，如图9-12所示。

提示

在公式中使用IF函数作为VLOOKUP函数的第2个参数表示查找的区域。IF函数将B3:C 15单元格区域的两列的顺序进行调换。

F8 =VLOOKUP(G8,IF({1,0},C3:C15,B3:B15),2,0)

	A	B	C	D	E	F	G
1	员工床位安排表					信息查询表	
2	序号	姓名	联系方式	床位		姓名	联系方式
3	1	逄赛必	14215670720	宿舍A-1床上		钱学林	16308308159
4	2	李志强	16883041756	宿舍A-1床下		史再来	17174979301
5	3	明春秋	15964376106	宿舍A-2床上		王一	请确认查询信息
6	4	钱学林	16308308159	宿舍A-2床下			
7	5	史再来	17174979301	宿舍B-1床上			
8	6	王波澜	13901115607	宿舍B-1床下		朱美美	14961373622
9	7	王小	15864079152	宿舍B-2床上			
10	8	许嘉一	17974028812	宿舍B-2床下			
11	9	张亮	14622275603	宿舍C-1床上			
12	10	张书寒	13435544074	宿舍C-1床下			

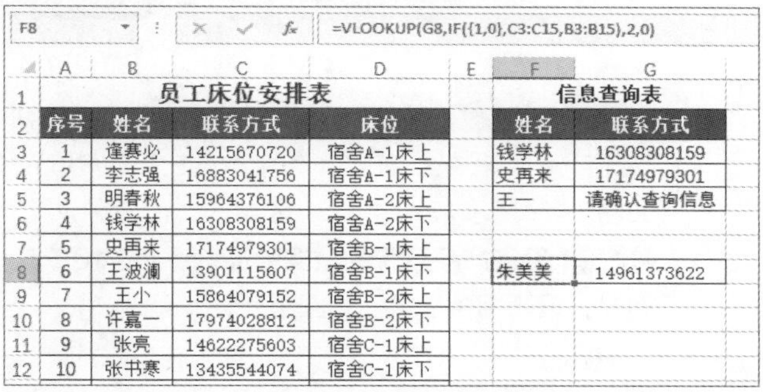

图9-12　查看反向查找的结果

9.1.3 HLOOKUP函数

HLOOKUP函数在查找范围的首行查找指定的数值，返回区域中指定行所在列的单元格中的数值。

提示

HLOOKUP函数是按行查找，VLOOKUP函数是按列查找的。

表达式：HLOOKUP(lookup_value,table_array,row_index_num,range_lookup)

参数含义：lookup_value表示需要在数据表第一行中进行查找的数值、引用或文本字符串；table_array表示需要在其中查找数据的数据表；row_index_num为table_array 中待返回的匹配值的行序号；range_lookup为逻辑值，指明函数 HLOOKUP 查找时是精确匹配，还是近似匹配。

其中，参数row_index_num为1时显示table_array区域中第一行中的数值，如果row_index_num值小于1时，函数返回#VALUE! 错误值，如果其值大于table_array区域的行数，则返回#REF!错误值。

range_lookup参数若为TRUE或省略，则返回近似匹配值，如果找不到精确匹配的数值，则返回小于需要查找的数值的最大值。如果为FALSE，该函数则进行精确查找，如果找不到匹配值，返回#N/A错误值。

EXAMPLE 制作员工各品牌销售查询表

某家电商场对销售员的各品牌的销售金额进行统计，现在需要对数据进行查询并分析，如想查询某个员工销售某品牌的金额，下面介绍具体操作方法。

Step 01 **启用数据验证功能。**打开"销售统计表.xlsx"工作簿，完善表格，选中B16单元格❶，切换至"数据"选项卡❷，单击"数据工具"选项组中"数据验证"按钮❸，如图9-13所示。

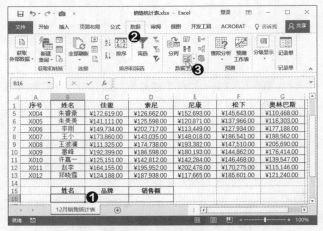

图9-13 单击"数据验证"按钮

Step 02 **设置数据验证。**打开"数据验证"对话框，设置"允许"为"序列"❶，单击"来源"折叠按钮，在工作表中选择B2:B13单元格区域❷，然后单击"确定"按钮❸，如图9-14所示。

Step 03 **设置产品品牌的数据验证。**选中C16单元格，根据相同方法打开"数据验证"对话框，设置相关参数，如图9-15所示。

图9-14 设置姓名数据验证

图9-15 设置品牌数据验证

Step 04 **输入查询公式。**选中D16单元格，然后输入"=HLOOKUP(C16,B1:G13,MATCH(B16,B1:B13,0),FALSE)"公式，如图9-16所示。

Step 05 **修改公式。**按Enter键则显示#N/A错误值，因为姓名和品牌都是空的。将公式修改为"=IF(ISERROR(HLOOKUP(C16,B1:G13,MATCH(B16,B1:B13,0),FALSE)),"请输入相关信息",HLOOKUP(C16,B1:G13,MATCH(B16,B1:B13,0),FALSE))"，如图9-17所示。

图9-16 验证计算结果　　　　图9-17 输入公式

Step 06 执行计算。 按Enter键执行计算，此时，D16单元格中不再显示错误值，如图9-18所示。

图9-18 执行计算

Step 07 验证查询效果。 分别单击B16和C16单元格右侧下三角按钮，在列表中选择需要查询的姓名和品牌，在D16单元格中自动显示销售额，如图9-19所示。

图9-19 验证查询效果

9.1.4 LOOKUP函数

LOOKUP函数有两种语法形式，分别为向量形式和数组形式，下面将分别介绍其具体用法。

1. 向量形式

LOOKUP函数在单行或单列中查找指定的数值，然后返回第2个单行或单列中相同位置单元格中的数值。

表达式：LOOKUP (lookup_value,lookup_vector,result_vector)

参数含义：lookup_value表示LOOKUP函数在第一个向量中所要查找的数值，可以为数字、文本、逻辑值或包含数值的名称或引用；lookup_vector表示包含一行或一列的区域，lookup_vector 的数值可以为文本、数字或逻辑值；result_vector表示包含一行或一列的区域，其大小必须与 lookup_vector 相同。

其中，如果LOOKUP函数找不到lookup_value，则与lookup_vector中小于lookup_value的最大值相匹配，如果lookup_value小于lookup_vector中的最小值时，则返回#N/A错误值。

LOOKUP函数向量形式示例，如图9-20所示。

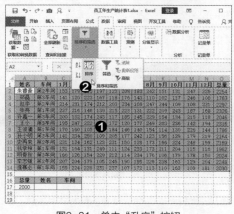

图9-20　向量形式示例

EXAMPLE 查找生产总量小于2000吨且最多的员工信息

某工厂按月统计一年每位员工的生产量，现在需要查找总量小于2000吨，但是产量最多的员工的姓名和车间，下面介绍具体操作方法。

Step 01 对数据进行排序。打开"员工年生产统计表1.xlsx"工作簿，在A16:C7单元格区域中输入信息，然后选择A2:O14单元格区域❶，切换至"数据"选项卡，单击"排序和筛选"选项组中"排序"按钮❷，如图9-21所示。

Step 02 设置排序条件。打开"排序"对话框，设置"主要关键字"为"总量"、"次序"为"升序"❶，单击"确定"按钮❷，如图9-22所示。

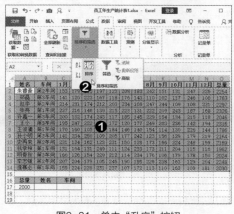

图9-21　单击"升序"按钮

图9-22　输入公式

Step 03 输入公式。选中B17单元格，然后输入公式"=LOOKUP($A$17,$O$2:$O$14,A2:A14)"，并按Enter键，即可显示查找的结果。员工姓名为"钱学林"，其生产总量为1962吨，在表格中是最接近2000吨的数据，如图9-23所示。

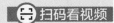
扫码看视频

实例文件

原始文件：
实例文件\第09章\原始文件\员工年生产统计表1.xlsx
最终文件：
实例文件\第09章\最终文件\LOOKUP函数向量形式.xlsx

 提示

本案例中需要查找的姓名和车间在表格中的位置是连续的，所以直接填充公式即可，如果位置有差别，填充公式后只需修改LOOKUP函数中的第3个参数与需要查找数值的单元格区域对应即可。

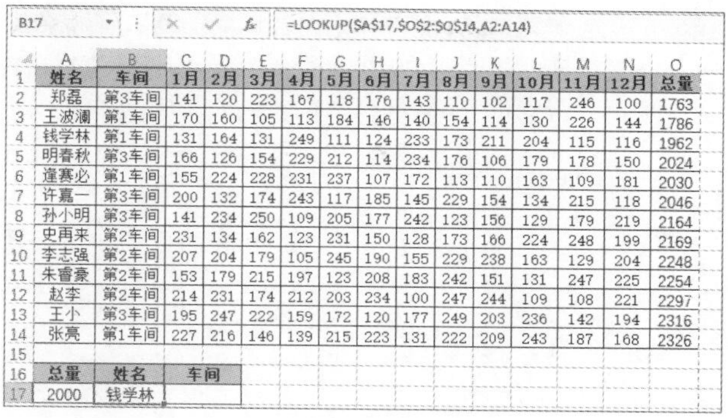

B17 =LOOKUP($A$17,$O$2:$O$14,A2:A14)

	A	B	C	D	E	F	G	H	I	J	K	L	M	N	O
1	姓名	车间	1月	2月	3月	4月	5月	6月	7月	8月	9月	10月	11月	12月	总量
2	郑磊	第3车间	141	120	223	167	118	176	143	110	102	117	246	100	1763
3	王波澜	第1车间	170	160	105	113	184	146	140	154	114	130	226	144	1786
4	钱学林	第1车间	131	164	131	249	111	124	233	173	211	204	115	116	1962
5	明春秋	第3车间	166	126	154	229	212	114	234	176	106	179	178	150	2024
6	逢赛必	第1车间	155	224	228	231	237	107	172	113	110	163	109	181	2030
7	许嘉一	第3车间	200	132	174	243	117	185	145	229	154	134	215	118	2046
8	孙小明	第3车间	141	234	250	109	205	177	242	123	156	129	179	219	2164
9	史再来	第2车间	231	134	162	123	231	150	128	173	166	224	248	199	2169
10	李志强	第2车间	207	204	179	105	245	190	155	229	238	163	129	204	2248
11	朱睿豪	第2车间	153	179	215	197	123	208	183	242	151	131	247	225	2254
12	赵李	第2车间	214	231	174	212	203	234	100	247	244	109	108	221	2297
13	王小	第3车间	195	247	222	159	172	120	177	249	203	236	142	194	2316
14	张亮	第1车间	227	216	146	139	215	223	131	222	209	243	187	168	2326
15															
16	总量	姓名	车间												
17	2000	钱学林													

图9-23 输入公式

Step 04 **填充公式。**将B17单元格中公式填充到C17单元格，最后将C17:D17单元格区域合并，查看查询的结果，如图9-24所示。

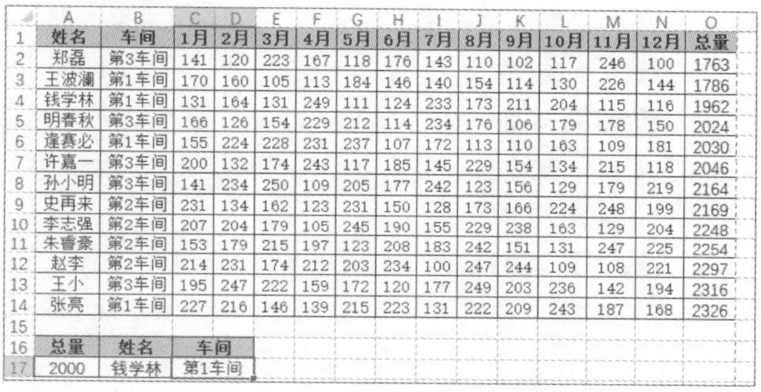

	A	B	C	D	E	F	G	H	I	J	K	L	M	N	O
1	姓名	车间	1月	2月	3月	4月	5月	6月	7月	8月	9月	10月	11月	12月	总量
2	郑磊	第3车间	141	120	223	167	118	176	143	110	102	117	246	100	1763
3	王波澜	第1车间	170	160	105	113	184	146	140	154	114	130	226	144	1786
4	钱学林	第1车间	131	164	131	249	111	124	233	173	211	204	115	116	1962
5	明春秋	第3车间	166	126	154	229	212	114	234	176	106	179	178	150	2024
6	逢赛必	第1车间	155	224	228	231	237	107	172	113	110	163	109	181	2030
7	许嘉一	第3车间	200	132	174	243	117	185	145	229	154	134	215	118	2046
8	孙小明	第3车间	141	234	250	109	205	177	242	123	156	129	179	219	2164
9	史再来	第2车间	231	134	162	123	231	150	128	173	166	224	248	199	2169
10	李志强	第2车间	207	204	179	105	245	190	155	229	238	163	129	204	2248
11	朱睿豪	第2车间	153	179	215	197	123	208	183	242	151	131	247	225	2254
12	赵李	第2车间	214	231	174	212	203	234	100	247	244	109	108	221	2297
13	王小	第3车间	195	247	222	159	172	120	177	249	203	236	142	194	2316
14	张亮	第1车间	227	216	146	139	215	223	131	222	209	243	187	168	2326
15															
16	总量	姓名	车间												
17	2000	钱学林	第1车间												

图9-24 查看查询的结果

> **提示**
>
> 之前介绍使用LOOKUP函数进行精确查找必须将lookup_vector进行升序排列，本案例将查找值和被查找区域转换为1和0，就不需要进行排序了。

LOOKUP函数不但可以进行模糊查找，还可以进行精确查找，如根据员工的姓名和车间查找该员工的生产总量。

首先，在B18和C18单元格中输入员工的姓名和车间，然后在A18单元格中输入"=LOOKUP(1,0/((A2:A14=B18)*(B2:B14=C18)),O2:O14)"公式，按Enter键即可显示满足条件的生产总量，如图9-25所示。

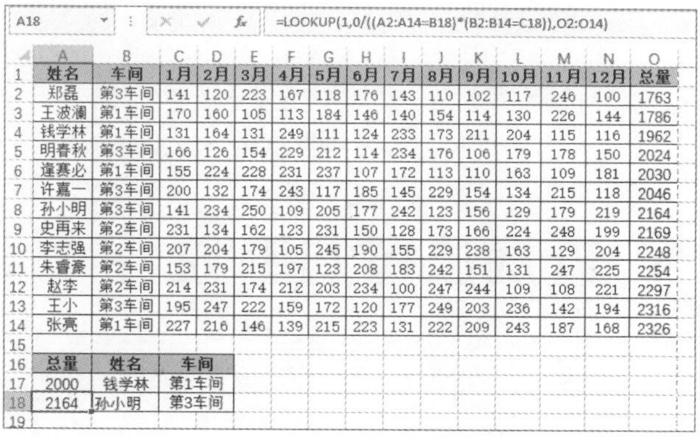

A18 =LOOKUP(1,0/((A2:A14=B18)*(B2:B14=C18)),O2:O14)

	A	B	C	D	E	F	G	H	I	J	K	L	M	N	O
1	姓名	车间	1月	2月	3月	4月	5月	6月	7月	8月	9月	10月	11月	12月	总量
2	郑磊	第3车间	141	120	223	167	118	176	143	110	102	117	246	100	1763
3	王波澜	第1车间	170	160	105	113	184	146	140	154	114	130	226	144	1786
4	钱学林	第1车间	131	164	131	249	111	124	233	173	211	204	115	116	1962
5	明春秋	第3车间	166	126	154	229	212	114	234	176	106	179	178	150	2024
6	逢赛必	第1车间	155	224	228	231	237	107	172	113	110	163	109	181	2030
7	许嘉一	第3车间	200	132	174	243	117	185	145	229	154	134	215	118	2046
8	孙小明	第3车间	141	234	250	109	205	177	242	123	156	129	179	219	2164
9	史再来	第2车间	231	134	162	123	231	150	128	173	166	224	248	199	2169
10	李志强	第2车间	207	204	179	105	245	190	155	229	238	163	129	204	2248
11	朱睿豪	第2车间	153	179	215	197	123	208	183	242	151	131	247	225	2254
12	赵李	第2车间	214	231	174	212	203	234	100	247	244	109	108	221	2297
13	王小	第3车间	195	247	222	159	172	120	177	249	203	236	142	194	2316
14	张亮	第1车间	227	216	146	139	215	223	131	222	209	243	187	168	2326
15															
16	总量	姓名	车间												
17	2000	钱学林	第1车间												
18	2164	孙小明	第3车间												
19															

图9-25 验证查找数据

2. 数组形式

LOOKUP函数在数组的第一行或第一列查找指定的数值，然后返回数组的最后一行或最后一列中相同位置的数值。

表达式：LOOKUP(lookup_value,array)

参数含义：lookup_value表示数组中的查找值或单元格，如果指定值小于数组中的最小值，则返回#N/A错误值；array表示查找范围。

LOOKUP函数数组形式示例，如图9-26所示。

图9-26 数组形式示例

EXAMPLE 根据员工姓名查找生产总量

某工厂统计员工的姓名、车间和总量，所以列数小于行数。现在根据员工的姓名查找生产总量。

Step 01 对表格进行排序。打开"员工生产统计表.xlsx"工作簿，在A16:B17单元格区域中完善表格，并输入员工的姓名。选中姓名列任意单元格❶，并设置按升序排列❷，如图9-27所示。

Step 02 查询数据。选中B17单元格，输入"=LOOKUP(A17,A2:C14)"公式，按Enter键即可查询"郑磊"的生产总量，如图9-28所示。

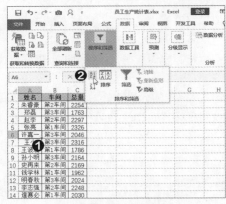

图9-27 对姓名进行排序　　　　　图9-28 查看查找的数值

9.2 查找位置的函数

使用查找位置的函数查找单元格区域中满足条件的单元格的位置，在Excel中包括MATCH和INDEX两个查找位置的函数。

9.2.1 MATCH函数

MATCH函数返回指定数值在指定区域中的位置。

表达式：MATCH(lookup_value, lookup_array, match_type)

参数含义：lookup_value表示需要查找的值，可以为数值或对数字、文本或逻辑值的单元格引用；lookup_array表示包含有所要查找数值的连续的单元格区域；match_ type表示查询的指定方式，为-1、0或者1数字。

下面以表格形式介绍match_type不同数值和含义，如表9-1所示。

表9-1　match_type参数介绍

match_type	含义
1或省略	函数查找的数值小于或等于lookup_value的最大值，lookup_array必须按升序排列
0	函数查找的数值等于lookup_value的第一个数值，lookup_array可以按任何顺序排列
-1	函数查找的数值大于或等于lookup_value的最小值，lookup_array必须按降序排列

扫码看视频

EXAMPLE 检查是否有重复排班的学生

新生报名结束后，学校根据学生的身体证号码为学生安排班级。下面通过MATCH函数检查是否有将同一学生安排在两个班的情况。

Step 01 输入公式。 打开"新生班级安排表.xlsx"工作簿，选中D2单元格，然后输入"=MATCH(B2,$C$2:$C$30,0)公式，如图9-29所示。

Step 02 填充公式。 按Enter键执行计算，并将D2单元格中的公式向下填充到D30单元格中，如图9-30所示。显示#N/A错误值的表示无重复，显示数字的表示对应B列的数据在C2:C30单元格区域中第多少单元格重复。

实例文件

原始文件：
实例文件\第09章\原始文件\新生班级安排表.xlsx
最终文件：
实例文件\第09章\最终文件\MATCH函数.xlsx

图9-29　输入公式　　　　　图9-30　填充公式

Step 03 修改公式并显示结果。 选中D2单元格，并公式修改为"=IFNA("和第"&MATCH(B2,$C$2:$C$30,0)&"个重复","")"，按Enter键执行计算，并将公式向下填充，查看结果，如图9-31所示。

提示

在步骤4的结果中，不显示任何数据的表示没有重复。如果重复则显示和第多少个重复。

图9-31　查看结果

9.2.2 INDEX函数

INDEX函数和LOOKUP函数一样包含两种形式，分别为引用形式和数组形式。下面将分别详细介绍其功能和用法。

1. 引用形式

INDEX函数的引用形式返回指定的行与列交叉处的单元格引用。

表达式：INDEX(reference,row_num,column_num,area_num)

参数含义：reference表示对一个或多个单元格区域的引用；row_num表示要从中返回引用的引用中的行编号，如果reference只有一行则可以省略该参数，若该参数超过行则返回#REF!错误值；column_num表示要从中返回引用的引用中的列编号；area_num用于选择要从中返回 row_num 和 column_num的交叉点的引用区域。

INDEX函数引用形式的示例，如图9-32所示。

2. 数组形式

INDEX函数的数组形式返回指定的数值或数值数组。

表达式：INDEX(array,row_num,column_num)

参数含义：array表示一个单元格区域或数组常量；row_num表示选择数组中的行，如果省略 row_num，则需要使用 column_num；column_num表示选择数组中的列，如果省略 column_num，则需要使用 row_num。

INDEX函数数组形式的示例，如图9-33所示。

图9-32 引用形式的示例

图9-33 数组形式的示例

EXAMPLE 根据姓名和产品快速查找销售额

Step 01 启用定义名称功能。打开"销售统计表.xlsx"工作簿，选中C2:F30单元格区域❶，切换至"公式"选项卡，单击"定义的名称"选项组中"定义名称"按钮❷，如图9-34所示。

Step 02 定义名称。打开"新建名称"对话框，在"名称"文本框中输入"销售额"❶，单击"确定"按钮❷，如图9-35所示。

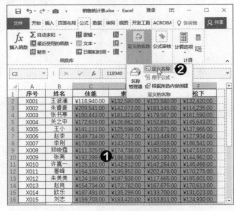
图9-34 单击"定义名称"按钮

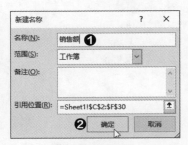
图9-35 定义名称

Step 03 定义其他名称。根据相同的方法分别将C1:F1单元格区域定义为"产品"，将B2:B30单元格区域定义为"姓名"，如图9-36所示。

交叉参考

定义名称的相关知识在2.4节中进行介绍。

Step 04 **设置数据验证。** 在H2:I4单元格区域中完善表格，选中I2单元格，单击"数据"选项卡中的"数据验证"按钮，在打开的对话框中设置数据验证，单击"确定"按钮，如图9-37所示。

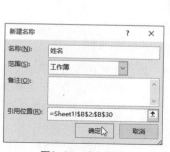

图9-36 定义名称　　　　图9-37 设置数据验证

Step 05 **设置I3单元格的数据验证。** 选中I3单元格，根据相同的方法设置数据验证，如图9-38所示。

Step 06 **输入公式。** 选中I4单元格并输入"=INDEX(销售额,MATCH(I2,姓名,0),MATCH(I3,产品,0))"公式，如图9-39所示。

提示

在步骤6的公式中，MATCH函数作为INDEX函数的第2和第3个参数。第1个MATCH函数查找员工姓名在区域中的行号，第2个MATCH函数查找产品名称在区域中的列数，最后INDEX函数返回定位行号和列的单元格内的数据。

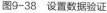

图9-38 设置数据验证　　　　图9-39 输入公式

Step 07 **验证查询结果。** 按Enter键执行计算，查找的数值位于表格中E9单元格，可见数值是一致的，如图9-40所示。

图9-40 输入公式

9.3 引用函数

在Excel中指定单元格为基准，通过给定偏移量得到新的引用，引用函数包括ADDRESS、OFFSET、ROW和COLUMN等函数。

9.3.1 ADDRESS函数

ADDRESS函数以文本方式实现对某单元格的引用。

表达式：ADDRESS(row_num,column_num,abs_num,a1,sheet_text)

参数含义：row_num表示在单元格引用中使用的行号；column_num表示在单元格引用中使用的列标；abs_num表示返回的引用类型，用1、2、3、4表示；a1表示引用样式的逻辑值；sheet_text为文本，表示作为外部引用的工作表名称，如果省略，则不使用任何工作表名。

> **提示**
> A1参数为TRUE或省略时，返回A1样式的引用，如果为FALSE，返回R1C1样式引用。

其中，abs_num参数数值不同其单元格的引用类型也不同，1或省略表示绝对引用；2表示绝对行号，相对列标；3表示相对行号，绝对列标；4表示相引用。

ADDRESS函数的示例，如图9-41所示。

	A	B
1	公式	返回值
2	=ADDRESS(2,1)	$A$2
3	=ADDRESS(2,1,2)	A$2
4	=ADDRESS(2,1,4,0)	R[2]C[1]
5	=ADDRESS(2,1,2,FALSE)	R2C[1]
6	=ADDRESS(2,1,,FALSE)	R2C1
7	=ADDRESS(2,1,,,"员工档案")	员工档案!$A$2
8		

图9-41 ADDRESS函数示例

9.3.2 AREAS函数

AREAS函数返回引用中包含的区域个数，区域可以为连续的单元格区域或单个单元格。

表达式：AREAS(reference)

参数含义：reference表示对单元格或单元格区域的引用，也可以引用多个区域，如果需要将多个引用指定为一个数值，则必须用括号括起来，以免Excel把逗号作为分隔符。

AREAS函数的示例，如图9-42所示。

	A	B
1	公式	返回值
2	=AREAS((A2,B5,C1))	3
3	=AREAS((B2,A1:C5))	2
4	=AREAS((A1:B2,A2:C5,C7:D9))	3
5	=AREAS((A2:B4 B5:D6))	#NULL!
6	=AREAS((A3:B5 B4:D7))	1
7		

图9-42 AREAS函数示例

9.3.3 INDIRECT函数

INDIRECT函数返回指定单元格引用的内容。

表达式：INDIRECT(ref_text,a1)

参数含义：ref_text 表示对单元格的引用，可以包含A1样式的引用、R1C1样式的

引用、定义为引用的名称或对文本字符串单元格的引用。如果 ref_text 不是合法的单元格的引用，INDIRECT函数返回#REF!或#NAME? 错误值；a1为逻辑值，指明ref_text的引用类型。

其中，如果ref_text是对另一个工作簿引用，则该工作簿必须打开，否则返回#REF!错误值。

a1为TRUE或省略时，ref_text为A1样式的引用；a1为FALSE时，ref_text为R1C1样式的引用。

INDIRECT函数的示例，如图9-43所示。

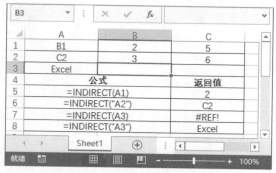

图9-43　INDIRECT函数示例

EXAMPLE 查找不同表格中符合条件的数值

学校按班级统计各班在元旦晚会上不同项目的数量，现在需要制作查询表，根据条件显示节目的数量。下面介绍具体操作方法。

Step 01 **为表格定义名称**。打开"按班级统计元旦晚会节目.xlsx"工作簿，选中A2:B5单元格区域，在名称框中输入"一班"，按Enter键确认，如图9-44所示。然后将其他表格的数据区域定义名称。

Step 02 **设置数据验证**。选中B7单元格，单击"数据"选项卡中"数据验证"按钮，在打开的对话框中设置数据验证，单击"确定"按钮，如图9-45所示。然后根据相同的方法为B8单元格设置数据验证。

图9-44　定义名称

图9-45　设置数据验证

Step 03 **输入查询公式**。选中B9单元格，然后输入"=VLOOKUP(C7,INDIRECT(C9),2,FALSE)"，按Enter键执行计算，如图9-46所示。

Step 04 **验证查询结果**。分别单击C7和C9单元格右侧下三角按钮，在列表中选择相应的选项，查看数量，如图9-47所示。

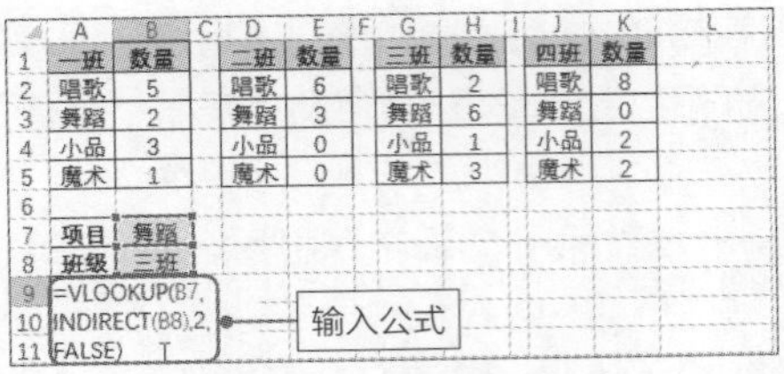

图9-46 输入公式

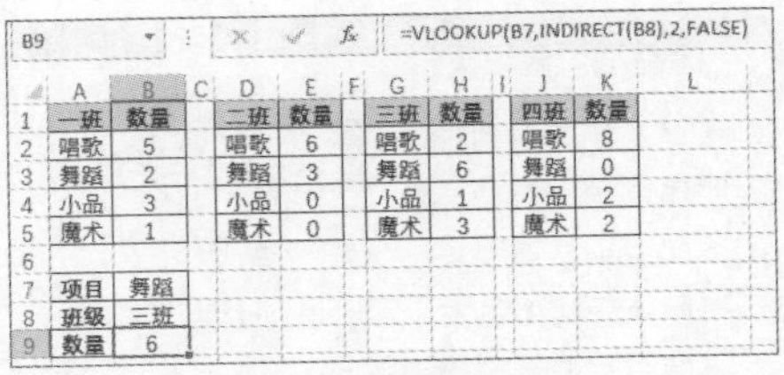

图9-47 验证查询结果

9.3.4 OFFSET函数

OFFSET函数返回单元格或单元格区域中指定行数和列数区域的引用。

表达式：OFFSET(reference,rows,cols,height,width)

参数含义：reference作为偏移量参照系的单元格或单元格区域；rows表示以reference为准向上或向下偏移的行数；cols表示以Reference为准向左或向右偏移的列数；Height表示指定偏移进行引用的行数；width表示指定偏移进行引用的列数。

其中，rows为正数时，表示向下移动；为负数时，表示向上移动。cols为正数时，表示向右移动，为负数时，表示向左移动。如果height和width参数的数值超过工作表的边缘时，则返回#REF!错误值，如果省略这两个参数，则高度和宽度与reference相同。

9.3.5 ROW和ROWS函数

1. ROW函数

ROW函数返回数组或单元格区域中的行数。

表达式：ROW(reference)

参数含义：reference 为需要得到其行号的单元格或单元格区域，如果省略了该参数，则返回该公式所在单元格的行号。

其中，ROW函数作为垂直数组输入，则函数以垂直数组的形式返回reference行号。

EXAMPLE 删除行后使序号连续

某单位制作员工信息表，当有员工离职后，需要删除该员工的信息时，其序号就不连续。下面介绍使用ROW函数让序号连续的方法。

Step 01 设置单元格格式并输入公式。打开"员工档案.xlsx"工作簿，首先设置A2:A17单元格的格式，显示4位数。选中A2单元格，然后输入"=ROW(A2)-1"公式，如图9-48所示。

Step 02 查看计算结果。按Enter键执行计算，并将公式向下填充至A17单元格，可见序号连续显示，如图9-49所示。

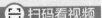

图9-48 输入公式

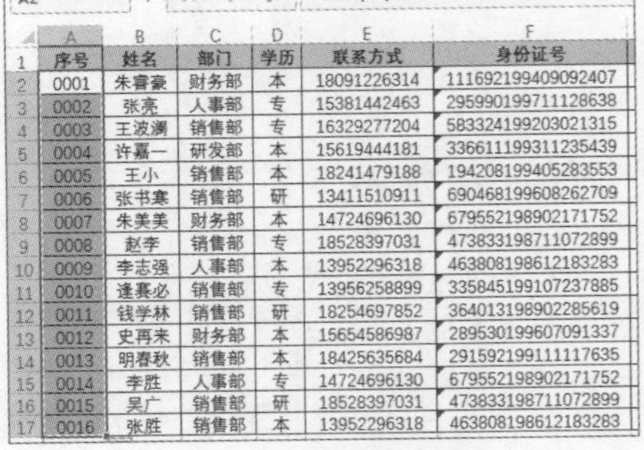

图9-49 查看计算结果

> **提示**
> 使用ROW函数只能在删除行的情况下让序号连续，不可以在隐藏行时，序号连续。用户可以参考6.1.4节中SUBTOTAL函数设置序号，即可在隐藏行时，序号连续显示。

Step 03 **验证效果。**选中第7行并右击，在快捷菜单中选择“删除”命令。可见原第7行被删除，但是序号会自动边续显示，如图9-50所示。

	A	B	C	D	E	F	G
1	序号	姓名	部门	学历	联系方式	身份证号	性别
2	0001	朱睿豪	财务部	本	18091226314	111692199409092407	男
3	0002	张亮	人事部	专	15381442463	295990199711128638	女
4	0003	王波澜	销售部	专	16329277204	583324199203021315	男
5	0004	许嘉一	研发部	本	15619444181	336611199311235439	男
6	0005	王小	销售部	本	18241479188	194208199405283553	女
7	0006	朱美美	财务部	本	14724696130	679552198902171752	男
8	0007	赵李	销售部	专	18528397031	473833198711072899	女
9	0008	李志强	人事部	本	13952296318	463808198612183283	女
10	0009	逢赛必	销售部	专	13956258899	335845199107237885	女
11	0010	钱学林	销售部	研	18254697852	364013198902285619	男
12	0011	史再来	财务部	本	15654586987	289530199607091337	女
13	0012	明春秋	销售部	本	18425635684	291592199111117635	男
14	0013	李胜	人事部	专	14724696130	679552198902171752	男
15	0014	吴广	销售部	研	18528397031	473833198711072899	女
16	0015	张胜	销售部	本	13952296318	463808198612183283	女
17							

图9-50 验证效果

2. ROWS函数

ROWS函数返回数组或单元格区域中的行数。

表达式：ROWS(array)

参数含义：array表示要返回行数的数组、数组公式或单元格引用。

ROWS函数的示例，如图9-51所示。

> **提示**
> 数据引用函数还包括返回列标COLUMN和COLUMNS函数用法，与ROW和ROWS函数相似，此处不再赘述。

B2 | 5

	A	B	C
1	公式	结果	解释
2	=ROWS(A1:C5)	5	返回A1:C5单元格区域中的行数
3	=ROWS({1,2,3,4;5,1,8,6;5,8,7,4})	3	返回输入数组的行数
4	=ROWS(A1)	1	返回 A1单元格的行数
5			

Sheet1

图9-51 ROWS函数示例

9.3.6 TRANSPOSE函数

TRANSPOSE函数用来将表格中的行列进行转置，例如将行单元格区域转置成列单元格区域，或将列单元格区域转置为行单元格区域。

表达式：TRANSPOSE(array)

参数含义：array表示需要进行转置的数组或工作表上的单元格区域，数组的转置是将数组的第一行作为新数组的第一列，第二行作为第二列，依次类推。

> **提示**
> 如果转置的区域大于原数据区域，则在多出来的单元格中显示#N/A错误值。

9.4 其他查找与引用函数

在Excel中除了上述介绍的查找和引用函数还外，还包括在数据透视表中提取数据的GETPIVOTDATA函数，以及设置链接的HYPERLINK函数等。本节主要介绍其他相关函数的功能和用法。

9.4.1 GETPIVOTDATA 函数

GETPIVOTDATA 函数可以从数据透视表中提取数据。

表达式：GETPIVOTDATA(data_field,pivot_table,field1,item1,field2,item2,…)

参数含义：data_field表示包含要提取数据的字段名称，用引号括起；pivot_table

扫码看视频

表示在数据透视表中对任何单元格、单元格区域或定义单元格区域的引用；field表示字段名称；item表示需要提取的数据项名称，必须和field成对使用，最多为126对。

其中，pivot_table不位于数据透视表区域内，则返回#REF!错误值；如果参数未描述可见字段，或者参数包含其中未显示筛选数据的报表筛选，则返回#REF! 错误值。

9.4.2 FORMULATEXT函数

FORMULATEXT函数以字符串的形式返回指定单元格或单元格区域内的公式，该函数可以引用自身单元格，而且不会出现循环引用。

表达式：FORMULATEXT (reference)

参数含义：reference表示对单元格或单元格区域的引用。

其中，reference参数不包含公式或是公式超过9192个字符时，则返回#N/A错误值。若输入无效的数值类型，则返回#VALUE!错误值。

EXAMPLE 只显示计算适应税率的公式

Step 01 **输入公式。** 打开"查看计算公式.xlsx"工作簿，完善表格，选中H2单元格，然后输入"=FORMULATEXT(G2)"，如图9-52所示。

图9-52　输入公式

Step 02 **填充公式。** 按Enter键执行计算，然后将H2单元格中公式向下填充至H14单元格，如图9-53所示。

图9-53　填充公式

9.4.3 HYPERLINK函数

HYPERLINK函数制作一个链接显示指定链接地址的文件。

表达式：HYPERLINK(link_location，friendly_name)

参数含义：link_location表示指定链接到的路径或文件名，用半角双引号括起来或者输入链接文本的单元格；friendly_name取代链接地址在单元格中显示的字符串，或者指定输入字符串的单元格。

EXAMPLE 只显示计算适应税率的公式

Step 01 **设置数据验证**。打开"设置链接地址.xlsx"工作簿，选中D2单元格，设置数据验证，如图9-54所示。

Step 02 **输入函数参数**。选中E2单元格，打开"插入函数"对话框，选择HYPERLINK函数。在"函数参数"对话框中设置链接地址和显示的内容❶，单击"确定"按钮❷，如图9-55所示。

图9-54 设置数据验证

图9-55 填充公式

Step 03 **查看设置链接**。返回工作表中可见在E2单元格中显示设置显示信息，文本下方显示下划线，并且为蓝色，将光标停放在E2单元格上时，在下方显示链接地址，如图9-56所示。

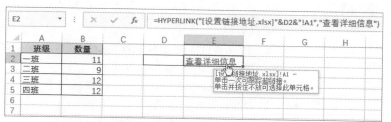

图9-56 查看设置的链接

Step 04 **验证链接**。单击D2单元格右侧下三角按钮，在列表中选择"二班"，然后单击E2单元格中文本，自动切换至链接的"二班"工作表中，并选中A1单元格，如图9-57所示。

图9-57 查看链接效果

Chapter

10

统计函数

使用Excel对数据进行统计分析是常见的操作。统计函数主要用于对数据区域进行统计分析，在复杂的数据中完成统计计算，返回统计的结果。本章将详细介绍统计函数的功能、表达式以及参数的含义，并以案例形式展示常见统计函数的用法。

10.1 计数函数

当需要对单元格的数量进行统计时，就需要使用计数的函数，如COUNT、COUNTA、COUNYIF和COUNTIFS等函数。

10.1.1 COUNT、COUNTA和COUNTBLANK函数

本节将主要介绍统计单元格、非空单元格和空白单元格数量的函数，分别为COUNT、COUNTA和COUNTBLANK函数。

1. COUNT函数

COUNT函数计算包含数字的单元格的个数以及参数列表中数字的个数。

表达式：COUNT (value1,value2, ...)

参数含义：value1,value2,...表示包含或引用各种不同类型的数据，最多为255个参数，只对数字型数据进行统计。

EXAMPLE 统计捐款的人数

企业每年组织员工为贫穷地方或灾难地方捐款，财务部分将捐款金额进行统计，现在统计出捐款的人数。

Step 01 输入公式。打开"企业捐款人数统计表.xlsx"工作簿，选中G2单元格，输入公式"=COUNT(E2:E18)"，如图10-1所示。

Step 02 计算结果。按Enter键执行计算，即可计算出该企业捐款的人数，如图10-2所示。在E4单元格中是文本，则在统计数量时该单元格被忽略。

> **提示**
>
> 参数为数字、日期、数字的文本和逻辑值将被统计在内，如果是错误值或不能转换为数字的文本，则不被统计在内。

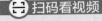

扫码看视频

实例文件

原始文件：
实例文件\第10章\原始
文件\企业捐款人数统计
表.xlsx

最终文件：
实例文件\第10章\最终
文件\COUNT函数.xlsx

图10-1　输入公式

图10-2　计算结果

在使用COUNT函数统计单元格的数量时，首先要确定工作表没有隐藏0值，否则会

172

得出错误的结果。下面介绍取消隐藏0值的方法。

打开Excel工作簿，单击"文件"标签，在列表中选择"选项"选项。打开"Excel选项"对话框，切换至"高级"选项卡❶，在右侧勾选"在具有零值的单元格中显示零"复选框❷，单击"确定"按钮即可❸，如图10-3所示。

图10-3　显示0值

2. COUNTA函数

COUNTA函数返回区域中不为空的单元格的个数。

表达式：COUNTA (value1,value2, ...)

参数含义：value1,value2, ...表示需要统计的值或单元格，最多为255个参数。参数包括任何类型信息，如文本、逻辑值、空文本等。

COUNTA函数示例，其中B4单元格为空格，如图10-4所示。

图10-4　COUNTA函数示例

3. COUNTBLANK函数

COUNTBLANK函数返回区域中空白单元格的个数。

表达式：COUNTBLANK (range)

参数含义：range表示需要计算空白单元格数量的区域，该参数只能是1个，否则会出现错误信息。

COUNTBLANK函数示例，其中B1单元格为空格，如图10-5所示。

图10-5　COUNTBLANK 函数示例

10.1.2

COUNTIF和COUNTIFS函数

1. COUNTIF函数

COUNTIF函数对指定单元格区域中满足指定条件的单元格进行计数。

表达式：COUNTIF (range,criteria)

参数含义：range表示对其进行计数的单元格区域；criteria表示对某些单元格进行计数的条件，其形式为数字、表达式、单元格的引用或文本字符串，还可以使用通配符。

EXAMPLE 标记出员工3科超过90分的信息

企业每年对员工进行各方面的考核，现在需要查看3科超过90分的员工信息，下面介绍具体操作方法。

Step 01 **启用条件格式功能。** 打开"员工考核成绩表.xlsx"工作簿，选中A2:G18单元格区域❶，切换至"开始"选项卡，单击"样式"选项组中"条件格式"下三角按钮❷，在下拉列表中选择"新建规则"选项❸，如图10-6所示。

Step 02 **设置规则。** 打开"新建格式规则"对话框，在"选择规则类型"选项区域中选择"使用公式确定要设置格式的单元格"选项❶，在"为符合此公式的值设置格式"文本框中输入公式"=COUNTIF($C2:$G18,">=90")>=3"❷，如图10-7所示。

提示

在步骤2的公式中，表示使用COUNTIF函数统计出指定区域大于等于90的数量，然后选中大于等于3次的区域。

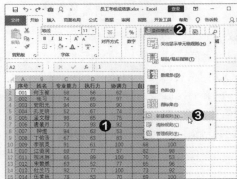 

图10-6 选择"新建规则"选项

图10-7 输入公式

Step 03 **设置满足条件的格式。** 单击"格式"按钮，打开"设置单元格格式"对话框，切换至"填充"选项卡，选择合适的颜色❶，也可以设置其他格式，单击"确定"按钮❷，如图10-8所示。

Step 04 **查看效果。** 返回工作表中，可见标记出所有超过3科90分的数据，如图10-9所示。

提示

如果需要清除条件格式，再次单击"条件格式"下三角按钮，在列表中选择"清除规则"选项，在子列表中选择相应的选项即可。

图10-8 设置填充颜色

	A	B	C	D	E	F	G
1	序号	姓名	专业能力	执行力	协调力	自控力	积极力
2	001	何玉崔	58	56	62	70	79
3	002	张习	74	65	97	77	75
4	003	安阳光	94	69	90	91	79
5	004	孔发妍	52	67	74	80	64
6	005	孟文楷	98	65	75	61	55
7	006	屋景月	73	93	92	74	92
8	007	钟燈	94	63	53	90	72
9	008	丁佑洛	67	63	83	62	85
10	009	李前夷	91	61	100	68	100
11	010	江语润	69	77	57	82	98
12	011	祝冰胖	65	89	100	70	53
13	012	宋誉燃	63	52	77	65	96
14	013	杜兰巧	92	77	100	73	92
15	014	伍芙辰	78	53	70	69	100
16	015	房瑞洁	64	85	70	63	53
17	016	计书鑫	85	59	78	81	62
18	017	董网诗	99	86	62	79	61

图10-9 查看效果

扫码看视频

实例文件

原始文件：

实例文件\第10章\原始文件\员工年底考核成绩表.xlsx

最终文件：

实例文件\第10章\最终文件\COUNTIFS函数.xlsx

2. COUNTIFS函数

COUNTIFS函数返回指定单元格区域满足给定的多条件的单元格的数量。

表达式：COUNTIFS(criteria_range1,criteria1,criteria_range2,criteria2,…)

参数含义：criteria_range1表示第一条件的单元格区域；criteria1表示在第一个区域中需要满足的条件，其形式可以是数字、表达式或文本；criteria_range2为第二个条件的区域；criteria2为第二条件，依次类推。

EXAMPLE 分别统计男生和女生小于370和大于等于370的人数

Step 01 **选择函数。**打开“员工年底考核成绩表.xlsx”工作簿，在K1:M3单元格区域中完善表格，选中L2单元格，打开“插入函数”对话框，选择COUNTIFS函数❶，单击“确定”按钮❷，如图10-10所示。

Step 02 **输入参数。**打开“函数参数”对话框，在Criteria_range1文本框中输入“$C$2:$C$18”❶，在Criteria1文本框中输入“$K2”❷，Criteria_range2文本框中输入“$I$2:$I$18”❸，在Criteria2文本框中输入“L$1”❹，单击“确定”按钮❺，如图10-11所示。

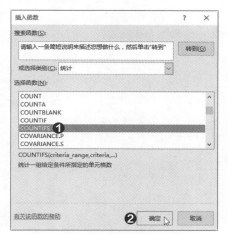

图10-10　选择函数

图10-11　输入参数

> **提示**
> 在步骤2中输入参数时，一定要注意单元格的引用。若引用错误则会导致计算结果错误。

Step 03 **查看女生统计数量。**返回工作表中，将L2单元格中的公式填充至M2单元格，即统计出女生的考试成绩分别小于370和大于等于370的人数，如图10-12所示。

Step 04 **查看男生统计数量。**选中L2:M2单元格区域，然后将公式填充M3单元格，即可统计出男生的考试情况，如图10-13所示。

L2 =COUNTIFS($C$2:$C$18,$K2,$I$2:$I$18,L$1)

	C	D	E	F	G	H	I	J	K	L	M
1	性别	专业能力	执行力	协调力	自控力	积极力	总分		性别	<370	>=370
2	男	58	56	62	70	79	325		女	4	6
3	女	74	65	97	77	75	388		男		
4	女	94	69	90	91	79	423				
5	男	52	67	74	80	64	337				
6	女	98	65	75	61	55	354				
7	女	73	93	92	74	92	424				
8	男	94	63	53	90	72	372				
9	女	67	63	83	62	85	360				
10	女	91	61	100	68	100	420				
11	男	69	77	57	82	98	383				
12	女	65	89	100	70	53	377				
13	女	63	52	77	65	96	353				
14	男	92	77	100	73	92	434				
15	女	78	53	70	69	100	370				
16	男	64	85	70	63	53	335				
17	女	85	59	78	81	62	365				
18	男	99	86	62	79	61	387				

图10-12　查看女生考试情况

L2 =COUNTIFS($C$2:$C$18,$K2,$I$2:$I$18,L$1)

	C	D	E	F	G	H	I	J	K	L	M
1	性别	专业能力	执行力	协调力	自控力	积极力	总分		性别	<370	>=370
2	男	58	56	62	70	79	325		女	4	6
3	女	74	65	97	77	75	388		男	3	4
4	女	94	69	90	91	79	423				
5	男	52	67	74	80	64	337				
6	女	98	65	75	61	55	354				
7	女	73	93	92	74	92	424				
8	男	94	63	53	90	72	372				
9	女	67	63	83	62	85	360				
10	女	91	61	100	68	100	420				
11	男	69	77	57	82	98	383				
12	女	65	89	100	70	53	377				
13	女	63	52	77	65	96	353				
14	男	92	77	100	73	92	434				
15	女	78	53	70	69	100	370				
16	男	64	85	70	63	53	335				
17	女	85	59	78	81	62	365				
18	男	99	86	62	79	61	387				

图10-13　查看男生考试情况

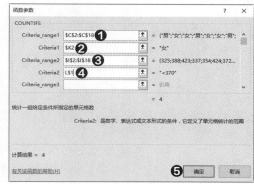

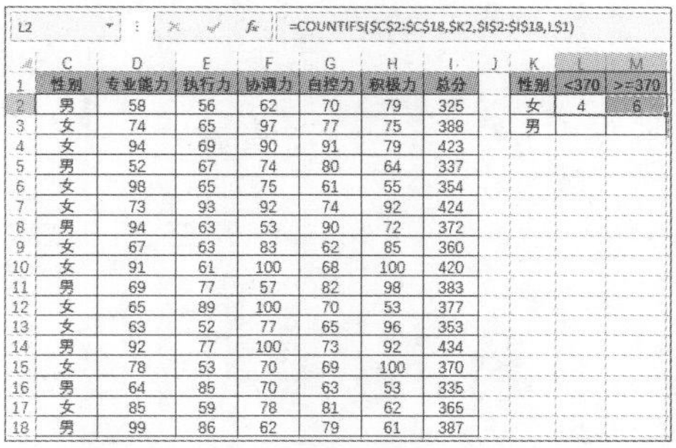

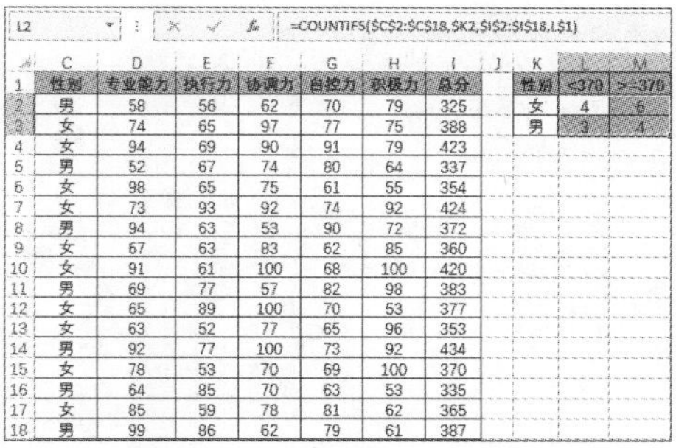

10.1.3 FREQUENCY函数

FREQUENCY函数计算数值在某区域内的出现频率，并返回一个垂直数组。

表达式：FREQUENCY(data_array,bins_array)

参数含义：data_array表示一组数组或单元格的引用，若该参数不包含任何数值，则返回零数组；bins_array 是一个区间数组或是引用，用于对 data_array 中的数值进行分组。

EXAMPLE统计总分在不同区间的人数

企业年底对员工进行考核，为了更好地分析数据，将总分分为几个档次并分别统计出各档次的人数。下面介绍具体操作方法。

Step 01 **选择单元格区域**。打开"员工年底考核成绩表1.xlsx"工作簿，在K1:L5单元格区域中完善表格，选中L2:L5单元格区域，如图10-14所示。

Step 02 **选择函数**。打开"插入函数"对话框，选择FREQUENCY函数❶，单击"确定"按钮❷，如图10-15所示。

图10-14 选择单元格区域　　　　图10-15 选择函数

Step 03 **输入参数**。打开"函数参数"对话框，在Data_array文本框中输入"I2:I30"❶，在Bins_array文本框中输入"K2:K5"❷，单击"确定"按钮❸，如图10-16所示。

Step 04 **计算结果**。返回工作表，查看统计出各区间内的人数，如图10-17所示。

图10-16 输入参数　　　　　　图10-17 查看计算结果

10.2 平均函数

在分析数据的时候，经常要计算平均值的，因为平均值代表数据的某种特性的水平。本节主要介绍AVERAGE、AVERAGEA、AVERAGEIF和AVERAGEIFS函数。

10.2.1 AVERAGE函数

提示

如果区域或单元格的引用参数包含文本、逻辑值或空单元格，这些值将被忽略，但是包含零值的单元格将被计算。

扫码看视频

实例文件

原始文件：

实例文件\第10章\原始文件\员工考核成绩表.xlsx

最终文件：

实例文件\第10章\最终文件\AVERAGE函数.xlsx

AVERAGE函数返回参数的平均值。

表达式：AVERAGE(number1,number2, ...)

参数含义：number1,number2, ...表示需要计算平均值的参数，数量最多为255个，该参数可以是数字、数组、单元格的引用或包含数值的名称。

EXAMPLE 计算员工的平均分

企业统计员工的考核成绩后，为了分析每位员工的平均水平，现需要计算平均值，下面介绍具体操作方法。

Step 01 **输入公式计算平均分。**打开“员工考核成绩表.xlsx”工作簿，完善表格，然后选中H2单元格，输入“=AVERAGE(C2:G2)”公式，如图10-18所示。

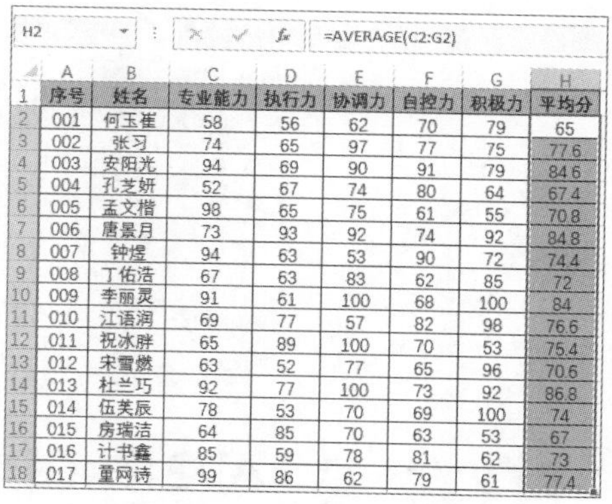

Step 02 **填充公式。**按Enter键即可计算出该员工的平均分，然后将公式向下填充到H18单元格，即可计算所有员工的平均分，如图10-19所示。

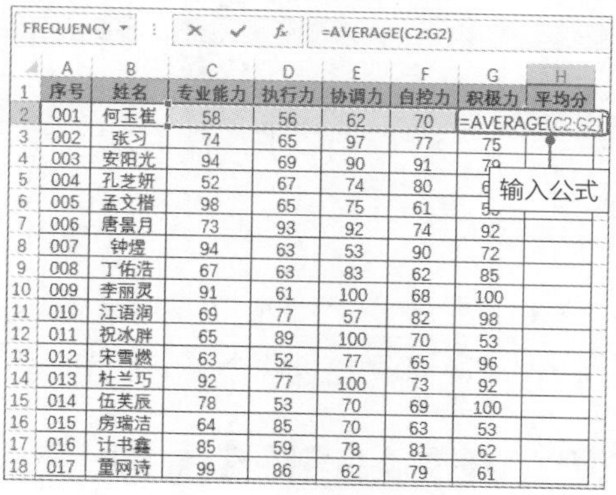

序号	姓名	专业能力	执行力	协调力	自控力	积极力	平均分
001	何玉崔	58	56	62	70	=AVERAGE(C2:G2)	
002	张习	74	65	97	77	75	
003	安阳光	94	69	90	91	79	
004	孔芝妍	52	67	74	80	6	
005	孟文楷	98	65	75	61	55	
006	唐景月	73	93	92	74	92	
007	钟煜	94	63	53	90	72	
008	丁佑浩	67	63	83	62	85	
009	李丽灵	91	61	100	68	100	
010	江语润	69	77	57	82	98	
011	祝冰胖	65	89	100	70	53	
012	宋雪燃	63	52	77	65	96	
013	杜兰巧	92	77	100	73	92	
014	伍芙辰	78	53	70	69	100	
015	房瑞洁	64	85	70	63	53	
016	计书鑫	85	59	78	81	62	
017	董网诗	99	86	62	79	61	

图10-18 输入公式

序号	姓名	专业能力	执行力	协调力	自控力	积极力	平均分
001	何玉崔	58	56	62	70	79	65
002	张习	74	65	97	77	75	77.6
003	安阳光	94	69	90	91	79	84.6
004	孔芝妍	52	67	74	80	64	67.4
005	孟文楷	98	65	75	61	55	70.8
006	唐景月	73	93	92	74	92	84.8
007	钟煜	94	63	53	90	72	74.4
008	丁佑浩	67	63	83	62	85	72
009	李丽灵	91	61	100	68	100	84
010	江语润	69	77	57	82	98	76.6
011	祝冰胖	65	89	100	70	53	75.4
012	宋雪燃	63	52	77	65	96	70.6
013	杜兰巧	92	77	100	73	92	86.8
014	伍芙辰	78	53	70	69	100	74
015	房瑞洁	64	85	70	63	53	67
016	计书鑫	85	59	78	81	62	73
017	董网诗	99	86	62	79	61	77.4

图10-19 填充公式

读者可以通过“自动求和”功能快速计算平均分，选择C2:H18单元格区域❶，切换至“开始”选项卡，单击“编辑”选项组中“自动求和”下三角按钮❷，在列表中择“平均值”选项即可❸，如图10-20所示。

序号	姓名	专业能力	执行力	协调力	自控力	积极力	平均分
001	何玉崔	58	56	62	70	79	
002	张习	74	65	97	77	75	
003	安阳光	94	69	90	91	79	
004	孔芝妍	52	67	74	80	64	
005	孟文楷	98	65	75	61	55	
006	唐景月	73	93	92	74	92	
007	钟煜	94	63	53	90	72	
008	丁佑浩	67	63	83	62	85	
009	李丽灵	91	61	100	68	100	
010	江语润	69	77	57	82	98	
011	祝冰胖	65	89	100	70	53	
012	宋雪燃	63	52	77	65	96	

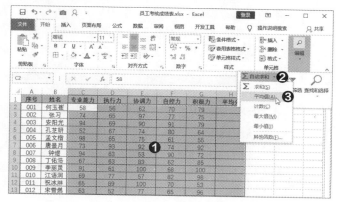

图10-20 计算结果

10.2.2

AVERAGEA函数

AVERAGEA函数返回参数列表中非空白单元格中数值的平均值。

表达式：AVERAGEA(value1,value2,...)

参数含义：value1, value2,... 为需要计算平均值的参数、单元格区域或数值，数量为1 到30个。

使用AVERAGEA函数计算平均值时，会将数值以外的字符串或逻辑值进行数值化并计算在内，这也是与AVERAGE函数的不同之处。

EXAMPLE 使用AVERAGE和AVERAGEA函数计算平均值

`Step 01` **输入AVERAGE函数公式。** 打开"企业捐款人数统计表.xlsx"工作簿，完善表格，选中H2单元格，然后输入"=AVERAGE(E2:E18)"公式，按Enter键执行计算，如图10-21所示。

`Step 02` **输入AVERAGEA函数公式并计算。** 选中H3单元格，然后输入"=AVERAGEA(E2:E18)"公式，按Enter键执行计算，如图10-22所示。

图10-21　输入公式　　　　图10-22　输入公式并计算

使用两种函数计算平均值，结果是不同的，其主要原因是AVERAGEA函数将"无"视为0参与计算，而AVERAGE函数忽略"无"行数据，当然也没有参与计算。

10.2.3

AVERAGEIF和AVERAGEIFS函数

1. AVERAGEIF函数

AVERAGEIF函数返回某区域内满足指定条件的所有单元格的平均值。

表达式：AVERAGEIF(range, criteria, average_range)

参数含义：range表示需要计算平均值的单元格或者单元格区域，包含数字或数字的名称、数组或单元格的引用；ctateria表示计算平均值时指定的条件；average_range表示计算平均值的实际单元格，如果省略，将使用range参数。

其中，如果range为空值或文本值、没有满足条件的单元格时，则返回#DIV/0!错误值；如果average_range中单元格为空单元格时，该函数将忽略它；在criteria参数中可使用通配符，即可"?"问号和"*"星号。

EXAMPLE 使用AVERAGEIF函数计算不同的平均值

某数码相机卖场，统计各销售员工销售数码相机的记录。为了分析数据需要计算出各不同的满足条件的平均值。

`Step 01` **计算奥林巴斯的平均销量。** 打开"员工销售记录表.xlsx"工作簿，在D108:G111单元格区域内完善表格，选中G108单元格，打开"插入函数"对话框，选择AVERAGEIF函数❶，单击"确定"按钮❷，如图10-23所示。

✎ 提示

在步骤2中的公式,
设置品牌为"奥林巴
斯"。从表格中可见只
有"奥林巴斯"是4个
字符的,其他品牌为2
个字符。所以我们也可
以设置公式中品牌为4
个字符。在G108单元
格中也可以输入以下
公式"=AVERAGEIF
(C2:C106,"????", F2:
F106)",计算结果是
相同的。

Step 02 输入参数。打开"函数参数"对话框,在Range文本框中输入"C2:C106"❶,在Criteria文本框中输入""奥林巴斯""❷,在Average_range文本框中输入"F2:F106"❸,然后单击"确定"按钮❹,如图10-24所示。

图10-23　输入公式

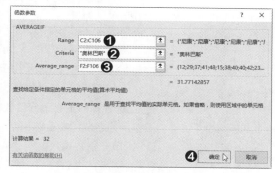
图10-24　设置参数

Step 03 计算张习的平均销售金额。返回工作表中,设置G108单元格格式为数值,小数位数为0,则计算出奥林巴斯平均销量为32台。在G109单元格输入"=AVERAGEIF(B2:B106,"张习",G2:G106)"公式,按Enter键执行计算,如图10-25所示。

Step 04 计算销售金额高于300000的平均值。选中G110单元格,然后输入公式"=AVERAGEIF(G2:G106,">300000")",按Enter键确认,如图10-26所示。

✎ 提示

步骤4和步骤5的计算
结果是相同的,因为
G2:G106单元格区域中
数值大于300000的和
大于平均值的单元格是
相同的。

	B	C	D	E	F	G
1	姓名	品牌	型号	单价	数量	销售金额
92	钟煜	奥林巴斯	TG-5	¥2,199.00	13	¥28,587.00
93	何玉崔	奥林巴斯	TG-5	¥2,199.00	26	¥57,174.00
94	孟文楷	奥林巴斯	TG-5	¥2,199.00	31	¥68,169.00
95	李丽灵	奥林巴斯	TG-5	¥2,199.00	39	¥85,761.00
96	张习	奥林巴斯	TG-5	¥2,199.00	42	¥92,358.00
97	钟煜	奥林巴斯	TG-6	¥3,199.00	13	¥41,587.00
98	孟文楷	奥林巴斯	TG-6	¥3,199.00	15	¥47,985.00
99	张习	奥林巴斯	TG-6	¥3,199.00	16	¥51,184.00
100	何玉崔	奥林巴斯	TG-6	¥3,199.00	19	¥60,781.00
101	李丽灵	奥林巴斯	TG-6	¥3,199.00	30	¥95,970.00
102	李丽灵	尼康	Z6 24-70	¥15,599.00	11	¥171,589.00
103	何玉崔	尼康	Z6 24-70	¥15,599.00	24	¥374,376.00
104	张习	尼康	Z6 24-70	¥15,599.00	32	¥499,168.00
105	孟文楷	尼康	Z6 24-70	¥15,599.00	49	¥764,351.00
106	钟煜	尼康	Z6 24-70	¥15,599.00	50	¥779,950.00
107						
108				奥林巴斯的平均销量		32
109				张习的平均销售金额		¥332,210.57
110				销售金额高于300000的平均值		
111				高于平均销售金额的平均值		

图10-25　输入公式并计算结果

	B	C	D	E	F	G
1	姓名	品牌	型号	单价	数量	销售金额
92	钟煜	奥林巴斯	TG-5	¥2,199.00	13	¥28,587.00
93	何玉崔	奥林巴斯	TG-5	¥2,199.00	26	¥57,174.00
94	孟文楷	奥林巴斯	TG-5	¥2,199.00	31	¥68,169.00
95	李丽灵	奥林巴斯	TG-5	¥2,199.00	39	¥85,761.00
96	张习	奥林巴斯	TG-5	¥2,199.00	42	¥92,358.00
97	钟煜	奥林巴斯	TG-6	¥3,199.00	13	¥41,587.00
98	孟文楷	奥林巴斯	TG-6	¥3,199.00	15	¥47,985.00
99	张习	奥林巴斯	TG-6	¥3,199.00	16	¥51,184.00
100	何玉崔	奥林巴斯	TG-6	¥3,199.00	19	¥60,781.00
101	李丽灵	奥林巴斯	TG-6	¥3,199.00	30	¥95,970.00
102	李丽灵	尼康	Z6 24-70	¥15,599.00	11	¥171,589.00
103	何玉崔	尼康	Z6 24-70	¥15,599.00	24	¥374,376.00
104	张习	尼康	Z6 24-70	¥15,599.00	32	¥499,168.00
105	孟文楷	尼康	Z6 24-70	¥15,599.00	49	¥764,351.00
106	钟煜	尼康	Z6 24-70	¥15,599.00	50	¥779,950.00
107						
108				奥林巴斯的平均销量		32
109				张习的平均销售金额		¥332,210.57
110				销售金额高于300000的平均值		¥586,655.36
111				高于平均销售金额的平均值		

图10-26　输入公式并计算结果

Step 05 计算高于平均销售金额的平均值。选中G111单元格,然后输入公式"=AVERAGEIF(G2:G106,">"&AVERAGE(G2:G106))",按Enter键执行计算,如图10-27所示。

✎ 提示

在步骤5的公式中,
使用AVERAGE函数
计算平均值,并作为
AVERAGEIF函数的条
件,计算平均值。

	B	C	D	E	F	G	H
1	姓名	品牌	型号	单价	数量	销售金额	
97	钟煜	奥林巴斯	TG-6	¥3,199.00	13	¥41,587.00	
98	孟文楷	奥林巴斯	TG-6	¥3,199.00	15	¥47,985.00	
99	张习	奥林巴斯	TG-6	¥3,199.00	16	¥51,184.00	
100	何玉崔	奥林巴斯	TG-6	¥3,199.00	19	¥60,781.00	
101	李丽灵	奥林巴斯	TG-6	¥3,199.00	30	¥95,970.00	
102	李丽灵	尼康	Z6 24-70	¥15,599.00	11	¥171,589.00	
103	何玉崔	尼康	Z6 24-70	¥15,599.00	24	¥374,376.00	
104	张习	尼康	Z6 24-70	¥15,599.00	32	¥499,168.00	
105	孟文楷	尼康	Z6 24-70	¥15,599.00	49	¥764,351.00	
106	钟煜	尼康	Z6 24-70	¥15,599.00	50	¥779,950.00	
107							
108				奥林巴斯的平均销量		32	
109				张习的平均销售金额		¥332,210.57	
110				销售金额高于300000的平均值		¥586,655.36	
111				高于平均销售金额的平均值		¥586,655.36	

图10-27　输入公式并计算结果

2. AVERAGEIFS函数

AVERAGEIFS函数返回某区域中满足指定多条件的所有单元格的平均值。

表达式：AVERAGEIFS (average_range,criteria_range1,criteria1,crileria_range2,criteria2,)

参数含义：average_range表示计算平均值的区域，该范围内的空白单元格、逻辑值和字符串将被忽略；criteria_range1、crileria_range2表示满足条件的区域；criteria1、criteria2表示用于计算平均值的单元格区域。

EXAMPLE 统计销售员不同条件的平均值

Step 01 **计算何玉崔销售佳能相机数量大于30的平均值。** 打开"员工销售记录表.xlsx"工作簿，在B108:E113单元格区域完善表格，并输入相关数据和条件信息，然后选中D110单元格并输入公式"=AVERAGEIFS($F$2:$F$106,$B$2:$B$106,$B110,$C$2:$C$106,$C110,$F$2:$F$106,D$109)"，按Enter键执行计算，如图10-28所示。

Step 02 **计算何玉崔销售佳能相机销售金额大于250000的平均值。** 选择E110单元格输入公式"=AVERAGEIFS($G$2:$G$106,$B$2:$B$106,$B110,$C$2:$C$106,$C110,$G$2:$G$106,E$109)"，按Enter键执行计算，如图10-29所示。

图10-28 输入计算公式

图10-29 输入计算公式

Step 03 **填充公式并查看结果。** 选中D110:E110单元格区域，拖曳右下角填充柄向右至E113单元格，即可完成公式填充，查看计算平均值，如图10-30所示。

图10-30 显示查找位置

10.2.4 GEOMEAN和HARMEAN函数

1. GEOMEAN函数

GEOMEAN函数返回正数数组或区域的几何平均值。

几何平均值的计算公式，如图10-31所示。

$$GEOMEAN(x_1, x_2, ..., x_n) = \sqrt[n]{x_1 \times x_2 \times ... x_n}$$

图10-31 计算公式

表达式：GEOMEAN(number1,number2,...)

参数含义：number1, number2, ... 可用于计算平均数的 1 至 30 个参数，也可以不使用这种用逗号分隔参数的形式，而用单个数组或数组引用的形式。如果数值设置为0以下的值，则函数返回#NUM!错误值。

EXAMPLE 从过去5年业绩表计算该员工的平均增长率

某员工入职公司5年，现在需要计算该员工5年业绩的平均增长率。下面通过几何平均值的方法计算平均增长率。

Step 01 **计算年增长率。** 打开"何玉崔5年业绩统计分析表.xlsx"工作簿，选中D5单元格并输入"=C5/C4"公式，按Enter键执行计算。将公式填充到D9单元格，并设置单元格格式为百分比，如图10-32所示。

Step 02 **计算几何平均增长率。** 选中D11单元格输入"=GEOMEAN(D5:D9)"公式，按Enter键执行计算，设置D11:D12单元格区域格式为百分比，如图10-33所示。

序号	年份	年销售额(万)	增长率
1	2014	5820	
2	2015	6150	105.7%
3	2016	7389	120.1%
4	2017	7983	108.0%
5	2018	5960	74.7%
6	2019	6502	109.1%
		几何平均增长率	
		AVERAGE函数	

图10-32 计算年增长率

序号	年份	年销售额(万)	增长率
1	2014	5820	
2	2015	6150	105.7%
3	2016	7389	120.1%
4	2017	7983	108.0%
5	2018	5960	74.7%
6	2019	6502	109.1%
		几何平均增长率	102.2%
		AVERAGE函数	

图10-33 计算几何平均增长率

Step 03 **计算平均值。** 在D12单元格中输入"=AVERAGE(D5:D9)"公式，按Enter键执行计算，如图10-34所示。

序号	年份	年销售额(万)	增长率
1	2014	5820	
2	2015	6150	105.7%
3	2016	7389	120.1%
4	2017	7983	108.0%
5	2018	5960	74.7%
6	2019	6502	109.1%
		几何平均增长率	102.2%
		AVERAGE函数	103.5%

图10-34 计算平均值

由计算结果可见几何平均增长率与使用AVERAGE函数计算结果相关1%，使用AVERAGE函数计算的结果并非平均增长率，而数据的平均值。下面再根据计算增长率的结果反推5年后的业绩，进一步比较两个结果的差别。

在F4和G4单元格中输入2014年业绩，在F5单元格中输入"=F4*$D$11"公式并向下填充到F9单元格。在G5单元格中输入"=G4*$D$12"公式，向下填充到G9单元格。可见使用GEOMEAN函数计算增长率5年后与实际2019年业绩一致，如图10-35所示。

图10-35　验证两个结果

2. HARMEAN函数

HARMEAN函数返回数据集的调和平均值。

表达式：HARMEAN(number1,number2,...)

参数含义：number1,number2,...：表示要计算调和平均值的1~255个参数。

HARMEAN函数示例，如图10-36所示。

图10-36　HARMEAN函数示例

10.3　最值函数

使用Excel处理数据时，经常需要统计最值，如最大值和最小值等。本节主要介绍几种常见的最值函数，如MAX、MIN、MEDIAN和SMALL等函数。

10.3.1　MAX和MAXA函数

1. MAX函数

MAX函数返回一组数值中的最大值，忽略逻辑值和文本。

表达式：MAX（number1,number2,…）

参数含义：number1,number2表示查找最大值的数值参数，数量最多为255个，参数可以是数字或包含数字的名称、数组和引用。

2. MAXA函数

MAXA函数返回非空的单元格区域中的最大值。

表达式：MAXA(value1,value2,…)

参数含义：value1,value2表示需要计算最大值的参数，数量最多为255，可以是数值、空单元格、逻辑值或文本型数值，其参数的取值意义和MAX函数大致相同，不同的是MAXA函数对数组或引用中的文本将作为0，逻辑值TRUE作为1，FALSE作为0处理。

MAXA函数的示例，如图10-37所示。

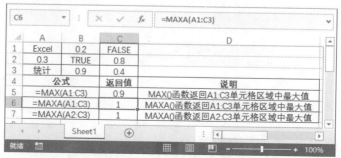

图10-37　MAXA函数的示例

在计算最值的函数中，MIN和MINA函数的使用方法与MAX和MAXA函数是相同的，此处不再赘述。下面以案例形式介绍具体使用方法。

EXAMPLE 标记出员工各项考核的最大值

企业对员工进行各项考核并统计成绩后，现在需要查看各项考核的最大值，下面通过条件格式和MAX函数结合标记出数值。

Step 01 启动条件格式。 打开"员工考核成绩表.xlsx"工作簿，选中C2:H18单元格区域❶，切换至"开始"选项卡，单击"样式"选项组中"条件格式"下三角按钮❷，在列表中选择"新建规则"选项❸，如图10-38所示。

Step 02 输入条件公式。 打开"新建格式规则"对话框，选择"使用公式确定要设置格式的单元格"选项❶，在文本框中输入"=C2=MAX(C$2:C$30)"公式❷，如图10-39所示。

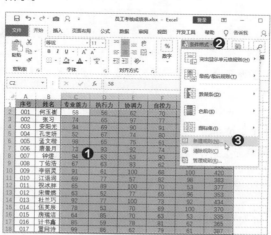

图10-38　选择"新建规则"选项

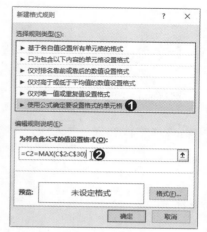

图10-39　输入公式

Step 03 设置满足条件的格式。 单击"格式"按钮，打开"设置单元格格式"对话框，在"填充"和"字体"选项卡中设置格式，如图10-40所示。

Step 04 查看标记最大值的效果。 依次单击"确定"按钮，返回工作表中查看标记各科成绩的最大的效果，如图10-41所示。

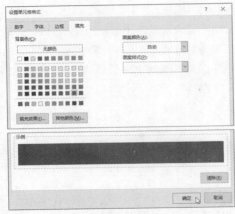

图10-40　设置格式

	B	C	D	E	F	G	H
1	姓名	专业能力	执行力	协调力	自控力	积极力	总分
2	何玉崔	58	56	62	70	79	325
3	张习	74	65	97	77	75	388
4	安阳光	94	69	90	91	79	423
5	孔芝妍	52	67	74	80	64	337
6	孟文楷	98	65	75	61	55	354
7	唐景月	73	93	92	74	92	424
8	钟煜	94	63	53	90	72	372
9	丁佑浩	67	63	83	62	85	360
10	李丽灵	91	61	100	68	100	420
11	江语润	69	77	57	82	98	383
12	祝冰胖	65	89	100	70	53	377
13	宋雪燃	63	52	77	65	96	353
14	杜兰巧	92	77	100	73	92	434
15	伍芙辰	78	53	70	69	100	370
16	房瑞洁	64	85	70	63	53	335
17	计书鑫	85	59	78	81	62	365
18	董网诗	99	86	62	79	61	387

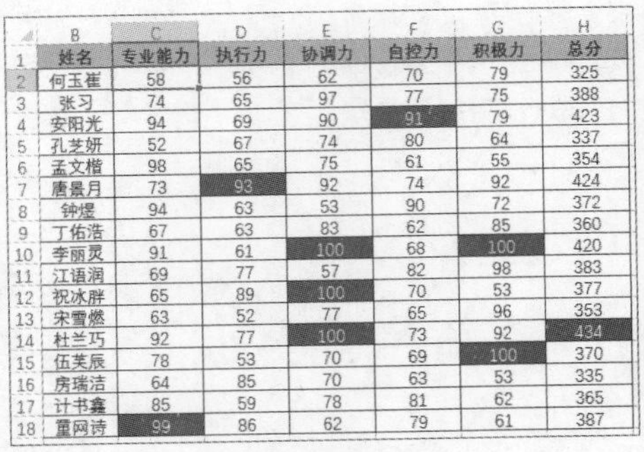

图10-41　查看效果

10.3.2 MAXIFS和MINIFS函数

1. MAXIFS函数

MAXIFS 函数返回一组给定条件或标准指定的单元格中的最大值。

表达式：MAXIFS(max_range, criteria_range1, criteria1, [criteria_range2, criteria2], ...)

参数含义：max_range表示最大值的实际单元格区域；criteria_range1是一组用于条件计算的单元格；criteria1用于确定哪些单元格是最大值的条件，格式为数字、表达式或文本。

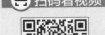

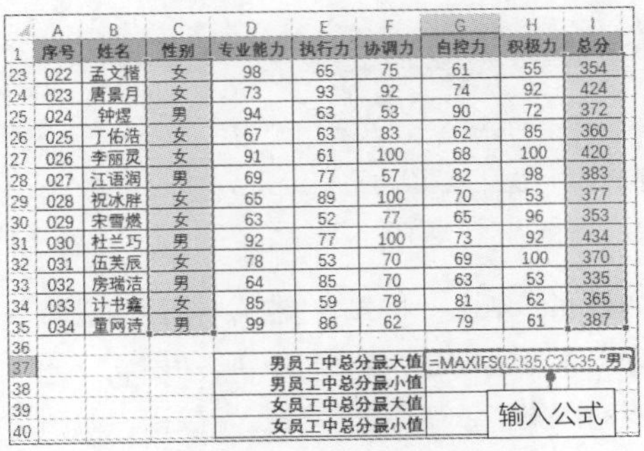

提示

max_range 和 criteria_rangeN 参数的大小和形状必须相同，否则这些函数会返回 #VALUE! 错误。

2. MINIFS 函数

MINIFS 函数返回一组给定条件或标准指定的单元格之间的最小值。

MINIFS和MAXIFS函数的表达式和参数说明相同，此处不再赘述。读者也可以参照SUMIFS、COUNTIFS等函数进行学习。

EXAMPLE 统计满足条件的最高或最低分数

企业对员工进行考核后，现在需要统计出男员工和女员工的最高和最低分数，下面介绍具体操作方法。

扫码看视频

实例文件

原始文件：

实例文件\第10章\原始文件\员工年底考核成绩表1.xlsx

最终文件：

实例文件\第10章\最终文件\MAXIFS和MINIFS函数.xlsx

Step 01 计算男员工最高分。 打开“员工年底考核成绩表1.xlsx”工作簿，完善表格，选中G37单元格并输入“=MAXIFS(I2:I35,C2:C35,"男")”公式，按Enter键执行计算，如图10-42所示。

Step 02 计算男员工最低分。 选中G38单元格输入“=MINIFS(I2:I35,C2:C35,"男")”公式，按Enter键计算出结果，如图10-43所示。

	A	B	C	D	E	F	G	H	I
1	序号	姓名	性别	专业能力	执行力	协调力	自控力	积极力	总分
23	022	孟文楷	女	98	65	75	61	55	354
24	023	唐景月	女	73	93	92	74	92	424
25	024	钟煜	男	94	63	53	90	72	372
26	025	丁佑浩	女	67	63	83	62	85	360
27	026	李丽灵	女	91	61	100	68	100	420
28	027	江语润	男	69	77	57	82	98	383
29	028	祝冰胖	女	65	89	100	70	53	377
30	029	宋雪燃	女	63	52	77	65	96	353
31	030	杜兰巧	男	92	77	100	73	92	434
32	031	伍芙辰	女	78	53	70	69	100	370
33	032	房瑞洁	男	64	85	70	63	53	335
34	033	计书鑫	女	85	59	78	81	62	365
35	034	董网诗	男	99	86	62	79	61	387
36									
37				男员工中总分最大值			=MAXIFS(I2:I35,C2:C35,"男")		
38				男员工中总分最小值					
39				女员工中总分最大值					
40				女员工中总分最小值					

图10-42　计算男员工最高分

G38　=MINIFS(I2:I35,C2:C35,"男")

	A	B	C	D	E	F	G	H	I
1	序号	姓名	性别	专业能力	执行力	协调力	自控力	积极力	总分
25	024	钟煜	男	94	63	53	90	72	372
26	025	丁佑浩	女	67	63	83	62	85	360
27	026	李丽灵	女	91	61	100	68	100	420
28	027	江语润	男	69	77	57	82	98	383
29	028	祝冰胖	女	65	89	100	70	53	377
30	029	宋雪燃	女	63	52	77	65	96	353
31	030	杜兰巧	男	92	77	100	73	92	434
32	031	伍芙辰	女	78	53	70	69	100	370
33	032	房瑞洁	男	64	85	70	63	53	335
34	033	计书鑫	女	85	59	78	81	62	365
35	034	董网诗	男	99	86	62	79	61	387
36									
37				男员工中总分最大值			434		
38				男员工中总分最小值			325		
39				女员工中总分最大值					
40				女员工中总分最小值					

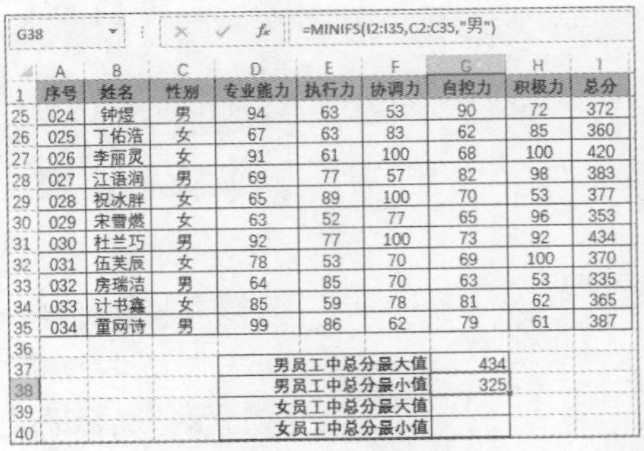

图10-43　计算男员工最低分

Step 03 **计算女员工最高分**。然后选择G39单元格并输入"=MAXIFS(I2:I35,C2:C35,"女")"公式，按Enter键执行计算，如图10-44所示。

Step 04 **计算女员工最低分**。选中G40单元格输入"=MINIFS(I2:I35,C2:C35,"女")"公式，按Enter键执行计算，如图10-45所示。

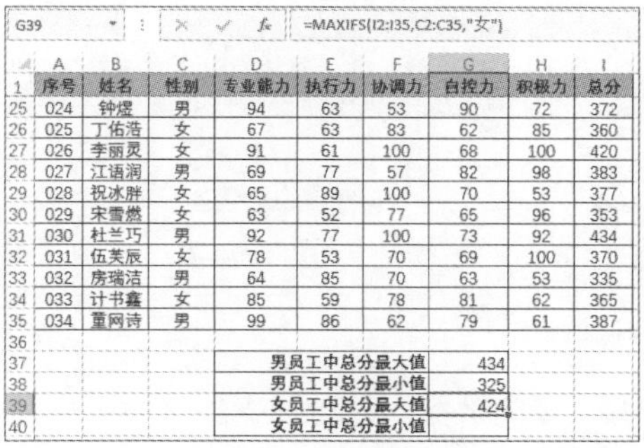

	图10-44　计算女员工最高分		图10-45　计算女员工最低分

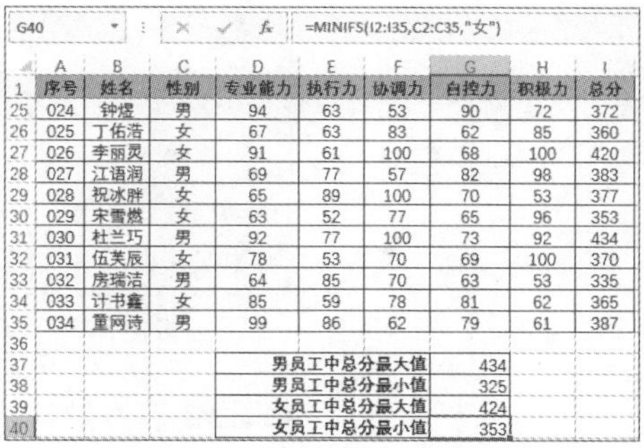

10.3.3 LARGE和SMALL函数

1. LARGE 函数

LARGE 函数返回数据集中第k个最大值。

表达式：LARGE(array,k)

参数含义：array表示需要查找最大值的数组或数据区域；K表示返回值的位置，从大到小排列，如果k等于数据点的数量，则返回的是最小值。

LARGE函数的示例，如图10-46所示。

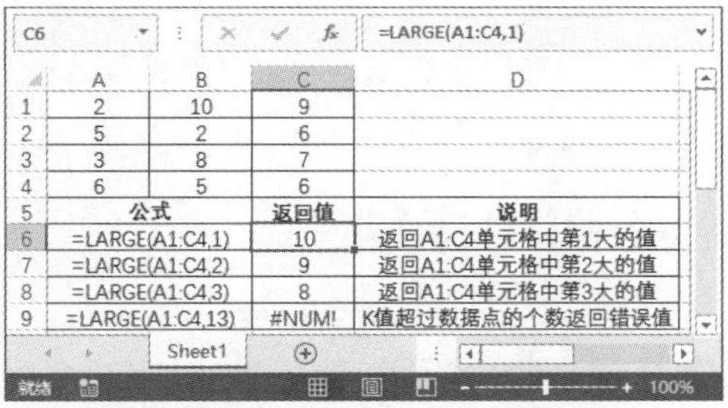

图10-46　LARGE函数示例

2. SMALL 函数

SMALL 函数返回数据集中第k个最小值。

表达式：SMALL(array,k)

参数含义：array表示需要计算第k个最小数值的数值区域或数组；k表示返回数值的位置。

EXAMPLE 统计各种污染物2个最少的数据

某环境管理部门采集各个检测站收集的数据，现在需要显示各种污染物最小的两个数据，下面介绍使用SMALL函数的操作方法。

Step 01 **选择函数**。打开"各检测站数据统计表.xlsx"工作簿，选中B13单元格然后打开"插入函数"对话框，选择SMALL函数❶，单击"确定"按钮❷，如图10-47所示。

Step 02 **输入参数**。打开"函数参数"对话框，在array文本框中输入"B2:B11"❶，在k文本框中输入1❷，单击"确定"按钮❸，如图10-48所示。

实例文件

原始文件：

实例文件\第10章\原始文件\各检测站数据统计表.xlsx

最终文件：

实例文件\第10章\最终文件\SMALL函数.xlsx

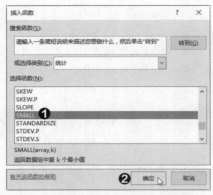

图10-47　选择SMALL函数

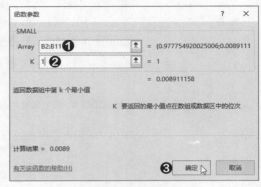

图10-48　输入参数

Step 03 **输入公式计算第二少的数据。**然后选择B14单元格并输入"=SMALL(B2:B11,2)"公式，按Enter键执行计算，如图10-49所示。

Step 04 **填充公式计算出所有污染物最少两个数据。**选中B13:B14单元格区域，并将公式向右填充至F14单元格，查看计算的数据，如图10-50所示。

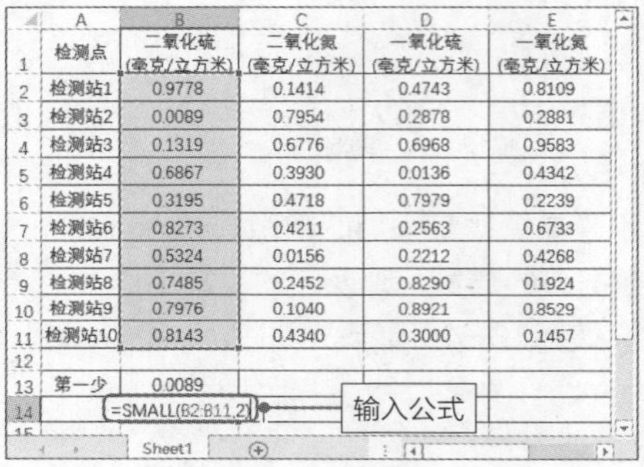

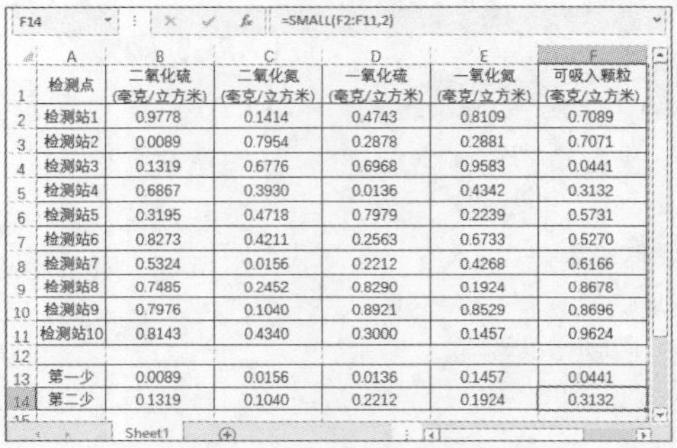

	A	B	C	D	E
1	检测点	二氧化硫(毫克/立方米)	二氧化氮(毫克/立方米)	一氧化硫(毫克/立方米)	一氧化氮(毫克/立方米)
2	检测站1	0.9778	0.1414	0.4743	0.8109
3	检测站2	0.0089	0.7954	0.2878	0.2881
4	检测站3	0.1319	0.6776	0.6968	0.9583
5	检测站4	0.6867	0.3930	0.0136	0.4342
6	检测站5	0.3195	0.4718	0.7979	0.2239
7	检测站6	0.8273	0.4211	0.2563	0.6733
8	检测站7	0.5324	0.0156	0.2212	0.4268
9	检测站8	0.7485	0.2452	0.8290	0.1924
10	检测站9	0.7976	0.1040	0.8921	0.8529
11	检测站10	0.8143	0.4340	0.3000	0.1457
12					
13	第一少	0.0089			
14		=SMALL(B2:B11,2)			

图10-49　输入公式

F14　=SMALL(F2:F11,2)

	A	B	C	D	E	F
1	检测点	二氧化硫(毫克/立方米)	二氧化氮(毫克/立方米)	一氧化硫(毫克/立方米)	一氧化氮(毫克/立方米)	可吸入颗粒(毫克/立方米)
2	检测站1	0.9778	0.1414	0.4743	0.8109	0.7089
3	检测站2	0.0089	0.7954	0.2878	0.2881	0.7071
4	检测站3	0.1319	0.6776	0.6968	0.9583	0.0441
5	检测站4	0.6867	0.3930	0.0136	0.4342	0.3132
6	检测站5	0.3195	0.4718	0.7979	0.2239	0.5731
7	检测站6	0.8273	0.4211	0.2563	0.6733	0.5270
8	检测站7	0.5324	0.0156	0.2212	0.4268	0.6166
9	检测站8	0.7485	0.2452	0.8290	0.1924	0.8678
10	检测站9	0.7976	0.1040	0.8921	0.8529	0.8696
11	检测站10	0.8143	0.4340	0.3000	0.1457	0.9624
12						
13	第一少	0.0089	0.0156	0.0136	0.1457	0.0441
14	第二少	0.1319	0.1040	0.2212	0.1924	0.3132

图10-50　填充公式

10.3.4 MEDIAN函数

提示

使用MEDIAN函数计算中值时，该函数会对数据从小至大或从大至小进行排序，然后取中值。

MEDIAN函数返回指定数值的中值。

表达式：MEDIAN(number1,number2,...)

参数含义：number1, number2, ... 表示参与计算中值的数值，该参数可以为数字、数组或单元格的引用，若参数包含文本、逻辑值或空白单元格时，将被忽略。

当数值为奇数时，返回中间的数值，当为偶数时，则返回中间两个数值的平均值，如图10-51所示。

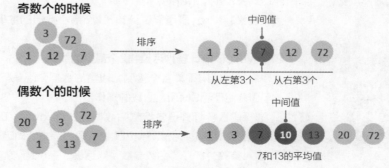

图10-51　奇偶数时取值方法

10.4 排名函数

我们经常需要对数据进行排名，如果使用排序的方法，会更改原数据的顺序，此时可以使用排名的相关函数。下面介绍几个常用的排名函数。

10.4.1 RANK函数

提示

ref参数中若包含非数值型的参数，那么将会被忽略。

扫码看视频

实例文件

原始文件：实例文件\第10章\原始文件\员工考核成绩表.xlsx

最终文件：实例文件\第10章 \最终文件\ RANK函数.xlsx

RANK函数返回一个数字在数字列表中的排位。

表达式：RANK (number,ref,order)

参数含义：number表示需要计算排名的数值，或者数值所在的单元格；ref是数字列表数组或引用；order表示排名的方式，1表示升序，0表示降序。如果省略此参数，则采用降序排名。如果指定0以外的数值，则采用升序方式，如果指定数值以外的文本，则返回#VALUE! 错误值。

EXAMPLE 对各员工的考核成绩进行排名

Step 01 **输入排名公式。**打开“员工考核成绩表.xlsx”工作簿，在I列添加“排名”列，选中I2单元格并输入公式“=RANK(H2,$H$2:$H$25)”，如图10-52所示。

Step 02 **填充公式显示排名。**按Enter键执行计算，将公式I2单元格中的公式向下填充至I18单元格，查看排名情况，如图10-53所示。

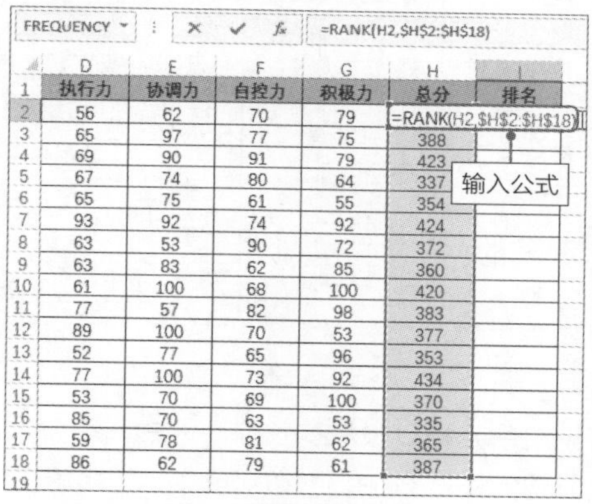

FREQUENCY | =RANK(H2,$H$2:$H$18)

	D	E	F	G	H	I
1	执行力	协调力	自控力	积极力	总分	排名
2	56	62	70	79	=RANK(H2,$H$2:$H$18)	
3	65	97	77	75	388	
4	69	90	91	79	423	
5	67	74	80	64	337	
6	65	75	61	55	354	
7	93	92	74	92	424	
8	63	53	90	72	372	
9	63	83	62	85	360	
10	61	100	68	100	420	
11	77	57	82	98	383	
12	89	100	70	53	377	
13	52	77	65	96	353	
14	77	100	73	92	434	
15	53	70	69	100	370	
16	85	70	63	53	335	
17	59	78	81	62	365	
18	86	62	79	61	387	
19						

图10-52 输入排名公式

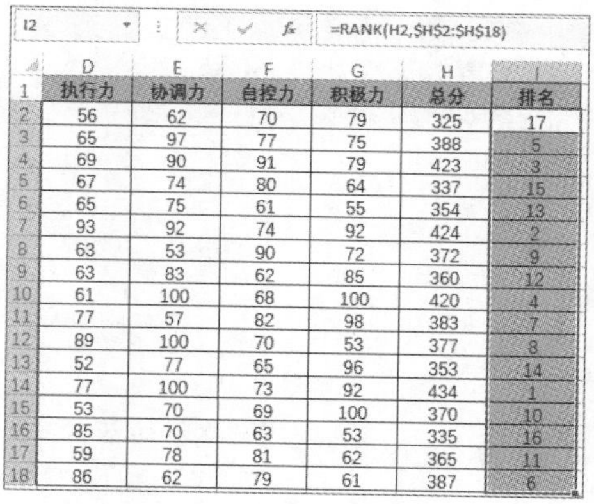

I2 | =RANK(H2,$H$2:$H$18)

	D	E	F	G	H	I
1	执行力	协调力	自控力	积极力	总分	排名
2	56	62	70	79	325	17
3	65	97	77	75	388	5
4	69	90	91	79	423	3
5	67	74	80	64	337	15
6	65	75	61	55	354	13
7	93	92	74	92	424	2
8	63	53	90	72	372	9
9	63	83	62	85	360	12
10	61	100	68	100	420	4
11	77	57	82	98	383	7
12	89	100	70	53	377	8
13	52	77	65	96	353	14
14	77	100	73	92	434	1
15	53	70	69	100	370	10
16	85	70	63	53	335	16
17	59	78	81	62	365	11
18	86	62	79	61	387	6

图10-53 填充公式

10.4.2 RANK.AVG函数

提示

order参数为1时表示升序；为0或省略时表示降序。为指定数值以外的字符串，则返回#VALUE!错误值。

RANK.AVG函数返回数值在数值列表中的排名，若排名相同则返回平均排名。

表达式：RANK.AVG(number,ref,order)

参数含义：nunber表示查找排名的数字；ref表示在其中进行排名的列表；order表示排名的方法。

RANK.AVG函数的示例，如图10-54所示。

C2 | =RANK.AVG(A2,$A$2:$A$8,1)

	A	B	C	D
1	数值	公式	返回值	说明
2	1	=RANK.AVG(A2,$A$2:$A$8,1)	1	返回A2在A2:A8单元格区域中按升序排名
3	2	=RANK.AVG(A3,$A$2:$A$8,1)	2	返回A3在A2:A8单元格区域中按升序排名
4	3	=RANK.AVG(A4,$A$2:$A$8,1)	3.5	第3名有两个，(3+4)/2=3.5
5	3	=RANK.AVG(A5,$A$2:$A$8,1)	3.5	
6	5	=RANK.AVG(A6,$A$2:$A$8,1)	6	第5名有3个，(5+6+7)/3=6
7	5	=RANK.AVG(A7,$A$2:$A$8,1)	6	
8	5	=RANK.AVG(A8,$A$2:$A$8,1)	6	

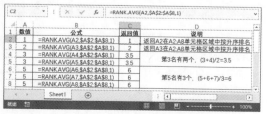

图10-54 RANK.AVG函数示例

10.4.3 PERCENTRANK函数

PERCENTRANK函数返回数值在一个数据集中的百分比排位。

表达式：PERCENTRANK(array,x,significance)

参数含义：array表示用于定义相对位置的数组或包含数值的区域；X表示在数组中需要计算排位的数值；significance表示返回百分比值的有效位数，如果省略则保留3位小数。

扫码看视频

实例文件

原始文件：

实例文件\第10章\原始文件\员工考核成绩表1.xlsx

最终文件：

实例文件\第10章\最终文件\PERCENTRANK函数.xlsx

EXAMPLE 制作有意思的成绩排名

企业为了激励员工更好学习各方面知识，决定为考核成绩表制作战绩排名。下面介绍具体的操作方法。

Step 01 **输入公式计算排名百分比。**打开“员工考核成绩表1.xlsx”工作簿，在I列添加“战绩排名”列，选中I2单元格并输入公式“=PERCENTRANK($H$2:$H$31,H2)”，按Enter键执行计算，如图10-55所示。

Step 02 **填充公式。**将公式向下填充至I31单元格，然后将I2:I31单元格区域的单元格格式设置为“百分比”，效果如图10-56所示。

I2 =PERCENTRANK($H$2:$H$31,H2)

	B	C	D	E	F	G	H	I
1	姓名	专业能力	执行力	协调力	自控力	积极力	总分	战绩排名
2	何玉崔	58	56	62	70	79	325	0.034
3	张习	74	65	97	77	75	388	
4	安阳光	94	69	90	91	79	423	
5	孔芝妍	52	67	74	80	64	337	
6	孟文楷	98	65	75	61	55	354	
7	唐景月	73	93	92	74	92	424	
8	钟煜	94	63	53	90	72	372	
9	丁佑浩	67	63	83	62	85	360	
10	李丽灵	91	61	100	68	100	420	
11	江语润	69	77	57	82	98	383	
12	祝冰胖	65	89	100	70	53	377	
13	宋雪燃	63	52	77	65	96	353	
14	杜兰巧	92	77	100	73	92	434	
15	伍芙辰	78	53	70	69	100	370	
16	房瑞洁	64	85	70	63	53	335	
17	计书鑫	85	59	78	81	62	365	
18	董网诗	99	86	62	79	61	387	
19	逢赛必	69	55	74	90	59	347	

图10-55 输入公式

	B	C	D	E	F	G	H	I
1	姓名	专业能力	执行力	协调力	自控力	积极力	总分	战绩排名
2	何玉崔	58	56	62	70	79	325	3.40%
3	张习	74	65	97	77	75	388	75.80%
4	安阳光	94	69	90	91	79	423	93.10%
5	孔芝妍	52	67	74	80	64	337	13.70%
6	孟文楷	98	65	75	61	55	354	34.40%
7	唐景月	73	93	92	74	92	424	96.50%
8	钟煜	94	63	53	90	72	372	55.10%
9	丁佑浩	67	63	83	62	85	360	37.90%
10	李丽灵	91	61	100	68	100	420	86.20%
11	江语润	69	77	57	82	98	383	68.90%
12	祝冰胖	65	89	100	70	53	377	62.00%
13	宋雪燃	63	52	77	65	96	353	31.00%
14	杜兰巧	92	77	100	73	92	434	100.00%
15	伍芙辰	78	53	70	69	100	370	51.70%
16	房瑞洁	64	85	70	63	53	335	10.30%
17	计书鑫	85	59	78	81	62	365	48.20%
18	董网诗	99	86	62	79	61	387	72.40%
19	逢赛必	69	55	74	90	59	347	24.10%
20	李志强	50	63	69	58	67	307	0.00%
21	明春秋	61	79	79	91	51	361	41.30%

图10-56 填充公式

Step 03 **修改公式。**选中I2单元格，按F2功能键，在编辑栏中将公式修改为“="踩在"&PERCENTRANK($H$2:$H$31,H2)*100&"%"&"同事肩上"”，如图10-57所示。

Step 04 **再次填充公式。**再将将公式向下填充至I31单元格，查看制作各员工考核成绩排名，效果如图10-58所示。

	B	C	D	E	F	G	H	I
1	姓名	专业能力	执行力	协调力	自控力	积极力	总分	战绩排名
2	何玉崔	58	56	62	70	79	325	="踩在"&PERCENTRANK($H$2:$H$31,H2)*100&"%"&"同事肩上"
3	张习	74	65	97	77	75	388	
4	安阳光	94	69	90	91	79	423	
5	孔芝妍	52	67	74	80	64	337	
6	孟文楷	98	65	75	61	55	354	34.40%
7	唐景月	73	93	92	74	92	424	96.50%
8	钟煜	94	63	53	90	72	372	输入公式
9	丁佑浩	67	63	83	62	85	360	
10	李丽灵	91	61	100	68	100	420	86.20%
11	江语润	69	77	57	82	98	383	68.90%
12	祝冰胖	65	89	100	70	53	377	62.00%
13	宋雪燃	63	52	77	65	96	353	31.00%
14	杜兰巧	92	77	100	73	92	434	100.00%
15	伍芙辰	78	53	70	69	100	370	51.70%
16	房瑞洁	64	85	70	63	53	335	10.30%
17	计书鑫	85	59	78	81	62	365	48.20%
18	董网诗	99	86	62	79	61	387	72.40%
19	逢赛必	69	55	74	90	59	347	24.10%
20	李志强	50	63	69	58	67	307	0.00%
21	明春秋	61	79	79	91	51	361	41.30%
22	钱学林	79	82	86	76	54	377	62.00%

图10-57 修改公式

	B	C	D	E	F	G	H	I
1	姓名	专业能力	执行力	协调力	自控力	积极力	总分	战绩排名
2	何玉崔	58	56	62	70	79	325	踩在3.4%同事肩上
3	张习	74	65	97	77	75	388	踩在75.8%同事肩上
4	安阳光	94	69	90	91	79	423	踩在93.1%同事肩上
5	孔芝妍	52	67	74	80	64	337	踩在13.7%同事肩上
6	孟文楷	98	65	75	61	55	354	踩在34.4%同事肩上
7	唐景月	73	93	92	74	92	424	踩在96.5%同事肩上
8	钟煜	94	63	53	90	72	372	踩在55.1%同事肩上
9	丁佑浩	67	63	83	62	85	360	踩在37.9%同事肩上
10	李丽灵	91	61	100	68	100	420	踩在86.2%同事肩上
11	江语润	69	77	57	82	98	383	踩在68.9%同事肩上
12	祝冰胖	65	89	100	70	53	377	踩在62%同事肩上
13	宋雪燃	63	52	77	65	96	353	踩在31%同事肩上
14	杜兰巧	92	77	100	73	92	434	踩在100%同事肩上
15	伍芙辰	78	53	70	69	100	370	踩在51.7%同事肩上
16	房瑞洁	64	85	70	63	53	335	踩在10.3%同事肩上
17	计书鑫	85	59	78	81	62	365	踩在48.2%同事肩上
18	董网诗	99	86	62	79	61	387	踩在72.4%同事肩上
19	逢赛必	69	55	74	90	59	347	踩在24.1%同事肩上
20	李志强	50	63	69	58	67	307	踩在0%同事肩上
21	明春秋	61	79	79	91	51	361	踩在41.3%同事肩上
22	钱学林	79	82	86	76	54	377	踩在62%同事肩上
23	史再来	76	59	80	70	77	362	踩在44.8%同事肩上

图10-58 查看效果

财务函数

财务函数是Excel中比较重要的函数，使用财务函数可以很方便地对财务和会计数据进行核算。本章主要从投资、本和利息、折旧等几个方面介绍财务函数。为了让读者更全面、容易应用财务函数，本章除了介绍财务函数的功能、表达式以及参数的含义外，还以案例形式进一步介绍财务函数的用法。

11.1 内部收益率函数

内部收益率函数用于计算内部资金流量回报率的函数。本节主要介绍IRR、MIRR和XIRR函数。

11.1.1 IRR函数

提示

如果估值和计算结果相差太大，或是20次迭代计算无法得到结果，则返回#NUM! 错误值。

扫码看视频

实例文件

原始文件：
实例文件\第11章\原始文件\投资项目分析.xlsx
最终文件：
实例文件\第11章\最终文件\ IRR函数.xlsx

IRR函数返回由数值代表的一组现金流的内部收益率。

表达式：IRR(values,guess)

参数含义：values表示包含用来计算内容收益率的数字，可以为数组或单元格的引用。现金流必须至少包含一个正值和一个负值。guess表示对IRR函数的评估值，如果省略该参数，则会默认为"10%"。该函数从估值开始进行20次迭代计算，直到精度达到0.00001%时显示出计算结果。

EXAMPLE 使用IRR函数判断该项目是否值得投资

某企业投资一个5年项目，投资金额为300万，每年都有不同的收益，据调查该行业的基准收益率为13%，判断该项目是否可行。

Step 01 输入计算收益率的公式。 打开"投资项目分析.xlsx"工作簿，选中D4单元格，输入"=IRR(B2:B7)"公式，按Enter键执行计算，设置D4单元格格式为百分比并保留两位小数，如图11-1所示。

Step 02 输入公式判断结果。 选中D6单元格，输入"=IF(D4>D2,"可投资该项目","不可投资该项目")"公式，如图11-2所示。

FREQUENCY ▼			fx	=IRR(B2:B7)
	A	B	C	D
1	年度	金额		行业基准投资收益率
2	期初投资	(¥3,000,000.00)		13%
3	第1年	¥890,000.00		项目内部收益率
4	第2年	¥950,000.00		=IRR(B2:B7)
5	第3年	¥1,000,000.00		判断结果
6	第4年	¥790,000.00		
7	第5年	¥850,000.00		输入公式
8				
9				
10				

图11-1 计算收益率

	A	B	C	D
1	年度	金额		行业基准投资收益率
2	期初投资	(¥3,000,000.00)		13%
3	第1年	¥890,000.00		项目内部收益率
4	第2年	¥950,000.00		15.34%
5	第3年	¥1,000,000.00		判断结果
6	第4年	¥790,000.00		=IF(D4>D2,"可投资该项目"
7	第5年	¥850,000.00		,"不可投资该项目")
8				
9				
10				输入公式
11				

11-2 输入判断结果的公式

Step 03 查看判断结果。 按Enter键执行计算，查看最终结果，显示"可投资该项目"，如图11-3所示。

	A	B	C	D
1	年度	金额		行业基准投资收益率
2	期初投资	(¥3,000,000.00)		13%
3	第1年	¥890,000.00		项目内部收益率
4	第2年	¥950,000.00		15.34%
5	第3年	¥1,000,000.00		判断结果
6	第4年	¥790,000.00		可投资该项目
7	第5年	¥850,000.00		

图11-3　查看结果

11.1.2　MIRR函数

MIRR函数返回某连续期间内现金流的修正内部收益率，同时也考虑投资的成本和现金再投资收益率。

表达式：MIRR(values, finance_rate, reinvest_rate)

参数含义：values表示一个数组或对包含数字的单元格的引用；finance_rate 表示现金流中使用资金支付的利率；reinvest_rate表示将现金流再投资的收益率。

已知投资金额和之后每年收益，根据贷款利率和投资收益率计算内部收益率。选中D6单元格，然后输入"=MIRR(B2:B7,D2,D4)"公式，按Enter键即可计算出内部收益率为14%，如图11-4所示。

> 提示
>
> 使用MIRR函数values参数必须至少包含一个正值和一个负值，否则返回 #DIV/0!错误值。

D6　=MIRR(B2:B7,D2,D4)

	A	B	C	D	E
1	年度	金额		贷款利率	
2	期初投资	(¥3,000,000.00)		4%	
3	第1年	¥890,000.00		投资收益率	
4	第2年	¥950,000.00		13.00%	
5	第3年	¥1,000,000.00		内部收益率	
6	第4年	¥790,000.00		14%	
7	第5年	¥850,000.00			

图11-4　查看计算结果

11.1.3　XIRR函数

XIRR函数返回一组现金流的内部收益率，这些现金流不一定定期发生。

表达式：XIRR(values, dates, guess)

参数含义：values表示和dates的支付时间相对应的一系列现金流；dates表示与现金流相对应的支付日期表；guess表示对IRR函数的评估值。

EXAMPLE 使用XIRR函数计算内部收益率

某企业在2016/5/12投资一项目，投资金额为100万元，不同时期的现金流也不同，计算内部收益率。

Step 01 输入公式。 打开"投资收益分析表.xlsx"工作簿，选中B8单元格，然后输入"=XIRR(B2:B6,A2:A6)"公式，如图11-5所示。

Step 02 查看计算结果。 按Enter键执行计算，可见内部收益率为7.82%，如图11-6所示。

> 提示
>
> 使用MEDIAN函数计算中值时，该函数会对数据从小至大或从大至小进行排序，然后取中值。

扫码看视频

>> 实例文件

原始文件：
实例文件\第11章\原始文件\投资收益分析表.xlsx
最终文件：
实例文件\第11章\最终文件\ XIRR函数.xlsx

FREQUENCY　=XIRR(B2:B6,A2:A6)

	A	B	C	D
1	日期	现金流		
2	2016-5-12	(¥1,000,000.00)		
3	2016-12-30	¥250,000.00		
4	2017-6-2	¥220,000.00		
5	2018-9-25	¥300,000.00		
6	2019-8-1	¥450,000.00		
7				
8	内部=XIRR(B2:B6,A2:A6)		输入公式	

图11-5　输入公式

	A	B
1	日期	现金流
2	2016-5-12	(¥1,000,000.00)
3	2016-12-30	¥250,000.00
4	2017-6-2	¥220,000.00
5	2018-9-25	¥300,000.00
6	2019-8-1	¥450,000.00
7		
8	内部收益率	10.25%
9		

图11-6　查看计算结果

11.2 本金和利息函数

财务函数也可用于计算本金和利息。本金是指贷款、存款或投资在计算利息之前的原始金额。利息是资金时间价值的表现形式。本节主要介绍PMT、IPMT、PPMT和CUMPRINC等函数。

11.2.1 PMT函数

PMT函数基于固定利率及等额分期付款方式，计算贷款的每期付款额。

表达式：PMT(rate, nper, pv, fv, type)

参数含义：rate表示贷款利率；nper表示该项贷款付款总数；pv表示现值或本金；fv表示未来值，结束时的余额；type表示各期的付款时间是期初还是期末，用数字0和1表示。

EXAMPLE 计算每应存金额

某人打算3年后买房，现在有200000，买房时凑够1000000，根据年利率计算每月应存的金额。

Step 01 **选择函数。** 打开"存款计划表.xlsx"工作簿，选中D2单元格，打开"插入函数"对话框，选择PMT函数❶，单击"确定"按钮❷，如图11-7所示。

Step 02 **输入参数。** 打开"函数参数"对话框，在对应的文本框中输入参数❶，单击"确定"按钮❷，如图11-8所示。

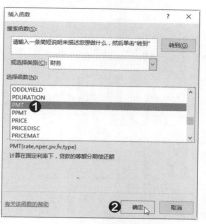

图11-7 选择函数

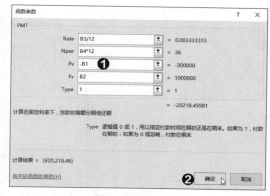

图11-8 输入参数

Step 03 **查看计算结果。** 返回工作表中，查看每月应存金额，用户可以在函数前添加负号，则结果为正数，如图11-9所示。

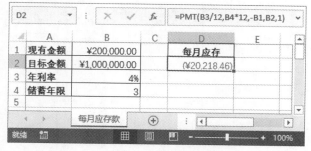

图11-9 查看计算结果

11.2.2　IPMT和PPMT函数

1. IPMT函数

　　IPMT函数基于固定利率及等额分期付款方式，返回给定期数内投资利息的偿还额。
　　表达式：IPMT(rate,per,nper,pv,fv,type)
　　参数含义：rate表示各期利率；per表示用于计算其利息数额的期数，在1至nper之间；nper表示年金付款总数；pv表示现值或本金；fv表示未来值，结束时的余额；type表示各期的付款时间是期初还是期末，用数字0和1表示。

2. PPMT函数

　　PPMT函数基于固定利率及等额分期付款方式，返回投资在给定期间的本金偿还额。
　　表达式：PPMT(rate,per,nper,pv,fv,type)
　　参数含义：rate表示各期利率；per表示用于计算其利息数额的期数，在1至nper之间；nper表示年金付款总数；pv表示现值或本金；fv表示未来值，结束时的余额；type表示各期的付款时间是期初还是期末，用数字0和1表示。

EXAMPLE 制作购房贷款明细表

　　某员工打算买住房，首付100万，贷款金额为200万，年利率为4.5%，贷款25年。财务人员根据信息帮他制作还款明细表。

Step 01 输入公式计算本金。打开"购房贷款明细表.xlsx"工作簿，选中E2单元格，然后输入"=-PPMT($B$3/12,D2,$B$4*12,$B$2)"公式，按Enter键执行计算，如图11-10所示。

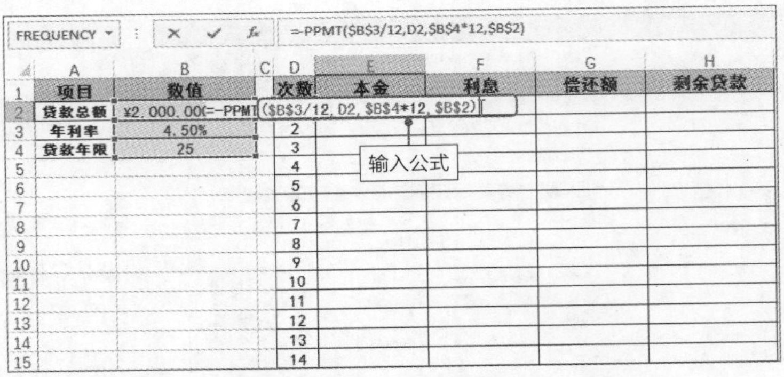

图11-10　输入公式计算本金

Step 02 输入公式计算应还利息。选中F2单元格，输入"=-IPMT($B$3/12,D2,$B$4*12,$B$2)"公式，按Enter键执行计算，如图11-11所示。

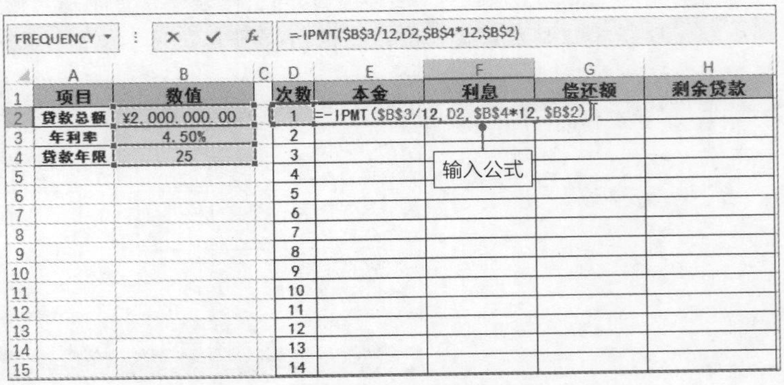

图11-11　输入公式计算利息

Step 03 输入公式计算每期偿还额。选中G2单元格，输入"=E2+F2"公式，按Enter键执行计算，如图11-12所示。

Step 04 输入公式计算剩余的贷款。选中H2单元格，输入"=$B$2-SUM($E$2:E2)"公式，按Enter键执行计算，如图11-13所示。

交叉参考

SUM函数在6.1.1节中详细介绍。

次数	本金	利息	偿还额	剩余贷款
1	¥3,616.65	¥7,500.00	=E2+F2	
2				
3				
4				
5				
6				
7				
8				
9				
10				
11				
12				
13				
14				
15				
16				
17				
18				
19				
20				

图11-12　输入公式

=$B$2-SUM($E$2:E2)

次数	本金	利息	偿还额	剩余贷款
1	¥3,616.65	¥7,500.00	¥11=$B$2-SUM($E$2:E2)	
2				
3				
4				
5				
6				
7				
8				
9				
10				
11				
12				
13				
14				
15				
16				
17				
18				

图11-13　输入公式

提示

在本案例中分别计算出每期的本金和利息之和，等于使用PMT函数计算每期还款额。

Step 05 填充公式查看还款明细。选中E2:H2单元格区域，向下填充至H301单元格，为了查看整体效果，隐藏中间部分单元格，如图11-14所示。

	A	B	C	D	E	F	G	H
1	项目	数值		次数	本金	利息	偿还额	剩余贷款
2	贷款总额	¥2,000,000.00		1	¥3,616.65	¥7,500.00	¥11,116.65	¥1,996,383.35
3	年利率	4.50%		2	¥3,630.21	¥7,486.44	¥11,116.65	¥1,992,753.14
4	贷款年限	25		3	¥3,643.83	¥7,472.82	¥11,116.65	¥1,989,109.31
288				287	¥10,549.12	¥567.53	¥11,116.65	¥140,792.96
289				288	¥10,588.68	¥527.97	¥11,116.65	¥130,204.29
290				289	¥10,628.38	¥488.27	¥11,116.65	¥119,575.90
291				290	¥10,668.24	¥448.41	¥11,116.65	¥108,907.66
292				291	¥10,708.25	¥408.40	¥11,116.65	¥98,199.42
293				292	¥10,748.40	¥368.25	¥11,116.65	¥87,451.02
294				293	¥10,788.71	¥327.94	¥11,116.65	¥76,662.31
295				294	¥10,829.17	¥287.48	¥11,116.65	¥65,833.14
296				295	¥10,869.78	¥246.87	¥11,116.65	¥54,963.37
297				296	¥10,910.54	¥206.11	¥11,116.65	¥44,052.83
298				297	¥10,951.45	¥165.20	¥11,116.65	¥33,101.38
299				298	¥10,992.52	¥124.13	¥11,116.65	¥22,108.86
300				299	¥11,033.74	¥82.91	¥11,116.65	¥11,075.12
301				300	¥11,075.12	¥41.53	¥11,116.65	¥0.00
302								

图11-14　查看计算结果

提示

在图11-14的H301单元格中，可见剩余贷款为0，表示还款至第300期正好还完贷款。

11.2.3 CUMIPMT和CUMPRINC函数

1. CUMIPMT函数

CUMIPMT函数返回某贷款期间内累计偿还的利息总额。

表达式：CUMIPMT(rate, nper, pv, start_period, end_period, type)

参数含义：rate表示各期利率；nper表示付款总数；pv表示现值或本金；start_period表示计算中的首期；end_period表示计算中的末期；type表示各期的付款时间是期初还是期末，用数字0和1表示。

2. CUMPRINC函数

CUMPRINC函数返回一笔贷款在给定期间内累计偿还的本金数额。

表达式：CUMPRINC(rate,nper,pv,start_period,end_period,type)

参数含义：rate表示各期利率；nper表示付款总数；pv表示现值或本金；start_period表示计算中的首期；end_period表示计算中的末期；type表示各期的付款时间是期初还是期末，用数字0和1表示。

扫码看视频

EXAMPLE 计算提前还款时，需要的本金和节省的利息

某人购房贷款200万，按年利率4.5%贷25年，他打算还款5年后提前还剩余贷款，那么他5年后需要准备多少本金？节省了多少利息？

Step 01 输入公式计算5年后剩余贷款。打开"提前还款明细表.xlsx"工作簿，选中D2单元格，输入"=-CUMPRINC(B3/12,B4*12,B2,5*12+1,B4*12,0)"公式，按Enter键执行计算，如图11-15所示。

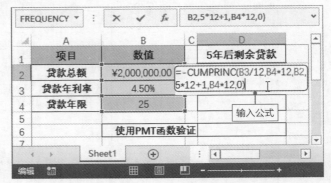

图11-15　输入公式

Step 02 输入公式计算5年后还款的利息。选中D4单元格，然后输入"=-CUMIPMT(B3/12,B4*12,B2,5*12+1,B4*12,0)"公式，按Enter键执行计算，如图11-16所示。

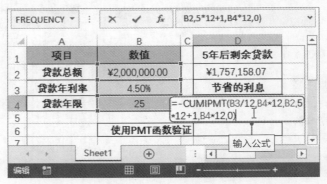

图11-16　输入公式

Step 03 输入PMT公式验证结果。选中D6单元格，输入"=-PMT(B3/12,B4*12,B2)*(B4*12-5*12)"公式，按Enter键执行计算，可见结果等于使用CUMIPMT和CUMPRINC函数计算结果之和，如图11-17所示。

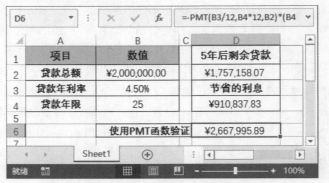

图11-17　输入PMT公式验证结果

11.3 投资函数

对于企业而言正确计算企业经营状况的数字，对于自身发展能起到至关重要的作用。本节主要针对企业的投资和收益，介绍几款常用的函数，如FV、PV、FVSHEDULE和NPV等函数。

11.3.1 求现值函数

现值和净现值可以分析企业各方案的优劣，也可以计算一次性偿还贷款或定存的余额时需要支付的金额。求现值函数主要为PV、NPV和XNPV函数。

1. PV函数

PV函数返回投资的现值。

表达式：PV(rate,nper,pmt,fv,type)

参数含义：rate表示各期的利率；nper表示投资或贷款期，即该项目投资的付款期总数；pmt表示各期年应支付的金额，其数值在整个年金期间保持不变，通常情况下，pmt只包括本金和利息，不包括其他费用以及税款；fv表示未来值，或者在最后一次支付后希望得到的现金余额，如果省略fv则假设其值为0，其中pmt和fv必须有一个参数存在；type表示各期付款时间在期初还是期末，用数字0和1表示。

2. NPV函数

NPV函数通过使用贴现率以及一系列未来支出（负值）和收入（正值），返回一项投资的净现值。

表达式：NPV (rate,value1,value2, ...)

参数含义：rate表示某期间的贴现率，是一个固定的值；value1,value2表示现金流的金额，支出为负，收入为正，在输入时按正确的顺序输入，而且在时间间隔上必须相等，都发生在期末。

3. XNPV函数

XNPV函数返回一组现金流的净现值，而且这些现金流不一定是定期发生的。如果是定期发生的则使用NPV函数。

表达式：XNPV(rate,values,dates)

参数含义：rate表示现金流的贴现率；values与dates中的支付时间相对应的一系列现金流。首期支付是可选的，并与投资开始时的成本或支付有关。values参数如果是空的，则返回#VALUE!错误值；dates表示现金流发生的日期，现金流与日期是对应的话，就不需要指定发生的顺序。如果dates为非法的日期，则返回#VALUE!错误值，如果有日期先于开始日期，则返回#NUM!错误值。

EXAMPLE 判断某投资项目哪一年可以收益

某企业现投资一个项目，期初需要投资200万元，当年的贴现率为5%，以各期预计收入为准，计算出各期的净现值。

`Step 01` **输入公式**。打开"判断投资项目何时可收益.xlsx"工作簿，选中E2单元格，然后输入"=XNPV($B$3,$D$2:D2,$C$2:C2)"公式，如图11-18所示。

`Step 02` **计算第一期净现值**。按Enter键执行计算，即可计算出投资初期的净现值，因为这一期没有收入，所以和投资金额一致，如图11-19所示。

实例文件

原始文件:
实例文件\第11章\原始
文件\判断投资项目何时
可收益.xlsx
最终文件:
实例文件\第11章\最终
文件\XNPV函数.xlsx

| 图11-18 输入公式 | 图11-19 查看计算结果 |

Step 03 **填充公式**。将E2单元格中的公式向下填充至E7单元格,当数值为正数时,表示该项目从该时间开始收益,如图11-20所示。

图11-20 填充公式

提示

2019/9/1日期的净现值为正数,说明该日期开始收益。

11.3.2 求未来值函数

使用财务函数可以计算未来的数值,是根据利率计算出存储的最终金额,包括FV和FVSHEDULE函数。

提示

FV函数的rate和nper的单位必须一致;type为0时表示为期末,为1时表示为期初。

1. FV函数

FV函数基于固定利率以及等额分期付款的方式,计算某项投资的未来值。

表达式:FV(rate,nper,pmt,pv,type)

参数含义:rate表示各期的利率;nper表示投资或贷款的付款期总数;pmt表示各期应支付的金额,其数值在整个年金期保持不变;pv表示现值,或一系列未来付款的当前值的总和,其中pmt和pv两个参数必须存在一个;type表示各项付款时间是期初还是期末,使用数字0和1表示。

EXAMPLE FV函数的应用

某人账户剩余金额为10万元,现在每月存8000元,银行的年利率为3%,每月结算一次利息,5年后总共存多少钱。

Step 01 **输入公式**。打开"存款总额.xlsx"工作簿,选中B6单元格,然后输入"=FV(B4/12,B5*12,-B3,-B2,1)"公式,如图11-21所示。

Step 02 **查看计算结果**。按Enter键执行计算,即可计算出5年后存款的总金额,如图11-22所示。

实例文件

原始文件:
实例文件\第11章\原始
文件\存款总额.xlsx
最终文件:
实例文件\第11章\最终文件\FV函数应用1.xlsx

	A	B
1	**项目**	**数值**
2	账户余额	¥100,000.00
3	每月存入金额	¥8,000.00
4	银行年利率	3.00%
5	存款年限	5
6	=FV(B4/12,B5*12,-B3,-B2,1)	

图11-21 输入公式

	A	B
1	**项目**	**数值**
2	账户余额	¥100,000.00
3	每月存入金额	¥8,000.00
4	银行年利率	3.00%
5	存款年限	5
6	存款总额	¥634,628.31

图11-22 查看结果

实例文件

原始文件：
实例文件\第11章\原始
文件\每月应存金额.xlsx
最终文件：
实例文件\第11章\最终
文件\ FV函数应用2.xlsx

　　用户也可以使用FV函数根据需要达到的存款金额，计算出在某年限内每月需要存的金额，此时，需要使用FV函数和单变量求解配合。

Step 01 **输入公式。** 打开"每月应存金额.xlsx"工作簿，选中B6单元格，然后输入"=FV(B4/12,B5*12,−B3,−B2,1)"公式，如图11-23所示。

Step 02 **启动"单变量求解"功能。** 切换至"数据"选项卡❶，单击"预测"选项组中"模拟分析"下三角按钮❷，在列表中选择"单变量求解"选项❸，如图11-24所示。

图11-23　输入公式

图11-24　选择"单变量求解"选项

Step 03 **设置单变量求解。** 打开"单变量求解"对话框，在目标单元格文本框中输入"B6"❶，目标值为800000❷，可变单元格为"$B$3"❸，单击"确定"按钮，如图11-25所示。

Step 04 **进行运算。** 在打开的"单变量求解状态"对话框中进行运算求解，单击"确定"按钮，如图11-26所示。

提示

使用FV函数和"单变量求解"功能可以计算每期的存款金额，也可以使用PMT函数直接进行计算，该函数在11.2节进行详细介绍。

图11-25　输入参数

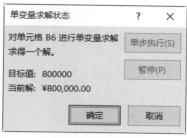

图11-26　进行运算

Step 05 **查看计算结果。** 返回工作表中，在B3单元格中显示相对应的数值，如图11-27所示。

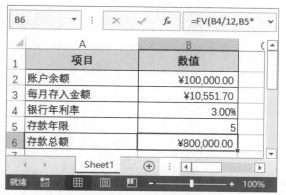

图11-27　查看计算结果

2. FVSCHEDULE函数

FVSCHEDULE函数用于返回应用一系列复利率计算的初始本金的未来值。

表达式：FVSCHEDULE(principal, schedule)

参数含义：principal表示现值；schedule表示利率组，如果该参数为空，则以0进行计算，该参数可以是数字或空白单元格，若为其他数值时，则返回#VALUE!错误值。

11.3.3 求利率函数

本节介绍根据贷款或存款的情况计算出利率，Excel提供求利率的函数有RATE、EFFECT和NOMINAL函数。

1. RATE函数

RATE函数基于等额分期的方式，计算某投资或贷款的实际利率。

表达式：RATE(nper,pmt,pv,fv,type,guess)

参数含义：nper表示投资的总期数；pmt表示各期应付的金额，如果为负数，则返回#NUM!错误值；pv表示一次支付的金额；fv表示未来值，或是结束时的余额，如果省略则表示为0；type表示各期的付款是在期初还是期末，用数字0和1表示；guess表示预期利率，若省略该参数，默认为11%。

2. EFFECT函数

EFFECT函数利用给定的名义年利率和每年的得利期数，计算有效的年利率。

表达式：EFFECT(nominal_rate,npery)

参数含义：nominal_rate表示名义利率；npery表示每年的复利期数，如果该参数为小数，则只取整数部分进行计算。

EFFECT函数示例，如图11-28所示。

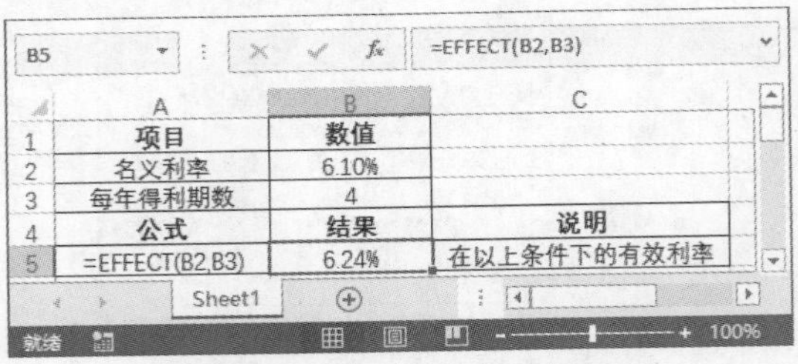

> **提示**
>
> EFFECT函数的所有参数为数值，否则返回#VALUE!错误值；如果nominal_rate小于等于0或npery小于1，则返回#NUM!错误值。

B5			f_x	=EFFECT(B2,B3)	
	A	B		C	
1	项目	数值			
2	名义利率	6.10%			
3	每年得利期数	4			
4	公式	结果		说明	
5	=EFFECT(B2,B3)	6.24%		在以上条件下的有效利率	

图11-28　EFFECT函数示例

3. NOMINAL函数

NOMINAL函数基于给定的实际利率和年复利期数，返回名义年利率。

表达式：NOMINAL(effect_rate, npery)

参数含义：effect_rate表示实际的利率；npery表示每年的复利期数，该参数的数值小于1时，则返回#NUM!错误值。

NOMINAL函数示例，如图11-29所示。

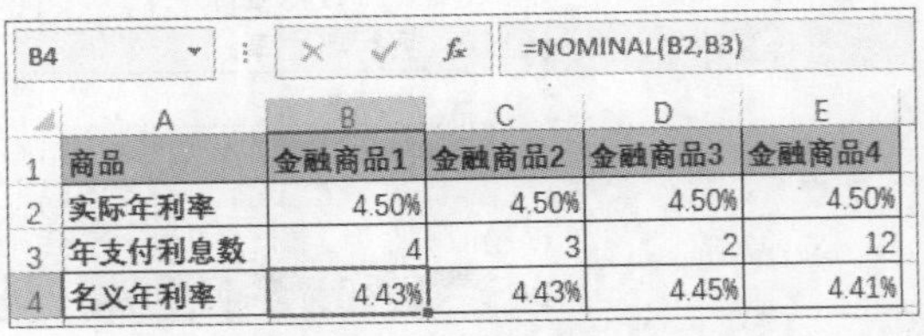

B4			f_x	=NOMINAL(B2,B3)	
	A	B	C	D	E
1	商品	金融商品1	金融商品2	金融商品3	金融商品4
2	实际年利率	4.50%	4.50%	4.50%	4.50%
3	年支付利息数	4	3	2	12
4	名义年利率	4.43%	4.43%	4.45%	4.41%

图11-29　NOMINAL函数示例

11.4 折旧函数

固定资产折旧是指固定资产在使用过程中损耗而转移到商品或费用中的那部分价值。固定资产折旧是企业主要费用之一。下面介绍几种折旧的函数，如SLN、DB、DDB、VDB和SYD函数。

11.4.1 SLN函数

提示

使用SLN函数时，cost参数为数值以外的值时，返回#VALUE!错误值；若life参数为0时，则返回#DIV/0!错误值。

扫码看视频

实例文件

原始文件：
实例文件\第11章\原始文件\固定资产折旧统计表.xlsx
最终文件：
实例文件\第11章 \最终文件\ SLN函数.xlsx

SLN函数是基于直线折旧法返回某资产的线性折旧值，也是平均折旧值。

表达式：SLN(cost,salvage,life)

参数含义：cost表示资产的原值；salvage表示资产在折旧期末的价值，也是残值；life表示折旧期限，也是指资产的使用年限。

EXAMPLE 使用SLN函数折旧固定资产

Step 01 输入公式。 打开"固定资产折旧统计表.xlsx"工作簿，选中I2单元格并输入公式"=SLN(E2,G2,D2*12)"，如图11-30所示。

Step 02 填充公式。 按Enter键执行计算，将公式I2单元格中的公式向下填充至I22单元格，查看使用SLN函数折旧资产的结果，如图11-31所示。

	C	D	E	G	I	M
					=SLN(E2,G2,D2*12)	
1	使用日期	使用年限	原值	净残值	已折旧月数	直线折旧
2	2015/1/20	10	¥1,500.00	¥75.00	55	=SLN(E2,G2,D2*12)
3	2015/1/20	10	¥200.00	¥10.00	55	
4	2015/2/1	8	¥3,899.00	¥194.95	55	
5	2015/2/1	7	¥4,500.00	¥225.00	55	
6	2015/2/10	10	¥150.00	¥7.50	55	输入公式
7	2015/1/20	10	¥2,100.00	¥105.00	55	
8	2015/1/25	9	¥3,288.00	¥164.40	55	
9	2015/1/25	9	¥5,988.00	¥299.40	55	
10	2015/3/20	8	¥4,088.00	¥204.40	53	
11	2015/1/22	10	¥888.00	¥44.40	55	
12	2015/6/30	8	¥5,888.00	¥294.40	50	
13	2016/5/12	9	¥120.00	¥6.00	39	
14	2016/6/18	10	¥2,300.00	¥115.00	38	
15	2016/10/20	10	¥3,088.00	¥154.40	34	
16	2017/1/25		¥4,588.00	¥229.40	31	

图11-30 输入公式

	C	D	E	G	H	I
1	使用日期	使用年限	原值	净残值	已折旧月数	直线折旧
2	2015/1/20	10	¥1,500.00	¥75.00	55	¥11.88
3	2015/1/20	10	¥200.00	¥10.00	55	¥1.58
4	2015/2/1	8	¥3,899.00	¥194.95	55	¥38.58
5	2015/2/1	7	¥4,500.00	¥225.00	55	¥50.89
6	2015/2/10	10	¥150.00	¥7.50	55	¥1.19
7	2015/1/20	10	¥2,100.00	¥105.00	55	¥16.63
8	2015/1/25	9	¥3,288.00	¥164.40	55	¥28.92
9	2015/1/25	9	¥5,988.00	¥299.40	55	¥52.67
10	2015/3/20	8	¥4,088.00	¥204.40	53	¥40.45
11	2015/1/22	10	¥888.00	¥44.40	55	¥7.03
12	2015/6/30	8	¥5,888.00	¥294.40	50	¥58.27
13	2016/5/12	9	¥120.00	¥6.00	39	¥1.06
14	2016/6/18	10	¥2,300.00	¥115.00	38	¥18.21
15	2016/10/20	10	¥3,088.00	¥154.40	34	¥24.45
16	2017/1/25	9	¥4,588.00	¥229.40	31	¥40.36
17	2017/2/13	8	¥4,088.00	¥204.40	30	¥40.45
18	2015/5/10	12	¥2,100.00	¥105.00	40	¥9.90
19	2016/5/10	12	¥200.00	¥10.00	40	¥1.32

图11-31 填充公式

11.4.2 DB、DDB和VDB函数

扫码看视频

1. DB函数

DB函数使用固定余额递减法，计算资产在给定期间内的折旧值。

表达式：DB(cost,salvage,life,period,month)

参数含义：cost表示资产原值；salvage表示资产在折旧期末的价值；life表示折旧的期限；period表示需要计算折旧值的期间，其单位必须和life相同；month表示第一年的月份数量，如果省略则表示为12。

EXAMPLE 从第一年年中开始计提折旧额

企业花100000元购置一台机器，该机器使用寿命是10年，当年使用6个月，计算该机器未来10年内的折旧额以及其净值。

Step 01 输入公式。 输入公式计算折旧额。打开"计算资产的折旧额.xlsx"工作簿，选中B4单元格并输入公式"=DB($A$2,$C$2,$B$2,A4,$D$2)"，按Enter键执行计算，如图11-32所示。

Step 02 **输入公式计算累计折旧额。** 选中C4单元格，然后输入"=SUM($B$4:B4)"公式，按Enter键执行计算，如图11-33所示。

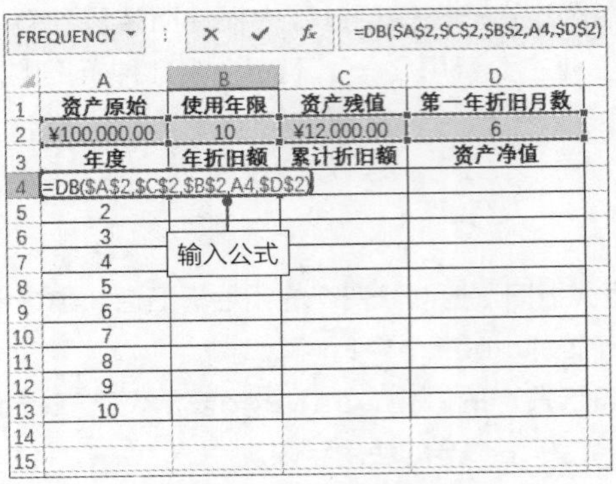

图11-32 计算折旧额

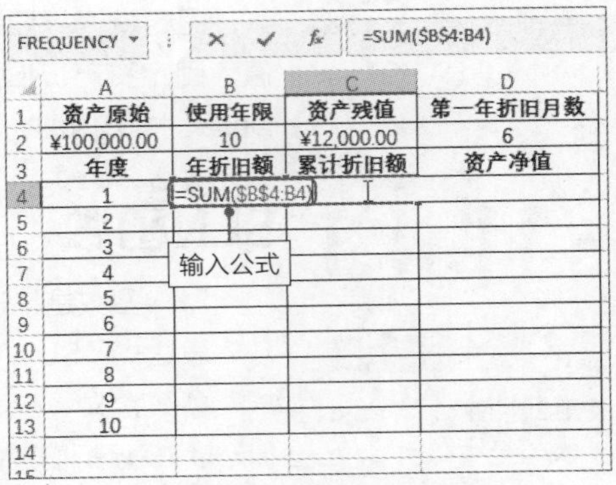

图11-33 计算累计折旧额

Step 03 **输入公式计算资产净值。** 选中D4单元格并输入公式"=$A$2-C4"公式，按Enter键执行计算，如图11-34所示。

Step 04 **填充公式。** 选中B4:D4单元格区域，将公式向下填充至D13单元格，查看该资产折旧情况，如图11-35所示。

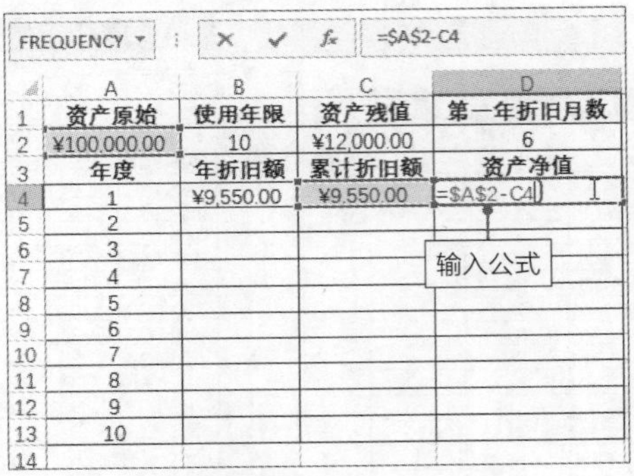

图11-34 计算资产净值

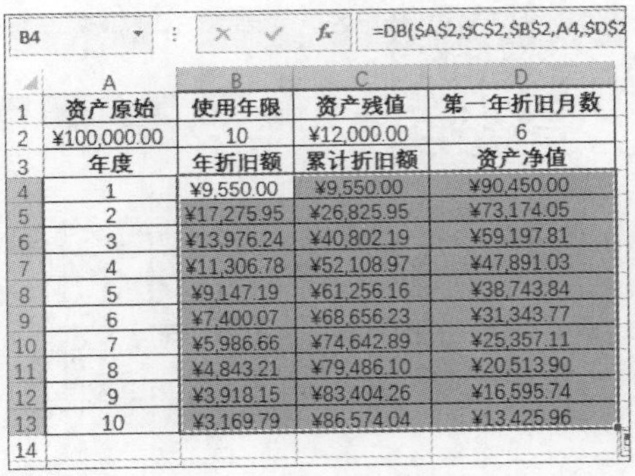

图11-35 填充公式

2. DDB函数

DDB函数使用双倍余额递减法计算资产在给定期间的折旧值。

表达式：DDB(cost,salvage,life,period,factor)

参数含义：cost表示资产原值；salvage表示资产在折旧期末的价值；life表示折旧的期限；period表示需要计算折旧值的期间，其单位必须和life相同；factor表示余额递减的速率，如果省略该参数，则表示为2。

3. VDB函数

VDB函数使用双倍余额递减法或其他指定方法，计算一笔资产在给定期间（包括部分期间）内的折旧值，函数 VDB 代表可变余额递减法。

表达式：VDB(cost,salvage,life,start_period,end_period,factor,no_switch)

参数含义：cost表示资产原值；salvage表示资产在折旧期末的价值；life表示折旧期限，如果为0或负数则返回#NUM!错误值；start_period表示进行折旧计算的起始期间，start_period必须与life的单位相同；end_period表示进行折旧计算的截止期间，end_period必须与life的单位相同；factor表示余额递减速率；no_switch为逻辑值，指定当折旧值大于余额递减计算值时，是否转用直线折旧法。

扫码看视频

实例文件

原始文件：
实例文件\第11章\原始文件\以年为单位计算固定资产折旧值.xlsx

最终文件：
实例文件\第11章 \最终文件\ VDB函数.xlsx

EXAMPLE 以年为单位计算固定资产折旧值

企业花100000元购置一台机器，使用5年，因为折旧值低于折旧保证额时，要切换成直线折旧法，下面介绍具体操作方法。

Step 01 计算累计金额。打开“以年为单位计算固定资产折旧值.xlsx”工作簿，选中F2单元格，输入“=SUM($E$2:E2)”公式，按Enter键计算，如图11-36所示。

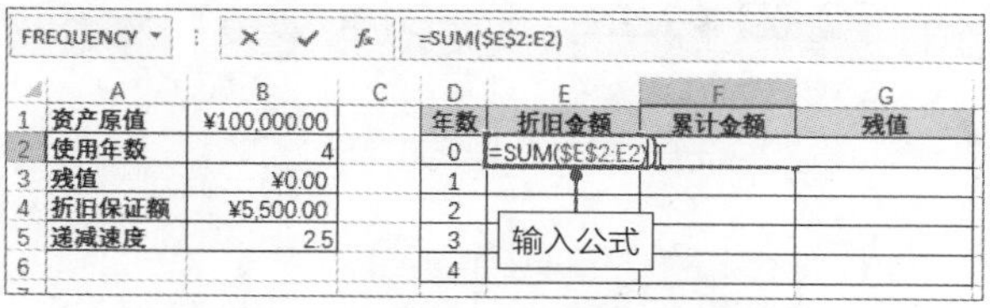

	A	B	C	D	E	F	G
1	资产原值	¥100,000.00		年数	折旧金额	累计金额	残值
2	使用年数	4		0	=SUM($E$2:E2)		
3	残值	¥0.00		1			
4	折旧保证额	¥5,500.00		2			
5	递减速度	2.5		3			
6				4			

图11-36　输入公式计算累计金额

Step 02 计算残值。在G2单元格中输入“=$B$1-F2”公式，按Enter键计算残值，如图11-37所示。

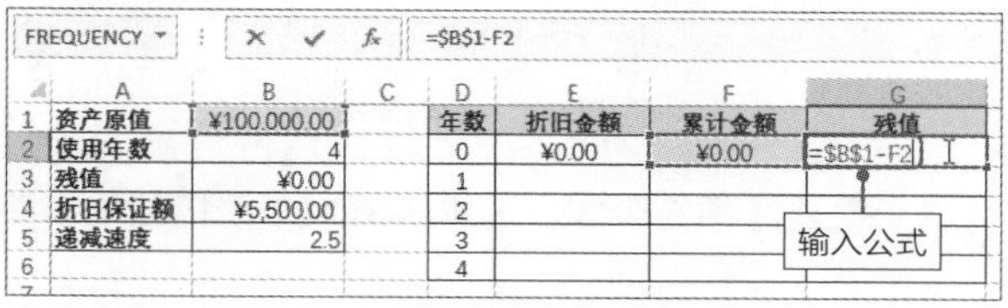

	A	B	C	D	E	F	G
1	资产原值	¥100,000.00		年数	折旧金额	累计金额	残值
2	使用年数	4		0	¥0.00	¥0.00	=$B$1-F2
3	残值	¥0.00		1			
4	折旧保证额	¥5,500.00		2			
5	递减速度	2.5		3			
6				4			

图11-37　计算残值

Step 03 计算折旧金额。选中E3单元格输入“=VDB($B$1,$B$3,$B$2,D2,D3,$B$5,FALSE)”公式，计算出第一年的折旧金额，如图11-38所示。

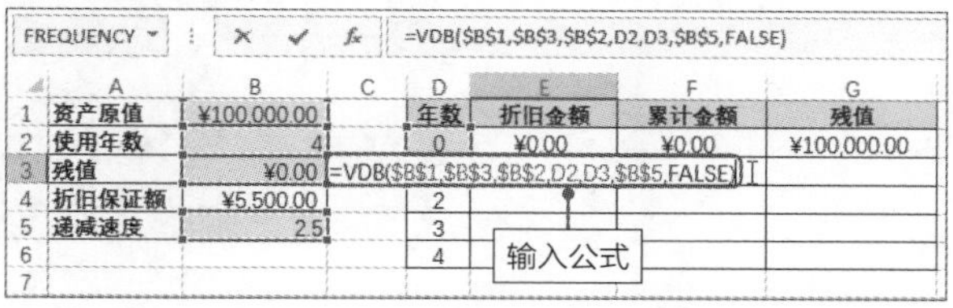

	A	B	C	D	E	F	G
1	资产原值	¥100,000.00		年数	折旧金额	累计金额	残值
2	使用年数	4		0	¥0.00	¥0.00	¥100,000.00
3	残值	¥0.00	=VDB($B$1,$B$3,$B$2,D2,D3,$B$5,FALSE)				
4	折旧保证额	¥5,500.00		2			
5	递减速度	2.5		3			
6				4			
7							

图11-38　计算折旧金额

Step 04 填充公式。将E3单元格中公式向下填充至E6单元格，将F2:G2单元格区域公式填充至G6单元格，如图11-39所示。

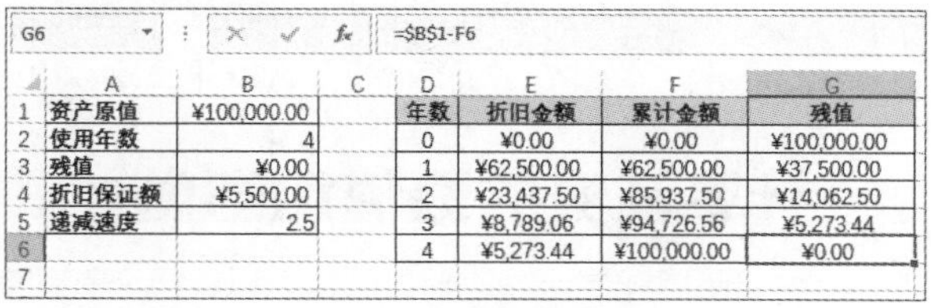

	A	B	C	D	E	F	G
1	资产原值	¥100,000.00		年数	折旧金额	累计金额	残值
2	使用年数	4		0	¥0.00	¥0.00	¥100,000.00
3	残值	¥0.00		1	¥62,500.00	¥62,500.00	¥37,500.00
4	折旧保证额	¥5,500.00		2	¥23,437.50	¥85,937.50	¥14,062.50
5	递减速度	2.5		3	¥8,789.06	¥94,726.56	¥5,273.44
6				4	¥5,273.44	¥100,000.00	¥0.00
7							

图11-39　查看计算结果

11.4.3 SYD函数

SYD函数按照年限总和折旧法计算某资产指定期间的折旧值。

表达式：SYD(cost, salvage, life, per)

参数含义：cost表示资产原值；salvage表示资产在折旧期末的价值；life表示折旧的期限；per表示需要计算折旧值的期间，其单位必须和life相同。

EXAMPLE 计算资产净值

企业某固定资产为10万元，使用9年残值为5500元，计算该固定资产使用年限内的净值。

Step 01 输入公式计算折旧额。打开"固定资产净值.xlsx"工作簿，选中B4单元格并输入公式"=SYD($A$2,$C$2,$B$2,A4)"，如图11-40所示。

Step 02 输入公式。选中C4单元格并输入"=SUM($B$4:B4)"公式，在D4单元格中输入"=$A$2-C4"公式，按Enter键执行计算，如图11-41所示。

	A	B	C	D
1	资产原值	使用年限	资产残值	
2	¥100,000.00	9	¥5,500.00	
3	年度	年折旧额	累计折旧额	资产净值
4	=SYD($A$2,$C$2,$B$2,A4)			
5	2			
6	3			
7	4			
8	5			
9	6			
10	7			
11	8			

图11-40　输入公式

	A	B	C	D
1	资产原值	使用年限	资产残值	
2	¥100,000.00	9	¥5,500.00	
3	年度	年折旧额	累计折旧额	资产净值
4	1	¥18,900.00	¥18,900.00	¥81,100.00
5	2			
6	3			
7	4			
8	5			
9	6			
10	7			
11	8			

图11-41　填充公式

Step 03 填充公式。选中B4:D4单元格区域，然后将公式向下填充至D12单元格，如图11-42所示。

	A	B	C	D
1	资产原值	使用年限	资产残值	
2	¥100,000.00	9	¥5,500.00	
3	年度	年折旧额	累计折旧额	资产净值
4	1	¥18,900.00	¥18,900.00	¥81,100.00
5	2	¥16,800.00	¥35,700.00	¥64,300.00
6	3	¥14,700.00	¥50,400.00	¥49,600.00
7	4	¥12,600.00	¥63,000.00	¥37,000.00
8	5	¥10,500.00	¥73,500.00	¥26,500.00
9	6	¥8,400.00	¥81,900.00	¥18,100.00
10	7	¥6,300.00	¥88,200.00	¥11,800.00
11	8	¥4,200.00	¥92,400.00	¥7,600.00
12	9	¥2,100.00	¥94,500.00	¥5,500.00

图11-42　填充公式

11.5 证券计算函数

证券计算函数用于计算证券收益、证券的日期以及折价证券等。下面介绍几种常用的证券计算函数，如PRICE、ACCRINT、YIELDDISC和COUPDAYS函数。

11.5.1 计算证券的面值和利息

使用证券计算的相关函数可以计算证券到期支付的利息面值或者应计的利息。下面介绍PRICE和ACCRINT两个函数的应用。

1. PRICE函数

PRICE函数的主要作用是返回定期付息的面值 $100 的有价证券的价格。

表达式：PRICE(settlement, maturity, rate, yld, redemption, frequency, [basis])

参数含义：settlement有价证券的结算日。有价证券结算日是在发行日之后，有价证券卖给购买者的日期；maturity有价证券的到期日。到期日是有价证券有效期截止时的日期；rate有价证券的年息票利率；yld有价证券的年收益率；redemption面值$100 的有价证券的清偿价值；frequency年付息次数。 如果按年支付，frequency = 1；按半年期支付，frequency = 2；按季支付，frequency = 4；basis要使用的日计数基准类型。

basis用0、1、2、3、4中的任一数字来指定日期计算的基准，如表11-1所示。

表11-1　basis的含义

值	日期基准	值	日期基准
0(省略)	30/360(NASD)	3	实际/365
1	实际/实际	4	欧洲30/360
2	实际/360		

EXAMPLE 计算定期付息有价证券的价格

某人于2019年9月15日购买了面值为￥100的债券，该债券到期日期为2020年9月14日，债券半年利率为4.5%，按半年期支付，收益率为5.5%，使用NASD日计数基准计算该债券的发行价格。

Step 01 选择函数。 打开"债券发行价格.xlsx"工作簿，选中B8单元格，打开"插入函数"对话框，设置"或选择类别"为"财务"，在"选择函数"列表框中选择PRICE函数，如图11-43所示。

Step 02 输入参数。 打开"函数参数"对话框，在参数对应的文本框中输入参数，单击"确定"按钮，如图11-44所示。

图11-43　选择函数

图11-44　填充公式

Step 03 查看债券的发行价格。 返回工作表中即可计算出该债券发行的价格，如图11-45所示。

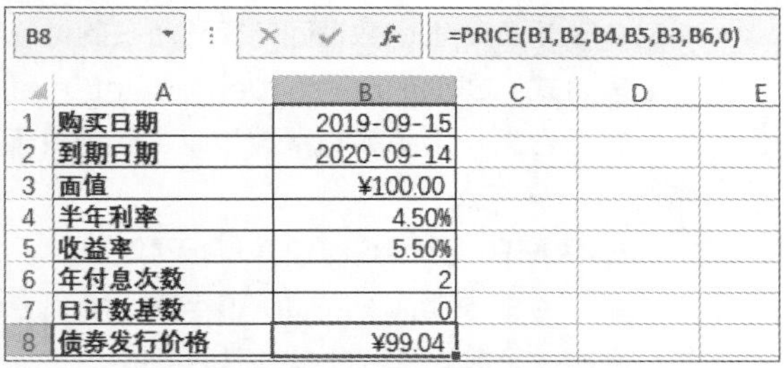

	A	B
1	购买日期	2019-09-15
2	到期日期	2020-09-14
3	面值	￥100.00
4	半年利率	4.50%
5	收益率	5.50%
6	年付息次数	2
7	日计数基数	0
8	债券发行价格	￥99.04

B8 =PRICE(B1,B2,B4,B5,B3,B6,0)

图11-45　查看债券的发行价格

2. ACCRINT函数

ACCRINT函数返回定期付息证券的应计利息。

表达式：ACCRINT(issue, first_interest, settlement, rate, par, frequency, [basis], [calc_method])

参数含义：issue表示证券的发行日；first_interest表示证券的首次计息日；settlement表示证券的结算日，证券结算日是在发行日期之后，证券卖给购买者的日期；rate表示证券的年息票利率；par表示证券的票面值，如果省略此参数，则ACCRINT 使用 ￥1,000；frequency表示年付息次数，如果按年支付，frequency = 1；按半年期支付，frequency = 2；按季支付，frequency = 4；basis表示要使用的日计数基准类型。

11.5.2

YIELDDISC函数

YIELDDISC函数返回折价发行的有价证券的年收益率。

表达式：YIELDDISC(settlement, maturity, pr, redemption, [basis])

参数含义：settlement表示有价证券的结算日。有价证券结算日是在发行日之后，有价证券卖给购买者的日期。maturity表示有价证券的到期日。 到期日是有价证券有效期截止时的日期。pr表示有价证券的价格（按面值为￥100计算）。redemption表示面值￥100的有价证券的清偿价值。basis表示要使用的日计数基准类型。

实例文件

原始文件：
实例文件\第11章\原始文件\计算债券的利益率.xlsx
最终文件：
实例文件\第11章 \最终文件\ YIELDDISC函数.xlsx

EXAMPLE 计算债券最终利益率

某证券公司打算发行债券，发行日期为2019年9月15日，截止日期为2022年9月14日，发行价格为82元，偿还价格为100元，计算证券的利益率。

Step 01 输入公式。 打开"计算债券的利益率.xlsx"工作簿，选中D1单元格并输入公式"=YIELDDISC(B1,B2,B3,B4)"，如图11-46所示。

Step 02 计算利益率。 按Enter键执行计算，可见该债券的利益率为7.32%，如图11-47所示。

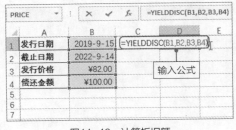

图11-46　计算折旧额　　　　　　　图11-47　计算累计折旧额

11.5.3

COUPDAYS函数

COUPDAYS函数返回结算日所在的付息期的天数。

表达式：COUPDAYS(settlement, maturity, frequency, [basis])

参数含义：该函数的参数与以上介绍关于证券函数对应的参数含义相同，此处不再赘述。

EXAMPLE计算证券的付息天数

某证券的发行日期为2019年9月15日，到期日期为2021年9月14日，按半年支付，以实际天数计算该证券付息的天数。

实例文件

原始文件：
实例文件\第11章\原始文件\计算证券的付息天数.xlsx
最终文件：
实例文件\第11章\最终文件\ COUPDAYS函数.xlsx

提 示

在步骤2中设置basis参数为1，表示以实际/实际为日计数基准。

Step 01 **选择函数**。打开"计算证券的付息天数.xlsx"工作簿，选中D1单元格，打开"插入函数"对话框，选择COUPDAYS函数❶，单击"确定"按钮❷，如图11-48所示。

Step 02 **输入参数**。打开"函数参数"对话框，输入参数❶，单击"确定"按钮❷，如图11-49所示。

图11-48　选择函数

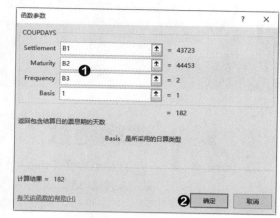

图11-49　输入参数

Step 03 **查看计息的天数**。返回工作表中，可见D1单元格中显示计算天数为182，如图11-50所示。

图11-50　查看计算结果

Chapter 12

逻辑、信息、数据库函数

Excel包含多种函数，除了前面介绍的6种，还包括逻辑函数、数据库函数、信息函数和工程函数等。本章将对这几类函数中使用频率高的函数进行详细介绍，如IF、IFS、AND、DSUM和TYPE等函数。

12.1 逻辑函数

逻辑函数根据不同条件有不同的处理方法，也是判断条件是否成立的函数。逻辑函数的条件是使用比较运算符进行设置的，返回的结果为TRUE或FALSE。本节主要介绍IF、IFS、IFNA、AND和OR等函数的功能和用法。

12.1.1 AND、OR和NOT函数

1. AND函数

AND函数所有参数的逻辑值为真时，返回TRUE；只要有一个参数的逻辑值为假，即返回 FALSE。

表达式：AND(logical1,logical2, ...)

参数含义：logical1, logical2表示待检测的条件，条件的数量范围1~255个，各条件值可为 TRUE 或 FALSE。

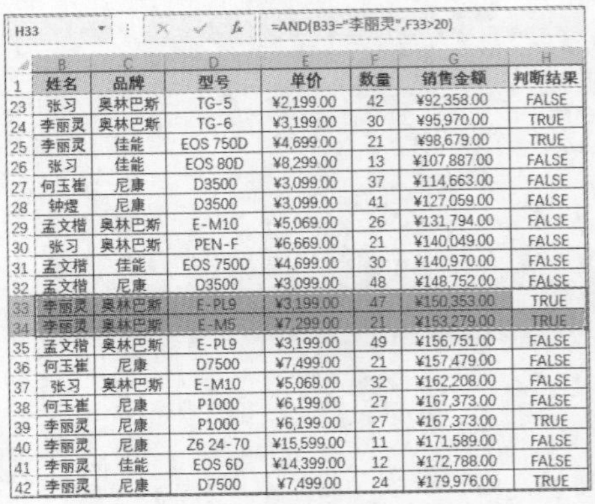

EXAMPLE 使用AND函数判断员工销售数据

企业统计各销售人员的销售记录，现在需要查看李丽灵销售数量大于20的数据，下面使用AND函数进行判断。

Step 01 输入AND函数。打开“员工销售记录表.xlsx”工作簿，在H列添加“判断结果”列，选中H2单元格并输入“=AND(B2="李丽灵",F2>20)”公式，如图12-1所示。

Step 02 填充公式查看结果。在H2单元格中显示FALSE，表示行不满足条件，然后将公式向下填充到表格结尾，结果为TRUE时表示该行数据满足条件，如图12-2所示。

	B	C	D	E	F	G	H
1	姓名	品牌	型号	单价	数量	销售金额	判断结果
2	钟煜	奥林巴斯	TG-5	¥2,199.00	13	¥28,587.00	=AND(B2="李丽灵",F2>20)
3	钟煜	奥林巴斯	E-PL9	¥3,199.00	10	¥31,990.00	
4	李丽灵	尼康	D3500	¥3,099.00	12	¥37,188.00	
5	钟煜	奥林巴斯	TG-6	¥3,199.00	13	¥41,587.00	
6	孟文楷	奥林巴斯	TG-6	¥3,199.00	15	¥47,985.00	
7	张习	奥林巴斯	TG-6	¥3,199.00	16	¥51,184	
8	何玉崔	奥林巴斯	E-PL9	¥3,199.00	17	¥54,383	
9	何玉崔	佳能	EOS 750D	¥4,699.00	12	¥56,388.00	
10	何玉崔	奥林巴斯	TG-5	¥2,199.00	26	¥57,174.00	
11	何玉崔	奥林巴斯	TG-6	¥3,199.00	19	¥60,781.00	
12	孟文楷	佳能	EOS 200D	¥4,299.00	15	¥64,485.00	
13	孟文楷	奥林巴斯	TG-5	¥2,199.00	31	¥68,169.00	
14	张习	佳能	EOS 200D	¥4,299.00	16	¥68,784.00	
15	钟煜	佳能	EOS 200D	¥4,299.00	17	¥73,083.00	
16	张习	奥林巴斯	E-PL9	¥3,199.00	25	¥79,975.00	
17	李丽灵	尼康	D5600	¥5,399.00	15	¥80,985.00	
18	李丽灵	奥林巴斯	TG-5	¥2,199.00	39	¥85,761.00	
19	钟煜	奥林巴斯	E-M10	¥5,069.00	17	¥86,173.00	
20	张习	尼康	P1000	¥6,199.00	14	¥86,786.00	

图12-1 输入公式

	B	C	D	E	F	G	H
1	姓名	品牌	型号	单价	数量	销售金额	判断结果
23	张习	奥林巴斯	TG-5	¥2,199.00	42	¥92,358.00	FALSE
24	李丽灵	奥林巴斯	TG-6	¥3,199.00	30	¥95,970.00	TRUE
25	李丽灵	佳能	EOS 750D	¥4,699.00	21	¥98,679.00	TRUE
26	张习	佳能	EOS 80D	¥8,299.00	13	¥107,887.00	FALSE
27	何玉崔	尼康	D3500	¥3,099.00	37	¥114,663.00	FALSE
28	钟煜	尼康	D3500	¥3,099.00	41	¥127,059.00	FALSE
29	孟文楷	奥林巴斯	E-M10	¥5,069.00	26	¥131,794.00	FALSE
30	张习	奥林巴斯	PEN-F	¥6,669.00	21	¥140,049.00	FALSE
31	孟文楷	佳能	EOS 750D	¥4,699.00	30	¥140,970.00	FALSE
32	孟文楷	尼康	D3500	¥3,099.00	48	¥148,752.00	FALSE
33	李丽灵	奥林巴斯	E-PL9	¥3,199.00	47	¥150,353.00	TRUE
34	李丽灵	奥林巴斯	E-M5	¥7,299.00	21	¥153,279.00	TRUE
35	孟文楷	奥林巴斯	E-PL9	¥3,199.00	49	¥156,751.00	FALSE
36	何玉崔	尼康	D7500	¥7,499.00	21	¥157,479.00	FALSE
37	张习	奥林巴斯	E-M10	¥5,069.00	32	¥162,208.00	FALSE
38	何玉崔	尼康	P1000	¥6,199.00	27	¥167,373.00	FALSE
39	李丽灵	尼康	P1000	¥6,199.00	27	¥167,373.00	TRUE
40	李丽灵	尼康	Z6 24-70	¥15,599.00	11	¥171,589.00	FALSE
41	李丽灵	佳能	EOS 6D	¥14,399.00	12	¥172,788.00	FALSE
42	李丽灵	尼康	D7500	¥7,499.00	24	¥179,976.00	TRUE

图12-2 查看计算结果

提示

使用AND函数时，参数必须是逻辑值，或包含逻辑值的数组或引用；如果数组或引用中包含文本或空单元格，这些值将省略；如果单元格内包含非逻辑值，则函数返回#VALUE!错误值。

扫码看视频

实例文件

原始文件：

实例文件\第12章\原始文件\员工销售记录表.xlsx

最终文件：

实例文件\第12章\最终文件\AND函数.xlsx

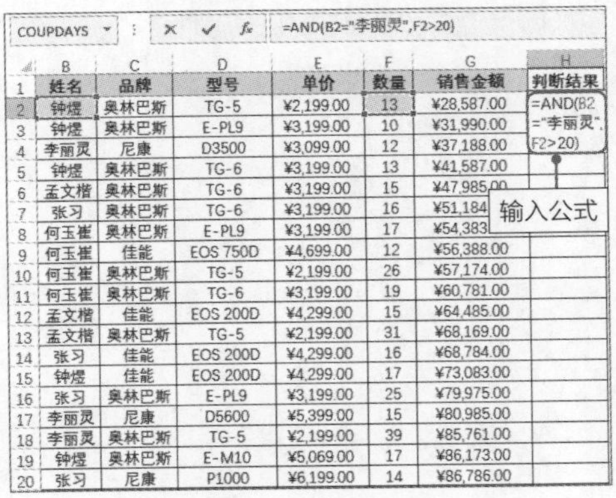

2. OR函数

OR函数参数的逻辑值其中之一为真时，则返回TRUE；所有参数的逻辑值为假时，则返回 FALSE。

表达式：OR(logical1,logical2, ...)

参数含义：logical1, logical2表示待检测的条件，条件的数量范围1-255个，各条件值可为 TRUE 或 FALSE。

OR函数示例，如图12-3所示。

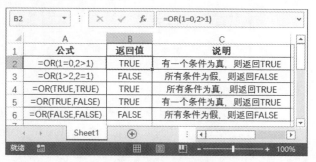

图12-3　OR函数示例

3. NOT函数

提示

如果表达式不成立则返回FALSE；如果成立则返回TRUE。

NOT函数判断设置的条件是否不成立。

表达式：NOT(logical)

参数含义：logical 为一个可以计算出 TRUE 或 FALSE 结论的逻辑值或者逻辑表达式。

12.1.2 IF、IFS、IFERROR和IFNA函数

1. IF函数

提示

IF函数的logical_test 参数中若为多个条件时，可使用AND或OR函数。

IF函数根据指定的条件来判断真（TRUE）或假（FALSE），根据逻辑计算的真假值，从而返回相应的内容。

表达式：IF(logical_test,value_if_true,value_if_false)

参数含义：logical_test表示公式或表达式，其计算结果为TRUE 或 者FALSE；value_if_true为任意数据，表示logical_test求值结果为TRUE时返回的值，该参数若为字符串时，需加上双引号；value_if_false为任意值，表示logical_test结果为FALSE时返回的值。

EXAMPLE 分等级奖励员工

企业对员工进行考核后，根据成绩分等级奖励员工。总分低于350的不奖励，小于400的奖励500元，小于450分奖励1000元，下面介绍具体操作方法。

Step 01 输入IF公式。打开"员工考核成绩表.xlsx"工作簿，在I列添加辅助列，选中I2单元格并输入"=IF(H2<350,"",IF(H2<400,"奖励500","奖励1000"))"公式，如图12-4所示。

Step 02 填充公式查看奖励结果。按Enter键执行计算，可见在I2单元格中不显示，表示不奖励，将公式向下填充至表格结尾，即可显示每位员工奖励的金额，如图12-5所示。

扫码看视频

实例文件

原始文件：
实例文件\第12章\原始文件\员工考核成绩表.xlsx
最终文件：
实例文件\第12章\最终文件\IF函数.xlsx

图12-4　输入函数公式

图12-5　填充公式

2. IFS函数

IFS 函数检查是否满足一个或多个条件，且返回符合第一个 TRUE 条件的值。

表达式：IFS(logical_test 1, value_if_true1, logical_test 2, value_if_true 2, logical_test 3, value_if_true 3,…)

参数含义：logical_test表示公式或表达式，其计算结果为TRUE 或者FALSE；value_if_true为任意数据，表示logical_test求值结果为TRUE时返回的值。

如果需要多条件判断时使用IFS函数要优于IF函数，如在IF函数的案例中为3个条件，必须使用两个IF函数，而使用IFS函数一步即可搞定。在I2单元格中输入"=IFS(H2<350,"",H2<400,"奖励500",TRUE,"奖励1000")"公式，按Enter键执行计算，并填充公式，如图12-6所示。

图12-6　使用IFS函数计算奖励等级

3. IFERROR函数

IFERROR函数表示如果表达式错误，则返回指定的值，否则返回表达式计算的值。

表达式：IFERROR(value,value_if_error)

参数含义：value表示需要检查是否存在错误的参数；value_if_error是指当公式计算出现错误时返回的信息，当公式计算正确时，则返回计算的值。

EXAMPLE 在错误结果中返回相应的信息

在工作表中使用IRR函数计算内部收益率时，出现#NUM!错误值，下面介绍使用IFERROR函数返回指定信息的方法。

Step 01 输入公式。 打开"投资项目分析.xlsx"工作簿，可见在D4单元格中，使用IRR函数计算内部收益率，但是返回#NUM!错误值。将D4中公式修改为"=IFERROR(IRR(C3:C8),"请检查公式")"，如图12-7所示。

Step 02 **查看修改公式的效果**。按Enter键后，在D2单元格中显示"请检查公式"文本，说明该公式错误，如图12-8所示。

	A	B	C	D
1	年度	金额		行业基准投资收益率
2	期初投资	(¥3,000,000.00)		13%
3				项目内部收益率
4	年份	收益=IFERROR(IRR(C3:C8),"请检查公式")		
5	第1年	¥890,000.00		判断结果
6	第2年	¥950,000.00		输入公式
7	第3年	¥1,000,000.00		
8	第4年	¥790,000.00		
9	第5年	¥850,000.00		
10				

图12-7 输入公式

	A	B	C	D
1	年度	金额		行业基准投资收益率
2	期初投资	(¥3,000,000.00)		13%
3				项目内部收益率
4	年份	收益		请检查公式
5	第1年	¥890,000.00		判断结果
6	第2年	¥950,000.00		
7	第3年	¥1,000,000.00		
8	第4年	¥790,000.00		
9	第5年	¥850,000.00		
10				

图12-8 查看结果

4. IFNA函数

IFNA函数表示如果公式返回错误值#N/A时，则结果返回指定的值，否则返回公式的结果。

表达式：IFNA(value, value_if_na)

参数含义：value 用于检查错误值 #N/A 的参数；value_if_na 表示公式计算结果为错误值 #N/A 时要返回的值。

12.2 信息函数

使用信息函数可以确定存储在单元格中数据的类型以及单元格格式或位置等。本节主要介绍CELL、TYPE和IS类函数。

12.2.1 CELL函数

1. AND函数

CELL函数返回引用单元格的格式、位置或内容等信息。

表达式：CELL(info_type, reference)

参数含义：info_type表示文本值，指定要返回单元格信息的类型；reference表示要查找信息的单元格。

下面以表格形式介绍info_type参数的取值和返回结果，如表12-1所示。

表12-1 info_type参数的取值和返回结果

info_type	返回结果
"address"	返回reference左上角单元格的地址
"col"	返回reference左上角单元格的列标
"color"	单元格中的负值用颜色显示，则返回1；否则返回0
"contents"	返回reference中左上角单元格的值，不是公式
"filename"	将查找范围所在的工作表的名称用绝对路径的形式返回，若文件未保存，则返回空值
"format"	返回指定单元格格式的字符串常量
"parentheses"	如果单元格中为正值或全部加括号，则返回1，否则返回0
"protect"	如果单元格未锁定，返回0；如果单元格锁定，则返回1
"row"	返回reference 中左上角单元格的行号

（续表）

info_type	返回结果
"prefix"	检查reference左上角单元格文本左对齐，则返回单引号（'）；如果单元格文本右对齐，则返回双引号（"）；如果单元格文本居中，则返回插字号（^）；如果单元格文本两端对齐，则返回反斜线（\）；如果是其他情况，则返回空文本（""）
"type"	与单元格中数据类型对应的文本值。如果单元格为空，则返回b；如果单元格包含文本常量，则返回l；如果单元格包含其他内容，则返回v
"width"	返回取整后的单元格的列宽，列宽以默认字号的一个字符宽度为单位

CELL函数示例，如图12-9所示。

	A	B	C	D
1	数值	公式	返回值	说明
2	12	=CELL("col",A2)	1	返回A2单元格的列标
3	CELL	=CELL("type",A3)	l	返回A3单元格中数据类型
4	函数	=CELL("row",A2)	2	返回A2单元格中行号
5		=CELL("protect",A5)	1	返回A5单元格是否锁定
6		=CELL("filename",A6)	F:\工作\Excel 2019公式 函数 图表 VBA一本通\案例文件\第12章\最终文件\[CELL函数.xlsx]Sheet1	返回A6单元格所在的工作名称和保存的路径

图12-9　CELL函数示例

12.2.2 TYPE函数

TYPE函数返回单元格中的数据类型。

表达式：TYPE(value)

参数含义：value表示需要判断的数据，可以是数字、文本或逻辑值等。

下面以表格形式介绍不同value返回的值，如表12-2所示。

表12-2　TYPE函数返回值

value	返回值	value	返回值
数字	1	错误值	16
文本	2	数组	64
逻辑值	4		

TYPE函数示例，如图12-10所示。

	A	B	C	D
1	数值	公式	返回值	说明
2	32	=TYPE(A2)	1	返回A2单元格的数据类型
3	TYPE函数	=TYPE(A3)	2	返回A3单元格的数据类型
4	FALSE	=TYPE(A4)	4	返回A4单元格的数据类型
5	#VALUE!	=TYPE(A5)	16	返回A5单元格的数据类型
6		=TYPE({1,2,3,4,5,6})	64	返回数组的数据类型

图12-10　TYPE函数示例

12.2.3 IS类函数

在Excel的信息函数中包含12种IS开头的函数，其中有10个函数用于检验数值或引用类型，并根据参数取值返回TRUE或FALSE，有2个函数是检验参数奇偶性的。

下面以表格形式介绍IS类函数的表达式和功能，如表12-3所示。

表12-3 IS类函数介绍

表达式	功能
=ISBLANK(value)	检查是否引用空单元格，返回TRUE或FALSE
=ISERR(value)	检查值是否为除#N/A之外的错误值，返回TRUE或FALSE
=ISERROR(value)	检查值是否为错误值，返回TRUE或FALSE
=ISFORMULA(reference)	检查是否指向包含公式的单元格，返回TRUE或FALSE
=ISLOGICAL(value)	检查值是否为逻辑值，返回TRUE或FALSE
=ISNA(value)	检查值是否为#N/A，返回TRUE或FALSE
=ISNONTEXT(value)	检测值是否不是文本，返回TRUE或FALSE
=ISNUMBER(value)	检测值是否为数值，返回TRUE或FALSE
=ISREF(value)	检测值是否为引用，返回TRUE或FALSE
=ISTEXT(value)	检测值是否为文本，返回TRUE或FALSE
=ISEVEN(number)	检测数字是否为偶数，返回TRUE或FALSE
=ISODD(number)	检测数字是否为奇数，返回TRUE或FALSE

IS类函数示例，如图12-11所示。

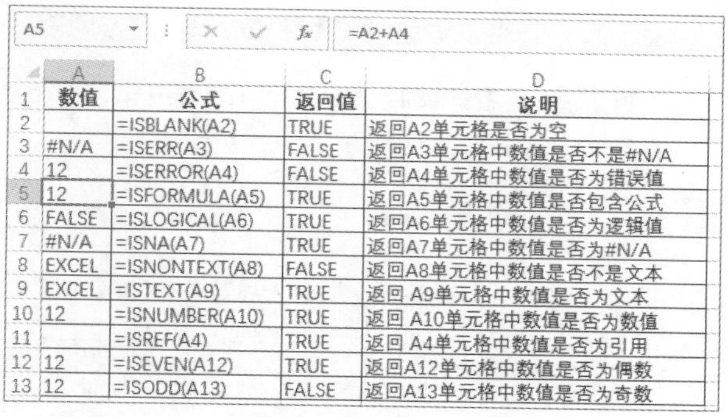

	A	B	C	D
1	数值	公式	返回值	说明
2		=ISBLANK(A2)	TRUE	返回A2单元格是否为空
3	#N/A	=ISERR(A3)	FALSE	返回A3单元格中数值是否不是#N/A
4	12	=ISERROR(A4)	FALSE	返回A4单元格中数值是否为错误值
5	12	=ISFORMULA(A5)	TRUE	返回A5单元格中数值是否包含公式
6	FALSE	=ISLOGICAL(A6)	TRUE	返回A6单元格中数值是否为逻辑值
7	#N/A	=ISNA(A7)	TRUE	返回A7单元格中数值是否为#N/A
8	EXCEL	=ISNONTEXT(A8)	FALSE	返回A8单元格中数值是否不是文本
9	EXCEL	=ISTEXT(A9)	TRUE	返回 A9单元格中数值是否为文本
10	12	=ISNUMBER(A10)	TRUE	返回 A10单元格中数值是否为数值
11		=ISREF(A4)	TRUE	返回 A4单元格中数值是否为引用
12	12	=ISEVEN(A12)	TRUE	返回A12单元格中数值是否为偶数
13	12	=ISODD(A13)	FALSE	返回A13单元格中数值是否为奇数

图12-11 IS类函数示例

12.3 数据库函数

Excel中还包含一些工作表函数，对存储在列表或数据库中的数据进行分析。这些函数有一个共同点就是以D开头，当需要分析数据列表中是否符合特定条件时可以使用该类函数。本节主要介绍DSUM、DCOUNT和DMIN函数。

12.3.1 DSUM函数

DSUM函数返回列表或数据库中满足指定条件的字段（列）中的数字之和。

表达式：DSUM(database,field,criteria)

参数含义：database 构成列表或数据库的单元格区域；field 指定函数所使用的数据列；criteria为一组包含给定条件的单元格区域。

> **提示**
> field参数如果指定的字段名称不存在，则返回#VALUE！错误值。

EXAMPLE 使用DSUM函数统计满足条件的销售金额之和

某企业统计销售员工的销售记录，现在需要查看何玉崔销售佳能数量大于30的销售金额之和，下面介绍具体操作方法。

Step 01 选择函数。 打开"员工销售记录表.xlsx"工作簿，在B108:E109单元格区域完善表格，选中E109单元格，打开"插入函数"对话框，选择DSUM函数❶，单击"确定"按钮❷，如图12-12所示。

Step 02 输入参数。 打开"DSUM"对话框，在Database文本框中输入"B1:G106"❶，在Field文本框中输入"G1"❷，在Criteria文本框中输入"B108:D109"❸，单击"确定"按钮❹，如图12-13所示。

图12-12 选择函数

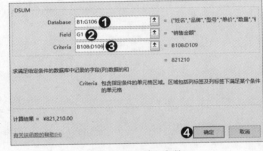

图12-13 输入参数

Step 03 查看计算结果。 返回工作表中，计算出何玉崔销售佳能数量大于30的销售金额总和，如图12-14所示。

提示

使用DSUM函数比SUMIFS函数计算简单点，如果使用SUMIFS函数计算结果，则公式为"=SUMIFS(G2:G106,B2:B106,"何玉崔",C2:C106,"佳能",F2:F106, ">30")"。

E109 fx =DSUM(B1:G106,G1,B108:D109)

	A	B	C	D	E	F	G
1	序号	姓名	品牌	型号	单价	数量	销售金额
95	M094	何玉崔	佳能	EOS 6D	¥14,399.00	43	¥619,157.00
96	M095	钟煜	尼康	D850	¥19,299.00	37	¥714,063.00
97	M096	张习	佳能	EOS R	¥18,199.00	41	¥746,159.00
98	M097	孟文楷	尼康	Z6 24-70	¥15,599.00	49	¥764,351.00
99	M098	钟煜	尼康	Z6 24-70	¥15,599.00	50	¥779,950.00
100	M099	钟煜	佳能	EOS R	¥18,199.00	48	¥873,552.00
101	M100	李丽灵	尼康	D850	¥19,299.00	47	¥907,053.00
102	M101	张习	奥林巴斯	E-MX	¥21,999.00	46	¥1,011,954.00
103	M102	李丽灵	奥林巴斯	E-MX	¥21,999.00	46	¥1,011,954.00
104	M103	张习	佳能	EOS 5D	¥21,999.00	47	¥1,033,953.00
105	M104	钟煜	奥林巴斯	E-MX	¥21,999.00	49	¥1,077,951.00
106	M105	何玉崔	奥林巴斯	E-MX	¥21,999.00	50	¥1,099,950.00
107							
108		姓名	品牌	数量	销售金额		
109		何玉崔	佳能	>30	¥821,210.00		

图12-14 查看计算结果

12.3.2 DCOUNT和DCOUNTA函数

1. DCOUNT函数

DCOUNT函数统计满足指定条件并且包含数字的单元格的个数。

表达式：DCOUNT(database,field,criteria)

参数含义：database表示需要统计的单元格区域；field表示函数所使用的数据列；criteria包含条件的单元格区域。

2. DCOUNTA函数

DCOUNTA函数统计满足条件的数据记录中，非空单元格的个数。

表达式：DCOUNTA(database,field,criteria)

参数含义：DCOUNTA函数和DCOUNT函数参数一致，此处不再叙述。

EXAMPLE 统计所有职工捐款的人数

企业为灾区捐款，现在根据表格统计出职工捐款的人数，下面介绍使用DCOUNT函数计算的方法。

Step 01 输入公式。 打开"企业捐款人数统计表.xlsx"工作簿，在G1:H2单元格中完善表格，在H2单元格中输入"=DCOUNT(D1:E18,E1,G1:G2)"公式，如图12-15所示。

Step 02 查看统计数据。 返回工作表中查看统计的结果，如图12-16所示。

图12-15 输入公式　　　　　　　　图12-16 查看统计数据

12.3.3 DMAX和DMIN函数

提示

使用MEDIAN函数计算中值时，该函数会对数据从小至大或从大至小进行排序，然后取中值。

1. DMAX函数

DMAX函数返回列表或数据库中满足指定条件的记录字段中最大的数字。

表达式：DMAX(database, field, criteria)

参数含义：database表示构成列表或数据库的单元格区域，列表的第一行包含第一列的标签；field表示指定函数所使用的列，输入两端带双引号的列标签，如"销售总额"或"总分"等，也可是代表列在列表中的位置的数字（不带引号），1表示第一列，2表示第二列，依此类推；criteria是包含所指定条件的单元格区域，criteria 参数可以指定任意区域，只要此区域包含至少一个列标签，并且列标签下方包含至少一个指定列条件的单元格。

2. DMIN函数

DMIN函数返回列表或数据库中满足指定条件的记录字段中最小的数字。

表达式：DMIN(database, field, criteria)

参数含义请参照DMAX函数的参数含义。

EXAMPLE 计算满足条件的最大和最小销售金额

Step 01 输入公式。 打开"销售统计表.xlsx"工作簿，在D27:G30单元格区域完善表格，选中G27单元格输入"=DMAX(A1:H25,H1,D27:D28)"公式，如图12-17所示。

Step 02 输入公式计算除去店长最少销售额。 按Enter键执行计算，选中G28单元格，输入"=DMIN(A1:H25,H1,D27:D28)"公式，如图12-18所示。

扫码看视频

实例文件

原始文件：
实例文件\第12章\原始
文件\销售统计表.xlsx
最终文件：
实例文件\第12章\最终
文件\ DMAX和DMIN函
数.xlsx

图12-17 输入公式

图12-18 输入公式

Step 03 **输入公式计算大于45万中销售总额最多的值。** 选中G29单元格，然后输入"=DMAX(A1:H25,H1,D29:D30)"公式，如图12-19所示。

Step 04 **输入公式计算大于45万中销售总额最少的值。** 选中G30单元格，然后输入"=DMIN(A1:H25,H1,D29:D30)"公式，如图12-20所示。

提 示

在统计除去店长的最高
销售额时，也可以使用
MAXIFS函数，其公
式为"=MAXIFS(H2:
H25, D2:D25,"<>店长
")"。统计最小值时可以
使用MINIFS函数。

图12-19 输入公式

图12-20 查看计算结果

Step 05 **查看计算结果。** 返回工作表中，查看使用DMAX和DMIN函数计算满足不同条件的最大值和最小值，如图12-21所示。

图12-21 查看计算结果

PART

02

图表篇

本篇主要介绍关于图表的知识，总共包含5章。首先介绍图表的基础知识，如图表的概述、基本操作、图表的美化以及图表的打印。然后介绍图表的设计和分析，如设置图表的颜色、编辑图表的标题、坐标轴以及添加趋势线、折线等。通过这两章内容的学习，读者对图表已经有一定的了解，接下来介绍各类图表的应用，包括常规图表的应用和高级应用。最后介绍迷你图的创建和编辑操作。在介绍各种图表知识时，文中通过实例让读者更明了地理解图表，相信通过本章的学习，读者可以轻松自如地将数值转换为易懂、直观的图表。

Chapter 13

Excel图表的基础

图表是Excel的重要组成部分，它可以直观地将表格中的数据展示出来。在实际工作中，有时仅仅使用表格展示数据是不够的，还需要更直观的展示方式，此时就可以使用图表功能。本章主要介绍图表的基础知识，如图表的概述、操作、美化以及打印等。

13.1 图表的概述

图表可以将工作表中的数据以图形的方式表现出来，可以直观、形象地展示给浏览者，从而更好分析数据。当然在使用图表之前，必须先了解图表基础知识，如图表的组成、类型和如何插入图表等。

13.1.1 图表的组成元素

图表中包含很多种元素，默认情况下只包含部分元素，用户可以根据需要添加或删除某元素，在以后章节中将会详细介绍。图表由图表区、图形标题、坐标轴、图例等元素组成，如图13-1所示。

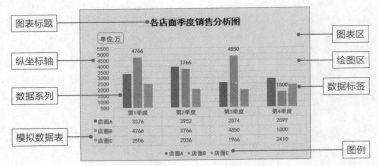

图13-1　图表的组成

1. 图表区

图表区是图表全部范围，将光标移至图表的空白区域，在光标右下角显示"图表区"文字，然后单击即可显示图表的边框和右侧3个按钮。在图表的四周出现8个控制点，右侧3个按钮分别为"图表元素"按钮、"图表样式"按钮和"图表筛选器"按钮，如图13-2所示。

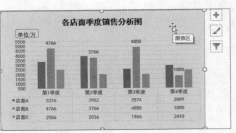

图13-2　选中图表区

提示

在13-1图中只展示部分图表元素，如果需要添加其他图表元素，切换至"图表工具-设计"选项卡，单击"图表布局"选项组中"添加图表元素"下三角按钮，在列表中选择需要添加的元素即可。

提示

当选中图表中任意元素后，在功能区打开"图表工具"选项卡，其下包含"设计"和"格式"两个子选项卡。

216

单击对应的按钮，可以快速选取和预览图表元素、图表外观或筛选数据。若单击"图表元素"按钮，在右侧列表中勾选元素对应的复选框，在子列表中再勾选对应的复选框即可，如图13-3所示。

若单击"图表样式"按钮，在列表中可以设置图表样式和系列的颜色，如图13-4所示。

若单击"图表筛选器"按钮，在列表中可以对图表系列和类别的数值以及名称进行设置，如图13-5所示。

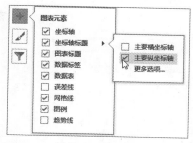

图13-3　图表元素

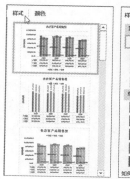

图13-4　图表样式

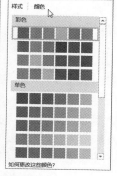

图13-5　图表筛选器

2. 绘图区

绘图区是指图表区内的图形表示区域，包括数据系列、刻度线标志和横纵坐标轴等。图表的绘图区主要是显示数据表中的数据，将数据转换为图表的区域，其数据可以根据数据表中数据的更新而更新。

3. 图例

图例是由图例项和图例项标志组成，主要是标识图表中数据系列以及分类指定颜色或图案。用户可以根据需要将其放在右侧、左侧、顶部或底部。

4. 数据系列

数据系列是在图表中绘制的相关数据点，这些数据源自数据表的行或列。图表中的数据系列是源数据的体现，源数据越大，对应的数据系列也越大。数据系列具有唯一的颜色或图案并且在图像中体现。图表的类型不同数据系列的数量也不同，如饼图只有一个数据系列。

5. 纵和横坐标轴

坐标轴是界定图表绘图区的线条，用作度量的参照框架。纵坐标轴包含数据，横坐标轴包含分类。坐标轴按位置不同可以分为主坐标轴和次坐标轴两类。在绘图区的左侧和下方的坐标轴为主坐标轴。

6. 模拟数据表

模拟数据表显示图表中所有数据系列的源数据。对于设置了模拟运算表的图表，模拟运算表将固定显示在绘图区下方。

7. 三维背景

如果应用三维图表，可以设置三维背景，其中三维背景包括背景墙、侧面墙和基底3部分，浅蓝色为背景墙，浅绿色为侧面墙，橙色为基底，如图13-6所示。

 提示

次坐标轴一般位于绘图右侧和上方。

三维背景将在14.6.2中详细介绍。

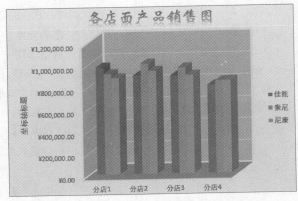
图13-6 三维背景

13.1.2 图表的类型

交叉参考

16种类型的图表将在13.5节进行介绍。

Excel提供16种图表的类型，如柱形图、折线图、饼图、条形图、面积图、股价图、XY散点图、曲面图、雷达图、树状图、地图、旭日图、直方图、箱形图、瀑布图和漏斗图。每种标准图表类型还包括子类型，如三维簇状柱形图、三维折线图和复合饼图等。除此之外，还包括图表中使用多种图表类型创建的复合图。

Excel中包含的16种图表类型，在"插入图表"对话框中可以进行选择，如图13-7所示。

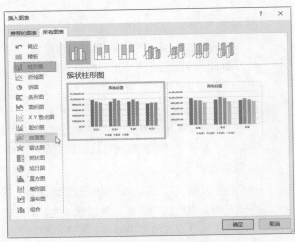
图13-7 图表的标准类型

13.1.3 创建图表

扫码看视频

选择合适的图表类型才能让数据更好地展示。在Excel中提供了"推荐的图表"功能，根据数据类型推荐最合适的图表，也可以根据个人需要选择图表类型，下面介绍具体操作方法。

Step 01 启动"推荐的图表"功能。打开"各店面每季度销售统计表.xlsx"工作簿，选中表格中任意单元格❶，切换至"插入"选项卡，单击"图表"选项组中"推荐的图表"按钮❷，如图13-8所示。

Step 02 选择图表类型。打开"插入图表"对话框，在"推荐的图表"选项卡右侧，通过拖动滚动条选择满意类型❶，单击"确定"按钮❷，如图13-9所示。

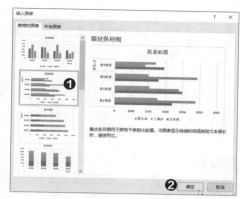

图13-8 单击"推荐的图表"按钮　　　　图13-9 选择图表类型

Step 03 查看创建的图表。 返回工作表中,即可创建选中的图表,图表是浮于工作表之上的,如图13-10所示。

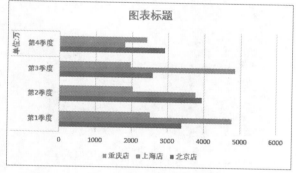

图13-10 查看创建的图表

上述介绍在连续的数据区域中创建图表,用户也可以根据需要为不连续的数据区域创建图表,下面介绍具体操作方法。

Step 01 创建饼图。 打开"各店面每季度销售统计表.xlsx"工作簿,按住Ctrl键选中不连续的区域,如A3:A6和C3:C6单元格区域❶。切换至"插入"选项卡,单击"图表"选项组中"插入饼图或圆环图"下三角按钮❷,在列表中选择"三维饼图"选项❸,如图13-11所示。

Step 02 查看插入饼图的效果。 返回工作表中,可见插入的三维饼图只显示选中区域的数据信息,如图13-12所示。

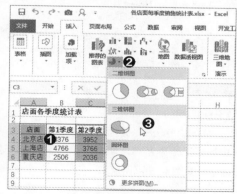

图13-11 选择"三维饼图"选项

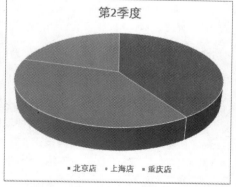

图13-12 查看效果

13.2 图表的基本操作

图表创建完成后，均为默认的样式，用户可以根据需要对其进行编辑操作，如更改图表大小、移动图表、图表的复制或删除等操作。

13.2.1 移动图表

实例文件

原始文件：
实例文件\第13章\原始文件\各国GDP分析表.xlsx
最终文件：
实例文件\第13章\最终文件\移动图表.xlsx

在Excel中创建图表，默认情况下图表和数据源在同一工作表中，用户可以根据需要将图表进行移动。

Step 01 在工作表内移动。 打开"各国GDP分析表.xlsx"工作表，将光标移至图表区，当变为十字箭头时，按住鼠标左键并拖动至需要的位置，最后释放鼠标即可，如图13-13所示。

Step 02 移至不同工作表中。 选中图表，切换至"图表工具-设计"选项卡，单击"位置"选项组中"移动图表"按钮，如图13-14所示。

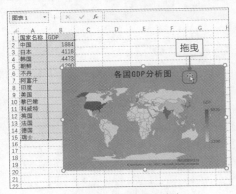

图13-13　在工作表内移动

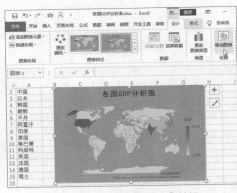

图13-14　单击"移动图表"按钮

Step 03 设置图表移动的位置。 打开"移动图表"对话框，选择"新工作表"单选按钮❶，然后输入名称❷，单击"确定"按钮❸，如图13-15所示。

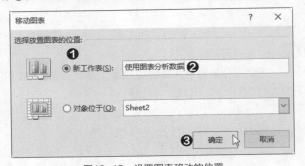

图13-15　设置图表移动的位置

Step 04 查看移动图表后的效果。 返回工作表中，创建新工作表，显示移动的图表，而且原图表将不存在，如图13-16所示。

Step 05 嵌入式移动图表。 若在步骤3的对话框中，选中"对象位于"单选按钮，单击右侧下三角按钮，在列表中选择工作表名称，如选择"图表"工作表，单击"确定"按钮后，图表将移至指定工作表，如图13-17所示。

提示

在Excel中图表有两种显示方式，步骤4中移动后的图表为图表工作表，是独立的工作表，只能显示图表，而不能输入数据；步骤5中为嵌入式图表，就是图表在数据工作表显示。

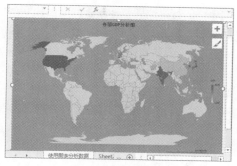
图13-16 查看效果

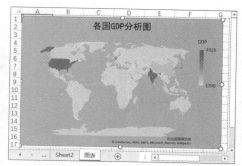
图13-17 嵌入式移动图表

13.2.2 调整图表的大小

用户可以根据效果调整图表的大小，即设置图表的长度和宽度。调整图表的大小可分手动调整和精确调整两种方法，下面介绍具体操作方法。

扫码看视频

方法1 手动调整

Step 01 拖曳填充柄。 打开"各店面每季度销售统计表.xlsx"工作表，选中图表，然后将光标移至控制点，如右下角控制点，然后按住鼠标左键不放进行拖曳，如图13-18所示。

Step 02 查看调整后的图表。 在拖曳过程中出现预览的边框，符合用户要求大小后，释放左键即可，如图13-19所示。

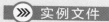
实例文件

原始文件：
实例文件\第13章\原始文件\各店面每季度销售统计表.xlsx
最终文件：
实例文件\第13章\最终文件\调整图表的大小.xlsx

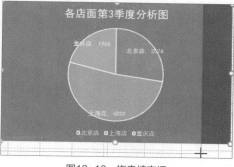
图13-18 拖曳填充柄

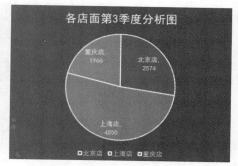
图13-19 查看调整后的图表

方法2 精确调整

选中图表，切换至"图表工具-格式"选项卡，在"大小"选项组中分别在"高度"和"宽度"的文本框中输入精确的数值，默认情况下单位是厘米，即可精确设置图表的大小，如图13-20所示。

提示

在拖曳控制点时，若拖曳4条边中间的控制点，可以调整图表的长度或宽度；拖曳4个角的控制点同时按住Shift键，可以等比缩小或扩大图表。

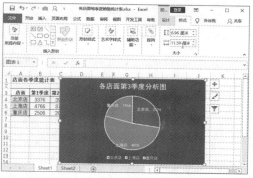
图13-20 设置"高度"和"宽度"的数值

在Excel中如果调整表格的行高或列宽，图表的高度和宽度会随之改变。读者可以对图表大小进行固定，具体操作如下。

Step 01 启动"设置图表区格式"导航窗格。选中图表，切换至"图表工具-格式"选项卡，单击"大小"选项组的对话框启动器按钮，如图13-21所示。

Step 02 固定图表的大小。打开"设置图表区格式"导航窗格，在"大小与属性"的选项卡的"属性"选项区域中选中"随着单元格改变位置，但不改变大小"单选按钮，如图13-22所示。

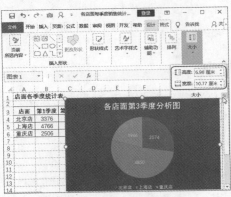

图13-21 单击对话框启动器

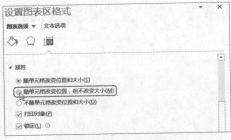

图13-22 固定图表的大小

13.2.3 更改图表的类型

创建表格后，用户如果觉得该图表类型不能完全达到展示数据的效果，可以更改图表类型。下面介绍具体操作方法

Step 01 启动"更改图表类型"功能。打开"各店面每季度销售统计表.xlsx"工作表，选中柱形图表❶，切换至"图表工具-设计"选项卡，单击"类型"选项组中"更改图表类型"按钮❷，如图13-23所示。

Step 02 选择图表类型。打开"更改图表类型"对话框，在"所有图表"选项卡中选择"折线图"选项❶，在右侧选项区域中选择"带数据标记的折线图"图表类型❷，单击"确定"按钮❸，如图13-24所示。

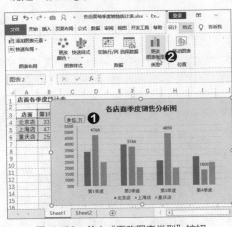

图13-23 单击"更改图表类型"按钮

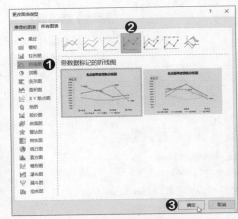

图13-24 选择图表类型

Step 03 查看更改图表类型的效果。返回工作表中，可见将原有的柱形图更改为折线图，其他元素没有变化，如图13-25所示。

Step 04 启动"更改图表类型"功能的另一方法。 选中图表并右击，在快捷菜单中选择"更改图表类型"命令，即可打开"更改图表类型"对话框，然后根据相同的方法更改类型即可，如图13-26所示。

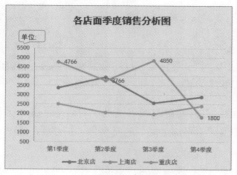

图13-25　查看更改为柱形图的效果

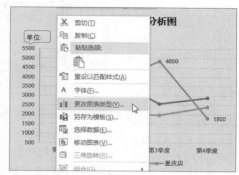

图13-26　选择"更改图表类型"命令

13.2.4　编辑图表中的数据

创建图表中的数据时根据源数据的变化而更新的，用户可以根据需要对图表的数据进编辑操作，如删除或添加。下面介绍详细步骤。

1. 添加数据

某商场统计各种酒的销售金额，在表格的第6行统计所有金额的平均值。现在需要在表格中将该行数据显示在图表上，下面介绍具体操作方法。

Step 01 启动"选择数据"功能。 打开"下半年各种酒销售统计.xlsx"工作表，在第6行输入平均销售金额。选中图表❶，切换至"图表工具-设计"选项卡，单击"数据"选项组中"选择数据"按钮❷，如图13-27所示。

Step 02 选中数据。 打开"选择数据源"对话框，单击"图表数据区域"右侧折叠按钮，返回工作表中，选择A1:G6单元格区域，如图13-28所示。

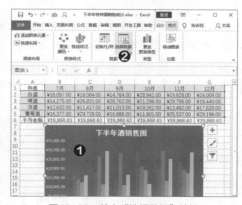

图13-27　单击"选择数据"按钮

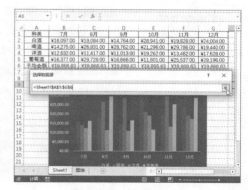

图13-28　选择数据区域

Step 03 确定数据区域。 再次单击折叠按钮，返回"选择数据源"对话框中，在"图例项"选项区域中可见增加了"平均金额"系列，单击"确定"按钮，如图13-29所示。

Step 04 查看添加数据的效果。 返回工作表中，在图表中显示添加的数据信息在图例中显示该系列的名称。选中该数据系列并右击，在快捷菜单中选择"更改系列图表类型"命令，如图13-30所示。

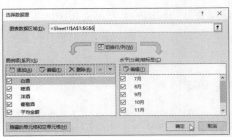
图13-29 确定数据区域

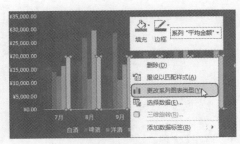
图13-30 选择"更改系列图表类型"命令

Step 05 **更改系列的类型**。打开"更改图表类型"对话框，在"为您的数据系列选择图表类型和轴"选项区域，设置"平均金额"的类型为"折线图"❶，单击"确定"按钮❷，如图13-31所示。

Step 06 **查看最终效果**。更改系列类型后，返回工作表中，可见添加的"平均金额"系列变为一条水平直线，如图13-32所示。

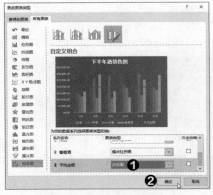
图13-31 更改图表类型

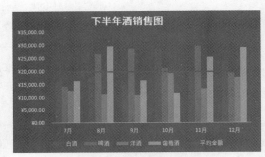
图13-32 查看添加数据的效果

2. 删除数据

Step 01 **选择删除的系列**。打开"下半年各种酒销售统计.xlsx"工作表，选中图表，打开"选择数据源"对话框，在"图例项"或"水平轴标签"选项区域中取消勾选需要删除的数据，如"洋酒"、"7月"和"10月"复选框，单击"确定"按钮，如图13-33所示。

Step 02 **查看删除数据的效果**。返回工作表中，在图表中删除取消勾选的相关数据信息，如图13-34所示。

图13-33 选择删除的系列

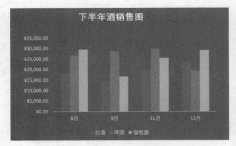
图13-34 查看图表效果

Step 03 **更改系列的顺序**。打开"选择数据源"对话框，在"图例项(系列)"选项区域中，选中系列❶，单击"上移"或"下移"按钮❷，即可调整系列的显示顺序，如图13-35所示。

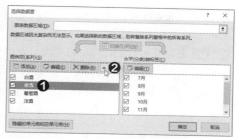

图13-35　更改系列的顺序

提示

用户还可以单击"图表筛选器"按钮，在"数值"选项卡取消勾选相对应的复选框即可。

13.2.5 在图表上显示单元格的内容

扫码看视频

实例文件

原始文件：
实例文件\第13章\原始文件\店面销售统计表.xlsx
最终文件：
实例文件\第13章\最终文件\在图表上显示单元格的内容.xlsx

创建好图表后，用户可在图表上显示指定单元格的内容，这需要通过文本框来实现。某卖场统计各分店不同品牌相机的销售数量，由于数量比较大，所以以千元为单位显示数据。在制作图表后，为了明确数据的含义，还需要说明，下面介绍具体的操作方法。

Step 01 修改数据。 打开"店面销售统计表.xlsx"工作表，将表格中的数据修改为以千元为单位，并在E2单元格中输入相关文字，如图13-36所示。

Step 02 启动"绘制横排文本框"功能。 切换至"插入"选项卡❶，单击"文本"选项组中"文本框"下三角按钮❷，在下拉列表中选择"绘制横排文本框"选项❸，如图13-37所示。

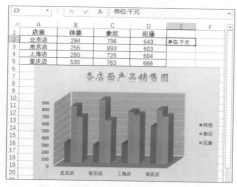

图13-36　修改数据

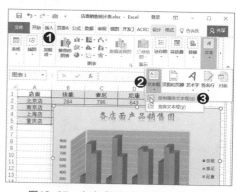

图13-37　启动"绘制横排文本框"功能

Step 03 绘制文本框。 光标变为倒着的十字形，在图表的左上角按住鼠标左键进行拖曳，绘制合适大小的文本框，如图13-38所示。

Step 04 输入公式。 绘制完成后，在编辑栏中输入"="等号，然后选中E2单元格，显示公式为"=Sheet1!$E$2"，然后按Enter键执行计算，如图13-39所示。

提示

在步骤4中，输入公式后，文本框中的内容随着E2单元格内容更新而更新，如果不希望被更新，则直接在文本框中输入相关内容即可。

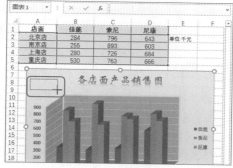

图13-38　绘制文本框

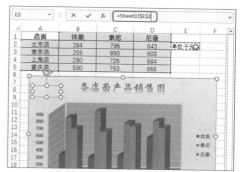

图13-39　输入公式

提示

在"形状样式"选项组中可以设置形状的填充、轮廓和效果。

Step 05 **查看显示效果。** 返回工作表中，在图表左上显示E2单元格中的内容，效果如图13-40所示。

Step 06 **设置文本框的轮廓。** 选中图表左上的文本框❶，切换至"绘图工具-格式"选项卡，单击"形状样式"选项组中"形状轮廓"下三角按钮❷，在列表中设置轮廓宽度为"0.5磅"❸，如图13-41所示。

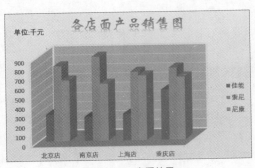

图13-40　查看效果

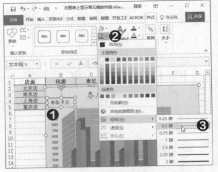

图13-41　添加轮廓

Step 07 **更改形状。** 单击"插入形状"选项组中"编辑形状"下角按钮❶，在列表中选择"改变形状>对话气泡:矩形"形状❷，如图13-42所示。

Step 08 **调整形状查看效果。** 选中形状中黄色控制点，向下拖动至合适位置，查看最终效果，如图13-43所示。

提示

用户可以在"编辑形状"下拉列表中选择"编辑顶点"选项，通过拖动顶点改变形状的外观。

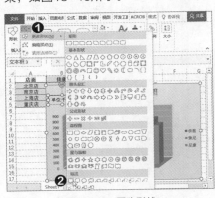

图13-42　更改形状

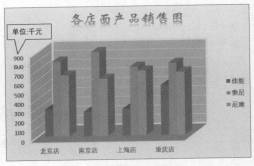

图13-43　查看最终效果

13.3 图表的美化

　　图表默认情况下是白底黑字，数据系列的颜色也是默认的，为了数据的展示效果更强烈，我们可对图表进行美化。本节主要介绍如何应用图表样式、形状样式及快速布局等。

13.3.1 快速更改图表布局

　　图表创建后，用户可以为图表添加需要的元素，也可以快速为图表应用预设的布局。下面介绍详细步骤。

Step 01 **选择布局。** 打开"小区销量统计表.xlsx"工作表，选中图表❶，切换至"图表工具-设计"选项卡，单击"图表布局"选项组中"快速布局"下三角按钮❷，在列表中选择合适的布局❸，如图13-44所示。

Step 02 **查看应用布局后的效果。** 选择"布局2"选项后，图表中的图例移到标题的下方，在数据系列的上方显示销售的数量，如图13-45所示。

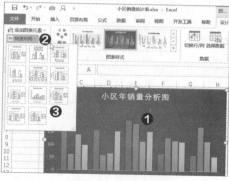
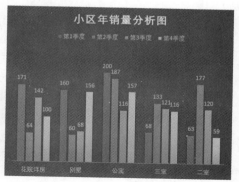

图13-44　选择布局　　　　　图13-45　查看效果

13.3.2　应用图表样式

在Excel中预设了10多种图表样式，用户可以直接套用，为图表快速进行美化操作。下面介绍具体操作方法。

Step 01 **打开图表样式列表。** 打开"小区销量统计表.xlsx"工作表，选中图表❶，切换至"图表工具-设计"选项卡，单击"图表样式"选项组中"其他"下三角按钮❷，如图13-46所示。

Step 02 **选择样式。** 在打开的图表样式列表中选择合适的样式，此处选择"样式4"，如图13-47所示。

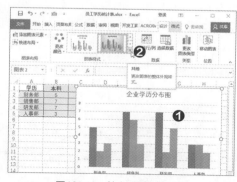
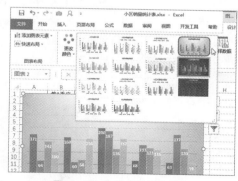

图13-46　单击"其他"按钮　　　图13-47　选择"样式4"选项

Step 03 **查看应用图表样式后的效果。** 返回工作表中可见图表已经应用"样式4"的效果，如图13-48所示。

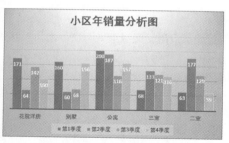

图13-48　查看效果

13.3.3

应用形状样式

Excel提供了70多种形状样式，用户直接套用即可。通过形状样式可以设置填充的颜色、图表的轮廓、轮廓的效果等，下面介绍具体操作方法。

Step 01 **打开形状样式的列表。** 打开"下半年各种酒销售统计.xlsx"工作表，选中图表❶，切换至"图表工具-格式"选项卡，单击"形状样式"选项组中"其他"下三角按钮❷，如图13-49所示。

Step 02 **选择样式。** 在打开的形状样式列表中，选择需要样式，此处选择"细微效果-蓝色，强调颜色1"样式，如图13-50所示。

实例文件

原始文件：
实例文件\第13章\原始文件\下半年各种酒销售统计表.xlsx
最终文件：
实例文件\第13章\最终文件\应用形状样式.xlsx

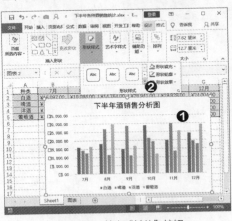

图13-49　单击"其他"按钮

图13-50　选择形状样式

Step 03 **查看应用形状样式后的效果。** 返回工作表中查看效果，如图13-51所示。

Step 04 **设置轮廓颜色。** 单击"形状样式"选项组中"形状轮廓"下三角按钮❶，在列表中设置轮廓宽度为"1.5磅"，设置颜色为浅蓝色❷，如图13-52所示。

提示

设置轮廓线型时，可选择"虚线>其他线条"选项，在打开的"设置图表区格式"导航窗格中设置线条样式。

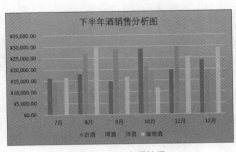

图13-51　查看效果

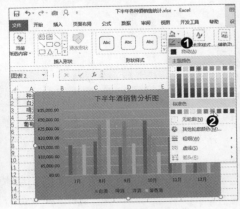

图13-52　设置颜色为浅蓝色

Step 05 **设置轮廓线型。** 再次单击"形状轮廓"下三角按钮❶，在列表中选择"虚线>短划线"选项❷，如图13-53所示。

Step 06 **设置形状效果。** 单击"形状效果"下三角按钮❶，在列表中选择"发光>发光:5磅；橙色，主题色2"选项❷，如图13-54所示。

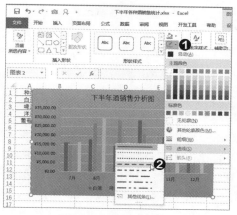 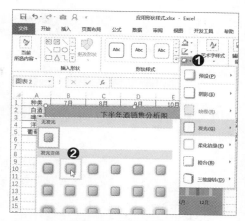

图13-53 设置轮廓线型　　　图13-54 选择形状效果

Step 07 **查看效果。** 返回工作表查看图表应用形状样式后的效果，如图13-55所示。

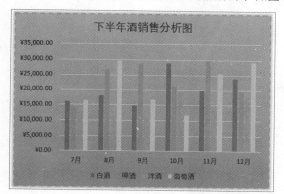

图13-55 查看应用形状样式效果

13.3.4 应用主题

用户可通过应用主题美化图表。选中图表，切换至"页面布局"选项卡，单击"主题"选项组中"主题"下三角按钮，在列表中选择合适的主题即可，如图13-56所示。

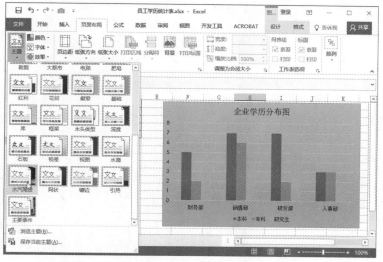

图13-56 应用主题

13.4

图表的打印

用户编辑完图表后，可以将其打印出来以供传阅。在打印图表时，可以单独打印图表，也可以和数据一起打印，下面介绍具体的操作方法。

13.4.1　打印数据和图表

当用户需要数据和图表一起打印时，可分为两种情况，第一种是图表和数据打印在同一页面上；第二种是将数据和图表分别打印在不同页面。下面介绍具体的操作方法。

Step 01 **数据和图表打印在同一页面。** 打开"员工学历统计表.xlsx"工作簿，将图表和数据排列好，执行"文件>打印"操作，如图13-57所示。

Step 02 **查看打印效果。** 在右侧打印预览区域可见，数据和图表打印在同一页面，如图13-58所示。

> **提示**
>
> 将图表和数据打印在同一页面时，需要将图表和数据排列在同一页面，否则会根据打印区域的大小，打印在不同页面。

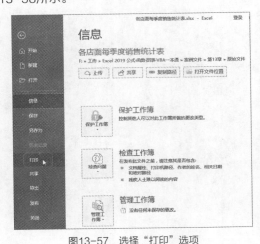

图13-57　选择"打印"选项

图13-58　查看打印效果

Step 03 **将数据和图表打印在不同页面。** 选择I7单元格❶，切换至"页面布局"选项卡，单击"页面设置"选项组中"分隔符"下三角按钮❷，在列表中选择"插入分页符"选项❸，如图13-59所示。

> **提示**
>
> 使用分页符时，需要注意，以设置分页符的单元格左上角将页面分为4个区域，并分别打印出来。

Step 04 **查看效果。** 执行"文件>打印"操作，在预览区域可见数据和图表在不同页面，如图13-60所示。

> **提示**
>
> 如果要删除分页符，则在"页面布局"选项卡"分隔符"列表中选择"删除分页符"选项即可。

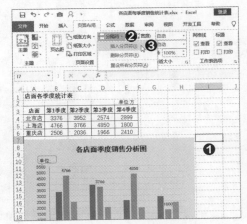

图13-59　选择"插入分页符"选项

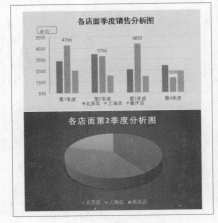

图13-60　查看打印效果

当表格中包含多个图表时，用户也可以只打印某图表和数据区域，下面介绍具体操作方法。

Step 01 **设置打印的区域**。打开工作表，选择打印的区域❶，包括需要打印的图表和数据，切换至"页面布局"选项卡，单击"页面设置"选项组中"打印区域"下三角按钮❷，在列表中选择"设置打印区域"选项❸，如图13-61所示。

Step 02 **查看打印效果**。进入打印预览，可见选中区域被打印，未选中的区域不会打印，如图13-62所示。

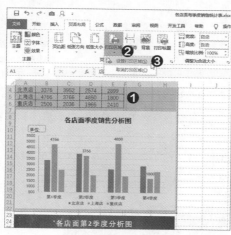

图13-61　设置打印的区域

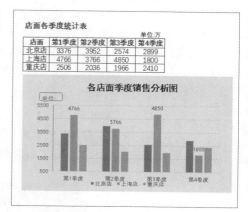

图13-62　查看打印效果

13.4.2 只打印图表

扫码看视频

如果用户只需要打印图表，不需要打印数据时，可通过以下操作方法实现。

Step 01 **打印一张图表**。打开"小区销量统计表.xlsx"工作簿，创建柱形图和饼图，选择需要打印的图表❶，然后单击"文件"标签❷，如图13-63所示。

Step 02 **查看打印效果**。选择"打印"选项，在右侧预览区域，可见只打印选中的图表，如图13-64所示。

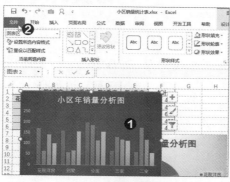

图13-63　选择图表

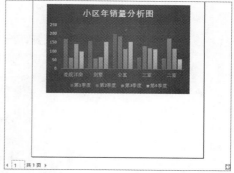

图13-64　查看打印效果

下面介绍如何只打印多条图表的操作方法。

Step 01 **查看打印效果**。按住Shift键选中需要打印的图表，然后进入打印预览界面，可见工作表中数据和图表都被打印了，如图13-65所示。

Step 02 **设置打印区域**。选中需要打印图表所在的单元格区域❶，单击"打印区域"下三角按钮❷，在列表中选择"设置打印区域"选项❸，如图13-66所示。

	第1季度	第2季度	第3季度	第4季度	合计
花院洋房	171	64	142	100	477
别墅	160	60	68	156	444
公寓	200	187	116	157	660
三室	68	133	121	116	438
二室	63	177	120	59	419

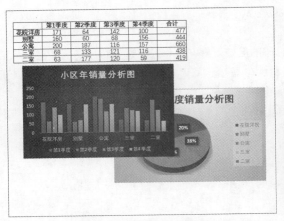

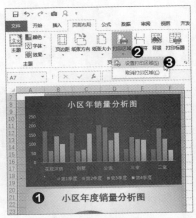

图13-65 查看打印效果　　　　　　　图13-66 设置打印区域

提示

当打印多张图表时，还需要设置打印的区域，本案例介绍两种设置打印区域的方法。

Step 03 查看打印多张图表的效果。 返回工作表中，进入打印预览界面，可见只打印选中的图表，如图13-67所示。

Step 04 在"打印"区域中设置。 在工作表中选中图表所在的单元格区域，执行"文件>打印"操作，可见全部信息被打印，如图13-68所示。

提示

在"打印"区域中，还可以设置打印方向、缩放以及页边距等参数。

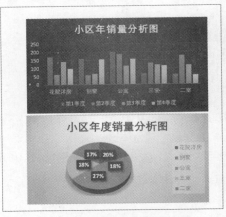

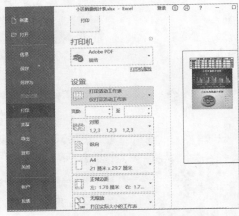

图13-67 查看打印多张图表效果　　　　　图13-68 执行"文件>打印"操作

Step 05 设置打印选定的区域。 在"打印"选项区域中，单击"打印活动工作表"下三角按钮❶，选择"打印选定区域"选项❷，查看打印效果，如图13-69所示。

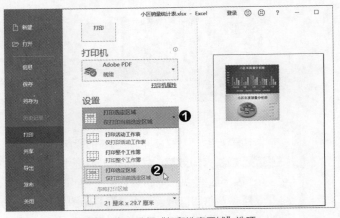

图13-69 选择"打印选定区域"选项

13.5 了解各类图表

创建图表是为了更好地展示数据，使浏览者更容易理解。Excel 2019提供10多种图表的类型，用户根据数据的特征选择图表，下面详细介绍各类图表类型以及应用范围。

13.5.1 柱形图

柱形图是最常用的图表类型之一。柱形图用于显示一段时间内的数据变化或说明各项之间的比较情况，通常情况下沿横坐标轴组织类别，沿纵坐标轴组织数值。

柱形图包括7个子类型，分别为"簇状柱形图"、"堆积柱形图"、"百分比堆积柱形图"、"三维簇状柱形图"、"三维堆积柱形图"、"三维百分比堆积柱形图"和"三维柱形图"。

例如，某公司统计4个分店不同品牌相机的销售数据，使用柱形图展示各数据的分布情况，横坐标轴为各分店名称，纵坐标轴是各品牌的销售金额，下面使用簇状柱形图显示数据，描述各分店销售各品牌相机总金额的比较情况，如图13-70所示。

提示

二维柱形图包括"簇状柱形图"、"堆积柱形图"和"百分比堆积柱形图"，使用二维形式显示值。

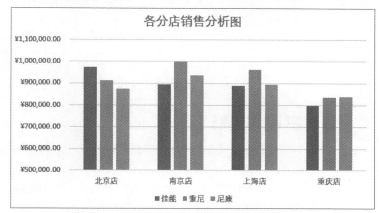

图13-70 簇状柱形图

下面我们将其转换为"三维柱形图"，效果如图13-71所示。三维柱形图可以很好地比较各店面不同品牌的销售金额情况。纵着比较是同店面各品牌的销售比较情况，横着比较是同一品牌，不同店面之间的数据比较情况，可见"三维柱形图"可以同时跨类别和系列比较数据。但是三维柱形图容易产生一些错觉，很难进行精确地比较。

提示

三维柱形图使用3个坐标轴，分别为"横坐标轴"、"纵坐标轴"和"竖坐标轴"。

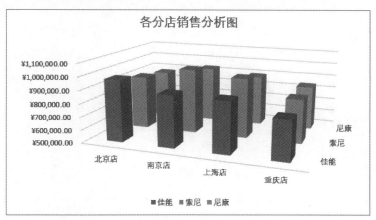

图13-71 三维柱形图

13.5.2 折线图

折线图用于显示在相等时间间隔下数据的变化情况。在折线图中，类别数据沿横坐标均匀分布，所有数值沿垂直轴均匀分布。

折线图也包括7个子类型，分别为"折线图"、"堆积折线图"、"百分比堆积折线图"、"带数据标记的折线图"、"带数据标记的堆积折线图"、"带数据标记的百分比堆积折线图"和"三维折线图"。

图13-72为下半年各种酒的销售图。其中横坐标轴显示月份，纵坐标轴显示各种酒的销售金额。

将其转换为"三维折线图"，效果如图13-73所示。展示数据的效果与三维柱形图相似。

提示

带数据标记的折线图，是在折线图的各数据点添加不同颜色的标记点。

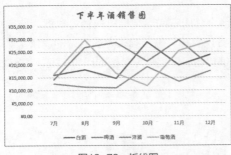

图13-72　折线图

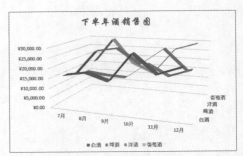

图13-73　三维折线图

13.5.3 饼图和圆环图

饼图用于只有一个数据系列，对各项的数值与总和的比例，在饼图中各数据点的大小表示占整个饼图的百分比。

饼图包括5个子类型，分别为"饼图"、"三维饼图"、"复合饼图"、"复合条饼图"和"圆环图"。

使用饼图时，需要满足以下几个条件，数据区域仅包含一列数据系列；绘制的数值没有负值；需要绘制的数值几乎没有零值等。

图13-74为各部门费用分布图。各系列的大小表示占整个饼图的百分比，其中各系列中的数值是可以根据需要进行设置的，请参考14.5节的相关知识，设置标签的显示内容。

圆环图包含在饼图内，但是圆环图可以显示多个数据系列，其中每个圆环代表一个数据系列，每个圆环的百分比总计为100%。图13-75为圆环图。

提示

饼图和圆环图与其他图表的最大区别是没有坐标轴。

提示

饼图或圆环图都可以通过手动拉出某扇区，从而突出该部分。

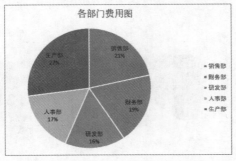

图13-74　饼图

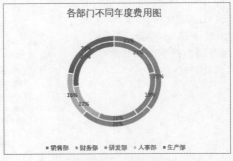

图13-75　圆环图

13.5.4 条形图

条形图用于多个项目之间的比较情况。条形图相当于柱形图顺时针旋转90度，它强调的是特定时间点上分类轴和数值的比较。

条形图包括6个子类型，分别为"簇状条形图"、"堆积条形图"、"百分比堆积条形图"、"三维簇状条形图"、"三维堆积条形图"和"三维百分比堆积条形图"。

使用饼图时，需要满足以下几个条件，数据区域仅包含一列数据系列；绘制的数值没有负值；需要绘制的数值几乎没有零值等。

将13.5.2节介绍的折线图转换为簇状条形图，效果如图13-76所示。

> **提示**
>
> 百分比条形图可以跨类别比较每个值占总体的百分比。

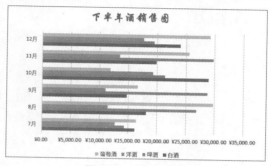

图13-76　簇状条形图

13.5.5 XY散点图

XY散点图显示若干数据系列中各数值之间的关系。散点图有两个数值轴，水平数值轴和垂直数值轴，散点图将X值和Y值合并到单一的数据点，按不均匀的间隔显示数据点。

XY散点图包括7个子类型，分别为"散点图"、"带平滑线和数据标记的散点图"、"带平滑线的散点图"、"带直线和数据标记的散点图"、"带直线的散点图"、"气泡图"和"三维气泡图"。

图13-77以散点图显示各种酒每个月的销售额。

图13-78以气泡图显示白酒每月的销售情况。

> **提示**
>
> 气泡图中可以添加第3组数值，即在气泡上添加数据标签，用户也可以参考14.5中操作方法。

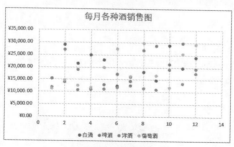

图13-77　散点图

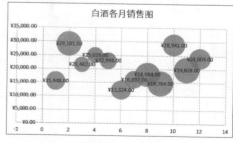

图13-78　气泡图

13.5.6 面积图

面积图用于显示各数值随时间变化的情况，通过面积显示所绘制的数值总和与整体的关系。

图13-79以堆积面积图形式显示下半年各种酒的销售情况。

面积图包括6个子类型，分别为"面积图"、"堆积面积图"、"百分比堆积面积图"、"三维面积图"、"三维堆积面积图"和"三维百分比堆积面积图"。

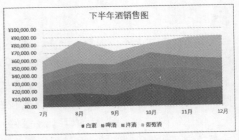

图13-79　堆积面积图

13.5.7　股价图

股价图用于描述股票波动趋势，不过也可以显示其他数据。创建股价图必须按照正确的顺序。

股价图包括4个子类型，分别为"盘高-盘低-收盘图"、"开盘-盘高-盘低-收盘图"、"成交量-盘高-盘低-收盘图"和"成交量-开盘-盘高-盘低-收盘图"。

图13-80以开盘-盘高-盘低-收盘图显示股本的情况。

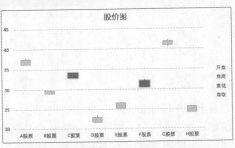

图13-80　开盘-盘高-盘低-收盘图

13.5.8　曲面图

曲面图是以平面来显示数据的变化趋势，像在地形图中一样，颜色和图案表示处于相同数值范围内的区域。

面积图包括4个子类型，分别为"三维曲面图"、"三维线框曲面图"、"曲面图"和"曲面图(俯视框架图)"。

将下半年各种酒的销售数据以曲面图的形式显示，如图13-81所示。

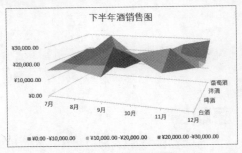

图13-81　三维曲面图

13.5.9　雷达图

雷达图用于显示数据系列相对于中心点以及相对于彼此数据类别间的变化。雷达图的每个分类都有自己的数字坐标轴，由中心向外辐射，并由折线将同一系列中的数值连接起来。

雷达图包括3个子类型，分别为"雷达图"、"带数据标记的雷达图"和"填充雷达"。

将下半年各种酒的销售数据以雷达图的形式显示，如图13-82所示。

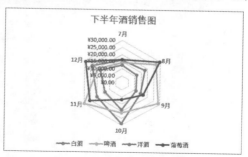

图13-82　带数据标记的雷达图

13.5.10 树状图

树状图用于展示数据之间的层级和占比关系，其中矩形的面积表示数据的大小。树状图可以显示大量数据，它不包含子类型图表。树状图中各矩形的排列是随着图表的大小变化而变化的。

将下半年各种酒的销售数据以树状图的形式显示，如图13-83所示。

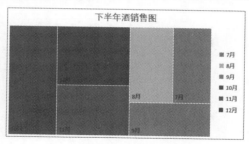

图13-83　树状图

13.5.11 旭日图

旭日图可以表示清晰的层级和归属关系，以父子层次结构来显示数据的构成情况。在旭日图中每个圆环代表同一级别的数据，离原点越近级别越高。

某婴幼儿卖场，按季度、月和周统计销售额，下面以旭日图的形式展示数据，如图13-84所示。

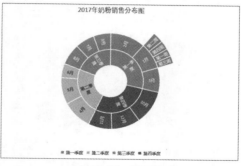

图13-84　旭日图

13.5.12 直方图

直方图用于展示数据的分组分布状态，常用于分析数据在各个区间分部的比例，用矩形的高度表示频数的分布。

期中考试结束后，班主任使用直方图显示不同分数段的人数，效果如图13-85所示。

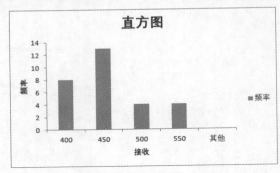

图13-85　直方图

13.5.13 箱型图

箱型图的优势在于，可以很方便地一次看到一批数据的四分值、平均值以及离散值。

统计各班级的各科成绩，使用箱型图展示数据，效果如图13-86所示。

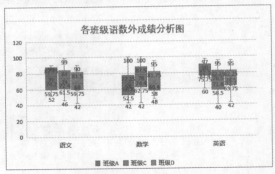

图13-86　箱型图

13.5.14 瀑布图

瀑布图是由麦肯锡顾问公司所独创的图表类型，该图表采用绝对值与相对值结合的方式，适用于表达数个特定数值之间的数量变化关系。

某员工统计1月份工资表，以瀑布图展示相关数据，如图13-87所示。

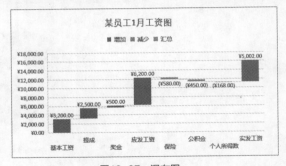

图13-87　瀑布图

13.5.15 地图

使用地图图表来比较值，并跨地理区域显示类别。数据中含有地理区域（如国家/地区、省/自治区/直辖市、县或邮政编码）时使用地图图表。

统计某服务全国各省份的使用情况，下面分别使用平面地图和三维地图形式展示数据。平面地图效果如图13-88所示。

图13-88 瀑布图

使用三维地图展示数据时，可通过堆积柱形图、簇状柱形图、气泡图、热度地图等展示数据，热度地图的效果如图13-89所示。

图13-89 热度地图效果

13.5.16 漏斗图

漏斗图适用于业务流程比较规范、周期长、环节多的流程分析，通过漏斗形式展现各环节业务数据的比较，能够直观地发现和说明问题所在。

某企业根据合作的不同阶段，统计客户的数量，下面通过漏斗图的形式分析数据，如图13-90所示。

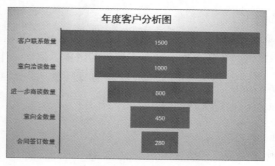

图13-90 漏斗图

图表的设计和分析

上一章介绍图表的创建、基本操作、整体的美化以及打印，如果需要将图表制作得更吸引浏览者，还需要对各元素进行设计，如图表区、标题、数据标签以及三维图表等。通过本章的学习，读者可以制作更加美观、个性的图表。

14.1 图表的底纹颜色和边框

在为图表设置底纹颜色时，可以设置图表区和绘图区的颜色。用户也可以设置纯色、渐变色、图案或者图片等进行填充。下面介绍具体操作方法。

14.1.1 设置图表的颜色

扫码看视频

实例文件

原始文件：
实例文件\第14章\原始文件\年度客户分析表.xlsx

最终文件：
实例文件\第14章\最终文件\为图表区填充渐变色.xlsx

提示

设置渐变光圈，首先选中某一光圈，在下方设置填充颜色、透明度和亮度。如果需要添加渐变光圈，在线条上单击即可，或选中某光圈，单击"添加渐变光圈"按钮，即可在右侧添加渐变光圈。

关于设置图表的颜色，在上一章已经介绍使用"形状样式"填充纯色，本节将不再介绍填充纯色的知识，主要介绍填充渐变颜色、图案以及应用背景。下面介绍具体操作方法。

1. 填充渐变颜色

Step 01 启动"设置图表区格式"导航空格。打开"年度客户分析表.xlsx"工作表，选中图表❶，切换至"图表工具-格式"选项卡，单击"形状样式"选项组中对话框启动器按钮❷，如图14-1所示。

Step 02 设置渐变颜色。打开"设置图表区格式"导航窗格，在"填充"区域选中"渐变填充"单选按钮❶，设置类型为"矩形"❷，分别设置各渐变光圈的颜色、亮度、和透明度的值❸，如图14-2所示。

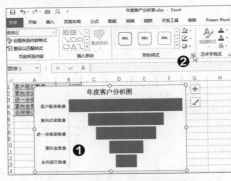

图14-1　单击对话框启动器按钮

图14-2　设置渐变颜色

Step 03 查看设置渐变填充的效果。返回工作表中，可见选中的图表已应用渐变颜色，如图14-3所示。

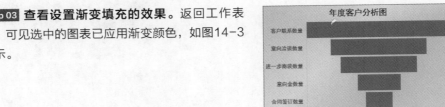

图14-3　查看渐变色效果

2. 填充图案

Step 01 **启动"设置图表区格式"导航窗格。**打开"店面销售统计表.xlsx"工作表，选中图表并右击❶，在快捷菜单中选择"设置图表区域格式"命令❷，如图14-4所示。

Step 02 **设置图案颜色。**打开"设置图表区格式"导航窗格，在"填充"选项区域选中"图案填充"单选按钮❶，然后在"图案"选项区域选择合适的图案❷，并设置前景和背景的颜色❸，如图14-5所示。

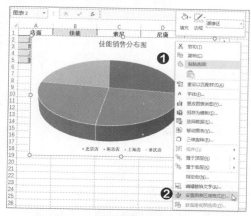

图14-4 选择"设置图表区域格式"命令　　图14-5 选择图案

Step 03 **查看图案填充效果。**关闭导航窗格，可见选中的图表应用图案填充，效果如图14-6所示。

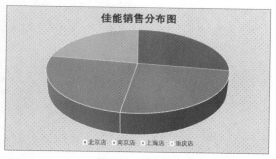

图14-6 查看效果

3. 填充纹理或图片

Step 01 **填充纹理。**打开"店面销售统计表.xlsx"工作表，选中图表，打开"设置图表区格式"导航窗格，在"填充"选项区域选中"图片或纹理填充"单选按钮，单击"纹理"下三角按钮，选择纹理，并设置纹理的参数，效果如图14-7所示。

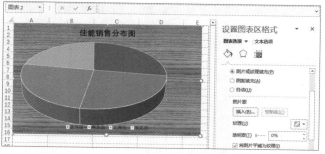

图14-7 填充纹理效果

Step 02 填充图片。 选中其他图表,在打开的"设置图表区格式"导航窗格中选中"图片或纹理填充"单选按钮❶,然后单击"插入"按钮❷,如图14-8所示。

Step 03 选择图片。 打开"插入图片"面板,单击"来自文件"超链接,在打开的"插入图片"对话框,选择合适的图片❶,单击"插入"按钮❷,返回导航窗格中,设置透明度,如图14-9所示。

图14-8 单击"文件"按钮

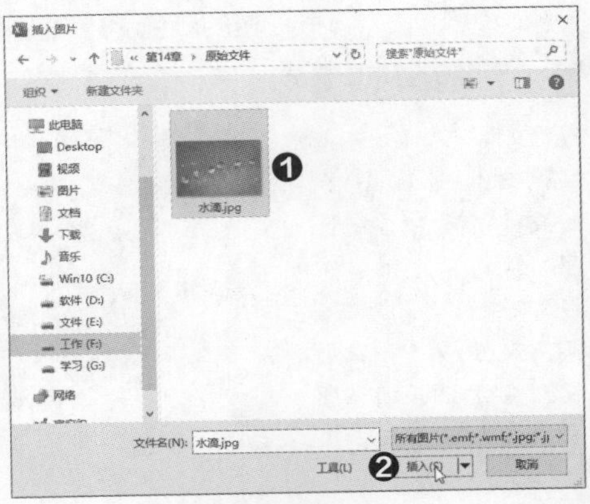

图14-9 选择图片

提示

插入的图片,用户可以提前准备好,如果没有合适图片,在插入图片"面板中单击"联机图片"超链接,在打开对话框输入关键词,自动联机搜索相关图片,选择满意的即可。

Step 04 查看图片填充效果。 返回工作表中,可见选中的图表填充图片,效果如图14-10所示。

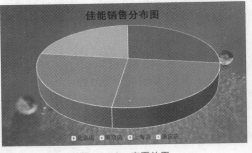

图14-10 查看效果

14.1.2 设置图表的边框

用户也可以为图表设置边框,使图表更美丽。下面介绍具体操作方法。

选中图表,然后打开"设置图表区格式"导航窗格,在"边框"选项区域选择"实线"单选按钮,再设置边框的颜色、宽度等参数,效果如图14-11所示。

提示

用户也可以在"图表工具-格式"选项卡的"形状样式"选项组中单击"形状轮廓"下三角按钮,在列表中设置轮廓格式。

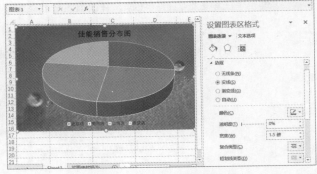

图14-11 设置图表的边框

14.2 图表标题的编辑

图表的标题体现图表的主题，图表正常情况下包括3个标题，分别为图表标题、横坐标轴标题和纵坐标轴标题。本节介绍图表标题的添加、设置个性标题以及链接标题等。

14.2.1 添加图表的标题

实例文件

原始文件：
实例文件\第14章\原始文件\下半年各种酒销售统计表.xlsx
最终文件：
实例文件\第14章\最终文件\添加图表标题.xlsx

创建图表如果默认情况下没有标题，用户可以根据需要添加，添加3种标题的方法都相同。下面介绍具体操作方法。

Step 01 添加图表标题。 打开"下半年各种酒销售统计表.xlsx"工作表，选中图表❶，然后单击"图表元素"按钮❷，在列表中选择"图表标题>图表上方"选项❸，如图14-12所示。

Step 02 输入标题。 在添加标题框中输入标题即可，此处输入"下半年酒销售分析图"，效果如图14-13所示。

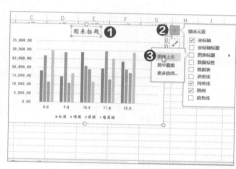

图14-12 添加图表标题

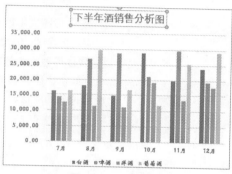

图14-13 输入标题

Step 03 添加横坐标轴标题。 单击"添加图表元素"下三角按钮❶，在列表中选择"坐标轴标题>主要横坐标轴"选项❷，如图14-14所示。然后输入标题名称。

Step 04 添加纵坐标轴标题。 按照相同的方法添加纵坐标轴标题，并输入标题，查看最终效果，如图14-15所示。

提示

默认的纵坐标轴标题的文字是旋转-90度的，用户可以根据需要设置文字方向。选中标题并右击，选择"设置坐标轴标题格式"命令，在打开的导航窗格中单击"文字方向"下三角按钮，在列表中选择合适的选项即可。

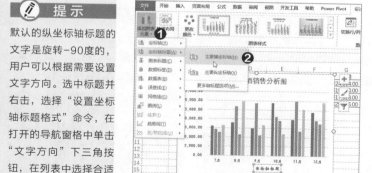

图14-14 添加横坐标轴标题

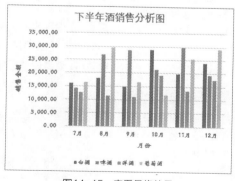

图14-15 查看最终效果

14.2.2 设置个性图表标题

图表标题是图表的重要组成部分，本节主要介绍如何美化图表标题，使其具有画龙点睛的作用。下面介绍具体操作方法。

实例文件

实例文件\第14章\原始文件\年度费用统计表.xlsx

最终文件:
实例文件\第14章\最终文件\设置个性图表标题.xlsx

提示

用户可以根据设置图表标题的方法,设置其他坐标轴标题或图表中的任意文字。

Step 01 设置字体和字号。打开"年度费用统计表.xlsx"工作表,选中图表标题❶,切换至"开始"选项卡,在"字体"选项组中设置字体和字号❷,如图14-16所示。

Step 02 添加艺术字样式。然后切换至"图表工具-格式"选项卡,单击"艺术字样式"选项组中"其他"下三角按钮❶,在列表中选择合适的艺术字样式❷,如图14-17所示。

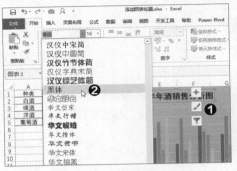

图14-16 设置字体和字号

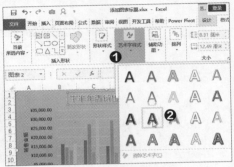

图14-17 选择艺术字样式

Step 03 设置文本填充。单击"艺术字样式"选项组中"文本填充"下三角按钮❶,在列表中选择合适的颜色,如白色❷,如图14-18所示。

Step 04 设置文本的轮廓颜色。单击"文本轮廓"下三角按钮❶,在列表中选择合适的颜色,如蓝色❷,如图14-19所示。在下拉列表中用户也可以根据需要设置文本轮廓的宽度和轮廓的形状。

提示

除了本案例介绍设置图表标题格式方法外,用户还可以按以下方法操作。选中图表标题并右击,选择"设置图表标题格式"命令,在打开的窗格中可以设置标题的填充、边框、效果以及大小等属性。

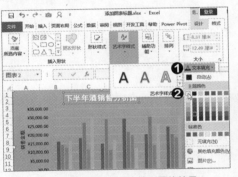

图14-18 查看更改为柱形图的效果

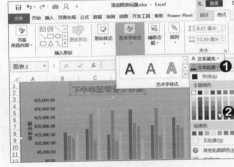

图14-19 选择"更改图表类型"命令

Step 05 设置文本的效果。接着再为标题文本应用阴影效果,使其更具立体感。单击"文本效果"下三角按钮❶,在列表中选择"阴影>透视:左上"选项❷,如图14-20所示。

Step 06 查看设置标题的效果。设置完成后,查看设置图表标题的效果,如图14-21所示。

提示

图表的横纵坐标标题也可以根据设置图表标题的方法进行设置,此处不再赘述。

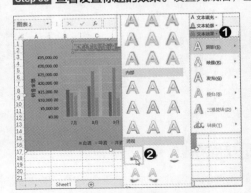

图14-20 添加阴影效果

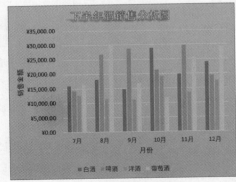

图14-21 查看最终效果

14.2.3 链接图表标题

在设置图表标题时，用户可以将图表标题链接至数据区域某单元格中的内容，当单元格内容变化时，图表标题也会随之改变。下面介绍具体操作方法。

Step 01 在编辑栏中输入等号。打开"某大学教师统计表.xlsx"工作表，选中图表的标题❶，然后在编辑栏中输入"="等号❷，如图14-22所示。

Step 02 选择链接的单元格。在表格中选择A1单元格，此时在编辑栏中显示"=Sheet1!$A$1"公式，如图14-23所示。

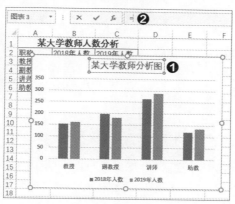

图14-22 输入等号

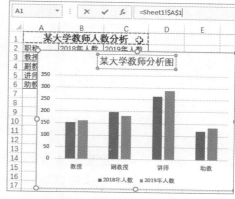

图14-23 选择A1单元格

Step 03 查看设置链接效果。按Enter键确认链接，可见图表标题内容与A1单元格内容相同，如图14-24所示。

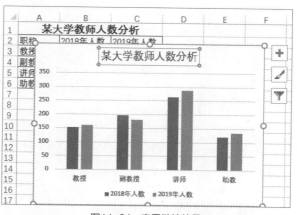

图14-24 查看链接效果

14.3 网格线的编辑

在图表中添加网格线，有助于查看各系列所在标志的值。用户可以根据需要添加或删除网格线，还可以对网格线进行编辑操作。

14.3.1 添加网格线

图表包括4种网格线，分别为主轴主要水平网格线、主轴主要垂直网格线、主轴次要水平网格线和主轴次要垂直网格线。下面介绍具体的操作方法。

Step 01 **添加主轴主要水平网格线。** 打开"某大学教师统计表.xlsx"工作簿，选中图表 ❶，切换至"图表工具–设计"选项卡，单击"图表布局"选项组中"添加图表元素"下拉按钮❷，在列表中选择"网格线>主轴主要水平网格线"选项❸，如图14-25所示。

Step 02 **添加主轴主要垂直网格线。** 根据相同的方法添加主轴主要垂直网格线，效果如图14-26所示。

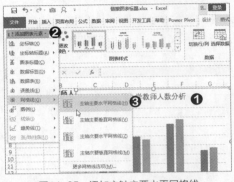

图14-25 添加主轴主要水平网格线

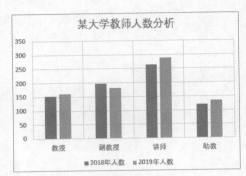

图14-26 查看打印效果

Step 03 **添加主轴次要水平网格线。** 选中图表❶，单击"图表元素"下三角按钮，在列表中勾选"网格线"复选框，单击右侧下三角按钮❷，在子列表中勾选"主轴次要水平网格线"复选框❸，如图14-27所示。

Step 04 **查看效果。** 在图表中可见出现很多比主轴主要水平网格线稍细的线条，而且次要水平网格线的颜色要稍浅点，如图14-28所示。

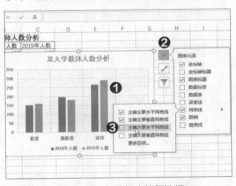

图14-27 勾选相应的复选框

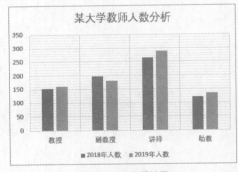

图14-28 查看效果

14.3.2 设置网格线的格式

添加的网格线，默认为浅灰色的实线，用户可以设置网格线的格式。下面介绍具体操作方法。

Step 01 **启动"设置网格线格式"功能。** 打开"网格线格式的设置.xlsx"工作簿，选择主要水平网格线并右击❶，在快捷菜单中选择"设置网格线格式"命令❷，如图14-29所示。

Step 02 **设置格式。** 打开"设置主要网格线格式"导航窗格，选择"实线"单选按钮❶，设置颜色为蓝色❷，宽度为"1磅"❸，如图14-30所示。

实例文件

原始文件：
实例文件\第14章\原始
文件\网格线格式的设
置.xlsx

最终文件：
实例文件\第14章\最
终文件\设置网格线格
式.xlsx

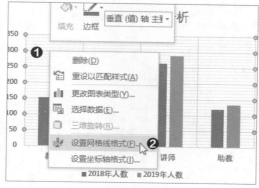
图14-29 右击网格线

图14-30 设置相关参数

Step 03 设置次要网格线格式。选中次要水平网格线，在"设置次要网格线格式"导航窗格中，设置颜色为冰蓝色❶，宽度为"0.75磅"❷，短划线类型为"方点"❸，如图14-31所示。

Step 04 查看效果。根据相同的方法设置次要垂直网格线的格式，查看最终效果，如图14-32所示。

提示

在本案例的导航窗格中，用户还可以设置带箭头的网格线。

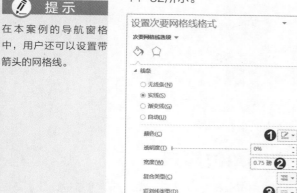
图14-31 设置次要网格线格式

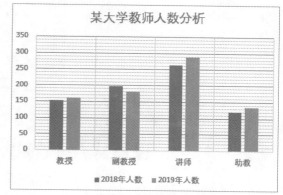
图14-32 查看最终效果

14.4 坐标轴的编辑

Excel提供的10多种图表类型中，只有饼图和圆环图没有坐标轴，其他类型都至少有2个坐标轴，如横坐标轴和纵坐标轴。本节主要介绍关于坐标轴的操作，如设置单位、文字的方向、分行显示横坐标等。

14.4.1 修改纵坐标数值

如果表格中的数据相差不是很大时，制作的图表不能很明显地展示数据的差异，用户可以修改纵坐标的数值，使其效果更显示。下面介绍具体操作方法。

扫码看视频

Step 01 启用"设置坐标轴格式"功能。打开"店面销售统计表.xlsx"工作表，选中图表中的纵坐标轴并右击❶，在快捷菜单中选择"设置坐标轴格式"命令❷，如图14-33所示。

Step 02 设置最小值。在打开的"设置坐标轴格式"导航窗格的"坐标轴选项"区域中设置最小值为700000，如图14-34所示。

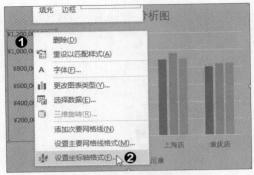

图14-33 选择"设置坐标轴格式"命令 | 图14-34 设置最小值

Step 03 查看修改坐标轴数值后的效果。 返回工作表中可见图表的纵坐标轴的数值最小值被修改了,柱形图的变化幅度更大了,如图14-35所示。

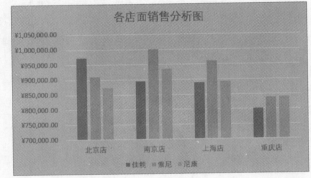

图14-35 查看效果

14.4.2 设置纵坐标轴以"万"为单位显示

如果图表的纵坐标轴数据很大,用户可以设置以"千"或"万"等单位计数。下面介绍详细步骤。

Step 01 设置所选内容格式。 打开"设置纵坐标轴的单位.xlsx"工作表,选中图表中纵坐标轴❶,切换至"图表工具-格式"选项卡,单击"当前所选内容"选项组中"设置所选内容格式"按钮❷,如图14-36所示。

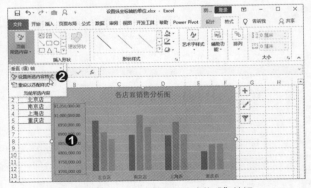

图14-36 单击"设置所选内容格式"按钮

Step 02 设置显示单位。 打开"设置坐标轴格式"导航窗格,在"坐标轴选项"区域中单击"显示单位"下三角按钮❶,在列表中选择10000选项❷,如图14-37所示。

Step 03 **绘制文本框**。返回工作表中，可见纵坐标轴发生变化，删除纵坐标轴左上角"×10000"文本。切换至"插入"选项卡，单击"文本"选项组中"文本框"下三角按钮❶，在列表中选择"绘制横排文本框"选项❷，如图14-38所示。

图14-37 设置显示单位

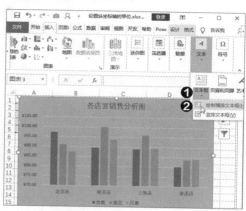

图14-38 选择"绘制横排文本框"选项

Step 04 **输入文字**。在纵坐标轴上方绘制文本框，并输入相关文字"单位:万"，然后设置文字的大小，效果如14-39所示。

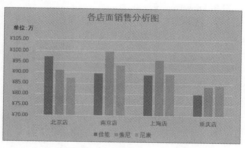

图14-39 查看最终效果

14.4.3 设置横坐标轴的文字方向

创建图表后，横坐标轴默认的文字方向是横排，用户可以根据需要设置文字的方向。下面介绍具体操作方法。

Step 01 **启动"设置坐标轴格式"功能**。打开"店面销售统计表.xlsx"工作表，选中横坐标轴并右击❶，在快菜单中选择"设置坐标轴格式"命令❷，如图14-40所示。

Step 02 **设置文字方向**。打开"设置坐标轴格式"导航窗格，切换至"大小与属性"选项卡，单击"文字方向"下三角按钮❶，选择"竖排"选项❷，如图14-41所示。

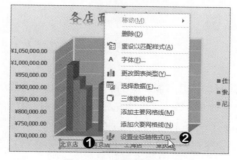

图14-40 右击横坐标轴

图14-41 选择"竖排"选项

Step 03 **查看设置横坐标轴竖排显示的效果。** 返回工作表中，可见横坐标轴的文字为竖排显示，效果如图14-42所示。

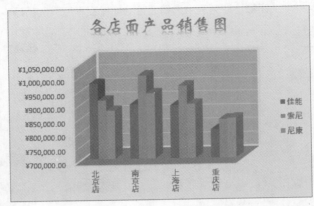

图14-42　查看效果

Step 04 **设置文字角度。** 将文字方向设置为"横排"，然后设置"自定义角度"为45°，如图14-43所示。

Step 05 **查看设置横坐标45度的效果。** 可见横坐标轴的文字向右下角旋转指定的角度，如图14-44所示。

图14-43　设置角度

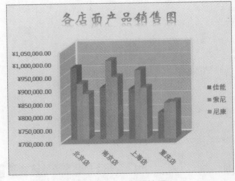

图14-44　查看效果

14.5 数据标签的编辑

数据标签主要是标注各系列的值，使浏览者一目了然。默认情况下数据标签链接工作表对应的值，并且会随着数据更新而更新。本节将介绍数据标签的添加和编辑操作。

14.5.1 添加数据标签

添加数据标签可以通过"添加图表元素"按钮和"图表元素"按钮实现。下面介绍具体的操作方法。

Step 01 **添加数据标签。** 打开"某大学教师统计表.xlsx"工作簿，选中图表❶，切换至"图表工具-设计"选项卡，单击"图表布局"选项组中"添加图表元素"下拉按钮❷，在列表中选择"数据标签>数据标签内"选项❸，如图14-45所示。

Step 02 **查看效果。** 可见在数据系列上标注数据，表示该数据系列对应源表格中数据，如图14-46所示。

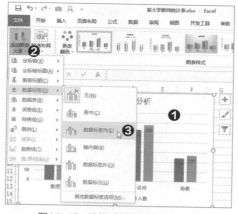

图14-45　选择"数据标签内"选项

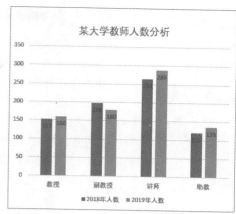

图14-46　查看效果

14.5.2 设置数据标签显示的内容

用户可以根据需要设置数据标签显示的内容，如数值、百分比、系列名称、类别名称等。下面介绍具体的操作方法。

Step 01 启用"设置数据标签格式"功能。打开"某大学教师统计表.xlsx"工作簿，创建2019年教师人数分布图并添加数据标签。选中任意数据标签并右击❶，在快捷菜单中选择"设置数据标签格式"命令❷，如图14-47所示。

Step 02 选择显示的内容。在打开的导航窗格的"标签选项"区域中取消勾选"值"复选框，勾选"类别名称"和"百分比"复选框，并设置分隔符为逗号，如图14-48所示。

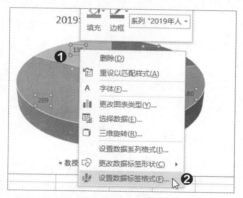

图14-47　选择"设置数据标签格式"命令

图14-48　勾选相应复选框

Step 03 查看设置数据标签后的效果。设置完成后，可见在饼图的数据标签中显示名称和百分比，如图14-49所示。

图14-49　查看数据标签的效果

14.5.3

更改数据标签的形状

添加数据标签默认是无边框的矩形，我们可以更改其形状，并设置填充和边框等。下面介绍具体的操作方法。

Step 01 **更改形状**。打开"更改数据标签的形状.xlsx"工作簿，选中数据标签，切换至"图表工具-格式"选项卡，单击"插入形状"选项组中"更改形状"下拉按钮❶，在列表中选择合适的形状❷，如图14-50所示。

Step 02 **调整形状**。选中需要调整形状的数据标签，拖曳黄色控制柄可以调整箭头的指向和大小，达到满意的形状后释放鼠标即可，如图14-51所示。

实例文件

原始文件：
实例文件\第14章\原始文件\更改数据标签的形状.xlsx
最终文件：
实例文件\第14章\最终文件\更改数据标签的形状.xlsx

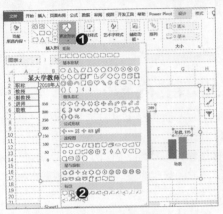

图14-50　选择形状

某大学教师人数分析

图14-51　调整形状

Step 03 **为数据标签填充颜色**。选中数据标签，单击"形状样式"选项组中"形状填充"下三角按钮❶，在列表中选择合适的颜色❷，如图14-52所示。

Step 04 **查看效果**。选择不同的数据标签在"字体"选项组中设置字体和颜色，最终效果如图14-53所示。

提示

用户也可以分别更改每个数据标签的形状、填充和边框。

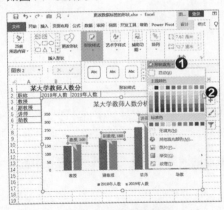

图14-52　设置填充颜色

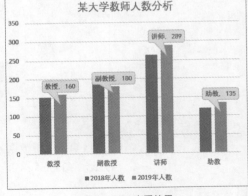

图14-53　查看效果

14.6

三维图表的编辑

三维图表是从立体上展示数据，让数据更加形象。对于创建的三维图表，用户可以根据不同的类型对其进行编辑操作。本节以三维柱形图为例介绍三维图表的旋转和三维图表各面的填充。

14.6.1 设置三维旋转

创建三维图表后，用户可以调整X旋转、Y旋转或深度的值，对其进行旋转操作。下面介绍具体的操作方法。

Step 01 **转换为三维图表。**打开"店面销售统计表.xlsx"工作簿，创建三维柱形图，输入图表的标题并设置纵坐标轴的最小值，效果如图14-54所示。

图14-54　转换为三维图表

实例文件

原始文件：
实例文件\第14章\原始文件\店面销售统计表.xlsx

最终文件：
实例文件\第14章\最终文件\设置三维旋转.xlsx

Step 02 **启用"设置图表区域格式"功能。**选中图表区并右击❶，在快捷菜单中选择"设置图表区域格式"命令❷，如图14-55所示。

Step 03 **设置旋转参数。**打开"设置图表区格式"导航窗格，分别设置X旋转、Y旋转和深度参数，如图14-56所示。

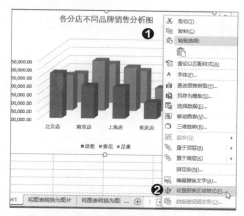

图14-55　选择"设置图表区域格式"命令

图14-56　设置参数

提示

在图表区双击，也可打开"设置图表区格式"导航窗格。

Step 04 **查看旋转的效果。**通过对各参数数值设置，查看三维柱形图旋转的效果，可以和步骤1的效果图进行比较，如图14-57所示。

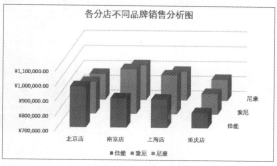

图14-57　查看最终效果

14.6.2

填充三维图表

三维图表的背景包括背景墙、侧面墙和基底3部分，用户可以分别为这3部分填充纯色，渐变色、纹理图案、图片以及边框。下面介绍具体的操作方法。

Step 01 **设置背景墙填充**。打开"填充三维图表.xlsx"工作簿，选中三维图表背景墙并右击①，在快捷菜单中选择"设置背景墙格式"命令②，如图14-58所示。

Step 02 **设置填充颜色**。打开"设置背景墙格式"导航窗格，在"填充"选项区域中选中"纯色填充"单选按钮①，设置颜色和透明度②，如图14-59所示。

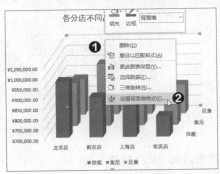

图14-58 选择"设置背景墙格式"命令

图14-59 填充颜色

Step 03 **设置侧面墙填充**。选中三维图表的侧面墙，在导航窗格中设置渐变填充颜色，参数设置如图14-60所示。

Step 04 **设置基底填充**。选中基底，在"设置基底格式"导航窗格中设置纹理填充，各参数设置如图14-61所示。

图14-60 渐变填充颜色

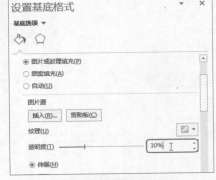

图14-61 设置参数

Step 05 **查看效果**。设置完成后可见设置三维背景的效果，如图14-62所示。

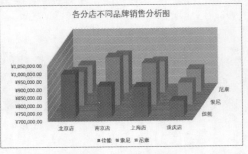

图14-62 查看最终效果

14.7 饼图和圆环图的编辑

饼图和圆环图和其他图表有所不同，它们没有坐标轴、数据表、线条以及趋势线等。饼图仅有一个数据系列而且所有值都是正值；圆环图可以有多个数据系列，每个圆环代表一个数据系列，但是通过圆环图很显示各数据系列之间的关系。

14.7.1 分离饼图和圆环图

扫码看视频

实例文件

原始文件：
实例文件\第14章\原始文件\某大学教师统计表.xlsx
最终文件：
实例文件\第14章\最终文件\分离饼图和圆环图.xlsx

创建的饼图和圆环图，各数据系列是结合在一起的，用户可以为了突出某系列并将其分离，或将所有数据系列进行分离。分离饼图与圆环图的方法相同，下面分别以饼图和圆环图为例介绍手动分离和精确分离两种操作方法。

1. 手动分离

Step 01 **分离所有数据系列**。打开"某大学教师统计表.xlsx"工作簿，选中饼图中任意系列，然后向外拖动，如图14-63所示。

Step 02 **查看分离效果**。拖至合适位置，释放鼠标左键，可见所有数据系列都等比例分离，如图14-64所示。

图14-63 拖动数据系列   图14-64 查看分离效果

Step 03 **分离单个数据系列**。在需要分离的数据系列上单击两次，选中该系列按住鼠标左键向外拖动，如图14-65所示。

Step 04 **查看分离效果**。拖至合适位置后释放鼠标左键，可见选中的数据系列已经分离，如图14-66所示。

提示

在选中单个数据系列时，需要注意是单击两次，而不是双击。如果是双击，则是打开"设置数据系列格式"导航窗格，而不会选中单个数据系列。

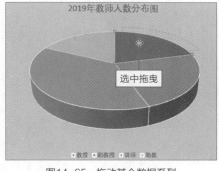
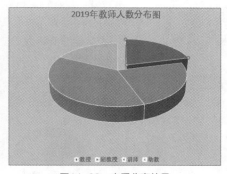

图14-65 拖动某个数据系列   图14-66 查看分离效果

2. 精确分离

Step 01 **启用"设置数据系列标签"功能**。选中圆环图中任意数据系列并右击❶，在快捷菜单中选择"设置数据系列格式"命令❷，如图14-67所示。

Step 02 **设置分离程度。**打开"设置数据系列格式"导航窗格，在"系列选项"选项区域中设置"圆环图分离程度"的值为10%，如图14-68所示。

 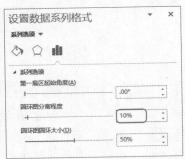

图14-67 选择"设置数据系列格式"命令　　　图14-68 设置分离程度

Step 03 **查看分离圆环图效果。**可见圆环图的数据系列均分离，如图14-69所示。

Step 04 **分离单个数据系列。**选中需要分离的单个数据系列，然后在"设置数据点格式"导航窗格中设置"点分离"的值为10%，效果如图14-70所示。

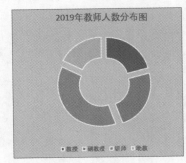 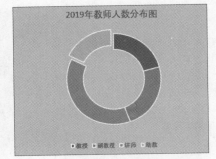

图14-69 查看分离效果　　　　　图14-70 查看分离单个数据系列的效果

14.7.2 旋转饼图和圆环图

扫码看视频

对二维饼图、三维饼图和圆环图的旋转操作方法都相同，而三维饼图也可以通过14.6.1中介绍的方法进行旋转。下面以二维饼图为例介绍旋转的操作方法。

Step 01 **设置旋转角度。**打开"个人所得税统计表.xlsx"工作簿，双击饼图中任意数据系列❶，打开"设置数据系列格式"导航窗格，在"系列选项"选项区域中设置"第一扇区起始角度"为90度❷，如图14-71所示。

Step 02 **查看旋转效果。**关闭导航窗格，可见数据系列进行旋转了，用户可以和图14-71进行比较，如图14-72所示。

实例文件

原始文件：
实例文件\第14章\原始文件\个人所得税统计表.xlsx
最终文件：
实例文件\第14章\最终文件\旋转饼图.xlsx

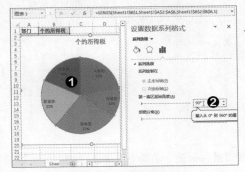 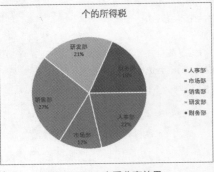

图14-71 设置旋转角度　　　　　图14-72 查看分离效果

14.8 图表的分析

图表不仅可以直观地展示数据，还可以从图表中分析数据所要传达的信息，以便利用这些数据总结或安排工作。本节主要介绍关于图表分析的相关知识，主要通过添加趋势线、误差线、涨/跌柱线和线条进行数据分析。

14.8.1 添加趋势线

在图表中添加趋势线，可以直观地展现数据的变化趋势，还可以根据现有的数据预测将来的数据。本节将介绍趋势线的添加以及编辑的方法。

1. 添加线性趋势线

Step 01 **选择线性趋势线。** 打开"前3季度各店面销售统计表.xlsx"工作簿，选中图表 ❶，切换至"图表工具−设计"选项卡，单击"图表布局"选项组中"添加图表元素"下三角按钮 ❷，在列表中选择"趋势线>线性"选项 ❸，如图14−73所示。

Step 02 **选择添加趋势线的系列。** 打开"添加趋势线"对话框，在"添加基于系列的趋势线"选项区域中选择"上海店"选项 ❶，单击"确定"按钮 ❷，如图14−74所示。

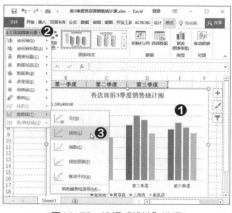
图14−73 选择"线性"选项

图14−74 选择店面

Step 03 **查看添加线性趋势线的效果。** 返回工作表中，可见在图表中出现上升的虚线，在图例中显示"线性(上海店)"，如图14−75所示。

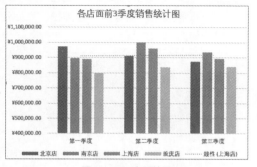
图14−75 查看效果

2. 添加线性预测趋势线

Step 01 **选择趋势线的类型。** 选中图表，单击"图表元素"按钮，在列表中单击"趋势线"右侧下三角按钮，选择"线性预测"选项，如图14−76所示。

Step 02 选择添加趋势线的系列。打开"添加趋势线"对话框，在"添加基于系列的趋势线"选项区域中选择"重庆店"选项①，单击"确定"按钮②，如图14-77所示。

图14-76　拖动某个数据系列

图14-77　查看分离效果

Step 03 查看效果。返回工作表中，可见在图表上显示上升的虚线，说明根据现有数据预测重庆店第四季度的销售额会上升，如图14-78所示。

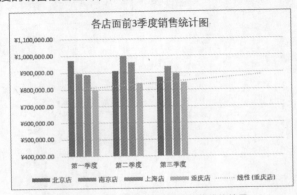

图14-78　查看添加线性预测趋势线的效果

3. 设置趋势线的格式

Step 01 启用"设置趋势线格式"功能。选中趋势线并右击①，在快捷菜单中选择"设置趋势线格式"命令②，如图14-79所示。

Step 02 设置显示公式和R平方值。打开"设置趋势线格式"导航窗格，在"趋势线选项"选项区域中设置趋势线的类型，然后勾选"显示公式"①和"显示R平方值"复选框②，如图14-80所示。

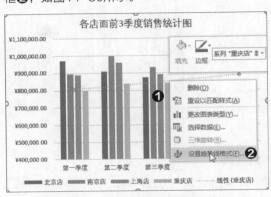

图14-79　选择"设置数据系列格式"命令

图14-80　勾选相应复选框

Step 03 设置线条格式。切换至"填充与线条"选项卡，选择"实线"单选按钮，设置颜色为红色，透明度为33%，宽度为2磅，短划线类型为方点，箭头末端类型为箭头，如图14-81所示。

Step 04 设置发光效果。切换至"效果"选项卡，在"发光"选项区域设置发光的相关参数，如图14-82所示。

图14-81 设置线条格式

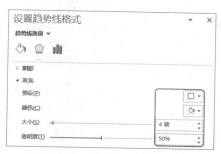

图14-82 设置发光效果

Step 05 查看效果。关闭导航窗格，可见线性预测趋势线应用设置的格式，如图14-83所示。

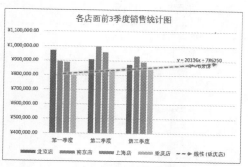

图14-83 查看最终效果

14.8.2 添加误差线

扫码看视频

实例文件

原始文件：
实例文件\第14章\原始文件\各种酒年度销售统计表.xlsx
最终文件：
实例文件\第14章\最终文件\添加误差线.xlsx

在图表中添加误差线，可以快速查看误差幅度和标准偏差。误差线主要用在二维面积图、条形图、折线图、柱形图和散点图等，其中在散点图上可以显示X、Y值的误差线。本节以散点图为例介绍添加误差线的方法。

Step 01 创建散点图。打开"各种酒年度销售统计表.xlsx"工作簿，选中数据区域，创建散点图，效果如图14-84所示。

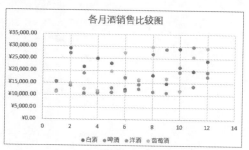

图14-84 创建散点图

Step 02 **选择添加误差线的类型**。选中图表❶，切换至"图表工具–设计"选项卡，单击 "图表布局"选项组中"添加图表元素"下三角按钮❷，在列表中选择"误差线>百分 比"选项❸，如图14-85所示。

Step 03 **启用"设置错误栏格式"功能**。选中葡萄酒纵向误差线❶并右击，在快捷菜单中 选择"设置错误栏格式"命令❷，如图14-86所示。

提示

误差线主要包括标准误 差、百分比、标准偏差 等，用户可也可自定义 误差的值。

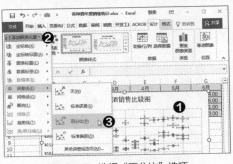

图14-85 选择"百分比"选项

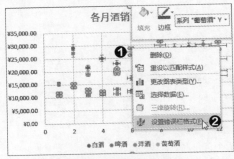

图14-86 选择"设置错误栏格式"命令

Step 04 **设置误差量**。打开"设置误差线格式"导航窗格，在"垂直误差线"选项区域中 设置方向，选中"百分比"单选按钮，在右侧数值框中输入10%，如图14-87所示。

Step 05 **设置线条格式**。切换至"填充与线条"选项卡，在"线条"选项区域设置颜色等 参数，如图14-88所示。

提示

如果需要删除部分误差 线，直接选中误差线， 然后按Delete键即可删 除。如果需要删除所有 误差线，单击"添加图 表元素"下三角按钮， 在列表中选择"误差线> 无"选项即可。

图14-87 查看效果

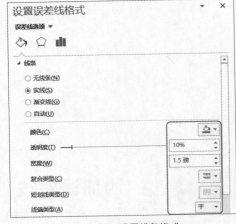

图14-88 设置线条格式

Step 06 **设置发光效果**。切换至"效果"选项卡，在"发光"选项区域中设置发光的颜 色、大小等参数，如图14-89所示。

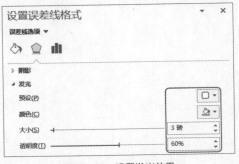

图14-89 设置发光效果

Step 07 **查看设置最终效果。**用户可根据相同的方法为其他误差线设置格式，效果如图14-90所示。

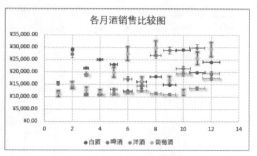

图14-90　查看最终效果

14.8.3 添加涨/跌柱线

涨/跌柱线通常用在股价图中，展示开盘价和收盘价之间的关系。收盘价高于开盘价时，柱线为浅色，相反则为深色，用户也可以自定义颜色。下面介绍添加涨/跌柱线的方法。

Step 01 **添加涨/跌柱线。**打开"股价分析表.xlsx"工作簿，选中图表❶，单击"添加图表元素"下三角按钮❷，在列表中选择"涨/跌柱线>涨/跌柱线"选项❸，如图14-91所示。

Step 02 **查看效果。**在股价图中可见添加涨/跌柱线，效果如图14-92所示。

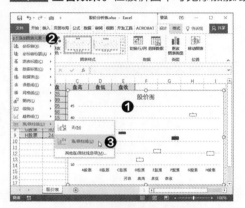

图14-91　选择"涨/跌柱线"选项

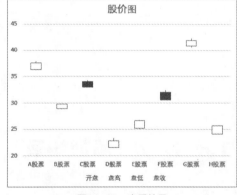

图14-92　查看效果

Step 03 **启用"设置涨跌柱线格式"功能。**选中涨柱线并右击❶，在快捷菜单中选择"设置涨跌柱线格式"命令❷，如图14-93所示。

提示

若需要删除涨/跌柱线，选中柱线，按Delete键即可。

图14-93　选择"设置涨跌柱线格式"命令

Step 04 **设置涨柱线格式。**打开"设置涨柱线格式"导航窗格，在"填充与线条"选项卡中设置涨柱线的填充颜色和边框，如图14-94所示。

Step 05 **设置跌柱线格式。**选中跌柱线，在"设置跌柱线格式"导航窗格中设置填充颜色和边框，然后在"效果"选项卡中设置发光效果，如图14-95所示。

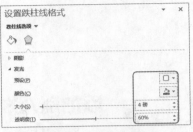

图14-94 设置涨柱线格式　　　　　　图14-95 设置跌柱线格式

Step 06 **查看效果。**设置完成后查看添加涨/跌柱线的效果，可看股价是涨是跌一目了然，如图14-96所示。

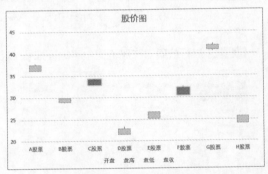

图14-96 查看最终效果

14.8.4 添加线条

扫码看视频

实例文件

实例文件\第14章\原始文件\下半年酒销售统计表.xlsx
最终文件：
实例文件\第14章\最终文件\添加线条.xlsx

在Excel中线条包含垂直线和高低点两种连线方式，其操作方法相同。下面介绍具体操作方法。

Step 01 **添加垂直线。**打开"下半年酒销售统计表.xlsx"工作簿，选中图表❶，单击"添加图表元素"下拉按钮❷，在列表中选择"线条>垂直线"选项❸，如图14-97所示。

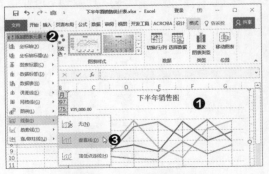

图14-97 选择"垂直线"选项

Step 02 **启用"设置垂线格式"功能。** 选中添加的垂直线并右击❶，在快捷菜单中选择"设置垂直线格式"命令❷，如图14-98所示。

Step 03 **设置线条格式。** 打开"设置垂直线格式"导航窗格，设置线条的颜色、宽度、线型等参数，如图14-99所示。

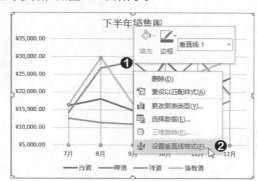

图14-98 选择"设置垂直线格式"命令

图14-99 设置线条格式

Step 04 **设置阴影效果。** 切换至"效果"选项卡，在"阴影"选项区域中设置颜色、大小、透明度等参数，如图14-100所示。

Step 05 **查看效果。** 设置完成后查看设置垂直线的效果，如图14-101所示。

图14-100 设置阴影效果

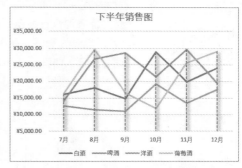

图14-101 查看添加垂直线的效果

Step 06 **添加高低点连线。** 复制一份图表，并删除垂直线，然后单击"添加图表元素"下三角按钮，选择"线条>高低点连线"选项，效果如图14-102所示。

Step 07 **设置高低点连线的格式。** 选中高低点连线并右击，选择"设置高低点连线格式"命令，在打开的导航窗格中设置线条填充颜色和边框，然后在"效果"选项卡中设置发光效果，最终效果如图14-103所示。

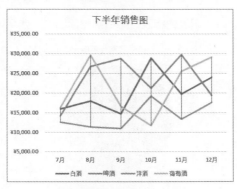

图14-102 添加高低点连线

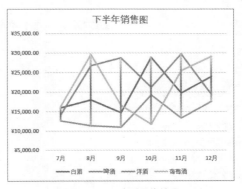

图14-103 查看最终效果

常规类型图表的高级应用

通过前几章基础知识的学习，读者对图表有了基础的了解，相信读者可以制作出常规的图表。本章将介绍图表的高级应用，可以让图表发挥更大的作用，希望读者多加练习，能在生活和工作中熟练应用图表。

15.1 饼图的高级应用

饼图显示一个数据系列中各项的大小与各项总和的比例。饼图中的数据点显示为整个饼图的百分比。下面介绍几种饼图的高级应用。

15.1.1 制作半圆饼图

扫码看视频

》》 实例文件

原始文件：
实例文件\第15章\原始文件\各部门费用统计表.xlsx
最终文件：
实例文件\第15章\最终文件\半圆饼图的制作.xlsx

通常我们创建的饼图都是整个圆形，相信读者很少见到半圆饼图，下面介绍具体的制作方法。

Step 01 添加合计数据。 打开"各部门费用统计表.xlsx"工作簿，在A6:B6单元格区域添加"合计"列，并在B6单元格中输入求和公式，如图15-1所示。

Step 02 插入饼图。 选择表格内任意单元格，切换至"插入"选项卡，单击"图表"选项组中"插入饼图或圆环图"下三角按钮❶，在列表中选择"饼图"❷，如图15-2所示。

图15-1　添加合计数据

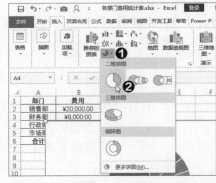

图15-2　添加饼图

Step 03 输入图表标题。 输入图表的标题，然后再删除图例，效果如图15-3所示。

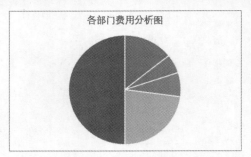

图15-3　输入图表标题

提示

在步骤1中使用SUM函数求和。因为制作半圆饼图的方法是添加一个半圆扇区，然后再隐藏即可。该半圆扇区就是SUM函数求和数据。

Step 04 启动"设置数据系列格式"导航窗格。选中任意扇区并右击❶，在快捷菜单中选择"设置数据系列格式"命令❷，如图15-4所示。

Step 05 设置第一扇区起始角度。打开"设置数据系列格式"导航窗格，在"系列选项"选项区域中设置"第一扇区起始角度"为270°，如图15-5所示。

图15-4 选择"设置坐标轴格式"命令　　　　图15-5 设置最小值

Step 06 添加数据标签。选中图表❶，切换至"图表工具-设计"选项卡，单击"图表布局"选项组中"添加图表元素"下三角按钮❷，在列表中选择"数据标签>数据标签外"选项 ❸，如图15-6所示。

Step 07 设置数据标签。打开"设置数据标签格式"导航窗格，在"标签选项"选项区域中设置标签的显示内容，如图15-7所示。

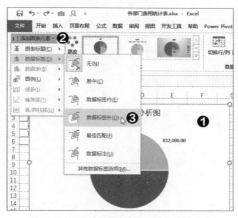

图15-6 选择"设置数据系列格式"命令　　　　图15-7 设置填充和边框

Step 08 查看设置的效果。查看饼图设置格式后的效果，如图15-8所示。

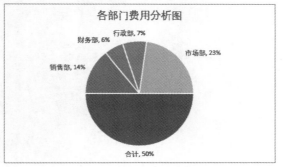

图15-8 查看效果

Step 09 删除合计信息。在"合计"数据标签上单击两次，然后按Delete键删除该标签。选中合计扇区，在"图表工具-格式"选项卡的"形状样式"选项中设置形状填充为无填充，如图15-9所示。

Step 10 查看半圆饼图的效果。适当调整图表的大小和绘图区的位置和大小，效果如图15-10所示。

提示

设置"合计"扇区的填充颜色为无填充，该扇区依然存在。因此在调整图表大小时，也应当考虑到这一点。

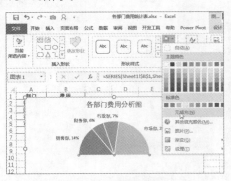

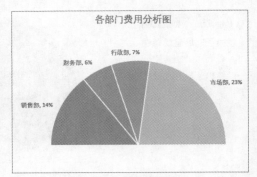

图15-9　删除辅助信息　　　　　　　　　　图15-10　查看半圆饼图效果

Step 11 设置图表填充颜色。选中图表并打开"设置图表区格式"导航窗格，设置渐变填充。然后在"图表工具-格式"选项卡中设置无轮廓，最后再设置图表字体和颜色，如图15-11所示。

Step 12 设置扇区格式。选择扇区，在"图表工具-设计"选项卡的"图表样式"选项组中设置扇区的颜色。然后再设置无轮廓和下方半圆为无填充，效果如图15-12所示。

提示

图表区的颜色以深蓝色为主，为了突出文本，需要设置文本为白色或浅灰色。

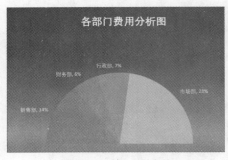

图15-11　输入函数参数　　　　　　　　　图15-12　选择"选择函数"命令

Step 13 设置数据标签格式。用户根据个人需要可以设置数据标签的格式，查看半圆饼图的最终效果，如图15-13所示。

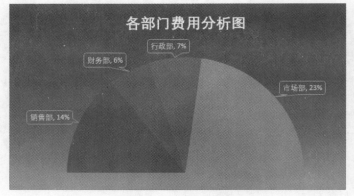

图15-13　添加图表标题

15.1.2 制作双层饼图

我们在制作图表时，如果两组数据是包含的关系，此时可以使用双层饼图展示数据之间的关系。下面介绍具体的制作方法。

Step 01 **制作外侧饼图。** 打开"各部门费用明细统计表.xlsx"工作簿，选中B2:B11单元格区域❶，然后在"插入"选项卡中插入饼图❷，如图15-14所示。

Step 02 **添加数据。** 删除饼图中的图例，然后右击图表❶，在快捷菜单中选择"选择数据"命令❷，如图15-15所示。

实例文件

原始文件：
实例文件\第15章\原始文件\各部门费用明细统计表.xlsx
最终文件：
实例文件\第15章\最终文件\制作双层饼图.xlsx

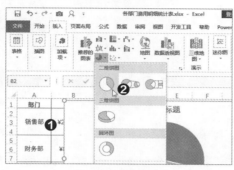

图15-14 添加饼图

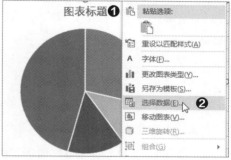

图15-15 选择"选择数据"命令

Step 03 **选择数据源。** 打开"选择数据源"对话框，单击"图例项"选项区域中的"添加"按钮，如图15-16所示。

Step 04 **编辑数据系列。** 打开"编辑数据系列"对话框，在"系列名称"文本框中输入"明细"文本❶，单击"系列值"右侧折叠按钮❷，如图15-17所示。

提示

从步骤2到步骤6是添加下一层饼图的数据。

图15-16 单击"添加"按钮

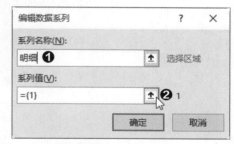

图15-17 编辑数据系列

Step 05 **选择系列数据。** 返回工作表中，选中D2:D13单元格区域❶，再次单击折叠按钮❷，如图15-18所示。

Step 06 **确定系列数据。** 单击"确定"按钮返回"编辑数据系列"对话框中，再次单击"确定"按钮，在"选择数据源"对话框中可见添加"明细"系列，如图15-19所示。

图15-18 选择系列数据

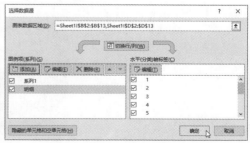

图15-19 确定数据系列

Step 07 **设置次坐标轴**。选中外侧饼图扇区并右击，在快捷菜单中选择"设置数据系列格式"命令，在打开的导航窗格中选中"次坐标轴"单选按钮，如图15-20所示。

Step 08 **拖曳外侧扇区**。选中外侧任意扇区然后向外拖曳，使扇区缩小到合适位置释放鼠标左键即可，如图15-21所示。

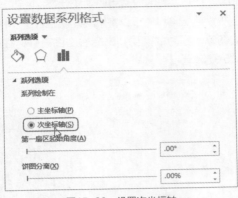

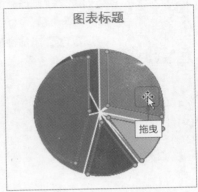

图15-20　设置次坐标轴　　　　图15-21　缩小扇区

Step 09 **移动外侧扇区的位置**。在外侧的扇区上单击两次并将所有扇区移到中心位置，形成完整的圆，如图15-22所示。

Step 10 **设置数据系列的格式**。分别设置外侧和内侧扇区的旋转的角度为270°，然后再设置数据系列的填充颜色，如图15-23所示。

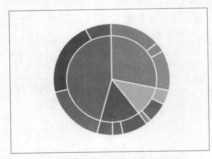

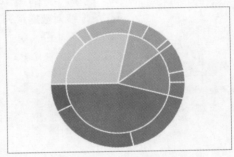

图15-22　调整外侧扇区的位置　　　　图15-23　设置数据系列的格式

Step 11 **为外侧扇区添加数据标签**。选择外侧扇区，添加数据标签，并设置只显示百分比。在"字体"选项组中设置字体格式，如图15-24所示。

Step 12 **分离最小扇区**。在最小扇区上单击两次，然后向外拖曳即可分离该扇区，然后为该扇区添加数据标签，如图15-25所示。

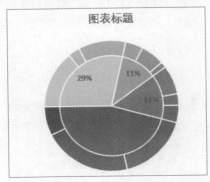

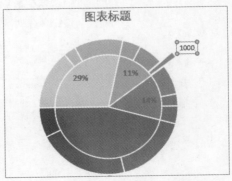

图15-24　添加数据标签　　　　图15-25　分离最小扇区

Step 13 **为图表区填充图片**。选中图表，在"设置图表区格式"导航窗格中设置填充图片，并设置图片的透明度为60%，效果如图15-26所示。

Step 14 **设置图表标题格式**。在图表标题框中输入标题文本，在"字体"选项组中设置文本格式，并应用阴影的效果。双层饼图的最效果如图15-27所示。

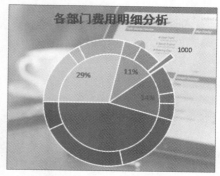

图15-26　为图表区填充图片　　　　　图15-27　设置图表标题格式

15.2 柱形图的高级应用

柱形图是比较常见的图表，很多用户了解图表都是从柱形图开始的。下面介绍几种柱形图的高级应用。

15.2.1 在柱形图中制作柱形图

在使用柱形图展示数据时，我们可以在汇总的系列中添加各明细的柱形图。例如统计各手机品牌每季度的销量，现在需要将每季度销量和年度总销量在同一个柱形图中展示。此时就可以在年度总销量的数据系列中添加不同品牌销量柱形图，从而制作出柱形图中包含柱形图的效果。下面介绍具体操作方法。

Step 01 **插入柱形图**。打开"各手机品牌销量统计表.xlsx"工作簿，选择表格内任意单元格❶，切换至"插入"选项卡，单击"图表"选项组中"插入柱形图或条形图"下三角按钮❷，在列表中选择"簇状柱形图"选项❸，如图15-28所示。

Step 02 **转换柱形图的行列**。选中插入的柱形图❶，切换至"图表工具-设计"选项卡，单击"数据"选项组中"切换行/列"按钮❷，如图15-29所示。操作完成后，水平坐标轴变为品牌，每个品牌的每季度销量和销量总和在一起。

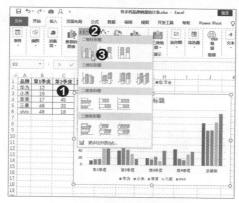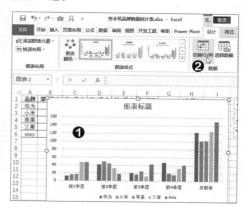

图15-28　插入柱形图　　　　　图15-29　切换行与列

Step 03 **启动更改图表类型功能。**选择柱形图右击❶，在快捷菜单中选择"更改图表类型"命令❷，如图15-30所示。

Step 04 **设置次坐标轴。**打开"更改图表类型"对话框，在"所有图表"选项卡中选择"组合图"选项❶，在"为您的数据系列选择图表类型和轴"选项区域中设置所有图表类型为簇状柱形图，将除了"总销量"之外的数据系列设置为次坐标轴❷，如图15-31所示。

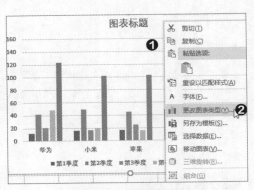

图15-30　输入图表标题

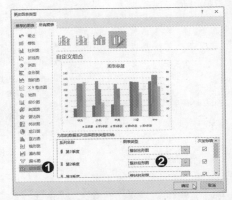

图15-31　设置次坐标轴

Step 05 **启动"设置数据系列格式"导航窗格。**选中"总销量"数据系列并右击❶，在快捷菜单中选择"设置数据系列格式"命令❷，如图15-32所示。

Step 06 **设置间隙宽度。**打开"设置数据系列格式"导航窗格，在"系列选项"选项区域中设置间隙宽度为25%，如图15-33所示。

提示

在设置间隙宽度时，用户根据实际需要设置数值。只需要将"总销量"的数据系列的宽度比4个季度的数据系列宽即可。

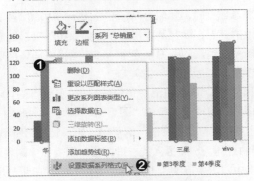

图15-32　选择"设置数据系列格式"命令

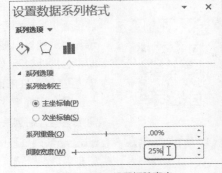

图15-33　设置间隙宽度

Step 07 **设置次坐标轴的最大值。**选中次坐标轴，打开"设置坐标轴格式"导航窗格，在"坐标轴选项"选项区域中设置边界的最大值为160。设置完成后，可见4个季度的数据系列均在"总销量"数据系列内，如图15-34所示。

提示

如果感觉4个季度的数据系列排列太紧，也可以为4个季度系列设置"系列重叠"的值。

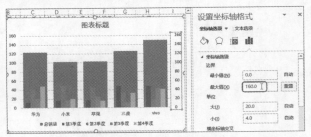

图15-34　设置次坐标轴的最大值

Step 08 **设置数据系列的格式。**选中图表❶，在“图表工具-设计”选项卡的“图表样式”选项组中设置数据系列的颜色为蓝色的渐变样式❷，如图15-35所示。

Step 09 **设置“总销量”数据系列填充颜色。**选择“总销量”数据系列❶，单击“图表样式”选项组中“形状填充”下三角按钮❷，在列表中选择浅橙色❸，如图15-36所示。

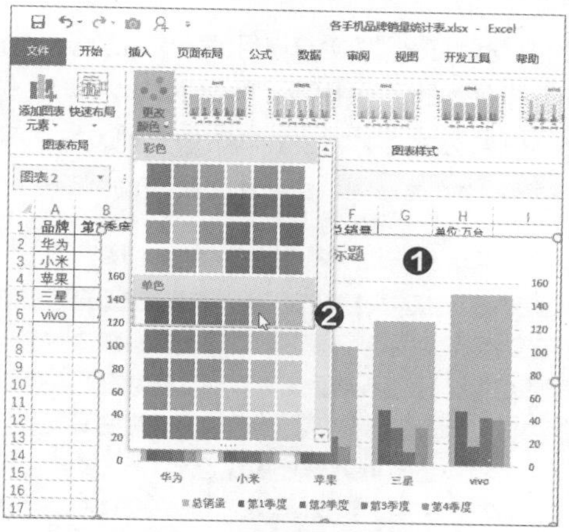

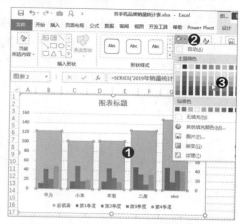

图15-35 设置数据系列格式

图15-36 设置“总销量”数据系列填充颜色

Step 10 **填充图表区。**选择图表，打开“设置图表区格式”导航窗格，在“填充”选项区域中设置深蓝色的渐变，如图15-37所示。

Step 11 **删除多余的元素。**将图表中的两个纵坐标轴和图例删除，在标题文本框中输入标题并设置字体格式，如图15-38所示。

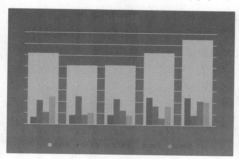

图15-37 设置深蓝色渐变

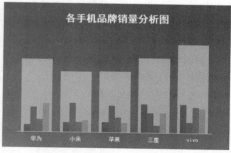

图15-38 删除多余元素并设置标题

Step 12 **添加相关元素。**为数据系列添加数据标签，并设置数据标签的格式，将“总销量”标签加粗显示。然后在标题文本下方添加横排文本框，并输入相关数据。最终效果如图15-39所示。

图15-39 查看最终效果

提示

本案例设置数据系列的填充颜色时，使“总销量”和4个季度系列的颜色形成对比，这样有利于比较大小。

提示

用户在美化图表时，可以根据个人爱好或实际应用的需求进行设置，本案例仅供参考。

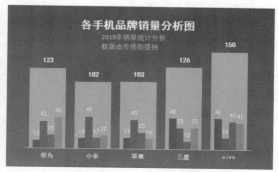

15.2.2 使用堆积柱形图比较两数据

某企业制作年度销售计划时，设置每月相同的目标值，在年底时根据完成值分析完成目标情况。通过堆积柱形图展示数据将超出目标值的部分显示为红色，以方便查看。下面介绍具体操作方法。

Step 01 准备制作图表的数据。 打开"2019年月销售情况分析.xlsx"工作簿，在F1:H15单元格区域中完善表格。在G4单元格中输入"=MIN(B4,C4)"公式，在H4单元格输入"=IF(C4>B4,C4-B4,NA())"公式，并将公式向下填充到表格结尾，如图15-40所示。

月份	目标值	完成值	完成率	月份	辅助数据1	辅助数据2
1月	2580	3446	133.57%	1月	2580	866
2月	2580	2079	80.58%	2月	2079	#N/A
3月	2580	2118	82.09%	3月	2118	#N/A
4月	2580	2838	110.00%	4月	2580	258
5月	2580	2974	115.27%	5月	2580	394
6月	2580	2646	102.56%	6月	2580	66
7月	2580	3312	128.37%	7月	2580	732
8月	2580	3729	144.53%	8月	2580	1149
9月	2580	2094	81.16%	9月	2094	#N/A
10月	2580	3600	139.53%	10月	2580	1020
11月	2580	2803	108.64%	11月	2580	223
12月	2580	2266	87.83%	12月	2266	#N/A

图15-40 准备数据

Step 02 插入堆积柱形图。 将光标定位在数据表格的任意单元格中，切换至"插入"选项卡，单击"图表"选项组中"插入柱形图和条形图"下三角按钮❶，在列表中选择"堆积柱形图"选项❷，如图15-41所示。

Step 03 删除多余的元素。 在创建堆积柱形图中删除纵坐标轴、图例和主要水平网格线，如图15-42所示。

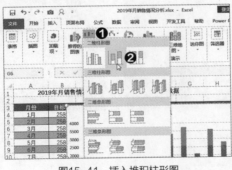

图15-41 插入堆积柱形图

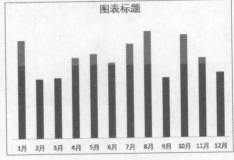

图15-42 删除多余元素

Step 04 填充图表区。 选中图表，打开"设置图表区格式"导航窗格，在"填充"选项区域中设置填充颜色为黑色，并设置无边框，如图15-43所示。

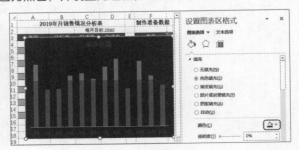

图15-43 填充图表区

Step 05 选择"选择数据"命令。右击图表❶，在快捷菜单中选择"选择数据"命令❷，如图15-44所示。

Step 06 添加系列。打开"选择数据源"对话框，单击"图例项"选项区域中"添加"按钮，在打开的"编辑数据系列"对话框中设置系列名称为"目标值"❶，系列值为B4:B15单元格区域❷，依次单击"确定"按钮❸，如图15-45所示。

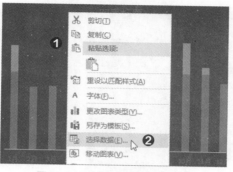

图15-44 选择"选择数据"命令

图15-45 添加数据系列

Step 07 更改添加数据系列的类型。选中图表中添加的数据系列并右击❶，在快捷菜单中选择"更改系列图表类型"命令❷，如图15-46所示。

Step 08 选择图表类型。打开"更改图表类型"对话框，设置"目标值"的图表类型为"折线图"❶，单击"确定"按钮❷，如图15-47所示。

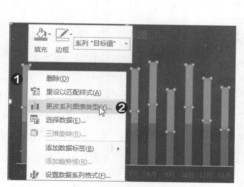

图15-46 选择"更改系列图表类型"命令

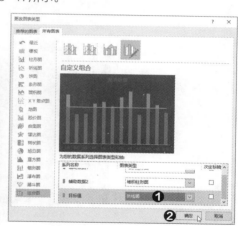

图15-47 选择图表类型

Step 09 查看更改后的效果。返回工作表中，可见目标值更改为折线，因为所有数据一样大，所以为直线，效果如图15-48所示。

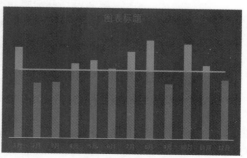

图15-48 查看效果

交叉参考

添加趋势线请参考14.8.1
节中内容。

Step 10 **添加趋势线。** 选择折线并右击❶，在快捷菜单中选择"添加趋势线"命令❷，如
图15-49所示。

Step 11 **设置趋势线格式。** 打开"设置趋势线格式"导航窗格，在"趋势线选项"选项卡
中设置"前推"和"后推"为0.5。切换至"填充与线条"选项卡，在"线条"选项区域
中设置线条颜色为橙色、宽度为2.5磅、线型为实线，如图15-50所示。

提示

此处添加趋势线是弥补
折线图两侧不到图表边
缘的问题。

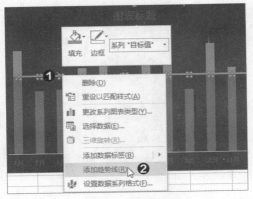

图15-49　添加趋势线

图15-50　设置趋势线格式

Step 12 **设置数据系列的颜色。** 在趋势线下方的柱形设置填充颜色为水绿色；上方的柱形
填充颜色为红色，并设置透明度为30%，效果如图15-51所示。

Step 13 **设置数据系列的宽度。** 可见图表中数据系列比较细，选择数据系列，在"设置数
据系列"导航窗格中设置"间隙宽度"为70%，效果如15-52所示。

提示

用户可以将该图表保存，
如果需要对其他年度销
售数据进行分析时，只
需要输入目标值和实际
完成值即可。会发现在
趋势线上方的柱形始终
为红色填充。

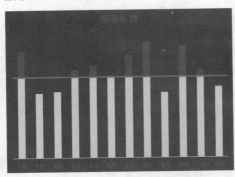

图15-51　设置数据系列颜色

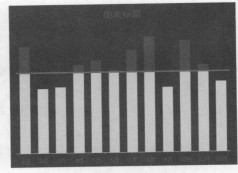

图15-52　设置数据系列宽度

Step 14 **设置图表标题。** 选中图表设置字体格式为黑体、颜色为白色，选中图表标题并加
粗显示，适当增大字号。最后再调整绘图区的大小和位置，最终效果如图15-53所示。

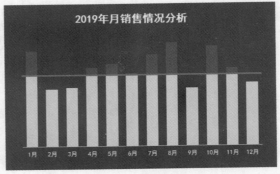

图15-53　查看最终效果

15.3 条形图的高级应用

条形图和柱形图很相似，可以看成是柱形图顺序时旋转90度。使用条形图可以显示各项目之间差别情况。在工作和生活中条形图使用也很频繁，下面介绍几种条件图的高级应用。

15.3.1 制作蝴蝶图

实例文件

原始文件：
实例文件\第15章\原始
文件\某地区各检测站合
格天数与目标对比.xlsx
最终文件：
实例文件\第15章\最终
文件\旋风图.xlsx

蝴蝶图也叫做旋风图，是由条形图演变的一种图形，其主要特点是成对出现。蝴蝶图可以很好地对比两列数据的差别，下面介绍具体操作方法。

Step 01 插入条形图。打开"某地区各检测站合格天数与目标对比.xlsx"工作簿，选中数据区域任意单元格❶，切换至"插入"选项卡，单击"图表"选项组中"插入柱形图或条形图"下三角按钮❷，在列表中选择"簇状条形图"选项❸，如图15-54所示。

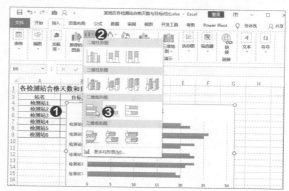

图15-54　插入条形图

Step 02 启用"设置数据系列格式"功能。选中目标天数数据系列并右击❶，在快捷菜单中选择"设置数据系列格式"命令❷，如图15-55所示。

Step 03 设置为次坐标轴。打开"设置数据系列格式"导航窗格，在"系列选项"选项区域选中"次坐标轴"单选按钮，如图15-56所示。

提示

在步骤3使用次要坐标
轴，将两个坐标轴分
开，方便步骤7中设置
逆序刻度值。

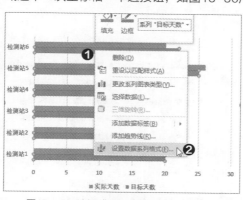

图15-55　选择"设置数据系列格式"命令

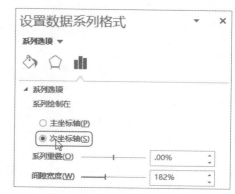

图15-56　选中"次坐标轴"单选按钮

Step 04 启用"设置坐标轴格式"功能。选中底部坐标轴并右击❶，在快捷菜单中选择"设置坐标轴格式"命令❷，如图15-57所示。

Step 05 设置边界数值。打开"设置坐标轴格式"导航窗格，设置边界最小值为-30❶，最大值为30❷，图15-58所示。

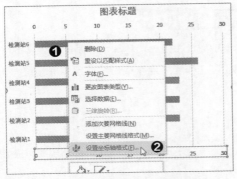

图15-57 选择"设置坐标轴格式"命令

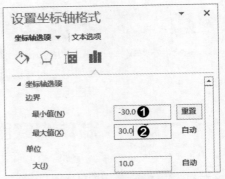

图15-58 设置边界数值

Step 06 **设置顶部坐标轴**。按照相同的方法，设置顶部坐标轴最大值为35，最小值为-35，查看效果，如图15-59所示。

Step 07 **设置逆序刻度值**。保持顶部坐标为选中状态，在"设置坐标轴格式"导航窗格的"坐标轴选项"选项区域中勾选"逆序刻度值"复选框，如图15-60所示。

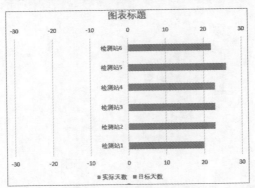

图15-59 查看原始效果

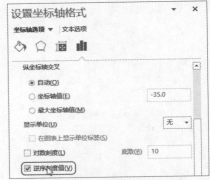

图15-60 勾选"逆序刻度值"复选框

Step 08 **删除纵坐标轴**。选中图表中间纵坐标轴，按Delete键删除，按照相同的方法删除上下两个坐标轴，如图15-61所示。

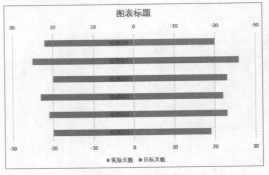

图15-61 查看效果

Step 09 **添加主轴次要垂直网格线**。选中图表❶，切换至"图表工具-设计"选项卡，单击"图表布局"选项组中"添加图表元素"下拉按钮❷，在列表中选择"网格线>主轴次要垂直网格线"选项❸，如图15-62所示。

Step 10 **设置网格线格式**。双击添加的网格线，在打开的"设置次要网格线格式"导航窗格中设置网格线的颜色和宽度，如图15-63所示。

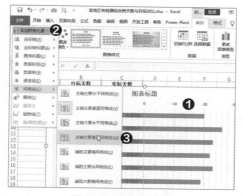

图15-62　添加网格线

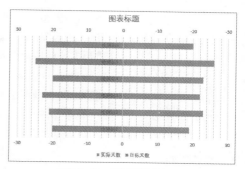

图15-63　设置网格线格式

Step 11 **设置图表区填充**。选中图表，打开"设置图表区填充"导航窗格，选中"图片或纹理填充"单选按钮❶，单击"插入"按钮❷，如图15-64所示。

Step 12 **填充图片**。在打开的对话框中选择合适的图片，并设置图片的透明度为10%，然后取消网格线，查看效果如图15-65所示。

图15-64　设置图表区填充

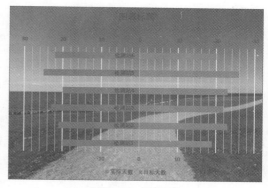

图15-65　填充图片

Step 13 **设置图表其他元素格式**。选中图表，在"字体"选项组中设置字体格式，选中图表标题设置字体为黑体，颜色为白色，字号为16。选中"目标天数"数据系列设置填充颜色为绿色，同理设置实际天数系列为橙色。最后添加数据标签，最终效果如图15-66所示。

🔗 交叉参考

数据标签格式的设置可参考14.5节相关知识。

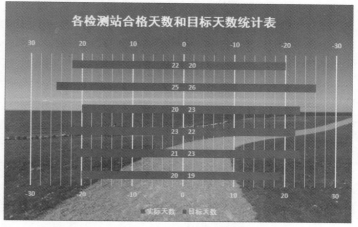

图15-66　查看最终效果

15.3.2

制作甘特图

甘特图也称为横道图或条状图，通过条形图来显示项目的进度，展示各阶段随着时间进行的情况。下面以某城镇改造项目为例介绍甘特图的制作方法。

Step 01 计算不同阶段的工期。 打开"城镇改造试点项目跟进表.xlsx"工作表，使用DAYS函数计算该项目每个阶段的工期，如图15-67所示。

Step 02 创建堆积条形图。 选择A1:C6单元格区域，切换至"插入"选项卡，单击"图表"选项组中"插入柱形图和条形图"下三角按钮，在列表中选择"堆积条形图"选项，输入标题，效果如图15-68所示。

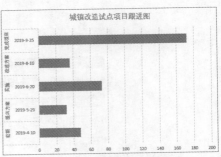

图15-67 计算工期天数　　　　　　图15-68 创建堆积条形图

Step 03 打开"选择数据源"对话框。 右击图表，在快捷菜单中选择"选择数据"命令，在"选择数据源"对话框中单击"水平（分类）轴标签"选项区域中的"编辑"按钮，如图15-69所示。

Step 04 设置轴标题。 在打开的"轴标签"对话框中，单击"轴标签区域"折叠按钮，在工作表中选择A2:A6单元格区域，如图15-70所示。

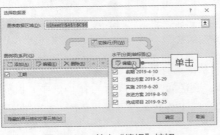
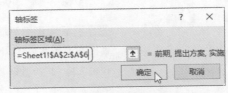

图15-69 单击"编辑"按钮　　　　　图15-70 设置轴标签区域

Step 05 设置系列轴。 返回"选择数据源"对话框，单击"图例项（系列）"选项区域中"添加"按钮，在打开的对话框中设置各参数，如图15-71所示。

Step 06 调整添加数据系列的顺序。 返回"选择数据源"对话框，选中添加"开始时间"系列❶，单击"上移"按钮❷，如图15-72所示。

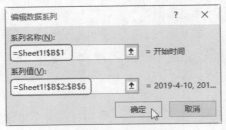
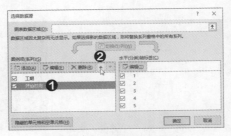

图15-71 添加数据系列　　　　　　图15-72 调整数据系列顺序

提示

步骤7中勾选"逆序类别"复选框可以颠倒分类的次序。目前纵坐标轴从上到下是"完成项目、改进方案、实施、提出方案、前期"，完成步骤7后，顺序为"前期、提出方案、实施、改进方案、完成项目"，更符合项目完成的流程。

Step 07 **设置纵坐标轴逆序类别**。双击纵坐标轴，在打开的"设置坐标轴格式"导航窗格中勾选"逆序类别"复选框，如图15-73所示。

图15-73　勾选"逆序类别"复选框

Step 08 **确定最小、最大时间**。返回工作表中，将开始时间和结束时间中最小值和最大值通过"设置单元格格式"对话框记录其序号，如图15-74所示。

Step 09 **设置横坐标轴的最值**。双击横坐标轴，打开"设置坐标轴格式"导航窗格，在"坐标轴选项"选项区域中设置最小值为43565，最大值为43905，如图15-75所示。

图15-74　确定最值　　　　　　　　图15-75　设置最值

提示

设置"开始时间"系列为无填充和无边框是将其隐藏起来，它还是存在的，所以在步骤15中添加数据标注时，还会显示。

Step 10 **设置"开始时间"系列格式**。选中"开始时间"数据系列，在打开的"设置数据系列格式"导航窗格中设置无填充和无边框。实现效果如图15-76所示。

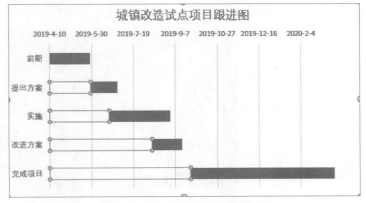

图15-76　设置"开始时间"系列的效果

Step 11 **添加网格线。**选中图表❶，单击"添加图表元素"下三角按钮❷，在列表中选择"网格线>主轴主要水平网格线"选项 ❸，如图15-77所示。

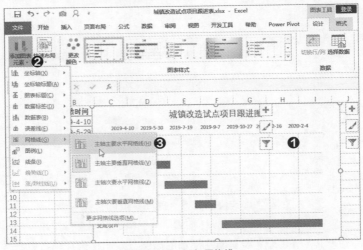

图15-77 添加网格线

Step 12 **设置图表背景和字体格式。**选中图表，在"图表工具-格式"选项卡的"形状样式"选项组中设置填充颜色为蓝色。设置字体的格式，其中字体颜色设置为白色，效果如图15-78所示。

图15-78 设置图表背景和字体格式

Step 13 **设置网格线的格式。**选中主轴主要水平网格线，在打开的"设置主要网格线格式"导航窗格中设置线形为方点、颜色为浅灰色、宽度为0.75磅。按照同样的方法设置垂直网格线线型为方点、颜色为白色、宽度为1.25磅，效果如图15-79所示。

图15-79 设置网格线的格式

提示

步骤14中添加直线，选择"直线"选项后，光标变为十字形状，然后绘制直线，通过拖动直线两端的控制点调整直线即可。

Step 14 **添加直线。**切换至"插入"选项卡，单击"插图"选项组中"形状"下三角按钮，在列表中选择"直线"选项，并在图表的左侧和顶部绘制，然后设置直线的颜色为橙色、宽度为1.5磅，如图15-80所示。

图15-80 添加直线

Step 15 **设置数据系列格式。**选中数据系列，在打开的"设置数据系列格式"导航窗格中设置图案填充，并设置前景色为橙色、背景色为白色。然后在"系列选项"选项区域中设置"间隙宽度"为60%，适当加宽数据系列，效果如图15-81所示。

交叉参考

为数据系列填充图案可参考14.1.1中为图表区填充图案的知识，其操作方法相同。

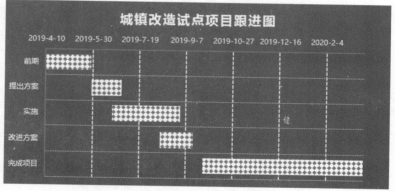

图15-81 设置数据系列格式

Step 16 **添加数据标注。**选中图表，单击"图表元素"按钮，在列表中选择"数据标签>数据标注"选项，删除"开始时间"的标注，然后更改标注的形状，适当调整位置，并设置字体格式。至此甘特图制作完成，效果如图15-82所示。

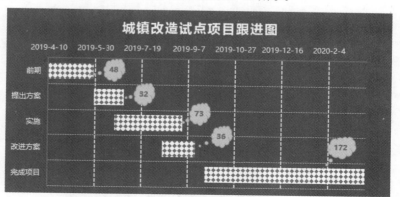

图15-82 添加数据标注

15.4 利用散点图制作阶梯图

扫码看视频

实例文件

原始文件：实例文件/第15章/原始文件/2019年销量统计表.xlsx

最终文件：实例文件\第15章\最终文件\利用散点图制作阶梯图.xlsx

使用阶梯图可以展示从一个时间点到另一个时间点之间的数据变化过程。其变化不是平滑过渡，而是在一个时间点保持不变，在下一个时间点直接跳转到下一个时间点的数据。下面介绍通过散点图制作阶梯图的方法。

Step 01 添加辅助数据。打开“2019年销量统计表.xlsx”工作簿，添加“误差线Y”和“辅助列”的数据，其中在C3单元格中输入“=B3-B2”公式，并向下填充，在D2:D13单元格区域中输入0，如图15-83所示。

Step 02 插入散点图。选中A1:B13单元格区域❶，切换至“插入”选项卡，单击“图表”选项组中“插入散点图或气泡图”下三角按钮❷，在列表中选择“散点图”选项❸，如图15-84所示。

C3 =B3-B2

	A	B	C	D	E
1	月份	销量	误差线Y	辅助列	单位:万台
2	1月	52		0	
3	2月	31	-21	0	
4	3月	73	42	0	
5	4月	91	18	0	
6	5月	98	7	0	
7	6月	61	-37	0	
8	7月	21	-40	0	
9	8月	30	9	0	
10	9月	92	62	0	
11	10月	91	-1	0	
12	11月	79	-12	0	
13	12月	60	-19	0	
14					

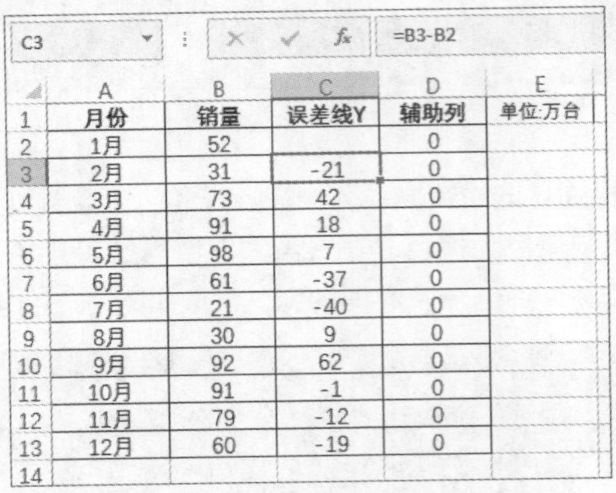

图15-83 完善表格

图15-84 计算最小值

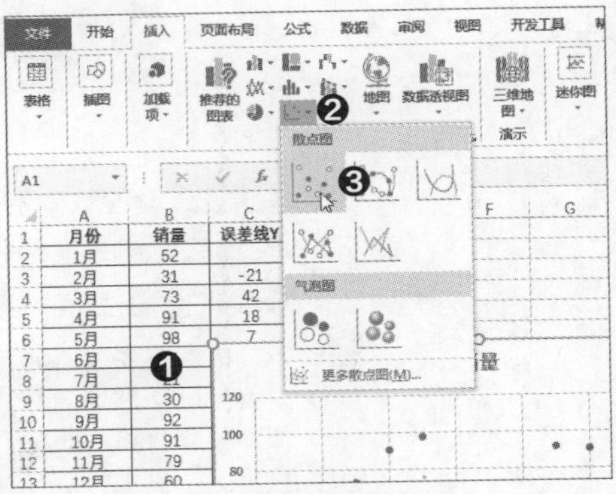

Step 03 更改图表标题。在插入的散点图中清除图表标题内容，然后输入“2019年销量分析”文本，如图15-85所示。

Step 04 填充数值。右击图表❶，在快捷菜单中选择“选择数据”命令❷，如图15-86所示。

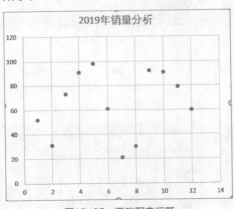

图15-85 更改图表标题

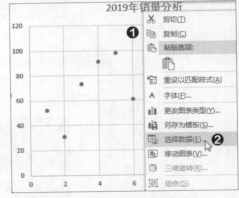

图15-86 选择“选择数据”命令

Step 05 添加数据。打开“选择数据源”对话框，单击“图例项”选项区域中“添加”按钮，如图15-87所示。

Step 06 编辑数据系列。打开“编辑数据系列”对话框，单击“X轴系列值”折叠按钮，在工作表中选择A2:A13单元格区域。同样的方法设置“Y轴系列值”为D2:D13单元格区域，如图15-88所示。

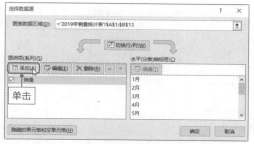

图15-87　单击"添加"按钮

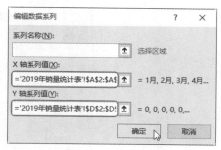

图15-88　查看效果

Step 07 **设置添加的数据系列**。选中添加的数据系列并右击❶，在快捷菜单中选择"更改系列图表类型"命令❷，如图15-89所示。

Step 08 **更改数据系列类型**。打开"更改图表类型"对话框，设置添加的数据系列为"折线图"❶，单击"确定"按钮❷，如图15-90所示。

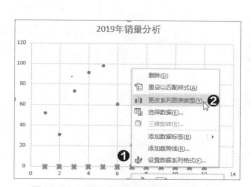

图15-89　选择"更改系列图表类型"命令

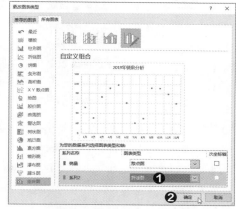

图15-90　更改数据系列类型

Step 09 **设置折线图的格式**。选择折线图，在打开的"设置数据系列格式"导航窗格中设置线条为"无线条"，如图15-91所示。

Step 10 **设置横坐标轴的位置**。选择横坐标轴，打开"设置坐标轴格式"导航窗格，在"坐标轴选项"选项区域中选中"在刻度线上"单选按钮，如图15-92所示。

图15-91　设置折线图的格式

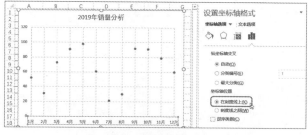

图15-92　设置横坐标轴的位置

Step 11 **添加误差线**。选中图表❶，单击"添加图表元素"下三角按钮❷，在列表中选择"误差线>标准误差"选项❸，如图15-93所示。

Step 12 **设置水平误差线**。选中水平误差线，打开"设置误差线格式"导航窗格，在"水平线误差线"选项区域中选中"正偏差"和"无线端"单选按钮❶，然后设置固定误差值为1❷，如图15-94所示。

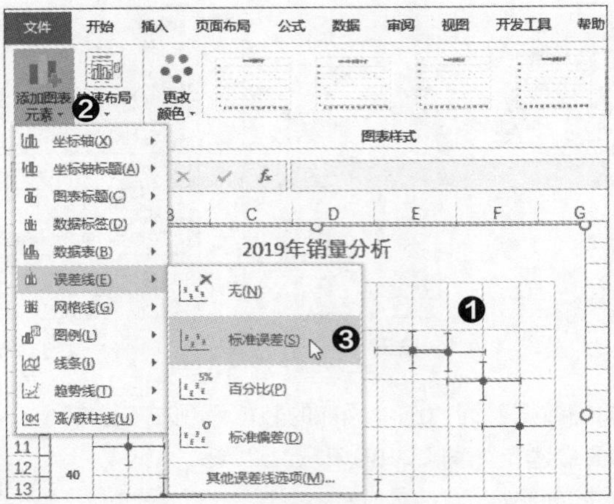

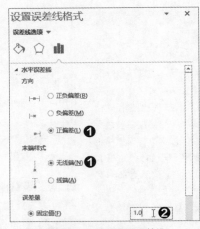

图15-93 添加误差线

图15-94 设置水平误差线

> **提示**
>
> 在步骤12和步骤13中设置的误差线为数据辅助列前后相减的差值。

Step 13 **设置垂直误差线。**选中垂直误差线，选中“正负偏差”和“无线端”单选按钮，在“误差量”选项区域中选中“自定义”单选按钮，单击右侧“指定值”按钮，如图15-95所示。

Step 14 **设置负错误值。**在打开的“自定义错误栏”对话框中清除“正错误值”文本框中内容❶，设置负错误值内容为C2:C13单元格区域❷，单击“确定”按钮❸，如图15-96所示。

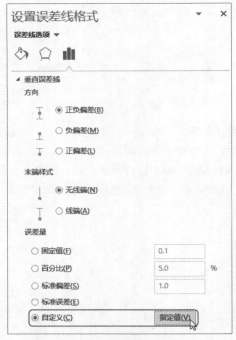

图15-95 设置垂直误差线

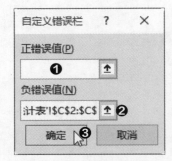

图15-96 设置负错误值

Step 15 **查看设置阶梯图的效果。**操作至此步骤阶梯图的形状已经形成，下面还需要进一步设置，如图15-97所示。

Step 16 **去除标记点。**选择散点图标记点，打开“设置数据系列格式”导航窗格，切换至“填充与线条”选项卡，单击“标记”按钮，在“标记选项”选项区域中选中“无”单选按钮，如图15-98所示。

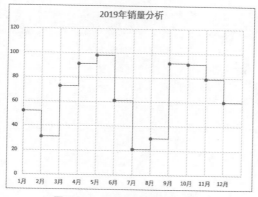

图15-97　查看设置阶梯图的效果

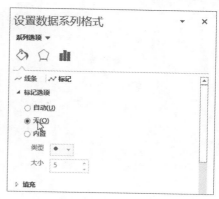

图15-98　去除标记点

Step 17 **设置水平误差线的格式。**选择水平误差线，打开"设置误差线格式"导航窗格，在"线条"选项区域中选中"实线"单选按钮❶，设置颜色为浅蓝色❷，宽度为2磅❸，如图15-99所示。

Step 18 **设置垂直误差线的格式。**根据相同的方法设置垂直误差线和水平误差线相同的格式，效果如图15-100所示。

图15-99　设置水平误差线格式

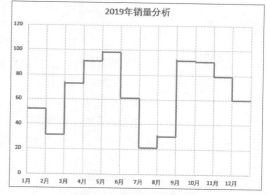

图15-100　查看设置误差线的效果

Step 19 **美化图表。**阶梯图制作完成后，再进一步美化。设置误差线的发光效果和网格线，再为纵坐标轴添加单位。最终效果如图15-101所示。

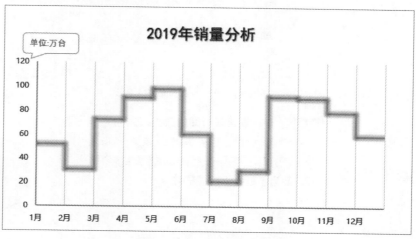

图15-101　查看阶梯图的效果

复合图表和高级图表应用

前面学习常规图表的基础知识和应用，我们掌握了很多技巧和方法，能够让图表充分展现数据。但是工作中经常遇到各种复杂异常的数据。简单的图表已经不能满足实际的需求，不能准确地展现数据，此时用户可以将不同的数据绘制为不同的图表类型或者将图表与函数相结合。

16.1 复合图表的应用

复合图表是指由不同图表类型系列组成的图表。在本节中将介绍复合条饼图、柱形图和折线图组合的应用。

16.1.1 利用复合条饼图创建利益分析结构图

扫码看视频

企业统计出各方面利益分配，不同项目的利益差别比较大，如果使用饼图将展示不清楚利益小项目，因此可以考虑复合图表。将利益小的项目放在子图表中显示，下面介绍使用复合条饼图展示数据的方法。

Step 01 启动"推荐的图表"功能。打开"企业利益分析表.xlsx"工作表，选择表格中任意单元格①，切换至"插入"选项卡，单击"图表"选项组中"推荐的图表"按钮②，如图16-1所示。

Step 02 选择复合饼图。打开"插入图表"对话框，在"所有图表"选项卡中选择"复合条饼图"图表类型①，单击"确定"按钮②，如图16-2所示。

实例文件

原始文件：
实例文件\第16章\原始文件\企业利益分析表.xlsx
最终文件：
实例文件\第16章\最终文件\利用复合条饼图创建利益分析结构图.xlsx

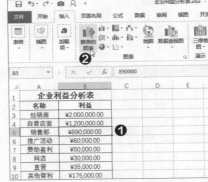

图16-1 单击"推荐的图表"按钮

图16-2 选择复合饼图

Step 03 查看复合条饼图的效果。返回工作表中查看创建复合条饼图的效果，如图16-3所示。可见在条形图中包含3个区域，而且不是我们想要的效果。

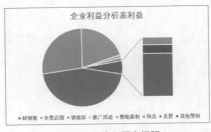

图16-3 输入图表标题

提示

在步骤1的表格中，在B10单元格中值是B6:B9单元格区域中数值的之和。

Step 04 **启动"设置数据系列格式"导航窗格。** 在任意饼图的数据系列上右击❶，在快捷菜单中选择"设置数据系列格式"命令❷，如图16-4所示。

Step 05 **设置第二绘图区的系列。** 打开"设置数据系列格式"导航窗格，在"系列选项"选项区域中设置"第二绘图区中的值"为4❶，"第二绘图区大小"为70%❷，如图16-5所示。

图16-4　选择"设置数据系列格式"命令　　　图16-5　设置第二绘图区的系列

提示

在步骤5中，在导航窗格中设置"间隙宽度"的值，可以设置两饼图之间的距离。

Step 06 **查看设置后的效果。** 可见第二绘图区的系列为4个项目，但是还是没有包含最小的4个项目的数据，如图16-6所示。

Step 07 **修改公式。** 选中图表中任意数据系列，在编辑栏中将"=SERIES(Sheet1!\$B\$1:\$B\$2,Sheet1!\$A\$3:\$A\$10,Sheet1!\$B\$3:\$B\$10,1)"公式中"\$B\$3:\$B\$10"修改为"\$B\$3:\$B\$9"，按Enter键后可见在条形图中显示4个利益小的项目，将4个项目的合计数据系列移到饼图中，如图16-7所示。

提示

经过步骤7设置后在第二绘图区则显示利益比较少的4个项目。

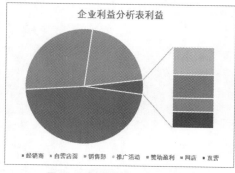

图16-6　查看设置后的效果　　　　　　　图16-7　查看修改公式后的效果

Step 08 **设置图表区的格式。** 在图表的标题框中输入标题并删除图例。双击图表区，打开"设置图表区格式"导航窗格，设置深蓝灰色填充，如图16-8所示。

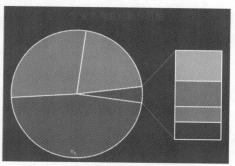

图16-8　设置深蓝灰色填充

Step 09 **切换至绘图区。** 在"设置图表区格式"导航窗格中单击"图表选项"下三角按钮 ❶，在列表中选择"绘图区"选项❷，如图16-9所示。

Step 10 **设置绘图区格式。** 切换至"设置图区格式"导航窗格，在"填充与线条"选项卡下选中"图片或纹理填充"单选按钮❶，在"图片源"选项区域中单击"插入"按钮❷，如图16-10所示。

图16-9 选择"绘图区"选项

图16-10 单击"插入"按钮

Step 11 **选择图片。** 打开"插入图片"面板，单击"来自文件"超链接，打开"插入图片"对话框，选择合适的图片❶，单击"插入"按钮❷，如图16-11所示。

Step 12 **查看设置效果。** 返回工作表中，可见图表的绘图区和图表区分别填充不同的内容，但是绘图区到图表区的过渡很生硬，直接由图片到颜色，如图16-12所示。

图16-11 选择图片

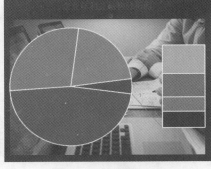

图16-12 查看填充效果

Step 13 **进一步设置图片。** 在导航窗格中设置图片的透明度为30%，然后切换至"效果"选项卡，添加柔化边缘效果，如图16-13所示。

Step 14 **查看效果。** 再次查看图表的效果，如图16-14所示。

图16-13 设置图表区文本格式

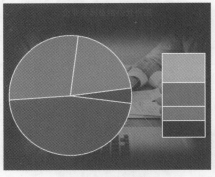

图16-14 查看效果

Step 15 **设置数据系列的格式**。选择数据系列，在打开的"设置数据系列格式"导航窗格中设置无填充，设置边框为实线、颜色为白色、宽度为1.5磅，效果如图16-15所示。

Step 16 **添加数据标签**。选中图表，在"图表工具-设计"选项卡中添加数据标签。选择数据标签，在打开的导航窗格中设置显示系列值和百分比，并使用逗号作为分隔符。然后在"字体"选项组中设置字体的格式，如图16-16所示。

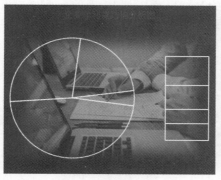

图16-15 设置数据系列的格式

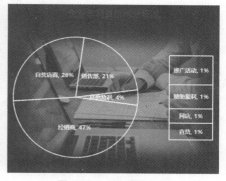

图16-16 添加数据标签

Step 17 **设置标题格式**。选中图表标题，在"字体"选项组中设置字体、字号和字体颜色。然后再单击"字体"选项组中对话框启动器按钮，打开"字体"对话框，在"字符间距"选项卡中设置"间距"为"加宽"❶，度量值为1.3磅❷，单击"确定"按钮❸，如图16-17所示。

Step 18 **调整标题的位置**。选中标题文本框向下拖曳到合适的位置，释放鼠标左键。查看设置标题的效果，如图16-18所示。

图16-17 设置标题格式

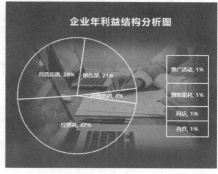

图16-18 调整标题的位置

Step 19 **查看最终效果**。适当缩小绘图区的大小，并移到中间位置。最后设置系列线的颜色为白色，至此本案例制作完成，最终效果如图16-19所示。

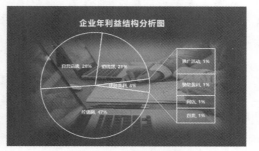

图16-19 查看最终效果

16.1.2 利用柱形图和折线图组合分析销售情况

扫码看视频

当需要创建的图表数值的差值比较大时，我们可以通过设置次坐标轴的方法，将数值较小的数据系列更改图表类型，这样可以将数据展示地更清楚。下面介绍具体操作方法。

Step 01 准备制作的数据。打开"2019年销售情况统计表.xlsx"工作簿，在D3单元格中输入"=C3/B3-1"公式并向下填充至D14单元格，还需要设置该区域的单元格格式为百分比。然后在E列添加辅助列，并输入数字0，如图16-20所示。

Step 02 插入柱形图。选中A2:A14和C2:C14单元格区域❶，切换至"插入"选项卡，插入簇状柱形图❷，如图16-21所示。

实例文件

原始文件：
实例文件/第16章/原始
文件/2019年销售情况
统计表.xlsx

最终文件：
实例文件/第16章/最终
文件/利用柱形图和折
线图组合分析销售情
况.xlsx

月份	目标值	实际销售	增长率	辅助列	单位
1月	200	207	3.50%	0	
2月	200	183	-8.50%	0	
3月	200	210	5.00%	0	
4月	200	233	16.50%	0	
5月	200	248	24.00%	0	
6月	200	182	-9.00%	0	
7月	200	210	5.00%	0	
8月	200	217	8.50%	0	
9月	200	260	30.00%	0	
10月	200	172	-14.00%	0	
11月	200	283	41.50%	0	
12月	200	268	34.00%	0	

图16-20 输入公式计算数据

图16-21 插入柱形图

Step 03 单击"选择数据"按钮。选中图表❶，切换至"图表工具-设计"选项卡，单击"数据"选项组中"选择数据"按钮❷，如图16-22所示。

Step 04 添加"增长率"数据。打开"选择数据源"对话框，单击"图例项"选项区域中"添加"按钮。打开"编辑数据系列"对话框，设置系列名称和系列值❶，依次单击"确定"按钮❷，如图16-23所示。

提示

在本案例中的增长率的计算方法是实际销售金额除以目标值然后再减去1即可。

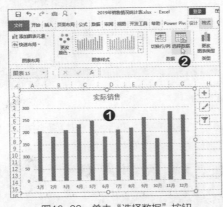

图16-22 单击"选择数据"按钮

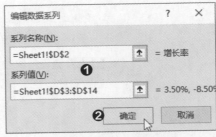

图16-23 添加"增长率"数据

Step 05 选择"增长率"数据系列。可见在图表中添加增长率的数据系列，但是由于数据太小无法显示。打开"设置图表区格式"导航窗格，单击"图表选项"下三角按钮❶，在列表中选择"系列"增长率""选项❷，如图16-24所示。

Step 06 设置次坐标轴。此时进入"设置数据系列格式"导航窗格，在"系列选项"选项区域中选中"次坐标轴"单选按钮，如图16-25所示。

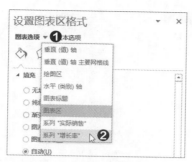

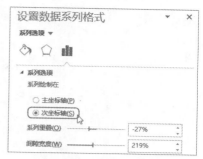

图16-24 选择"增长率"数据系列   图16-25 设置次坐标轴

提 示

在步骤8中，可见设置次坐标轴后，第一季度的系列重合，不方便用户比较和分析相关数据。

Step 07 **更改图表类型。** 在图表中即可显示增长率的柱形图表，右击该数据系列❶，在快捷菜单中选择"更改系列图表类型"命令❷，如图16-26所示。

Step 08 **更改"增长率"系列为折线图。** 在打开的"更改图表类型"对话框中单击"增长率"下三角按钮，在列表中选择"折线图"图表类型❶，单击"确定"按钮❷，如图16-27所示。

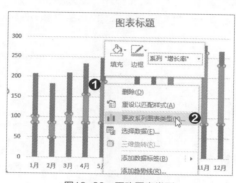

图16-26 更改图表类型

图16-27 更改"增长率"系列为折线图

提 示

将同期增长率的系列更改为折线图，在步骤11中可见两处系列使用不同图表类型展示数据，用户可以很清楚地分析数据。

Step 09 **添加"辅助列"的数据。** 根据添加"增长率"数据的方法添加E列"辅助列"的数据，效果如图16-28所示。

Step 10 **添加趋势线。** 选中添加的辅助列数据系列并右击❶，在快捷菜单中选择"添加趋势线"命令❷，如图16-29所示。

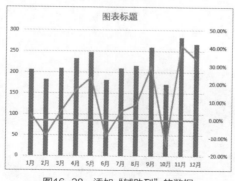

图16-28 添加"辅助列"的数据

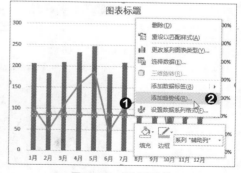

图16-29 添加趋势线

Step 11 **设置趋势线的格式。** 打开"设置趋势线格式"导航窗格，在"趋势线选项"选项区域中设置趋势预测前推和后推为0.5周期。在"填充与线条"选项卡中设置线条为实线、颜色为白色、宽度为2磅，如图16-30所示。

Step 12 **设置垂直坐标轴的值。** 选择垂直坐标轴，在打开的"设置坐标轴格式"导航窗格中设置最小值为100，如图16-31所示。

图16-30 设置趋势线的格式

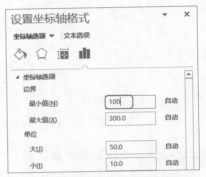

图16-31 设置垂直坐标轴的值

Step 13 **设置次坐标轴最小值。** 根据相同方法设置次坐标轴的最小值为-0.3，可见图表的柱形图变化幅度较大，折线图向下移动，如图16-32所示。

Step 14 **设置图表的背景颜色。** 选中图表打开"设置图表区格式"导航窗格，在"填充与线条"选项卡中设置深蓝色填充和无线条，如图16-33所示。

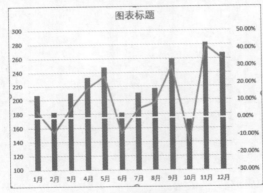

图16-32 设置次坐标轴最小值

图16-33 设置图表的背景颜色

Step 15 **设置文本的格式。** 设置图表的字体格式和颜色，然后再设置图表标题的格式，然后再删除水平网格线，效果如图16-34所示。

Step 16 **设置折线的颜色。** 选中图表中折线❶，在"图表工具-格式"选项卡，在"形状样式"选项组中单击"形状轮廓"下三角按钮❷，在列表中选择合适的颜色❸，如图16-35所示。

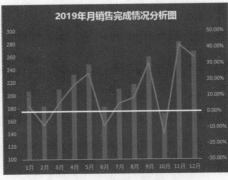

图16-34 设置图表中的字体格式

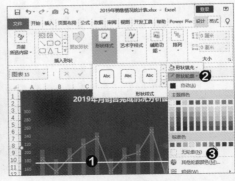

图16-35 设置折线的颜色

Step 17 **添加数据标签。** 选中折线，然后单击"添加图表元素"下三角按钮，在列表中选择"数据标签>上方"选项。根据相同的方法为柱形图系列添加数据标签，效果如图16-36所示。

Step 18 **设置柱形系列格式。** 选择柱形图，打开"设置数据系列格式"导航窗格，在"系列选项"选项区域中设置间隙宽度为80%。在"填充与线条"选项卡中设置渐变填充，效果如图16-37所示。

提示

如果需要将折线图向下移动，只需在"设置坐标轴格式"导航窗格中，将最大值设置比系列数据的最大值还要大即可。

图16-36 添加数据标签　　　　　　　　图16-37 设置柱形系列格式

Step 19 **设置最高数据系列的格式。** 在11月数据系列上连续单击两次，在"设置数据点格式"导航窗格中设置数据系列为浅橙色到深橙色的渐变效果，并添加橙色的发光效果，如图16-38所示。

Step 20 **隐藏垂直坐标轴并设置折线数据标签。** 选中垂直坐标轴，在"设置坐标轴格式"导航窗格的"坐标轴系列选项"选项卡中设置标签位置为无，根据相同方法设置次坐标轴，然后根据个人喜好设置折线数据标签格式，如图16-39所示。

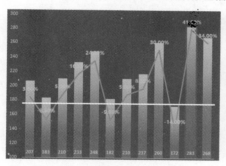
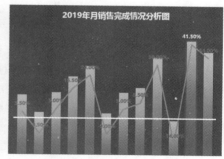

图16-38 设置最高数据系列的格式　　　　图16-39 设置折线数据标签格式

Step 21 **添加其他元素。** 在图表中绘制箭头形状并填充红色，适当进行旋转并移到折线下降的位置，然后将标题移至左侧，并在下方输入相关文字说明，最终效果如图16-40所示。

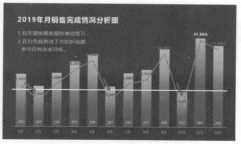

图16-40 查看最终效果

16.2

高级图表的应用

本节将向用户介绍高级图表的应用，如在图表中设置各种控件，通过控件调整图表显示效果，或者将图表和函数公式相结合制作出需要的图表。本节主要介绍图表结合滚动条和组合框控件的使用。

16.2.1

使用滚动条控制图表

在Excel中创建图表时，可以通过滚动条控制图表中显示的数据。下面介绍具体操作方法。

扫码看视频

实例文件

原始文件：
实例文件\第16章\原始文件\2019年员工季度销售情况分析表.xlsx
最终文件：
实例文件\第16章\最终文件\使用滚动条控制图表.xlsx

Step 01 准备制作表格的数据。打开"2019年员工季度销售情况分析表.xlse"工作簿，在F3单元格中输入"=SUM(B3:E3)"公式，计算该员工2019年销售总量。在H3单元格中输入"=F3/G3-1"公式，计算增长率。将前两个公式向下填充，并在I1单元格中输入1，如图16-41所示。

图16-41 准备数据

Step 02 启用定义名称功能。切换至"公式"选项卡，单击"定义的名称"选项组中"定义名称"按钮，如图16-42所示。

Step 03 定义姓名的名称。打开"新建名称"对话框，在"名称"文本框中输入"姓名"❶，在"引用位置"文本框中输入"=OFFSET(Sheet1!$A$2,1,,Sheet1!$I$2,1)"❷，然后单击"确定"按钮❸，如图16-43所示。

交叉参考

OFFSET函数读者可参考9.3.4节中相关知识。

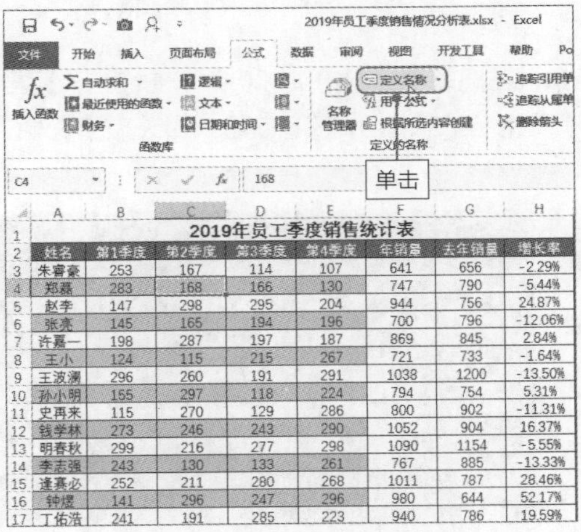

图16-42 单击"定义名称"按钮

图16-43 定义姓名名称

Step 04 **定义其他名称**。根据相同的方法定义"第1季度"、"第2季度"、"第3季度"、"第4季度"和"增长率"的名称,其中引用位置的公式依次为"=OFFSET(Sheet1!$B$2,1,,Sheet1!$I$2,1)"、"=OFFSET(Sheet1!$C$2,1,,Sheet1!$I$2,1)"、"=OFFSET(Sheet1!$D$2,1,,Sheet1!$I$2,1)"、"=OFFSET(Sheet1!$E$2,1,,Sheet1!$I$2,1)"和"=OFFSET(Sheet1!$H$2,1,,Sheet1!$I$2,1)",如图16-44所示。

Step 05 **查看定义名称**。在"定义的名称"选项组中单击"名称管理器"按钮,在打开的对话框中显示定义的所有名称,效果如图16-45所示。

提示

使用OFFSET函数是根据变量I2单元格中数据提取指定列中引用行数的内容。

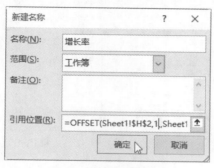
图16-44 定义其他名称

图16-45 查看定义的名称

提示

在Excel中,默认情况下是没有"开发工具"选项卡的,可以根据06步骤中的操作添加。

Step 06 **添加"开发工具"选项卡**。单击"文件"标签,选择"选项"选项,打开"Excel选项"对话框,选择"自定义功能区"选项❶,勾选"开发工具"复选框❷,单击"确定"按钮❸,如图16-46所示。

Step 07 **添加滚动条控件**。切换至"开发工具"选项卡❶,单击"控件"选项组中"插入"下三角按钮❷,在列表中选择"滚动条"控件❸,如图16-47所示。

图16-46 添加"开发工具"选项卡

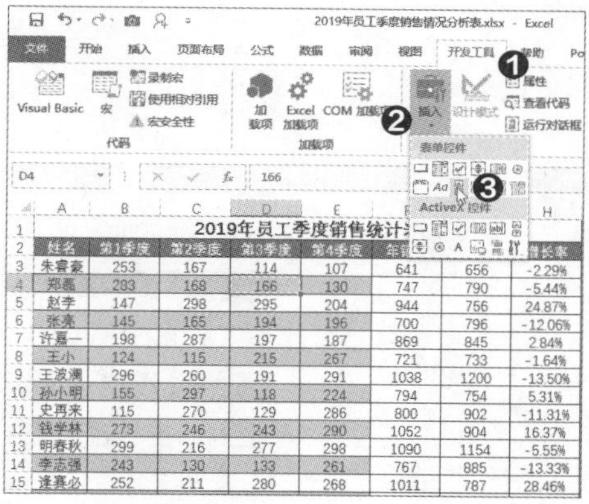

图16-47 添加滚动条控件

Step 08 **绘制滚动条**。此时,光标变为黑色十字形状,在工作表中绘制滚动条,效果如图16-48所示。

提示

绘制滚动条后,用户可以通过控制点调整控件的大小。光标移到控件上时按住鼠标左键拖动可调整其位置。

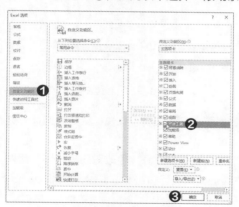
图16-48 绘制滚动条

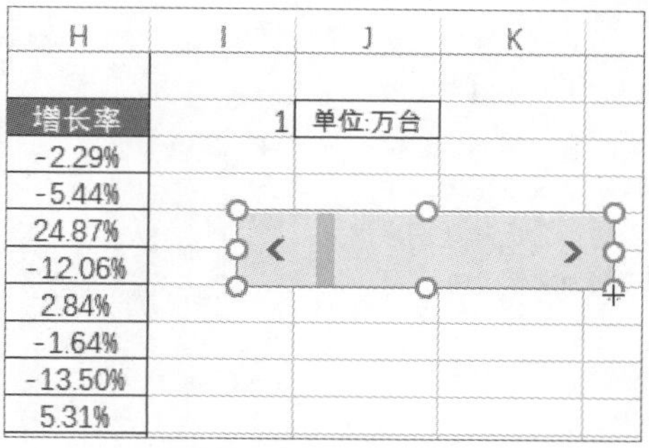

Step 09 右击控件。选中控件可以调整其大小和位置，然后右击控件，在快捷菜单中选择"设置控件格式"命令，如图16-49所示。

Step 10 设置控件的格式。打开"设置对象格式"对话框，在"控制"选项卡中设置最小值为1、最大值为24，单元格链接为I2❶，单击"确定"按钮❷，如图16-50所示。

提示

在设置控件的最大值时，需要根据数据表格中员工的数量来决定。如果小于员工的数量，则在图表中显示不全员工的数据；如果设置的数量大于员工的数量，则在图表的右侧会出现空白的区域。

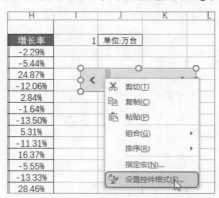

图16-49 选择"设置控件格式"命令　　　　图16-50 设置控件格式

Step 11 创建图表。选择A2:E26和H3:H26单元格区域，然后插入柱形图，如图16-51所示。

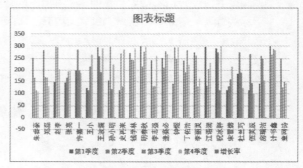

图16-51 创建图表

Step 12 更改数据系列的类型。右击图表，在快捷菜单中选择"更改图表类型"命令，如图16-52所示。

Step 13 设置"增长率"系列类型。打开"更改图表类型"对话框，设置增长率为图表类型为"折线图"❶，并勾选"次坐标轴"复选框❷，如图16-53所示。

提示

因为"增长率"的数值比较小，所以要更改其图表类型和次坐标轴。通常情况下在图表中需要将百分比的数据系列设置为次坐标轴。

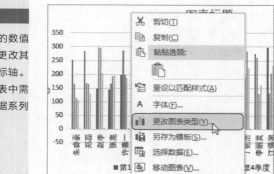

图16-52 更改数据系列的类型

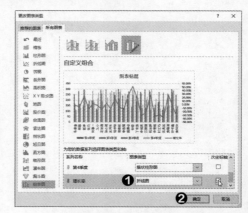

图16-53 设置"增长率"系列类型

Step 14 **启动"选择数据"功能。** 选中图表❶，切换至"图表工具-设计"选项卡，单击"数据"选项组中"选择数据"按钮❷，如图16-54所示。

Step 15 **单击"编辑"按钮。** 打开"选择数据源"对话框，单击"水平(分类)轴标签"选项区域中"编辑"按钮，如图16-55所示。

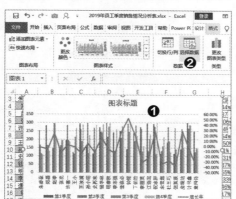

在步骤14到步骤19中设置图表中的数据为动态的。因为在编辑水平轴和图例项时，都引用之前设置的名称。该名称是因I2单元格中数据的变化而变化的。

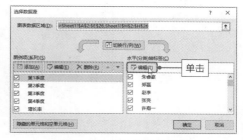

图16-54 单击"选择数据"按钮　　　　图16-55 单击"编辑"按钮

Step 16 **设置轴标签区域。** 打开"轴标签"对话框，在"轴标签区域"文本框中输入"=Sheet1!姓名"等式❶，单击"确定"按钮❷，如图16-56所示。

Step 17 **编辑图例项。** 返回"选择数据源"对话框，在"图例项(系列)"选项区域中选中"第1季度"选项，单击"编辑"按钮，如图16-57所示。

在步骤16到步骤18中在Sheet!右侧的文本为之前设置的名称。

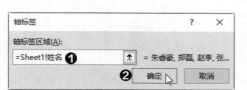

图16-56 设置轴标签区域　　　　图16-57 编辑图例项

Step 18 **编辑"第1季度"数据系列。** 打开"编辑数据系列"对话框，在"系列名称"文本框中显示"=Sheet1! $B$2"❶，在"系列值"文本框中输入"=Sheet!第1季度"❷，单击"确定"按钮❸，如图16-58所示。

Step 19 **编辑其他数据系列。** 根据相同的方法编辑其他4个数据第列，则图表的效果如图16-59所示。

在步骤19中只显示1位员工的数据，是因为在I2单元格中为数据1，同时滚动条的滑块在最左侧。

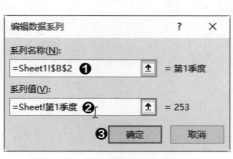

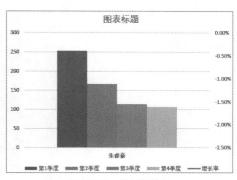

图16-58 编辑"第1季度"数据系列　　　　图16-59 图表的效果

Step 20 **查看滚动条控制图表的效果。** 单击滚动条右侧下三角按钮，在图表中显示不同数量的员工数据，如图16-60所示。

Step 21 **设置图表和数据系列颜色。** 选中图表，在"图表工具-格式"选项卡的"形状样式"选项组中设置形状填充颜色为深橙色，字体颜色设置为白色。在"图表工具-设计"选项卡的"图表样式"选项组中设置数据系列的颜色，效果如图16-61所示。

提示

在步骤20中当向右移动滑块时，其中I2单元格中数据在变化，图表中引用的数据也在变化。如I2单元格中为5，则图表中显示5位员工的数据。

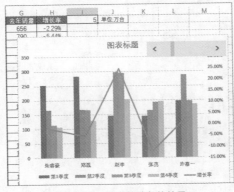

图16-60　使用滚动条的效果

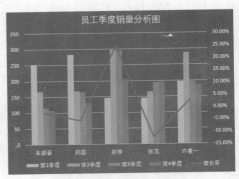

图16-61　设置图表填充颜色

Step 22 **添加数据标签。** 选中"增长率"折线，在"图表工具-设计"选项卡的"图表布局"选项组中单击"添加图表元素"下三角按钮，在列表中选择"数据标签>上方"选项。然后设置数据标签的格式，效果如图16-62所示。

Step 23 **调整绘图区的大小。** 选中绘图区，调整角控制点适当缩小绘图区的大小，并移至图表中间位置。设置折线的颜色为浅灰色，效果如图16-63所示。

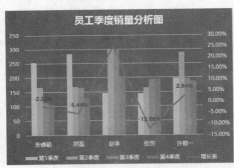

图16-62　添加数据标签

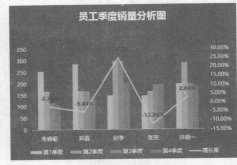

图16-63　调整绘图区的大小

提示

选中滚动条，在"绘图工具一格式"选项卡中调整其层次的位置，使其在图表上方，然后移到图表的右上方即可。

Step 24 **查看最终效果。** 删除图例和隐藏的次坐标轴，在图表底部添加文本框。调整滚动条的大小和位置，效果如图16-64所示。

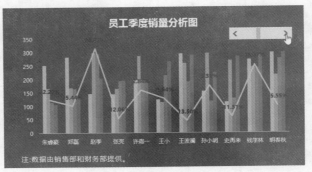

图16-64　查看最终效果

16.2.2 制作动态子母饼图

实例文件

原始文件：
实例文件\第16章\原始
文件\最近3年季度销售
分析表.xlsx

最终文件：
实例文件\第16章\最终
文件\制作动态子母饼
图.xlsx

本节将介绍使用组合框控件制作子母饼图的方法。某企业统计了最近3年每个季度的销售数据，现在需要在母饼图中显示最近3年的销售比例，在子饼图中显示对应年份的季度销售比例，下面介绍具体操作方法。

Step 01 输入辅助数据。打开"最近3年季度销售分析表.xlsx"工作簿，在D3:D6单元格区域中输入相关数据，如图16-65所示。

Step 02 输入CHOOSE函数引用数据。首选中E3单元格，然后输入"=CHOOSE(D3,D4,D5,D6)"公式，最后按Ctrl+Shift+Enter组合键执行计算，如图16-66所示。

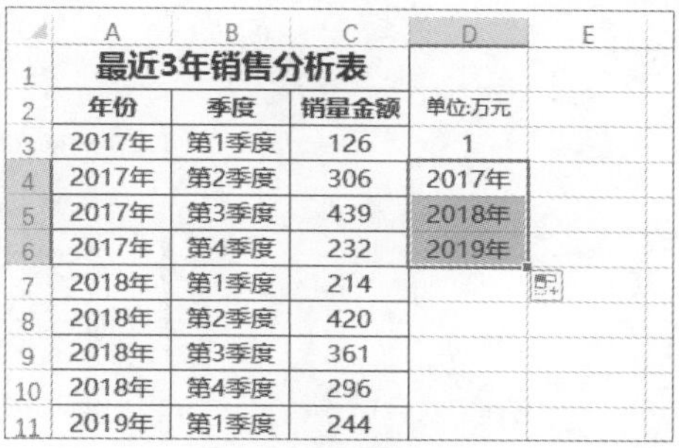

图16-65　输入辅助数据

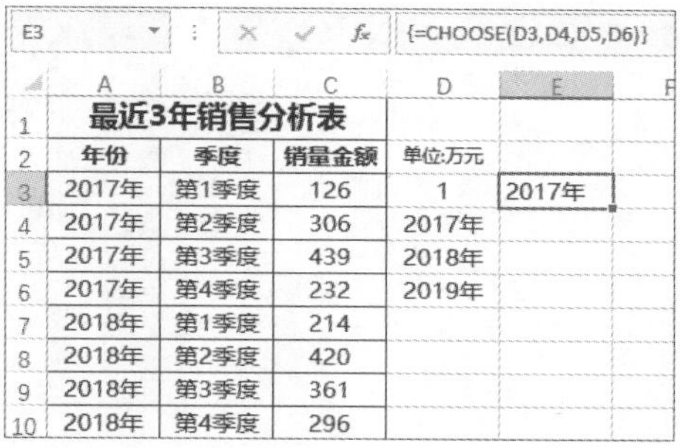

图16-66　引用数据

Step 03 输入INDEX函数公式。选择E4单元格并输入"=INDEX($D$4:$D$6,MIN(IF(COUNTIF($E$3:E3,$D$4:$D$6)=0,ROW($A$1:$A$3),5)))"公式，如图16-67所示。

Step 04 填充公式。按Ctrl+Shift+Enter组合键执行计算，然后将公式向下填充到E5单元格，效果如图16-68所示。

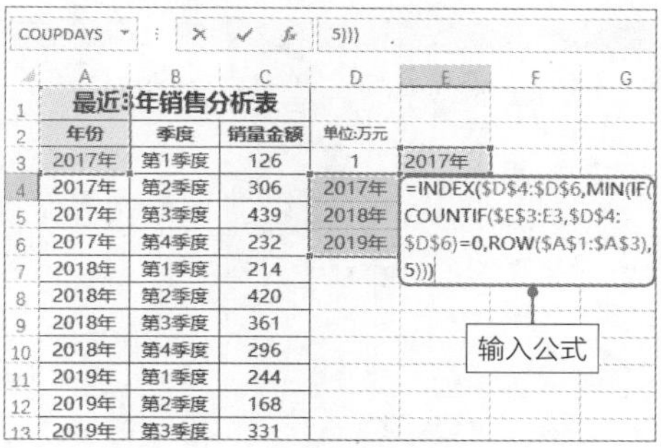

提示

在步骤1到步骤6中使用
各种函数计算创建图表
的数据。

输入公式

图16-67　引用年份

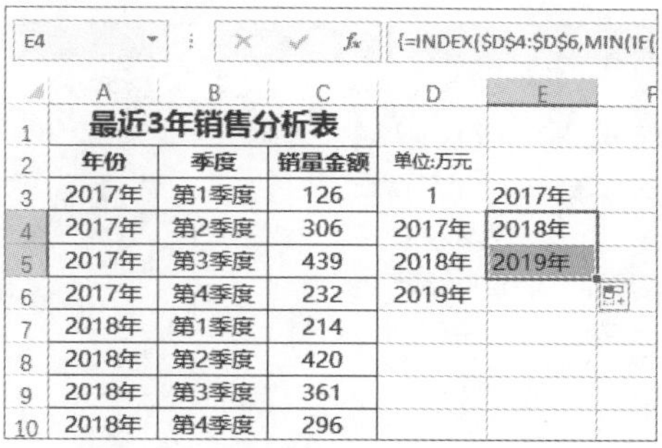

图16-68　填充公式

交叉参考

CHOOSE函数请参考
9.1.1节中内容；INDEX
函数请参考9.2.2节中
内容；SUMIF函数请参
考6.1.2节中的内容；
DOUNTIF函数请参考
10.1.2节中内容；ROW
函数请参考9.3.5节中的
内容。

Step 05 输入SUMIF函数计算之和。选中F3单元格然后输入"=SUMIF($A$3:$A$14,E3,$C$3:$C$14)"公式，按Enter键执行计算并向下填充至F5单元格，如图16-69所示。

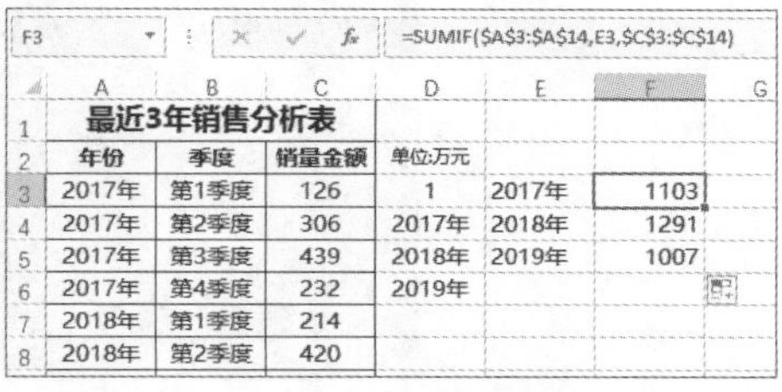

图16-69　对各年份销售金额进行汇总

Step 06 计算E3单元格中年份的季度数据。选中E6:F9单元格区域，然后输入“=OFFSET($A$2,MATCH($E$3,$A$3:$A$14,0),1,4,2)”公式，按Ctrl+Shift+Enter组合键执行计算，如图16-70所示。

Step 07 创建图表。选中E4:F9单元格区域❶，切换至“插入”选项卡，单击“图表”选项组中“插入饼图或圆环图”下三角按钮❷，在列表中选择“子母饼图”选项❸，如图16-71所示。

E6 {=OFFSET($A$2,MATCH($E$3,$A$3:$A$14,0),1,4,2)}

	A	B	C	D	E	F
1	最近3年销售分析表					
2	年份	季度	销量金额	单位万元		
3	2017年	第1季度	126	1	2017年	1103
4	2017年	第2季度	306	2017年	2018年	1291
5	2017年	第3季度	439	2018年	2019年	1007
6	2017年	第4季度	232	2019年	第1季度	126
7	2018年	第1季度	214		第2季度	306
8	2018年	第2季度	420		第3季度	439
9	2018年	第3季度	361		第4季度	232
10	2018年	第4季度	296			
11	2019年	第1季度	244			
12	2019年	第2季度	168			
13	2019年	第3季度	331			
14	2019年	第4季度	264			
15						

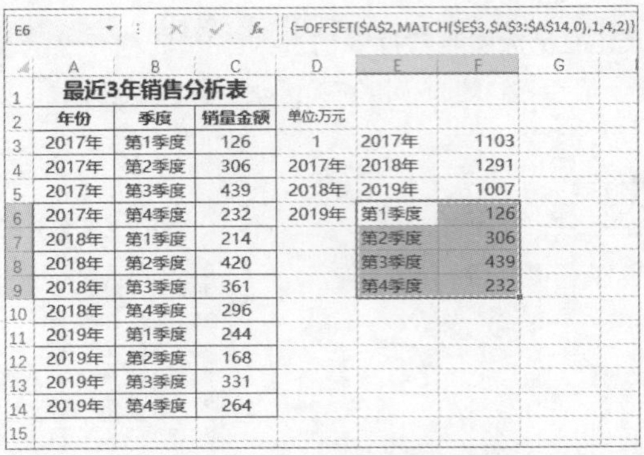

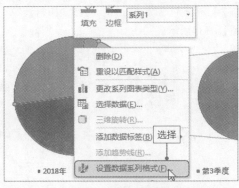

图16-70 计算2017年各季度销售额

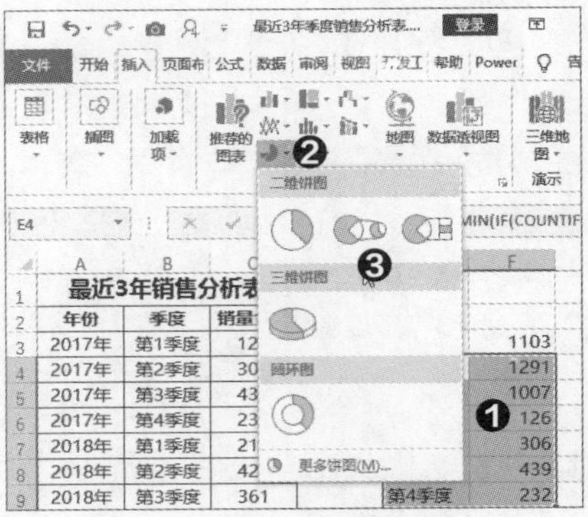

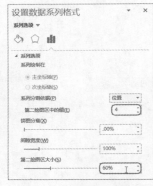

图16-71 创建子母饼图

提示

在步骤2、步骤3和步骤6中引用数据参数所以按Ctrl+Shift+Enter组合键执行计算。

Step 08 设置数据系列。选中任意扇区并右击，在快捷菜单中选择“设置数据系列格式”命令，如图16-72所示。

Step 09 设置第二绘图区。打开“设置数据系列格式”导航窗格，在“系列选项”选项区域中设置设置“第二绘图区中的值”为4、大小为60%，如图16-73所示。

图16-72 选择“设置数据系列格式”命令

图16-73 设置第二绘图区

提示

在创建图表时不需要选中E3:F3单元格区域，因为E3单元格是跟随D3变化的，其决定引用的季度的销售数据。

Step 10 美化图表。选中图表，设置图表的背景颜色、各扇区的颜色以及文本的格式等。其中子饼图和对应母饼图的扇区设置同一色系，效果如图16-74所示。

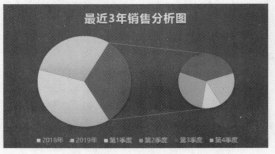

图16-74 美化图表

Step 11 **添加数据标签。** 选中图表❶，切换至"图表工具-设计"选项卡，单击"图表布局"选项组中"添加图表元素"下三角按钮❷，在列表中选择"数据标签>最佳匹配"选项❸，如图16-75所示。

Step 12 **设置数据标签的格式。** 选择数据标签，在"字体"选项组中设置字体的格式，然后打开"设置数据标签格式"导航窗格，设置显示的内容，效果如图16-76所示。

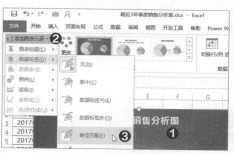

图16-75　添加数据标签

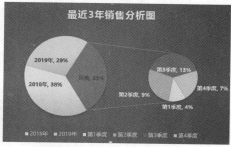

图16-76　设置数据标签的格式

Step 13 **添加组合框控件。** 切换至"开发工具"选项卡，单击"控件"选项组中"插入"下三角按钮❶，在列表中选择"组合框"选项❷，如图16-77所示。

Step 14 **设置组合框控件的格式。** 在图表的左上方绘制控件并调整其大小，然后右击控件，在快捷菜单中选择"设置控件格式"命令，在打开的对话框中设置数据源区域为"$D$4:$D$6"❶，单元格链接为"$D$3"❷，如图16-78所示。

图16-77　添加组合框控件

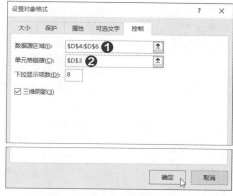

图16-78　设置组合框控件的格式

Step 15 **查看效果。** 设置完成后单击"确定"按钮，如果查看2019年各季度销售量，单击组合框控件下三角按钮，在列表中择"2019年"选项即可，效果如图16-79所示。

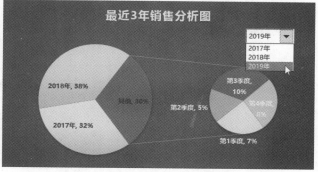

图16-79　查看最终效果

迷你图的应用

迷你图是在单元格中直观展示一组数据变化趋势的微型图表，Excel提供了折线、柱形和盈亏3种类型的迷你图。

迷你图常用于显示数据的经济周期变化、季节性升高或下降趋势以及突出显示最大值和最小值等。

17.1 迷你图的创建

创建迷你图和创建图表一样，都可以在功能区中或利用快速分析功能创建。本节将详细介绍创建单个或一组迷你图的操作方法。

17.1.1 创建单个迷你图

扫码看视频

实例文件

原始文件：
实例文件\第17章\原始
文件\某城市每月良好天
气对比表.xlsx

最终文件：
实例文件\第17章\最
终文件\创建单个迷你
图.xlsx

创建单个迷你图可以把一组数据以图形的形式清晰地展示出来，下面介绍创建单个迷你图的两种方法。

方法1 功能区创建迷你图

Step 01 **启动柱形迷你图。** 打开"某城市每月良好天气对比表.xlsx"工作簿，选中N3单元格❶，切换至"插入"选项卡，单击"迷你图"选项组中"柱形"按钮❷，如图17-1所示。

Step 02 **设置数据范围。** 打开"创建迷你图"对话框，单击"数据范围"折叠按钮，选择B3:M3单元格区域❶，单击"确定"按钮❷，如图17-2所示。

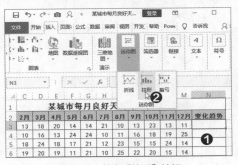

图17-1 单击"柱形"按钮

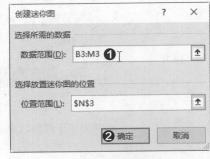

图17-2 选择数据范围

Step 03 **查看单个迷你图的效果。** 返回工作表中，可见在N3单元格中以柱形显示各数据的大小，如图17-3所示。

提示

在"创建迷你图"对话框中，单击"位置范围"折叠按钮，在工作表中选择迷你图放置的位置。如果已经选择了存放的单元格，则在该对话框中不需要设置位置。

测试点	1月	2月	3月	4月	5月	6月	7月	8月	9月	10月	11月	12月	变化趋势
试点A	25	13	18	20	14	14	21	10	13	23	13	11	
试点B	19	10	16	13	24	24	10	11	16	18	19	25	
试点C	18	18	24	18	17	21	12	23	15	15	24	14	
试点D	14	19	20	19	14	21	10	25	22	20	15	14	
试点E	20	21	12	15	13	25	24	12	17	24	16	25	
试点F	10	22	22	14	14	18	18	25	22	24	24	15	
试点G	23	15	17	15	11	18	15	22	15	14	18	25	

图17-3 查看柱形迷你图的效果

方法2 利用"快速分析"功能创建迷你图

选择迷你图的类型。选择B4:M4单元格区域，单击右侧"快速分析"按钮，在打开的面板中切换至"迷你图"选项卡，选择"折线图"选项，即可在N4单元格中输入创建折线迷你图，如图17-4所示。

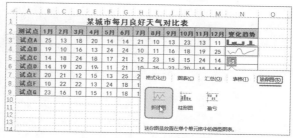

图17-4 选择"折线图"选项

17.1.2 创建一组迷你图

创建一组迷你图可以利用创建单个迷你图的方法，只是选择数据和位置时有所区别，除此之外还可以使用填充的方法创建一组迷你图。下面介绍具体操作方法。

方法1 插入一组迷你图

Step 01 启用"创建迷你图"对话框。 打开"某城市每月良好天气对比表.xlsx"工作簿，选中N3:N9单元格区域❶，切换至"插入"选项卡，单击"迷你图"选项组中"折线"按钮❷，如图17-5所示。

Step 02 选择数据范围。 打开"创建迷你图"对话框，单击"数据范围"折叠按钮，在工作表中选择B3:M9单元格区域❶，单击"确定"按钮❷，如图17-6所示。

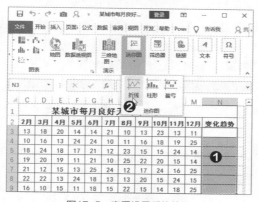

图17-5 查看设置后的效果

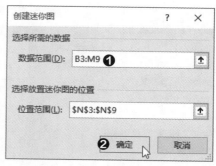

图17-6 查看修改公式后的效果

Step 03 查看效果。 返回工作表中，可见在选中的单元格中创建了一组折线迷你图，效果如图17-7所示。

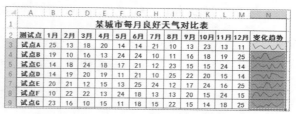

图17-7 查看效果

方法2 填充迷你图

　　填充迷你图是首先创建单个迷你图然后再填充单元格。具体操作如下，在N3单元格中创建柱形迷你图，然后拖曳N3单元格的填充柄向下拖曳至N9单元格，即可完成一组迷你图的创建，如图17-8所示。

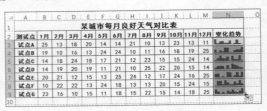

图17-8　填充迷你图

17.2 编辑迷你图

　　迷你图创建完成后，用户可以根据需要对迷你图进行编辑操作，如更改迷你图的类型、添加标记点或设置坐标轴等。下面详细介绍迷你图的各种编辑操作。

17.2.1 更改迷你图的类型

　　用户可以根据需要对迷你图的类型进行更改。下面将分别介绍更改一组迷你图和更改单个迷你图的方法。

1. 更改一组迷你图类型

　　在本案例中需要将折线迷你图更改为柱形迷你图，下面介绍两种操作方法。

方法1 插入法

Step 01 创建折线迷你图。 打开"2019年各产品季度销售统计表.xlsx"工作簿，在F2:F6单元格区域中创建折线迷你图，效果如图17-9所示。

Step 02 更改迷你图类型。 选中任意一个迷你图所在的单元格❶，切换至"迷你图工具-设计"选项卡，单击"类型"选项组中"柱形"按钮❷，如图17-10所示。

图17-9　创建折线迷你图

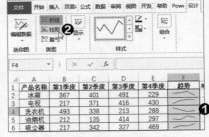

图17-10　单击"柱形"按钮

Step 03 查看效果。 返回工作表中可见所有的折线迷你图全部更改为柱形迷你图，如图17-11所示。

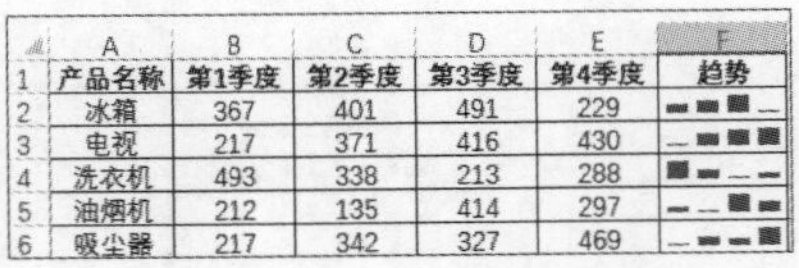

图17-11　查看更改迷你图的效果

方法2 组合法

Step 01 创建你迷图。 打开"2019年各产品季度销售统计表.xlsx"工作簿，在F2:F6单元格区域中创建柱形迷你图，在B7:E7单元格区域中创建折线迷你图，效果如图17-12所示。

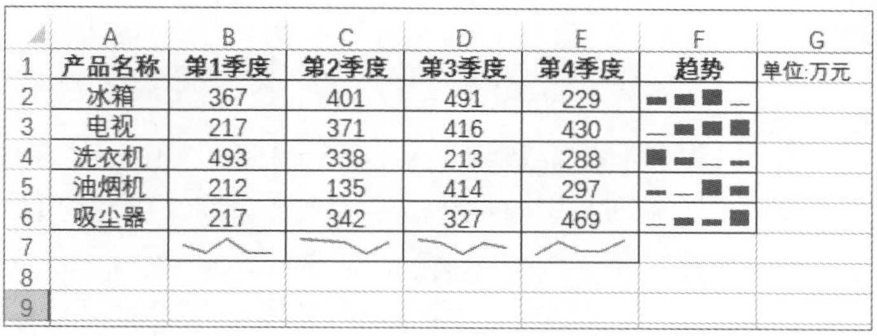

	A	B	C	D	E	F	G
1	产品名称	第1季度	第2季度	第3季度	第4季度	趋势	单位:万元
2	冰箱	367	401	491	229		
3	电视	217	371	416	430		
4	洗衣机	493	338	213	288		
5	油烟机	212	135	414	297		
6	吸尘器	217	342	327	469		
7							

图17-12　创建迷你图

Step 02 执行组合操作。 选中F2:F6单元格区域❶，按住Ctrl键选择B7:E7单元格区域❷，切换至"迷你图工具-设计"选项卡，单击"组合"选项组中的"组合"按钮❸，如图17-13所示。

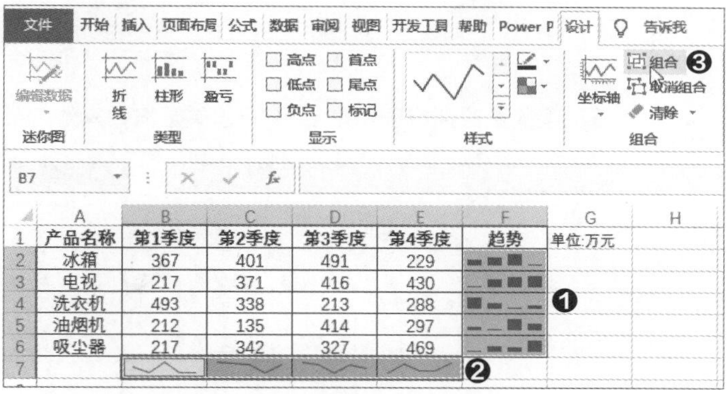

图17-13　单击"组合"按钮

Step 03 查看效果。 在工作表中可见F2:F6单元格区域中的柱形迷你图更改为折线迷你图，效果如图17-14所示。

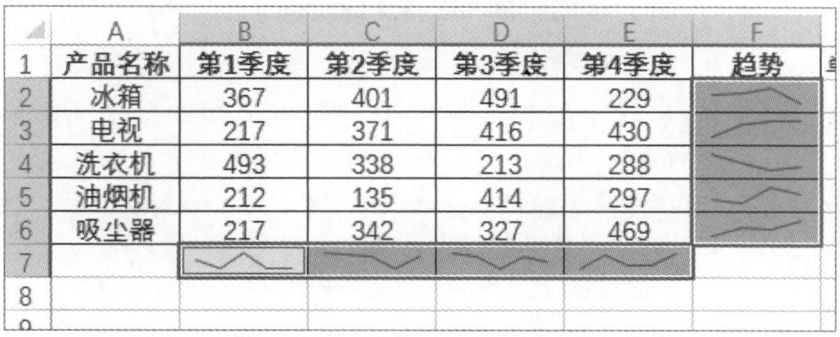

图17-14　查看效果

2. 更改单个迷你图类型

如果需要更改一组迷你图中某一个或部分迷你图的类型时，可以将其取消组合然后再更改类型。下面介绍具体操作方法。

Step 01 创建柱形迷你图。 打开"2019年各产品季度销售统计表.xlsx"工作簿，在F2:F6单元格区域中创建柱形迷你图，效果如图17-15所示。

	A	B	C	D	E	F
1	产品名称	第1季度	第2季度	第3季度	第4季度	趋势
2	冰箱	367	401	491	229	
3	电视	217	371	416	430	
4	洗衣机	493	338	213	288	
5	油烟机	212	135	414	297	
6	吸尘器	217	342	327	469	
7						

图17-15　创建柱形迷你图

Step 02 取消组合。 选中F3单元格❶，切换至"迷你图工具–设计"选项卡，单击"组合"选项组中"取消组合"按钮❷，如图17-16所示。

图17-16　单击"取消组合"按钮

Step 03 更改迷你图类型。 可见F3单元格和其他柱形迷你图分离了，单击"类型"选项组中"折线"按钮，可见只有F3单元格中的柱形迷你图更改为折线迷你图，效果如图17-17所示。

	A	B	C	D	E	F
1	产品名称	第1季度	第2季度	第3季度	第4季度	趋势
2	冰箱	367	401	491	229	
3	电视	217	371	416	430	
4	洗衣机	493	338	213	288	
5	油烟机	212	135	414	297	
6	吸尘器	217	342	327	469	
7						

图17-17　更改迷你图类型

17.2.2 添加迷你图的值点

用户可以在迷你图中标记各数据点或者标记某特殊的数据点，如高点、低点、负点、首点或尾点等，可以更清晰地反映数据。下面以柱形迷你图为例介绍添加值点的方法。

Step 01 创建柱形迷你图。 打开"2019年员工完成率统计表.xlsx"工作表，在N2:N11单元格区域中创建折线迷你图，效果如图17-18所示。

	A	B	C	D	E	F	G	H	I	J	K	L	M	N
1	姓名	1月	2月	3月	4月	5月	6月	7月	8月	9月	10月	11月	12月	折线迷你图
2	丁佑浩	16.11%	29.73%	2.54%	45.59%	3.53%	32.57%	48.80%	29.64%	36.98%	14.44%	-24.45%	-30.52%	
3	李丽灵	-16.97%	-8.83%	-33.73%	41.25%	-49.02%	-9.27%	-27.83%	11.54%	-6.18%	-5.47%	0.82%	-16.54%	
4	江语洞	-40.43%	8.82%	-22.32%	-21.46%	28.81%	9.48%	-8.18%	26.85%	-9.02%	45.14%	-3.59%	-37.42%	
5	祝冰胖	13.88%	6.32%	29.29%	-37.31%	28.26%	23.79%	5.04%	4.11%	-38.23%	-47.49%	-27.16%	-43.35%	
6	宋雪燕	40.04%	0.55%	25.87%	-5.26%	45.98%	-49.39%	-20.88%	-5.94%	-3.22%	-38.01%	-28.87%	-15.52%	
7	杜兰巧	43.92%	40.10%	45.96%	-42.37%	33.70%	22.73%	-15.63%	-2.73%	37.84%	42.40%	5.54%	32.95%	
8	伍芙辰	-9.02%	-8.31%	-37.06%	2.20%	10.37%	44.94%	-20.04%	30.88%	-18.87%	-34.56%	32.45%	10.24%	
9	房瑞洁	19.71%	-17.36%	-18.94%	18.39%	48.18%	-22.35%	-14.18%	-16.37%	16.06%	-14.67%	-47.01%	-5.02%	
10	计书鑫	24.03%	-39.63%	0.43%	16.07%	-5.02%	12.98%	10.36%	22.85%	32.74%	-2.07%	-8.65%	-23.38%	
11	窦阔诗	20.68%	-5.09%	-5.65%	42.13%	35.84%	3.09%	21.32%	-22.07%	18.21%	26.03%	19.37%	42.55%	
12														

图17-18　创建折线迷你图

提示

只有折线迷你图才具有标记功能。

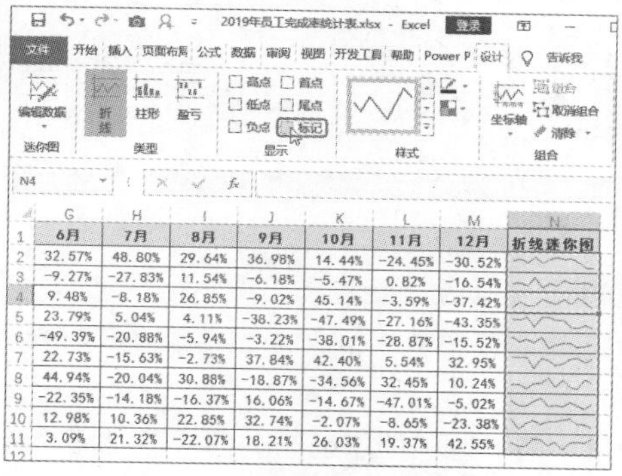

提示

需要标记特殊值点时，必须选取消勾选"标记"复选框。

Step 02 **添加标记。** 切换至"迷你图工具-设计"选项卡，在"显示"选项组中勾选"标记"复选框，如图17-19所示。

Step 03 **查看效果。** 在折线迷你图中的各个数据点均添加标记，以红色正方形表示，效果如图17-20所示。

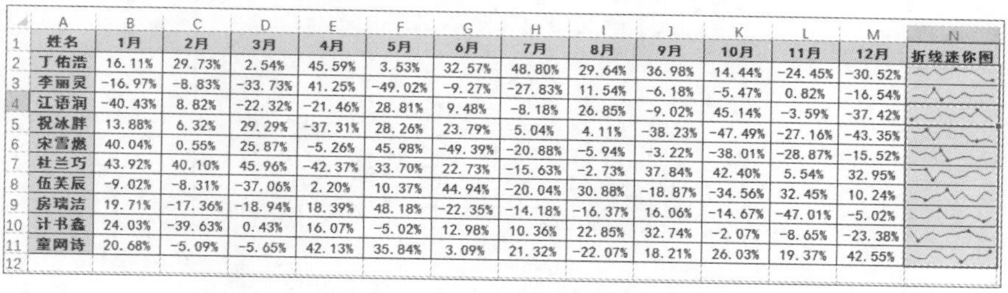

图17-19　勾选"标记"复选框

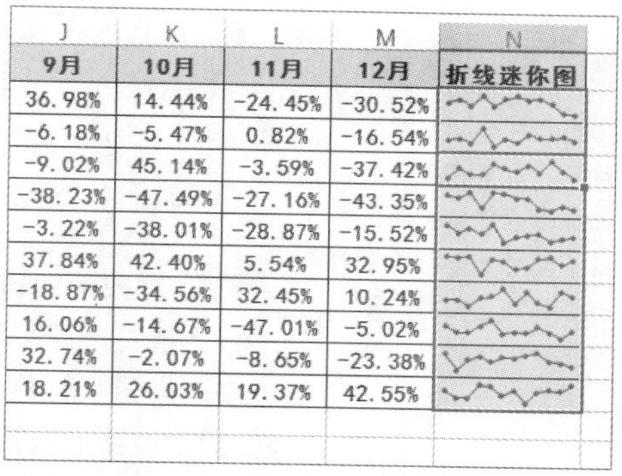

图17-20　显示坐标轴的效果

Step 04 **显示低点和高点。** 按照相同的方法在"显示"选项组中勾选"低点"和"高点"复选框即可在折线迷你图中标记出最高点和最低点，效果如图17-21所示。

图17-21　显示低点和高点

17.2.3 设置迷你图的坐标轴

创建迷你图后，用户可以根据需要设置坐标轴的最小值和最大值以及显示横坐标。下面介绍具体操作方法。

扫码看视频

Step 01 **创建盈亏迷你图。** 打开"2019年员工完成率统计表.xlsx"工作簿，在N2:N11单元格区域中创建盈亏迷你图，效果如图17-22所示。

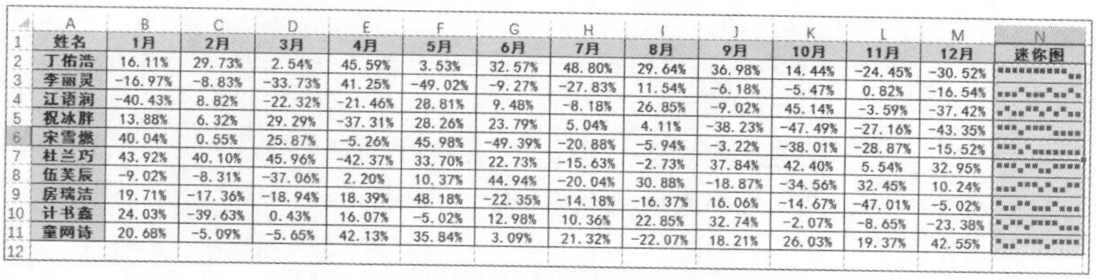

图17-22　创建盈亏迷你图

Step 02 **显示横坐标轴。** 切换至"迷你图工具-设计"选项卡，单击"组合"选项组中"坐标轴"下三角按钮❶，在列表的"横坐标轴选项"区域中选择"显示坐标轴"选项❷，如图17-23所示。

Step 03 **查看效果。** 在盈亏迷你图中间出现一条横坐标轴，在横坐标轴上表示正值，在下方表示负值，效果如图17-24所示。

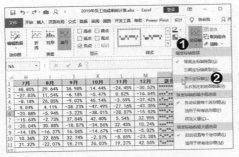

图17-23 选择"显示坐标轴"选项

图17-24 显示坐标轴的效果

Step 04 更改迷你图的类型。切换至"迷你图工具-设计"选项卡，单击"类型"选项组中"折线"按钮，可见折线迷你图中数据点没有0或负值的不显示横坐标轴，如N2单元格中迷你图，如图17-25所示。

Step 05 设置纵坐标轴最小值。选中任意迷你图❶，切换至"迷你图工具-设计"选项卡，单击"组合"选项组中"坐标轴"下三角按钮❷，在列表的"纵坐标轴的最小值选项"区域中选择"自定义值"选项❸，如图17-26所示。

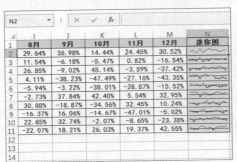

图17-25 更改迷你图类型

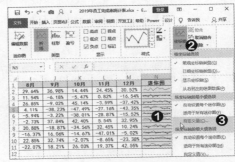

图17-26 选择"自定义值"选项

Step 06 设置最小值为0。打开"迷你图垂直轴设置"对话框，在"输入垂直轴的最小值"文本框中输入0❶，单击"确定"按钮❷，如图17-27所示。

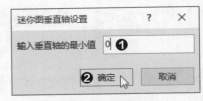

图17-27 设置最小值

Step 07 查看效果。返回工作表中可见所有小于0的数据点在迷你图中均不显示，如图17-28所示。

Step 08 设置最大值。根据相同的方法设置最大值为0.3，则所有大于0.3的数据点在迷你图中均不显示，效果如图17-29所示。

	8月	9月	10月	11月	12月	迷你图
1						
2	29.64%	36.98%	14.44%	24.45%	30.52%	
3	11.54%	-6.18%	-5.47%	0.82%	-16.54%	
4	26.85%	-9.02%	45.14%	-3.59%	-37.42%	
5	4.11%	-38.23%	-47.49%	-27.16%	-43.35%	
6	-5.94%	-3.22%	-38.01%	-28.87%	-15.52%	
7	-2.73%	37.84%	42.40%	5.54%	32.95%	
8	30.88%	-18.87%	-34.56%	32.45%	10.24%	
9	-16.37%	16.06%	-14.67%	-47.01%	-5.02%	
10	22.85%	32.74%	-2.07%	-8.65%	-23.38%	
11	-22.07%	18.21%	26.03%	19.37%	42.55%	

图17-28 查看最小值的效果

	8月	9月	10月	11月	12月	迷你图
1						
2	29.64%	36.98%	14.44%	24.45%	30.52%	
3	11.54%	-6.18%	-5.47%	0.82%	-16.54%	
4	26.85%	-9.02%	45.14%	-3.59%	-37.42%	
5	4.11%	-38.23%	-47.49%	-27.16%	-43.35%	
6	-5.94%	-3.22%	-38.01%	-28.87%	-15.52%	
7	-2.73%	37.84%	42.40%	5.54%	32.95%	
8	30.88%	-18.87%	-34.56%	32.45%	10.24%	
9	-16.37%	16.06%	-14.67%	-47.01%	-5.02%	
10	22.85%	32.74%	-2.07%	-8.65%	-23.38%	
11	-22.07%	18.21%	26.03%	19.37%	42.55%	

图17-29 查看最大值的效果

17.2.4 处理空单元格

在统计数据时会因为某些原因出现空单元格,此时创建迷你图时该位置是空的,使迷你图不连续,下面介绍处理空单元格的方法。

Step 01 创建折线迷你图。 打开"酒店客房销售统计表.xlsx"工作簿,在G2:G5单元格区域中创建折线迷你图,效果如图17-30所示。

	A	B	C	D	E	F	G
1	客房名称	12月1日	12月2日	12月3日	12月4日	12月5日	迷你图
2	标准间	4	10	30		22	
3	情侣间	21	24	8		13	
4	套间	1	30		12	14	
5	总统套房			28	17	17	
6							

图17-30 创建折线迷你图

Step 02 编辑数据。 选中迷你图❶,切换至"迷你图工具-设计"选项卡,单击"迷你图"选项组中"编辑数据"下三角按钮❷,在列表中选择"隐藏和清空单元格"选项❸,如图17-31所示。

Step 03 设置空单元格处理方法。 打开"隐藏和空单元格设置"对话框,在"空单元格显示为"选项区域中选中"零值"单元格按钮❶,单击"确定"按钮❷,如图17-32所示。

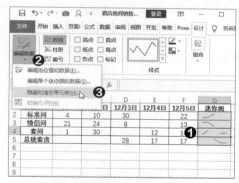

图17-31 勾选"标记"复选框　　　　　图17-32 显示坐标轴的效果

Step 04 查看效果。 可见对于空单元格在迷你图中以数字0表示,如图17-33所示。

	A	B	C	D	E	F	G
1	客房名称	12月1日	12月2日	12月3日	12月4日	12月5日	迷你图
2	标准间	4	10	30		22	
3	情侣间	21	24	8		13	
4	套间	1	30		12	14	
5	总统套房			28	17	17	
6							

图17-33 显示低点和高点

Step 05 以直线处理空单元格。 在"隐藏和空单元格设置"对话框中选中"用直线连接数据点",效果如图17-34所示。

	A	B	C	D	E	F	G
1	客房名称	12月1日	12月2日	12月3日	12月4日	12月5日	迷你图
2	标准间	4	10	30		22	
3	情侣间	21	24	8		13	
4	套间	1	30		12	14	
5	总统套房			28	17	17	

图17-34 以直线连接数据点

17.2.5

清除迷你图

用户如果不需要创建的迷你图，可以将其清除。下面介绍两种方法来清除选中的迷你图。

方法1 功能区清除法

Step 01 清除选中的迷你图。打开"清除迷你图.xlsx"工作表，选中N4单元格❶，切换至"迷你图工具–设计"选项卡，单击"组合"选项组中"清除"下三角按钮❷，在列表中选择"清除所选的迷你图"选项❸，如图17-35所示。

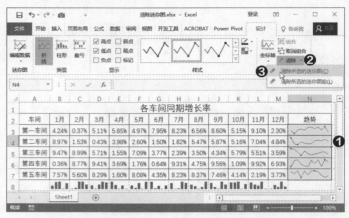

图17-35　选择"清除所选的迷你图"选项

Step 02 查看清除效果。可见在工作表中N4单元格中的折线迷你图被清除，效果如图17-36所示。

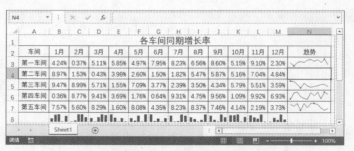

图17-36　查看清除后的效果

方法2 快捷菜单清除法

Step 01 清除迷你图组。选择任意柱形迷你图并右击❶，在快捷菜单中选择"迷你图>清除所选的迷你图组"命令❷，如图17-37所示。

图17-37　选择"清除所选的迷你图组"命令

Step 02 **查看效果。** 操作完成后，可见柱形迷你图组被清除，如图17-38所示。

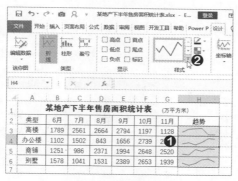

图17-38　查看效果

17.3 美化迷你图

创建迷你图后，用户可以对其进行美化操作。本节以折线迷你图为例，对折线和值点进行美化。下面介绍具体操作方法。

Step 01 **打开迷你图样式库。** 打开"某地产下半年售房面积统计表.xlsx"工作簿，在H3:H6单元格区域中创建折线迷你图❶，切换至"迷你图工具-设计"选项卡中单击"样式"选项组中"其他"按钮❷，如图17-39所示。

Step 02 **选择迷你图样式。** 打开迷你图样式库，选择"橙色 迷你图样式着色2"样式，如图17-40所示。

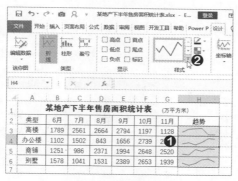

图17-39　打开迷你图样式库

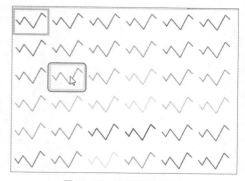

图17-40　选择迷你图样式

Step 03 **查看应用样式后的效果。** 返回工作表中，可见折线迷你图应用选中的样式，如图17-41所示。

Step 04 **设置迷你图折线的宽度。** 单击"样式"选项组中"迷你图颜色"下三角按钮❶，在列表中选择"粗细>1磅"选项❷，如图17-42所示。

图17-41　查看应用样式的效果

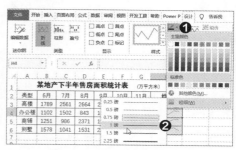

图17-42　设置折线的宽度

Step 05 **设置高点的颜色。**单击“样式”选项组中“标记颜色”下三角按钮❶，在列表中选择“高点”选项，在打开的颜色面板中选择高点的颜色，此处选择紫色❷，如图17-43所示。

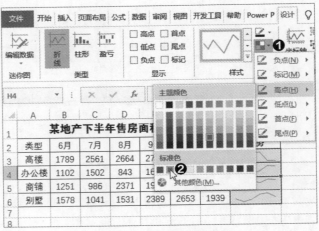

文件
开始
插入
页面布局
公式
数据
审阅
视图
开发工具
帮助
Power P
设计
编辑数据
迷你图
折线
柱形
盈亏
类型
高点
首点
低点
尾点
负点
标记
显示
样式
负点(N)
标记(M)
高点(H)
低点(L)
首点(F)
尾点(P)
主题颜色
标准色
其他颜色(M)...
H4
某地产下半年售房面积
类型 6月 7月 8月
高楼 1789 2561 2664
办公楼 1102 1502 843
商铺 1251 986 2371
别墅 1578 1041 1531 2389 2653 1939

图17-43 设置高点的颜色

> **提示**
> 在“标记颜色”列表中设置各值点的颜色后，自动在折线迷你图上添加对应的值点，并应用设置的值点颜色。

Step 06 **设置低点的颜色。**根据相同的方法设置低点的颜色为浅蓝色，效果如图17-44所示。

文件
开始
插入
页面布局
公式
数据
审阅
视图
开发工具
帮助
Power P
设计
编辑数据
迷你图
折线
柱形
盈亏
类型
高点
首点
低点
尾点
负点
标记
显示
样式
负点(N)
标记(M)
高点(H)
低点(L)
首点(F)
尾点(P)
主题颜色
标准色
其他颜色(M)...
H4
某地产下半年售房面积
类型 6月 7月 8月
高楼 1789 2561 2664
办公楼 1102 1502 843
商铺 1251 986 2371
别墅 1578 1041 1531

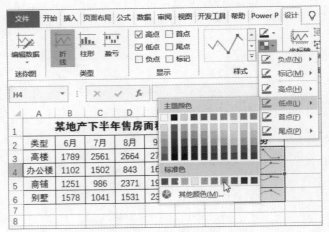

图17-44 设置低点的颜色

Step 07 **查看美化的效果。**按照相同的方法设置其他需要显示值点的颜色，查看美化迷你图的最终效果，如图17-45所示。

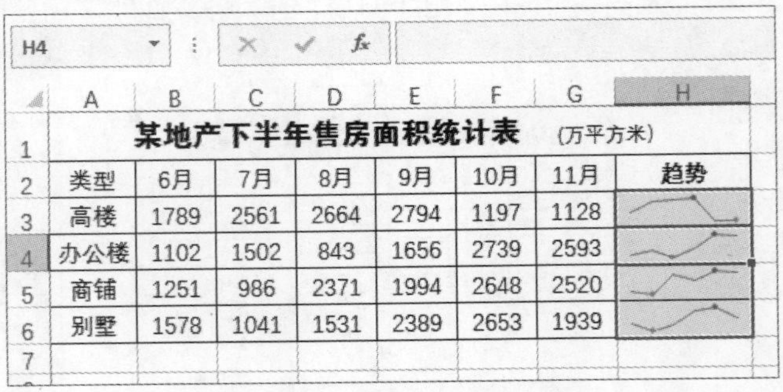

H4
某地产下半年售房面积统计表
(万平方米)
类型 6月 7月 8月 9月 10月 11月 趋势
高楼 1789 2561 2664 2794 1197 1128
办公楼 1102 1502 843 1656 2739 2593
商铺 1251 986 2371 1994 2648 2520
别墅 1578 1041 1531 2389 2653 1939

图17-45 查看美化迷你图的效果

PART

03

VBA 篇

　　VBA全称为Visual Basic for Applications，是微软开发的执行通用的自动化任务的编程语言，用户可以创建功能强大的宏，执行重复性的任务。VBA是Office软件中非常强大的工具，可以将日常繁琐工作转换成可重复和自动执行的代码程序，从而大大提高工作效率。本篇将首先介绍宏和VBA的基础知识，带领读者初步了解VBA的应用方法；之后，将介绍VBA的基本语法，让读者能写出简单代码；最后，结合Excel办公应用需要，介绍在Excel中应用VBA的方法。

宏与VBA

在开始学习VBA之前，要先了解VBA与宏。宏是能够执行的一系列VBA语句，可以看作是指令集合，能够自动完成用户指定的各项操作。宏本身就是一种VBA应用程序，但是宏是通过录制出来的，而VBA需要手动编译程序。也就是说，二者本质上都是VBA程序命令，但是制作方法不同，录制宏得到的程序，其实是软件自动编译的VBA语言。

18.1 何为VBA

VBA是Visual Basic for Applications的缩写，是附属于Office软件中用于执行自动化任务的编程语言，能够扩展Office软件功能。根据在Office不同软件中的应用开发，可以分为Excel VBA、Word VBA、Access VBA和PowerPoint VBA等，本书主要讲解Excel VBA。

1. VB与VBA

VB全称为Visual Basic，是Microsoft公司开发的一种通用的基于对象的程序设计语言，为结构化、模块化、面向对象、包含协助开发环境的，以事件驱动为机制的可视化程序设计语言。VBA是在VB环境下用于开发的应用程序语言，易懂易学，是复杂的应用程序自动化语言之一，即使没有编写过代码，也能通过运用VBA开发令人满意的自动化程序。

VBA是Visual Basic的一种宏语言，主要能用来扩展Windows的应用程序功能，特别是Microsoft Office软件。VB和VBA来源同一语言，在语法结构上几乎完全相同，两种语言支持的对象属性和方法大多相同，也就是说VBA支持的对象属性和方法，VB也支持。用VBA编写的应用程序，只要稍加修改，在VB中编译后，就可以用VB程序运行。

VB和VBA尽管有很相似的地方，但也有不同的地方，下面以表格形式介绍其区别，如表18-1所示。

提示

VBA和VB（Visual Basic）既有联系又有区别，VBA可以看作是VB和Office的结合体，是VB的一种。其区别在于：VB有独立的开发环境，而VBA要以Office软件为载体；VB可制作成为可执行文件，而VBA不能制作出独立的可执行文件；VB运行在自己的进程中，而VBA只能运行于其父进程中，运行空间受父进程控制。

表18-1　VB和VBA的区别

项目　名称　区别	VBA	VB
开发环境	依赖于已有的应用程序	拥有独立的开发环境
语言特征	自动化语言	计算机编程语言
运行条件	需要Excel等应用程序支持	能够独立运行
用途	用于使已有的应用程序自动化	用于创建标准的应用程序

2. VBA的特点

VBA最大的功能即是自动执行任务，将大量的重复性操作变成可自动重复执行的编程语言，从而大大简化工作。其主要特点如下。

● **适用于重复性操作**。有些操作可能会非常繁杂，尤其是重复性操作，比如在Excel表格中插入图片并调整图片大小，如果仅插入少量图片，则无法体现出

VBA的便捷性，但若插入上千张图片，则使用VBA可以在数秒内快速完成。

● **在Office软件中直接应用**。VBA是微软公司专门为Office软件开发的编程语言，制作的VBA集成在Office软件中，用户在需要时可以直接在软件中调用。

● **简单、可视化**。与其他程序语言相比，VBA属于比较简单的编程工具，大部分代码可通过录制宏产生，并且具有可视化特点，大大降低了编写的难度。

● **不具有独立性**。VBA的编制和运行需要以Office软件为载体，不能成为独立的可编译可执行的文件。

VBA可以完成Excel的全部功能，但是没有必要为了学习Excel的功能而去学习一门新的语言。使用Excel VBA可以随意地组合Excel的各种功能，将繁杂的操作记录下来，在下次需要时，只需单击鼠标就可以完成了，从而提高工作的效率。

3. VBA的适用范围

随着VBA自身的不断完善，其适用范围也在不断扩大，目前已经应用到各行各业。总体来看，主要适用于以下工作。

● **复杂、重复性工作**。如前所述，VBA最大的功能即是将复杂、重复性的工作转换成可执行的代码，从而在需要时调用代码完成大量重复性工作。

● **自定义函数**。由于Office软件中内置函数有限，因此在必要时候可以使用VBA创建自定义函数，便于数据处理分析。

● **自定义界面环境**。

● **Office组件间交互**。通过OLE（对象连接与嵌入）技术在Office组件之间进行数据交互。

18.2 VBA开发环境

初步了解了VBA后，下面介绍VBA的开发环境和基础操作。VBA的编写和调试，是在VBE窗口中完成的，我们首先要熟悉VBE窗口的布局，熟练掌握各项基本操作，这样才能更高效地学习和使用VBA。

18.2.1 调出宏和VBA选项

在打开Excel软件后，用户常常会发现，功能区中并没有VBA的相关选项，那么我们如何进入VBA的开发环境VBE进行编制呢？需要先把功能区中的VBA选项调出。具体方法如下。

Step 01 打开"选项"对话框。打开Excel软件后，单击"文件"标签，选择"选项"选项，即可打开"Excel选项"对话框，如图18-1所示。

Step 02 添加"开发工具"选项卡。在弹出的"Excel选项"对话框中，单击左侧"自定义功能区"标签❶，选择"自定义功能区"下拉列表中的"主选项卡"选项❷，然后在下方列表框中勾选"开发工具"复选框❸，单击"确定"按钮❹，如图18-2所示。

图18-1　选择"选项"选项

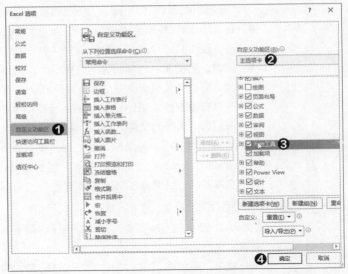

图18-2 勾选"开发工具"复选框

Step 03 查看宏和VBA选项。 此时功能区中出现"开发工具"选项卡，其中包含了VBA和宏的相关功能，如图18-3所示。

图18-3 "开发工具"选项卡

18.2.2 打开VBA开发环境——VBE

调出"开发工具"选项卡后，我们即可打开VBE来了解它的结构布局。打开VBE可采用如下两种方法。

方法1 单击按钮打开VBE

打开Excel工作表，切换至"开发工具"选项卡，单击"代码"选项组中Visual Basic按钮，如图18-4所示，即可弹出VBA开发环境——VBE窗口。

图18-4 单击Visual Basic按钮

方法2 快捷键打开

打开Excel工作表后，按下快捷键Alt+F11，同样可以打开VBE窗口。

采用上述两种方法，均可打开如图18-5所示的Microsoft Visual Basic for Applications窗口。

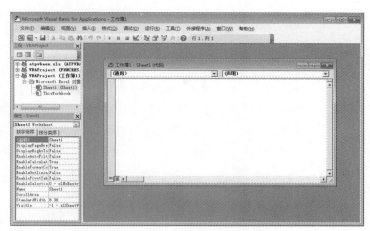

图18-5　VBE窗口

18.2.3 VBE窗口布局

　　按照上述方法打开VBA开发环境后，即可在VBE窗口中进行编程。VBE窗口分为不同的组件，便于读者查找和应用各项功能，下面分别介绍各组件的功能。

　　VBE窗口中的组件布局如图18-6所示。

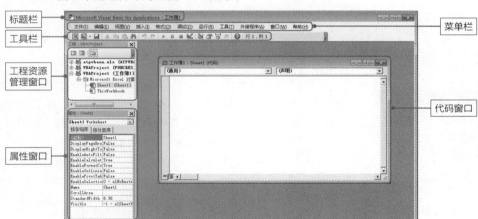

图18-6　VBE窗口中的组件

提 示

这里展示的是默认的窗口布局，可以在"视图"菜单中打开或隐藏各类窗口组件。

　　各组件功能如下。

1. 标题栏

　　标题栏中显示当前的编辑环境以及工作簿的名称，位于VBE窗口的最上方。

2. 菜单栏

　　VBE的菜单栏与Windows系统其他应用程序的菜单栏类似，包括"文件"、"编辑"、"视图"、"插入"、"格式"等菜单命令，选择相应的菜单，可以执行VBE中的绝大部分命令，如图18-7所示。

图18-7　菜单栏

3. 工具栏

　　默认情况下，VBE中显示"标准"工具栏，如图18-8所示。

提 示

工具栏最右侧显示当前光标所处的位置为第几行、第几列。

图18-8　工具栏

如果需要显示其他的工具栏，可以选择菜单栏中"视图>工具栏"命令，在子菜单中选择需要的工具栏，包括"编辑"、"标准"、"调试"、"用户窗体"共4种，如图18-9所示。如果要自定义工具栏，则可选择子菜单中的"自定义"命令，弹出"自定义"对话框，在此可添加或删除工具栏中的工具，如图18-10所示。

图18-9　选择工具栏　　　　　　　　　图18-10　自定义工具栏

4. 工程资源管理窗口

在工程资源管理窗口中，可以查看所有打开和加载的Excel文件及其宏，如图18-11所示。在VBE中，每个Excel文件即为一个工程，工程名为VBAProject（文件名），例如"VBAProject（工作簿1）"。每个工程中，可以包含4类对象，分别为Microsoft Excel对象、窗体对象、模块对象和类模块对象。

双击这些对象，可打开对应的代码窗口，在代码窗口中可以输入或修改代码。右击这些对象，可以在弹出的快捷菜单中选择移除或隐藏这些对象，如图18-12所示。

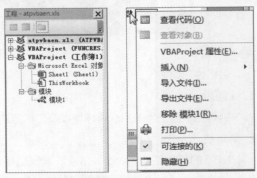

图18-11　工程资源管理窗口　　图18-12　右键快捷菜单

下面介绍4种对象的含义：

- **Microsoft Excel对象：** 在VBA中，每一个工作表和工作簿都是一个Microsoft Excel对象。
- **窗体对象：** 在VBA程序中也可以生成标准的Windows窗口，这些窗口在VBA中被称为用户窗体。

提示

并不是每个工程中都必须含有这4类对象。

- **模块对象：** 用于保存VBA应用程序代码段的对象、录制的宏以及编写的代码。
- **类模块对象：** 类是VBA程序中一种特殊的语言要素，它们需要被保存在单独的类模块中。

提示

属性窗口有两种排序方式，分别为"按字母序"和"按分类序"，便于读者查找属性。

5. 属性窗口

VBE窗口左下角，即为属性窗口，主要用于对象属性的交互式设计和定义，如图18-13所示。根据在工程资源管理窗口中所选择的对象不同，属性窗口的显示内容也有所不同。

在属性窗口中，左栏为各项属性的名称，右栏为属性的参数值，单击右栏可以更改各项属性的值，如图18-14所示。

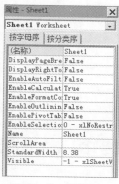

图18-13　属性窗口　　　　图18-14　更改属性

6. 代码窗口

在工程资源管理窗口中，双击选择不同的对象，会出现不同的代码窗口，在代码窗口中可以输入或者修改该对象的代码，如图18-15所示。除此之外，可以选中需要编辑的对象并右击，在快捷菜单中选择"查看代码"命令即可。

提示

选择的对象不同，代码窗口上方"对象"和"过程"下拉列表中的选项也有所不同。

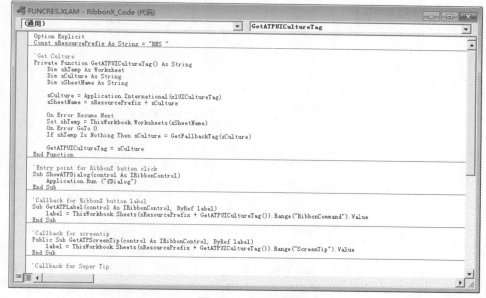

图18-15　代码窗口

在代码窗口顶部为"对象"下拉列表和"过程"下拉列表，分别用于选择当前模块中包含的对象和指定Sub过程、Function过程或事件过程。

7. 立即窗口

在应用VBA时，有时会用到“立即窗口”，比如在调试程序时，可以使用立即窗口显示计算结果。在VBE窗口中，选择菜单栏中“视图>立即窗口”命令，即可打开或关闭立即窗口，如图18-16所示。立即窗口显示于VBE窗口的底部，如图18-17所示。

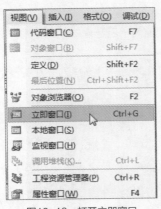

图18-16　打开立即窗口

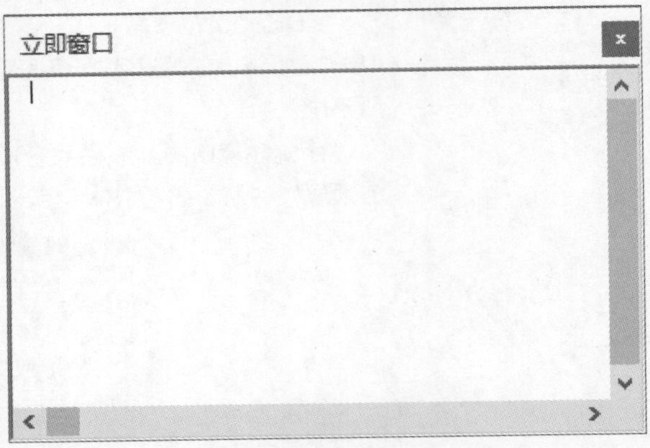

图18-17　立即窗口

18.2.4 根据个人习惯自定义VBE环境

上一节介绍了VBE窗口的布局，为了便于读者更高效地应用VBA，VBE提供了自定义功能，可以对窗口布局、字体字号、自动处理等进行设置。

在VBE窗口中选择菜单栏中“工具>选项”命令，打开“选项”对话框，如图18-18所示。对话框中包含4个选项卡，用于对VBE进行自定义。

提示

建议初学者先不要自定义VBE，防止无意间关闭或启用了某些功能。待比较熟练掌握VBE后，再根据个人习惯自定义VBE环境。

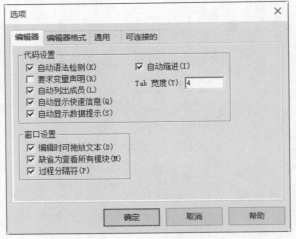

图18-18 “选项”对话框

1.“编辑器”选项卡

在“编辑器”选项卡中，可以自定义代码窗口的一些选项，比如自动语法检测、自动显示快速信息、自动显示数据提示、自动缩进设置Tab宽度等，并可设置在代码窗口中编辑代码时是否可拖放文本、是否显示过程分隔符等，如图18-19所示。

2.“编辑器格式”选项卡

在“编辑器格式”选项卡中，可以设置代码的显示格式，包括颜色、字体和大小，以及前景色、背景色、标识色等，在“示例”选项区中显示预览效果，如图18-20所示。

图18-19 "编辑器"选项卡　　　　　　　图18-20 "编辑器格式"选项卡

3. "通用"选项卡

在"通用"选项卡中，可以设置窗体网格、错误捕获方式、编译处理方式等，如图18-21所示。

4. "可连接的"选项卡

在"可连接的"选项卡中，可设置VBE中各个窗口的行为方式，如图18-22所示。

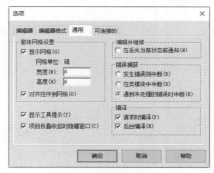

图18-21 "通用"选项卡　　　　　　　图18-22 "可连接的"选项卡

18.3 VBA的保存与退出

在VBE窗口中编辑代码后，需要退出VBE，并保存VBA程序。

1. 保存VBE

如果需要保存VBE，而不退出VBE窗口，则选择VBE窗口菜单栏中"文件>保存（Excel文件名）"命令或者单击工具栏中"保存"按钮，如图18-23所示。

2. 退出VBE

在VBE窗口中，选择"文件>关闭并返回到Microsoft Excel"命令即可退出VBE窗口，如图18-24所示。

 提示

直接单击VBE窗口右上角的关闭按钮，同样可以退出VBE。

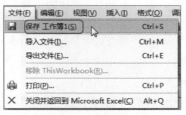

图18-23 保存VBE　　　　　　　　　图18-24 退出VBE

3. 保存含有VBA程序的Excel文档

在Excel中添加了VBA或者宏之后，在保存时会出现提示对话框，要求确认是否保存VBA程序或宏，如图18-25所示。

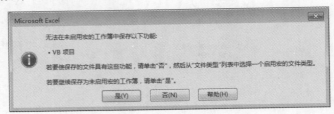

图18-25　提示对话框

若单击"是"按钮，则将不保存VBA程序和宏；若单击"否"按钮，则将保存所包含的VBA和宏，并弹出"另存为"对话框。在该对话框中选择"保存类型"下拉列表中的"Excel启用宏的工作簿"选项，单击"保存"按钮即可，如图18-26所示。

图18-26　选择保存类型

18.4　宏的应用

在Excel中，我们可以通过创建宏来一步完成常用的或重复性的操作，从而大大提高工作效率。创建宏后，我们可对宏进行运行、修改和删除，若宏出现了问题，还可以对宏进行调试。本节主要介绍宏的应用方法。

18.4.1　创建宏

宏实际上是VBA的一种，其创建方法比较直观，可以直接录制宏，而无需编写代码，对于没有编程基础的读者来说比较适合，当然，也可以在创建宏之后，不通过录制的方法，而是通过编写代码的方法完成宏。创建宏的操作步骤如下。

Step 01 单击"宏"按钮。打开Excel工作簿后，切换至"开发工具"选项卡，单击"代码"组中的"宏"按钮，如图18-27所示。

Step 02 设置宏名称。弹出"宏"对话框，在"宏名"文本框中输入宏的名称❶。在"位置"下拉列表中选择宏的存储文档❷，单击"创建"按钮❸，如图18-28所示。

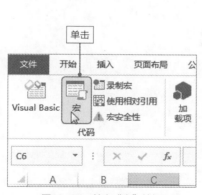

图18-27 单击"宏"按钮

图18-28 命名宏

Step 03 输入宏代码。自动打开VBE窗口，在代码窗口中输入代码，创建新宏。完成操作后选择菜单栏中"文件>关闭并返回到Microsoft Excel"命令。

18.4.2 录制宏

宏的代码可以通过录制的方法自动产生，也就是把对Excel表格的操作过程用代码的方式自动记录保存下来。在本节中，将录制一个用于标记增长率为负数的宏，下面介绍具体的操作方法。

Step 01 启动录制宏功能。打开"2019年员工季度销售情况分析表.xlsx"，选中H3单元格，切换至"视图"选项卡，单击"宏"下三角按钮❶，在列表中选择"录制宏"选项❷，如图18-29所示。

Step 02 设置新宏。打开"录制宏"对话框，在"宏名"文本框中输入"标记增长率为负"文本❶，然后设置快捷键为Ctrl+Shift+S❷，其他参数保持不变，单击"确定"按钮❸，如图18-30所示。

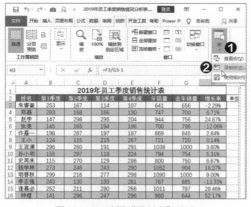

图18-29 选择"录制宏"选项

图18-30 设置宏

Step 03 启动设置字体功能。此时系统便开始录制宏了，接着用户进行操作的每一个动作都会被记录下来。首先选择H3单元格❶，然后单击"开始"选项卡中"字体"选项组中对话框启动器按钮❷，如图18-31所示。

Step 04 设置字体格式。在打开的"设置单元格格式"对话框的"字体"选项卡中设置字形为"倾斜"、颜色为红色❶，单击"确定"按钮❷，如图18-32所示。

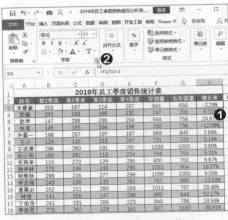

图18-31 启动设置字体功能

图18-32 设置字体格式

Step 05 查看设置字体格式的效果。设置完成后，返回工作表中可见H3单元格中数字为红色并倾斜显示，效果如图18-33所示。

Step 06 停止录制宏。操作完成后，切换至"视图"选项卡，单击"宏"下三角按钮❶，在列表中选择"停止录制"选项❷，如图18-34所示。

图18-33 查看设置字体格式的效果

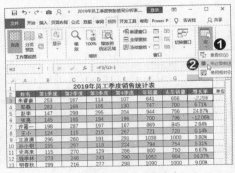

图18-34 停止录制宏

Step 07 另存为工作簿。录制完成后，需要将工作簿重新保存，单击"文件"标签，在列表中选择"另存为"选项❶，在右侧选择"浏览"选项❷，如图18-35所示。

Step 08 另存为启用宏的工作簿。在打开的"另存为"对话框中选择保存的路径，在"保存类型"列表中选择"Excel启用宏的工作簿"选项❶，然后单击"保存"按钮❷，如图18-36所示。

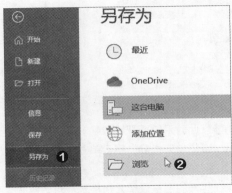

图18-35 另存为工作簿

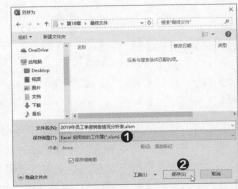

图18-36 另存为启用宏的工作簿

18.4.3 执行宏

扫码看视频

实例文件

最终文件：
实例文件\第18章\最终文件\执行宏.xlsm

录制宏的目的是为了简化操作，那么本节介绍如何执行录制的宏，在Excel中快速操作的方法。下面为读者介绍两种执行宏的方法。

方法1 利用“宏”按钮执行宏

Step 01 启用宏。打开保存宏的工作簿“2019年员工季度销售情况分析表.xlsm”，单击消息栏中“启用内容”按钮，如图18-37所示。

Step 02 选择需要应用宏的单元格。在工作表中按住Ctrl键选择增长率为负的单元格，如图18-38所示。

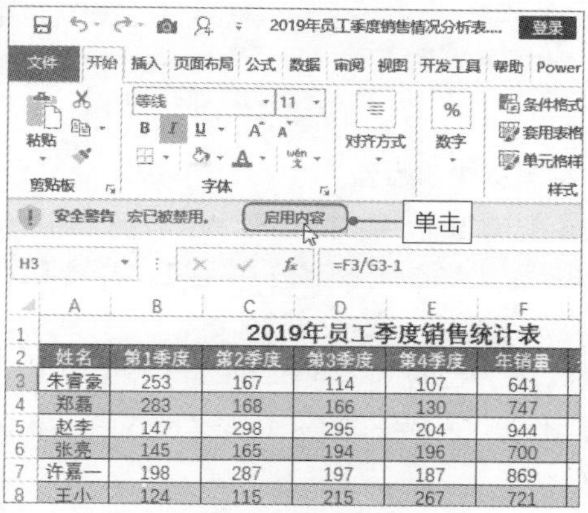

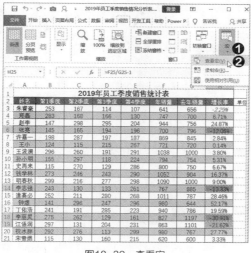

图18-37 单击“启用内容”按钮

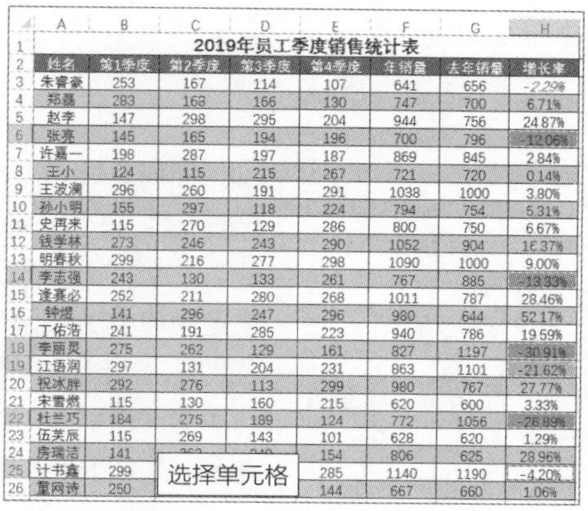

图18-38 选择单元格

Step 03 查看宏。切换至“视图”选项卡，单击“宏”下三角按钮❶，在列表中选择“查看宏”选项❷，如图18-39所示。

Step 04 执行宏。打开“宏”对话框，选中需要执行的宏名称，然后单击“执行”按钮，如图18-40所示。

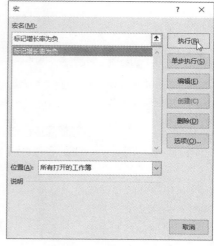

图18-39 查看宏

图18-40 执行宏

提示

在Excel中，默认情况下是禁用所有宏的，所以再次打开包含宏的工作簿时，会在消息栏中显示宏已禁用，只需要单击“启用内容”按钮即可。

Step 05 查看执行宏后的效果。返回工作表中，可见选中的单元格均应用宏设置的字体格式，如图18-41所示。

提示

如果用户记得设置的快捷键，也可以按快捷键执行宏。

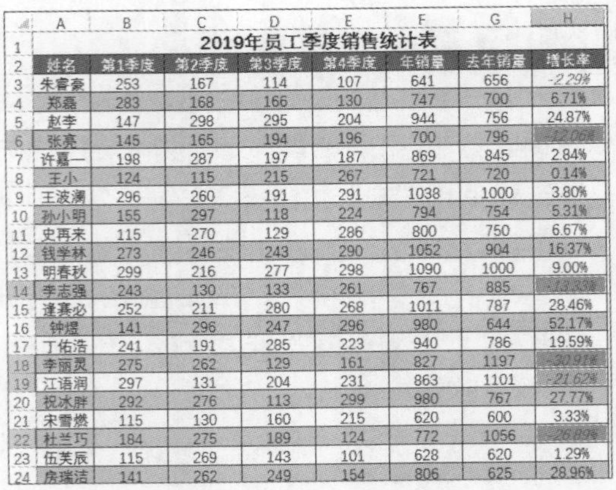

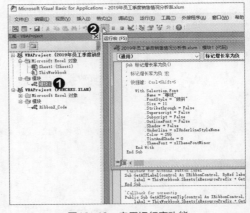

图18-41　查看应用宏的效果

方法2 在Visual Basic编辑器中执行宏

Step 01 **打开Visual Basic编辑器。** 打开包含宏的工作簿"2019年员工季度销售情况分析表.xlsm"，选择增长率为负数的单元格❶。然后在"开发工具"选项卡的"代码"选项组中单击Visual Basic按钮❷，如图18-42所示。

Step 02 **启用运行宏功能。** 在弹出的Visual Basic编辑器窗口中，双击工程资源管理器窗口中的"模块1"❶，在右侧代码编辑区中显示该宏的代码，单击工具栏中"运行宏"按钮❷，如图18-43所示。

提示

双击"模块1"后，在代码编辑区显示该宏的代码，其中包括宏的名称、快捷键和设置的格式代码。

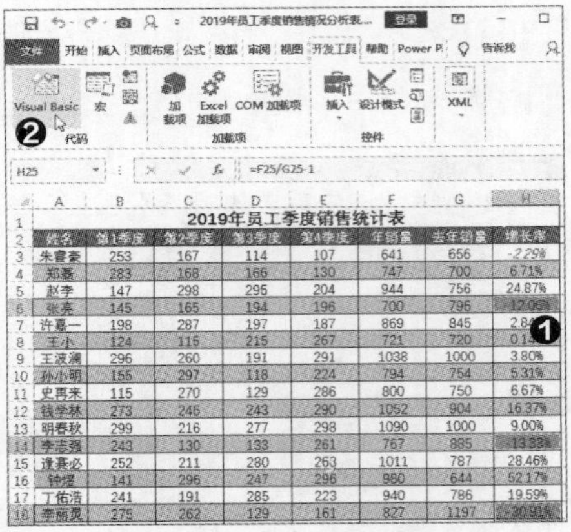

提示

如果要在Visual Basic编辑器中执行宏，直接按下F键即可。

图18-42　打开Visual Basic编辑器　　　　图18-43　启用运行宏功能

Step 03 **运行宏。** 弹出"宏"对话框，选择需要运行的宏名称❶，单击"运行"按钮❷，如图18-44所示。操作完成后，选中的单元格应用宏所设置的字体格式。

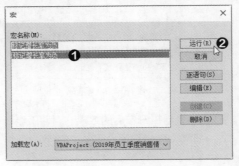

图18-44　运行宏

18.4.4 编辑宏

实例文件

原始文件：
实例文件\第18章\原始
文件\2019年员工季度
销售情况分析表.xlsm
最终文件：
实例文件\第18章\最终
文件\编辑宏.xlsm

提示

创建宏后，可以将宏
添加到快速访问工具
栏中，便于之后随时调
用。在"Excel选项"
对话框的"快速访问工
具栏"面板中，选择宏
命令，单击"添加"按
钮即可。

在创建宏后，我们可以对创建的宏进行编辑。本节沿用上一节的实例文件，对宏进行编辑，将增长率为负的单元格设置字体加粗并设置字体颜色为绿色。具体操作步骤如下。

Step 01 **打开"宏"对话框。** 打开原始文件"2019年员工季度销售情况分析表.xlsm"，切换至"开发工具"选项卡，单击"代码"组中的"宏"按钮，如图18-45所示。

Step 02 **单击"编辑"按钮。** 在打开的"宏"对话框中，选择需要编辑的"标记增长率为负"宏后，单击"编辑"按钮，打开Microsoft Visual Basic 窗口，自动显示该宏对应的代码窗口，如图18-46所示。

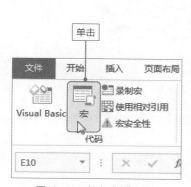

图18-45 单击"宏"按钮

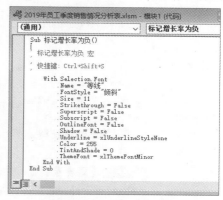

图18-46 代码窗口

Step 03 **修改代码。** 在代码窗口中将FontStyle设置为"加粗"，将颜色修改为"ThemeColor = xlThemeColorAccent6. TintAndShade = −0.499984741"，如图18-47所示。

Step 04 **返回工作表。** 编辑完成后，单击"文件"菜单下的"关闭并返回Microsoft"命令，返回工作表中，如图18-48所示。

图18-47 修改代码

Step 05 **再次应用宏。** 返回工作表后，再次运行宏，可见选中的单元格文本颜色为绿色，并加粗显示，如图18-49所示。

文件(F)	编辑(E)	视图(V)	插入(I)	格式(O)	调试
保存 表头格式化.xlsm(S)				Ctrl+S	
导入文件(I)...				Ctrl+M	
导出文件(E)...				Ctrl+E	
移除 模块1(R)...					
打印(P)...				Ctrl+P	
关闭并返回到 Microsoft Excel(C)				Alt+Q	

图18-48 返回工作表

	A	B	C	D	E	F	G	H
1				2019年员工季度销售统计表				
2	姓名	第1季度	第2季度	第3季度	第4季度	年销量	去年销量	增长率
3	朱睿豪	253	167	114	107	641	656	-2.29%
4	郑嘉	283	168	166	130	747	700	6.71%
5	赵李	147	298	295	204	944	756	24.87%
6	张嘉	145	165	194	196	700	796	-12.00%
7	许嘉一	198	287	197	187	869	845	2.84%
8	王小	124	115	215	267	721	720	0.14%
9	王波澜	296	260	191	291	1038	1000	3.80%
10	孙小明	155	297	118	224	794	754	5.31%
11	史再来	115	270	129	286	800	750	6.67%
12	钱学林	273	246	243	290	1052	904	16.37%
13	明春秋	299	216	277	298	1090	1000	9.00%
14	李志强	243	130	133	261	767	885	-13.33%
15	逢赛必	252	211	280	268	1011	787	28.46%
16	钟煜	141	296	247	296	980	644	52.17%
17	丁佑洛	241	191	285	223	940	786	19.59%
18	李丽灵	275	262	129	161	827	1197	-30.91%
19	江语洞	297	131	204	231	863	1101	-21.62%
20	祝水畔	292	276	113	299	980	767	27.77%
21	宋雪燊	115	130	160	215	620	600	3.33%
22	杜兰巧	184	275	189	124	772	1056	-26.89%

图18-49 再次应用宏

删除宏

我们可以根据需要在Excel中创建各种功能的宏，也可以将创建的宏删除。具体操作步骤如下。

Step 01 打开"宏"对话框。 打开原始文件"2019年员工季度销售情况分析表.xlsm"，切换至"开发工具"选项卡，单击"代码"组中的"宏"按钮，如图18-50所示。

Step 02 单击"删除"按钮。 在打开的"宏"对话框中，选择需要删除的"标记长率为负"宏后❶，单击"删除"按钮❷，如图18-51所示。

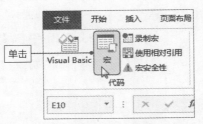

图18-50　单击"宏"按钮　　　图18-51　单击"删除"按钮

Step 03 确认删除。 弹出提示对话框，要求确认是否删除宏，单击"是"按钮，如图18-52所示。

Step 04 查看宏。 删除后，再次单击"开发工具"选项卡"代码"组中的"宏"按钮，可以看到已经将宏删除，如图18-53示。

图18-52　确认删除　　　　　图18-53　查看宏

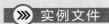
导入和导出宏

如果在其他文档中制作了宏，那么可以将其导出，再导入到需要的Excel文档中，这样就不需要重复录制宏了。具体操作步骤如下。

Step 01 打开VBE窗口。 打开原始文件"2019年员工季度销售情况分析表.xlsm"，切换至"开发工具"选项卡，单击"代码"组中的Visual Basic按钮，如图18-54所示。

Step 02 导出文件。 打开VBE窗口后，在编辑宏窗口中右击宏代码模块，在弹出的快捷菜单中选择"导出文件"命令，如图18-55所示。

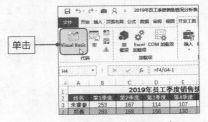

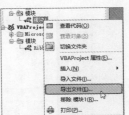

图18-54　打开VBE窗口　　　图18-55　导出文件

最终文件：
实例文件\第18章\最终
文件\导入宏.xlsm、标
记增长率为负.bas

Step 03 **保存宏代码**。打开"导出文件"对话框，在对话框中设置宏的保存位置和名称❶，然后单击"保存"按钮❷，如图18-56所示。

图18-56 保存代码

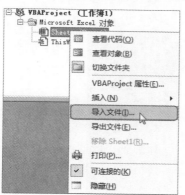

提示

保存的宏代码为.bas格
式文件。

Step 04 **导入文件**。新建Excel文件，将在此文档中导入刚才导出的宏，采用同样的方法，打开VBE窗口，在工程资源管理窗口选择目标文件并右击，在弹出的快捷菜单中选择"导入文件"命令，如图18-57所示。

Step 05 **选择导入的文件**。在打开的"导入文件"对话框中，选择刚才导出的文件❶，单击"打开"按钮❷，如图18-58所示。

图18-57 选择"导入文件"命令

图18-58 导入宏

Step 06 **查看结果**。此时文档中已经插入了新模块，双击该模块，即显示导入的宏代码，如图18-59所示。

图18-59 导入的宏代码

Step 07 **应用导入的宏**。之后，按下宏的快捷键，即可在新工作簿中应用导入的宏。

18.4.7 保护宏

创建宏之后，我们可对宏代码进行加密保护，以避免其他用户对宏代码进行编辑。
设置宏密码后，只有拥有密码权限的用户才能查看可编辑宏代码。具体操作步骤如下。

Step 01 **打开VBE窗口**。打开原始文件"2019年员工季度销售情况分析表.xlsm"，切换
至"开发工具"选项卡，单击"代码"组中的Visual Basic按钮，如图18-60所示。

Step 02 **导出文件**。打开VBE窗口后，选择菜单栏中"工具>VBAProject属性"命令，
如图18-61所示。

图18-60 打开VBE窗口

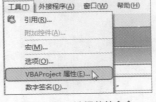
图18-61 选择菜单命令

Step 03 **设置保护密码**。在弹出的对话框中，切换至"保护"选项卡❶，设置密码为
123456❷，并再次输入以确认密码，之后单击"确定"按钮即可❸，如图18-62所示。

图18-62 保存代码

18.4.8 启用宏

Excel默认为禁用宏，如果工作簿中包含宏，将弹出提示信息。我们可以在"Excel
选项"对话框中设置宏安全选项，启用工作簿中的宏。具体操作步骤如下。

Step 01 **打开"Excel选项"对话框**。打开Excel工作簿，单击"文件"标签，选择"选
项"命令，如图18-63所示。

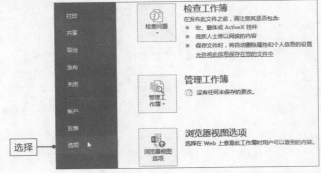
图18-63 选择"选项"命令

Step 02 **打开"信任中心"对话框。** 切换至"信任中心"选项面板❶，单击"信任中心设置"按钮❷，打开"信任中心"对话框，如图18-64所示。

提示

在"信任中心"对话框中，还可以设置保护视图、加载项、隐私选项等。

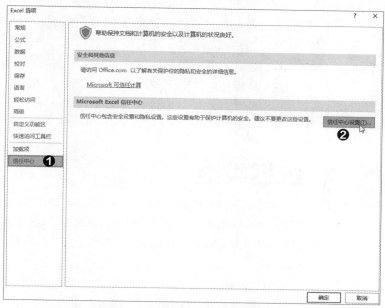

图18-64　单击"信任中心设置"按钮

Step 03 **设置宏安全选项。** 切换至"宏设置"选项面板❶，根据需要选择"宏设置"选项组中"启用所有宏"单选按钮❷，完成后单击"确定"按钮❸，如图18-65所示。

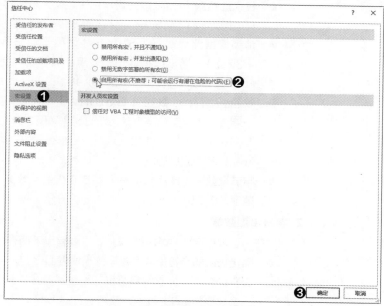

图18-65　设置宏安全选项

Chapter 19

VBA语言基础

上一章介绍了VBA和宏的基本知识，本章将为读者介绍VBA的语言基础，包括数据类型、数组、运算符、基本语句等内容。掌握这些基础知识后，读者将能够编写简单的代码。当然，对于有一定编程语言基础的读者来说，这部分内容会比较简单，可以简略学习。

19.1 数据类型

数据是程序处理的基本对象，在学习VBA语言之前，我们需要先了解数据的相关知识。当前，在各类编程语言中，普遍采用"数据类型"概念，把数据按照用途、特点区分为不同的类型，比如数值型数据、字符串型数据等。下面介绍几种最常用的数据类型。

1. 数值型数据

数值型数据显然表示的是数值大小，主要包括以下几种。

- **整型数据（Integer）：** 表示整数，存储为两个字节（16位），数据范围为-32678~32767。整型数据的运算速度较快，比其他数据类型占用的内容更少。

- **长整型数据（Long）：** 通常用于定义大型数据，存储为4个字节（32位），数据范围为-2147483648~2147483647。

- **单精度型浮点数据（Single）：** 用于定义单精度浮点值，存储为4个字节（32位），通常以指数形式表示。其表示的负数范围为-3.402823E38~-1.401298E-45，正数范围为1.401298E-45~3.402823E38。

- **双精度型浮点数据（Double）：** 用于定义双精度浮点值，存储为8个字节（64位），其表示的负数范围为-1.797693134862E368~-4.94065645841247E-324，正数范围为4.94065645841247E-324~1.797693134862E308。

- **字节型数据（Byte）：** 用于存放较少的整数值，存储为1字节（8位），其数值范围为0~255。

2. 字符串型数据

字符串型数据在VBA中也很常见，主要有以下两种。

- **固定长度的字符串：** 字符串的长度是固定的，可以为1~64000个字符长度。对于不符合长度要求的字符串，采用"短补长截"的方法进行修改。例如，定义一个长度为4的字符串，输入字符"the"，则结果为"the "，后补1个空格；若输入字符"window"，则结果为"wind"。

- **可变长度的字符串：** 字符串的长度不固定，最多可存储2亿个字符。

3. 其他数据类型

其他常见数据类型包括如下几种。

- **日期型数据（Date）：** 主要用于表示日期，存储为8字节（64位）浮点

> **提示**
>
> VBA中，字符串要放在双引号内，且为半角状态的双引号，不是全角双引号。

数值形式，表示范围为100年1月1日~9999年12月31日。时间范围为
00:00:00~23:59:59。日期数据要用"#"符号括起来，比如：#11/11/2019#。

- **货币型数据（Currency）：** 用于表示货币，存储为8字节（64位）整数数值形式。
- **布尔型数据（Boolean）：** 用于表示返回结果的布尔值，有两种形式，即真（True）和假（False）。
- **变量型数据（Variant）：** 一种可变的数据类型。

4. 枚举类型数据

枚举类型数据是指将变量的所有可能值逐一列举，适用于变量有有限个可能值的情况。

5. 自定义数据类型

用户还可根据需要，使用Type语句自定义数据类型，其格式为：

```
Type 数据类型名
数据类型元素名 As 数据类型
数据类型元素名 As 数据类型
……
End Type
```

19.2 常量与变量

在各类语言中，常量与变量的概念都是必须掌握的基本内容。常量是指在程序执行过程中不会发生改变的数据，而变量则是在程序执行过程中会发生改变的数据。

19.2.1 常量

常量是指在执行VBA程序的过程中始终保持不变的量。常量又可以称为常数，可在程序代码中的任何地方代替实际值，使程序设计变得更为简单。VBA中包括3种常量，下面分别进行介绍。

1. 直接常量

顾名思义，直接常量是直接给出数值的常量，包括数值常量（比如12）、字符串常量（比如"Hello"、"1250"）、日期常量（比如#11/11/2019#）、逻辑常量（比如True或False）等。

2. 符号常量

对于在程序中要经常用到的常量，为了便于编写代码，可以将常量命名，在需要引用该常量时，直接输入常量名称即可，从而提高代码的可读性，且降低错误率。定义的语法格式为：

```
Const <符号常量名>=<常量>
```

例如：

```
Const PI=3.1415926
Const company="未蓝文化"
```

提示

对于日期型数据，当其他数据类型转换为Date时，小数点左侧表示日期，右侧表示时间。

提示

将一个变量声明为某种数据类型的格式为：
Dim 变量名 as 数据类型

提示

定义符号常量时，等号右侧可以直接给出常量，也可以给出常量的表达式，程序会自动计算出结果。

3. 系统常量

系统常量是系统内置的一系列符号常量，可以在VBA的对象浏览器中查询某个系统常量的具体名称和值，具体操作步骤如下。

`Step 01` **打开VBE窗口。** 打开Excel软件，单击"开发工具"选项卡"代码"组中Visual Basic按钮，打开VBE窗口，如图19-1所示。

`Step 02` **打开对象浏览器。** 在VBE窗口中，选择菜单栏中"视图>对象浏览器"命令，或者按下快捷键F2，如图19-2所示。

`Step 03` **查看系统常量。** 此时弹出"对象浏览器"对话框，在此可以选择对象库，选择需要查看的系统常量，对话框下方即显示常量简介，如图19-3所示。

图19-1 打开VBE

图19-2 打开对象浏览器

图19-3 查看系统常量

19.2.2 变量

变量用于保存程序执行过程中的临时值，变量包含名称和数据类型两部分，通过变量名称即可引用变量。变量的声明分为显式声明和隐式声明两种。

1. 显式声明变量

显式声明是指在开始处进行变量声明，此时系统即为该变量分配好内存空间，其语法格式为：

```
Dim 变量名【As 数据类型】
```

其中，Dim和As是声明变量的关键字，数据类型包括前面介绍的字符串型、整数型等。

例如：

```
Dim SClass As String,
Dim SHeight As Integer
```

意为定义SClass和SHeight两个变量，分别为字符串型和整数型。

2. 隐式声明变量

隐式声明是指在开始处不声明变量，在程序中首次使用变量时，由系统自动声明变量，并指定该变量为Variant数据类型。需要注意的是，程序中隐式声明变量过多时，会占用较多内存，影响系统运行速度。因此，在编写代码时，尽量对所有变量进行声明，避免过多的Variant数据类型。

VBE为我们提供了检查变量声明的功能，开启这项功能后，系统会自动检查是否声明了变量，并强制要求声明变量，启用方法如下。

> **提示**
> 【 】中的内容可以省略。

> **提示**
> 变量名中不能包含空格、感叹号、句号、@、#、&、$字符，长度不能超过255个字符。

Step 01 **打开VBE窗口。** 打开Excel软件，单击"开发工具"选项卡"代码"组中Visual Basic按钮，打开VBE窗口，如图19-4所示。

Step 02 **打开"选项"对话框。** 在VBE窗口中，选择菜单栏中"工具>选项"命令，如图19-5所示。

Step 03 **启用"要求变量声明"功能。** 在弹出的"选项"对话框中，勾选"编辑器"选项卡"代码设置"选项组中"要求变量声明"复选框❶，单击"确定"按钮❷，如图19-6所示。

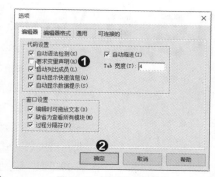

图19-4 打开VBE   图19-5 选择"选项"命令   图19-6 "选项"对话框

19.2.3 变量的作用域与赋值

前面介绍的变量声明方法，是采用了Dim关键字，在定义公共变量时，还可以采用Public、Private、Static等关键字，其语法格式分别如下。

公共变量：

```
Public 变量名 As 数据类型
```

私有变量：

```
Private 变量名 As 数据类型
```

静态变量：

```
Static 变量名 As 数据类型
```

不同关键字声明的变量有何区别呢？区别在于作用域不同，即适用范围不同。按照作用域的不同，可以将变量分为如下3种。

- **本地变量：** 作用域最小，在一个过程中使用Dim或Static关键字声明的变量，作用域为本过程，仅在声明变量语句所在的过程中可用。
- **模块变量：** 在模块的第一个过程之前使用Dim或Private关键字声明的变量，可在该声明变量语句所在模块的所有过程中使用。
- **公共变量：** 在一个模块的第一个过程之前使用Public关键字定义的变量，其作用域为所有模块，也就是在所有模块中均可使用，其作用域最大。

变量的赋值就是把数据放入变量之中，其语法格式为：

```
【Let】变量名称=数据
```

例如：

```
Dim SClass As String, SHeight As Integer
SClass="Short"
SHeight=280
```

声明SClass和SHeight两个变量，分别为字符串型和整数型，之后为两个变量赋值，SClass为字符串Short，SHeight为整数280。

19.3 VBA运算符与表达式

运算符是运算的操作符号，比如常见的"+"、"－"、"*"、"/"等，不同的运算符表示不同的运算关系，在VBA中，主要包括算术运算符、赋值运算符、比较运算符、连接运算符和逻辑运算符5种。

我们首先了解一下表达式，之后再深入学习运算符的知识。表达式由操作数和运算符组成，作为运算对象的数据即为操作数，包括常数、函数等，也可以是另一个表达式，形成表达式的嵌套。对于表达式的概念，我们只需了解即可，重点还是要掌握运算符的知识，这是正确编写表达式的关键。

1. 算术运算符

算术运算符是用于进行数值运算的符号，包括下表中所列的运算符。

算术运算符	名称	作用	示例	运算结果
+	加法	相加	2+3	5
－	减法	相减	3-2	1
*	乘法	相乘	2*3	6
/	除法	相除	6/2	3
\	整除	取商	7/3	2
^	指数	乘幂	2^3	8
Mod	求余	取余	7 Mod 3	1

2. 赋值运算符

赋值运算符即为等号（=），用于为变量或对象的属性赋值，例如：

```
SHeight=150
```

将150赋值给变量SHeight。

3. 比较运算符

比较运算符用于表示两个或多个数值或表达式之间的关系，用比较运算符连接起来的表达式称为关系表达式，其结果为布尔型数据。若关系表达式成立，则结果为真（True），否则结果为假（False）。

比较运算符	名称	示例	运算结果
<	小于	3<2	False
>	大于	3>2	True
=	等于	3=2	False

（续表）

比较运算符	名称	示例	运算结果
<=	小于等于	3<=2	False
>=	大于等于	3>=2	True
<>	不等于	3<>2	True

在进行比较运算的时候，通常会用到一些通配符，下面列出几种通配符的含义。

通配符	作用	示例
?	表示任意一个字符	"abcd?" 可表示 "abcd2"
*	表示任意多个字符	"ab*" 可表示 "abcd2"
#	表示任意一个数字	"abcd#" 可表示 "abcd5"

4. 连接运算符

连接运算符用于连接两个字符串，VBA中只有两个连接运算符，即&和+，具体功能如下。

连接运算符	作用	示例	运算结果	说明
&	直接将两个字符串连接起来	SClass="级别"+2	"级别2"	将两个数据全部视作字符串进行连接
+	连接两个字符串或执行加法运算	SNum="220"+"330"	220330	只有当连接的两个数据均为字符串时，执行连接运算，否则执行加法运算

5. 逻辑运算符

逻辑运算符用于执行表达式间的逻辑操作，判断运算时的真假，其结果为布尔型数据，常见的逻辑运算符有如下几种。

逻辑运算符	名称	作用	示例	运算结果
And	逻辑与	前后两个表达式同为True时结果为True，否则为False	4>3 and 4>5	False
Not	逻辑非	表达式为True时，返回False；表达式为False时，返回True	Not 4>3	False
Or	逻辑或	前后两个表达式同为False时，返回False；有一个为True，则返回True	4>3 or 4>5	True
Xor	逻辑异或	两个表达式结果相同时，返回False，否则返回True	4>3 xor 4>5	True
Eqv	逻辑等价	两个表达式结果相同时，返回True，否则返回False	4<3 eqv 4>5	True

6. 运算符的优先级

对于比较复杂的表达式，VBA将采用优先级进行运算，不同的运算符优先级有所不同，掌握优先级，便于我们正确编写表达式。

提示

字符串连接运算符不是算术运算符，但是就其优先顺序而言，它在所有算术运算符之后，在所有比较运算符之前。

扫码看视频

优先级（由高到低）	运算符	名称
1	()	括号
2	^	指数
3	–	取负
4	*、/	乘除
5	\	整除
6	Mod	取余
7	+、–	加减
8	&	连接
9	=、<、>、<=、>=、<>	比较运算符
10	And、Or、Not、Xor、Eqv	逻辑运算符

下面以乘法运算符为例，介绍运算符的应用。

Step 01 **进入VBE窗口。** 打开Excel软件，单击"开发工具"选项卡中Visual Basic按钮，如图19-7所示。

Step 02 **输入代码。** 执行"插入>模块"命令，双击新建的模块，在代码窗中输入代码，如图19-8所示。

图19-7　单击Visual Vasic

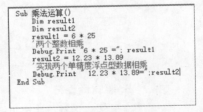

图19-8　输入代码

Step 03 **执行代码。** 单击工具栏中的"运行宏"按钮，再执行"视图>立即窗口"命令，在立即窗口中显示乘法运算的结果，如图19-9所示。

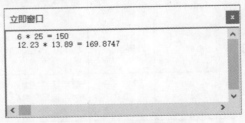

图19-9　查看计算结果

19.4 VBA常用控制语句

前面已经介绍了VBA的数据类型、运算符、表达式等内容，接下来我们学习VBA中常用的语句。语句是程序的基本组成部分，通过一定的规则进行数据的运算、处理，掌握常用控制语句是编写VBA代码的关键一步。

只有正确地使用控制语句，程序的执行才会变得有条不紊，利用不同的流程控制结构可以完成不同的功能。

19.4.1

🔗 **交叉参考**

参见"19.2.2变量"和
"19.2.3 变量的作用域
与赋值"内容。

顺序结构语句

顺序结构是最简单的一种程序结构，顺序结构的执行就是程序的各语句按出现的先后顺序依次执行。常见的顺序结构语句有如下几种。

1. 赋值语句和声明语句

前面已经介绍了为变量声明和赋值的语法，此处不再重复介绍。

2. 输入语句

输入语句是用户向程序提供数据的主要途径，一般采用InputBox函数，其语法格式为：

```
InputBox(prompt[,title][,default][,xpos][,ypos][,helpfile,context])
```

该函数可以调出对话框，由用户输入数据或通过单击按钮输入数据，其中各项参数含义如下。

- **Prompt：** 对话框中出现的字符串表达式，为必选参数。
- **Title：** 对话框标题栏中的字符串表达式，为可选参数。若省略此参数，则标题栏中显示应用程序名称。
- **Default：** 在文本框中默认显示的字符串表达式，为可选参数。若省略此参数，则文本框中默认为空。
- **Xpos和Ypos：** 用于设定对话框的位置，为可选参数。
- **Helpfile和Context：** 用于提供帮助，为可选参数。

例如：

✏️ 提示

InputBox和MsgBox均只有一个必选参数，即对话框中的提示信息字符串。

```
Private Sub Command1_Click()
    SWidth=InputBox("输入长方形的宽：")
    SHeight=InputBox("输入长方形的高：")
    S=SWidth*SHeight
    Print
    Print"长方形的宽为";SWidth
    Print"长方形的高为";SHeight
    Print"长方形的面积为";S
End Sub
```

程序将以对话框形式，由用户输入长方形的宽和高，并将显示宽和高，以及运算的面积值。

3. 输出语句

在VBA中，最常用的输出函数为Print和MsgBox两个函数。Print函数的语法格式为：

```
Print<表达式>
```

输出多个数据时，中间以半角逗号隔开，例如：

```
Print 1,2,3,4,5+6
```

表示输出1、2、3、4、11这5个数。

MsgBox函数用于弹出对话框，由用户单击对话框中的按钮，此时函数即返回一个整数型数值，以表示用户单击了哪个按钮，其语法格式为：

```
MsgBox(prompt[,buttons][,title][,helpfile,context]
```

其中的参数与InputBox函数类似，具体含义如下。

● **Prompt：**对话框中出现的字符串表达式，为必选参数。
● **Buttons：**用于确定显示按钮的数目、形式、图标样式等，为可选参数。若省略此参数，则默认值为0，对话框中将只显示"确定"按钮。
● **Title：**对话框标题栏中的字符串表达式，为可选参数。若省略此参数，则标题栏中显示应用程序名称。
● **Helpfile和Context：**用于提供帮助，为可选参数。

4. End语句和Stop语句

End语句用于终止程序的运行，可以放在任何事件过程中。其语法格式为：

```
End
```

在VBA中，过程、函数等的结束部分一般都会用到End语句，用于结束某个过程或语句组，例如End Sub、End Select等。

Stop语句用于让程序运行到该处时自动暂停，在程序代码的任何地方都可以放置Stop语句，以便于对程序进行调试。其语法格式为：

```
Stop
```

19.4.2 分支选择结构语句

顺序结构程序比较简单，其执行顺序为语句的先后顺序，但是这种结构主要用于处理简单的运算。对于复杂的问题，采用顺序结构往往无法满足要求，需要根据条件来判断和选择程序的流向。在VBA中，主要通过条件语句来实现分支选择结构。下面介绍几种常用的条件语句。

1. 单分支结构IF语句

在分支选择结构中，可以根据程序分支数量分为单分支、双分支和多分支结构。单分支有一个程序分支，只有满足指定的条件才能执行该分支的语句。

IF-Then语句是最常用的单分支结构语句，其语句执行流程如图19-10所示。

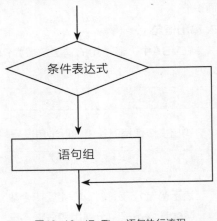

图19-10　IF-Then语句执行流程

IF-Then语句有如下两种格式。

行IF语句：

```
IF <条件表达式> Then <语句组>
```

块IF语句：

```
IF <条件表达式> Then
<语句1>
<语句2>
......
End IF
```

行IF语句和块IF语句的主要区别在于Then后面语句组的数量，其中，行IF语句中Then后面的语句组一般为一个。

例如：

```
IF SHeight>=190 Then
SClass="Tall"
```

程序将根据表达式SHeight>=190的值，来决定是否执行Then后面的语句，即决定是否将变量SClass赋值为Tall。如果表达式成立，则将执行Then后面的语句，否则将跳过此句执行下一行语句。

块IF语句适合于Then后面有多条需要执行的语句的情况。

例如：

```
IF SHeight>=190 Then
SClass="Tall"
SClothes="Large"
End IF
```

程序将首先判断表达式是否成立，若成立，则执行Then后面的两个赋值语句，否则将跳过此段执行下一行语句。

2. 双分支结构IF语句

双分支结构程序中有两个分支，根据表达式的值，来决定执行哪一条分支。VBA中双分支结构IF语句为IF-Then-Else语句，其执行流程如图19-11所示。

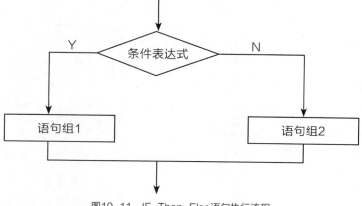

图19-11　IF-Then-Else语句执行流程

根据执行语句的数量，IF-Then-Else语句同样有两种格式，分别如下。

行IF语句：

```
IF <条件表达式> Then <语句组1> Else <语句组2>
```

块IF语句：

```
IF <条件表达式> Then
<语句组1>
Else
<语句组2>
End IF
```

条件表达式的结果为True时，将执行Then后面的<语句组1>；若条件表达式的结果为False，则执行Else后面的<语句组2>。

3. 多分支结构IF语句

应用IF-Then-ElseIF-Else语句，可以实现更多分支结构，其语法格式为：

```
IF <条件表达式1> Then
<语句组1>
[ElseIF <条件表达式2> Then
<语句组2>]
……
[ElseIF <条件表达式n> Then
<语句组n>]
[Else
<语句组n+1>]
End IF
```

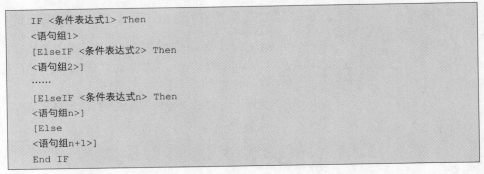

程序首先判断条件表达式1的值，若条件表达式1为True，则执行语句组1；否则，将判断条件表达式2的值，若条件表达式2为True，则执行语句组2……如果条件表达式1至条件表达式n均为False，则程序将执行Else后面的语句组n+1。其执行流程如图19-12所示。

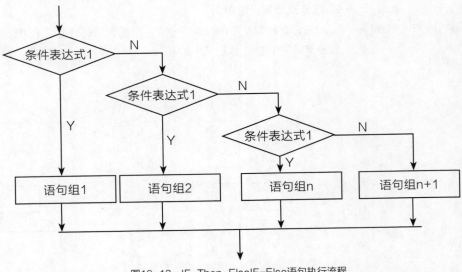

图19-12　IF-Then-ElseIF-Else语句执行流程

下面以评定员工考核成绩等级为例，采用分支结构语句来实现分支结构。等级区分如下。

序号	分数区间	等组
1	[0,300)	不合格
2	[300,350)	合格
3	[350,400)	良
4	[400,500]	优

下面介绍评定员工成绩的方法。

Step 01 **插入按钮**。打开原始文件"员工考核成绩表.xlsx"，切换至"开发工具"选项卡，单击"控件"组中"插入"下拉按钮❶，选择"按钮"选项❷，如图19-13所示。

Step 02 **绘制按钮**。在工作表中按住鼠标左键拖动，即可绘制出按钮图标，释放鼠标时自动弹出"指定宏"对话框，如图19-14所示。

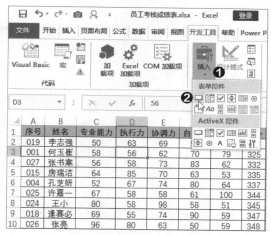

图19-13 选择"按钮"选项

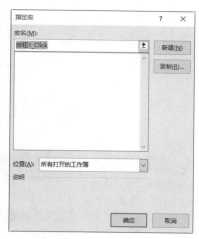

图19-14 "指定宏"对话框

Step 03 **输入代码**。单击"指定宏"对话框中的"新建"按钮，即自动打开VBE窗口，且按钮对应的代码窗口已激活，在代码窗口中输入如下代码。

提示

InputBox函数中的两个字符串参数，分别为对话框中的提示信息和标题。

```
Sub 按钮1_Click()
    Dim Score As Integer
    '定义变量Score为整型
    Dim Class As String
    '定义变量Classic为字符串型
    Score = InputBox("请输入成绩", "输入成绩")
    '以对话框形式输入成绩
    If Score < 300 Then
    Class = "不合格"
    '若成绩低于300，则Class为"不合格"
    ElseIf Score < 350 Then
    Class = "合格"
    '若成绩高于300低于350，则Class为"合格"
    ElseIf Score < 400 Then
    Class = "良"
    '若成绩高于350低于400，则Class为"良"
```

```
    Else
    Class = "优"
    '否则，Class为"优"
    End If
    MsgBox "您的成绩等级是 " " & Class & " " ", vbOKOnly, "成绩等级"
    '以对话框形式显示成绩等级
End Sub
```

Step 04 **保存代码并关闭VBE。** 单击工具栏中"保存"按钮，并关闭VBE窗口，返回工作表中，如图19-15所示。

Step 05 **更改按钮名称。** 在工作表中右击插入的按钮❶，选择快捷菜单中"编辑文字"命令❷，将按钮重新命名为"评级"，如图19-16所示。

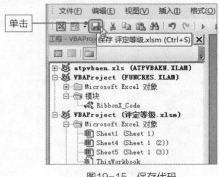

图19-15　保存代码

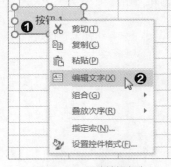

图19-16　更改按钮名称

Step 06 **输入成绩分数。** 此时按钮已重命名为"评级"，单击此按钮，弹出"输入成绩"对话框，提示我们输入成绩分数，在此，我们输入389❶，单击"确定"按钮❷，如图19-17所示。

Step 07 **查看等级。** 弹出"成绩等级"对话框，显示等级为"良"，单击"确定"按钮关闭对话框，如图19-18所示。

图19-17　"输入成绩"对话框

图19-18　"成绩等级"对话框

4. Select Case语句

　　IF语句是分支结构常用语句，但并非唯一分支结构语句，VBA还提供了处理分支选择结构的专用语句Select Case，具有更高的可读性。其语法格式如下：

```
Select Case 测试表达式
    Case 表达式1
        语句组1
    [Case 表达式2
        语句组2]
    ......
    [Case 表达式n
```

```
        语句组n]
    [Case Else
        语句组n+1]
End Select
```

程序将首先计算"测试表达式"的值,并与后面的Case表达式逐一匹配,匹配成功后,即执行该Case下的语句组,若所有Case均不匹配,则执行Case Else下的语句。当然,Case Else是可选的,如果没有Case Else语句,则程序在所有Case均匹配不成功的情况下,自动结束,执行End Select后面的语句。

Select Case语句执行流程如图19-19所示。

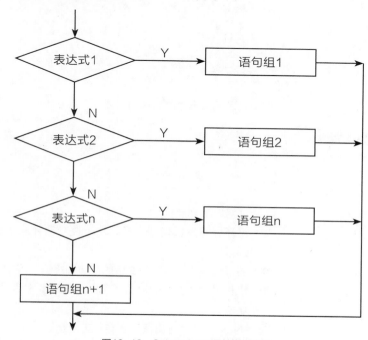

图19-19 Select Case语句执行流程

以前面评定成绩等级为例,如果要采用Select Case语句实现评定等级,则应将代码改为如下代码,其效果是相同的,但是更易于理解。

```
Sub 按钮1_Click()
    Dim Score As Integer      '定义变量Score为整型
    Dim Class As String       '定义变量Classic为字符串型
    Score = InputBox("请输入成绩", "输入成绩")      '以对话框形式输入成绩
    Select Case Score
    Case Is < 60              '程序根据输入的成绩匹配是否小于60
        MsgBox "您的成绩等级是"不合格"", vbOKOnly, "成绩等级"
    Case Is < 80              '在上一Case不匹配的情况下,程序判断是否小于80
        MsgBox "您的成绩等级是"合格"", vbOKOnly, "成绩等级"
    Case Is < 90              '在上一Case不匹配的情况下,程序判断是否小于90
        MsgBox "您的成绩等级是"良"", vbOKOnly, "成绩等级"
    Case Else                 '在所有Case都不匹配的情况下,程序执行下列语句
        MsgBox "您的成绩等级是"优"", vbOKOnly, "成绩等级"
    End Select
End Sub
```

19.4.3 循环结构语句

在实际应用VBA的过程中，经常会遇到需要反复多次处理的问题，如果每次处理都要使用独立的语句，会大大增加程序的复杂程度，造成内存的浪费，影响工作效率。VBA的循环结构可以有效解决这些重复性的问题，大大简化代码。这里介绍几种最常用的循环结构语句。

1.For-Next语句

For-Next语句一般用于循环次数已知的情况，以指定次数来重复执行循环体。其语法格式为：

```
For <循环变量>=<初值> To <终值> [Step<步长>]
    <语句组1>
    [Exit For]
    <语句组2>
Next [循环变量]
```

其中，以下代码为此循环的循环体：

```
    <语句组1>
    [Exit For]
    <语句组2>
Next [循环变量]
```

需要注意以下几点。

● 循环变量是数值型变量，用于控制循环的次数，不能是布尔型数据或者数组元素。

● 初值和终值表示循环变量的初值和终值，可以是数值型常量或者表达式。

● 步长是循环变量的增量，可以是数值型常量或数值表达式，若省略，则采用默认值1。

For-Next语句执行流程如图19-20所示。

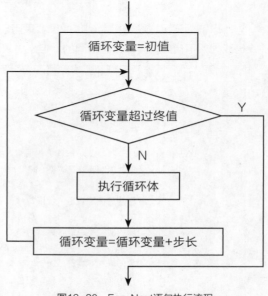

图19-20 For-Next语句执行流程

例如：通过For-Next语句，可以由用户输入一个整数，程序自动计算从1到该数的所有整数的和，比如输入10时，将计算1+2+3+4+……10。下面介绍具体操作步骤。

Step 01 **插入按钮**。打开Excel软件，切换至"开发工具"选项卡，单击"控件"组中"插入"下拉按钮①，选择"按钮"选项②，如图19-21所示。

Step 02 **绘制按钮**。在工作表中按住鼠标左键拖动，即可绘制出按钮图标，释放鼠标时会自动弹出"指定宏"对话框，如图19-22所示。

实例文件

最终文件：
实例文件\第19章\最终
文件\求和.xlsm

图19-21　单击"按钮"选项

图19-22　"指定宏"对话框

Step 03 **输入代码**。单击"指定宏"对话框中"新建"按钮，在代码窗口中，输入完成以下代码。

```vba
Sub 按钮1_Click()
    Dim i As Integer
    Dim sum As Integer
    Dim last As Integer
    '定义3个变量均为整型
    last = InputBox("您想计算从1到多少的和", "输入整数")
    sum = 0
    '和的初值为0
    For i = 1 To last Step 1
    'i变量用于计算循环次数
    sum = sum + i
    Next i
    MsgBox "和是" & sum, vbOKOnly, "求和结果"
End Sub
```

提示

定义多个变量时，可以写在一句中，中间用半角逗号隔开。即：
Dim I As Integer,
sum As Integer

Step 04 **保存代码并关闭VBE**。单击工具栏中"保存"按钮，并关闭VBE窗口，返回工作表中，如图19-23所示。

Step 05 **更改按钮标题**。在工作表中右击插入的按钮①，选择快捷菜单中"编辑文字"命令②，将按钮上文本更改为"求和"，如图19-24所示。

图19-23　保存代码

图19-24　更改按钮名称

Step 06 **输入整数**。此时按钮已重命名为"求和",单击此按钮,弹出"输入整数"对话框,在此,我们输入50❶,计算从1加到50的和,单击"确定"按钮❷,如图19-25所示。

Step 07 **查看结果**。弹出"求和结果"对话框,显示和为1275,单击"确定"按钮关闭对话框,如图19-26所示。

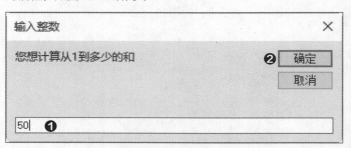

图19-25 "输入整数"对话框

图19-26 "求和结果"对话框

💡 **提示**

Do-Loop语句的循环体为Do和Loop中间的部分。

2. Do-Loop语句

前面提到,For-Next语句适用于已知循环次数的循环结构,但是很多情况下无法提前预知循环次数,因此,还需要使用其他语句来解决这些问题。Do-Loop语句正是用于循环次数不确定的循环结构。其语法结构有如下几种。

序号	格式	说明
1	Do While[循环条件] 　　[语句组1] 　　[Exit Do] 　　[语句组2] Loop	先判断循环条件是否成立,成立则执行语句组1;不成立则跳出循环
2	Do Until[循环条件] 　　[语句组1] 　　[Exit Do] 　　[语句组2] Loop	先判断循环条件是否成立,若不成立则执行语句组1;若成立则跳出循环
3	Do 　　[语句组1] 　　[Exit Do] 　　[语句组2] Loop While[循环条件]	先执行语句组1,然后再判断循环条件是否成立,成立则继续执行语句组1;不成立则跳出循环
4	Do 　　[语句组1] 　　[Exit Do] 　　[语句组2] Loop Until[循环条件]	先执行语句组1,然后再判断循环条件是否成立,不成立则继续执行语句组1;成立则跳出循环

💡 **提示**

Do-While-Loop语句和Do-Until-Loop语句的区别仅在于循环条件相反。

这4种格式的Do-Loop语句执行流程分别如图19-27、图19-28、图19-29、图19-30所示。

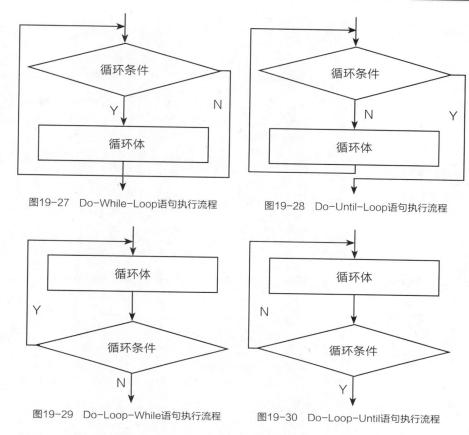

图19-27 Do-While-Loop语句执行流程　　　　图19-28 Do-Until-Loop语句执行流程

图19-29 Do-Loop-While语句执行流程　　　　图19-30 Do-Loop-Until语句执行流程

同样的,如果采用Do-While-Loop语句计算1到某个整数的和时,输入以下代码:

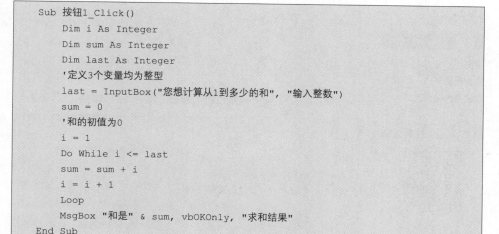

```
Sub 按钮1_Click()
    Dim i As Integer
    Dim sum As Integer
    Dim last As Integer
    '定义3个变量均为整型
    last = InputBox("您想计算从1到多少的和", "输入整数")
    sum = 0
    '和的初值为0
    i = 1
    Do While i <= last
    sum = sum + i
    i = i + 1
    Loop
    MsgBox "和是" & sum, vbOKOnly, "求和结果"
End Sub
```

与前面采用For-Next效果相同,弹出对话框,由用户输入整数,程序自动判断i小于等于用户输入的整数是否成立,若成立,则自动求和,直至条件不再成立,跳出循环,并弹出对话框,显示求和结果。

采用Do-Until-Loop语句计算1到某个整数的和时,输入以下代码:

```vba
Sub 按钮1_Click()
    Dim i As Integer
    Dim sum As Integer
    Dim last As Integer
    '定义3个变量均为整型
    last = InputBox("您想计算从1到多少的和", "输入整数")
    sum = 0
    '和的初值为0
    i = 1
    Do Until i > last
    sum = sum + i
    i = i + 1
    Loop
    MsgBox "和是" & sum, vbOKOnly, "求和结果"
End Sub
```

采用Do –Loop-While语句计算1到某个整数的和时，输入以下代码:

```vba
Sub 按钮1_Click()
    Dim i As Integer
    Dim sum As Integer
    Dim last As Integer
    '定义3个变量均为整型
    last = InputBox("您想计算从1到多少的和", "输入整数")
    sum = 0
    '和的初值为0
    i = 0
    Do
     sum = sum + i
      i = i + 1
    Loop While i <= last
    MsgBox "和是" & sum, vbOKOnly, "求和结果"
End Sub
```

采用Do –Loop-Until语句计算1到某个整数的和时，输入以下代码:

```vba
Sub 按钮1_Click()
    Dim i As Integer
    Dim sum As Integer
    Dim last As Integer
    '定义3个变量均为整型
    last = InputBox("您想计算从1到多少的和", "输入整数")
    sum = 0
    '和的初值为0
    i = 0
    Do
      sum = sum + i
      i = i + 1
    Loop Until i > last
    MsgBox "和是" & sum, vbOKOnly, "求和结果"
End Sub
```

3. While-Wend语句

While-Wend语句同样用于循环次数未知的循环结构,和Do-Loop比较类似,其语法结构为:

```
While <循环条件>
    [循环体]
Wend
```

其中,循环条件可以是关系表达式、逻辑表达式或值表达式。其执行流程与前面介绍的Do-While-Loop一致。

同样以计算1到某个整数的和为例,其代码如下:

```
Sub 按钮1_Click()
    Dim i As Integer
    Dim sum As Integer
    Dim last As Integer
    '定义3个变量均为整型
    last = InputBox("您想计算从1到多少的和", "输入整数")
    sum = 0
    '和的初值为0
    i = 1
    While i <= last
    sum = sum + i
    i = i + 1
    Wend
    MsgBox "和是" & sum, vbOKOnly, "求和结果"
End Sub
```

扫码看视频

>> 实例文件

最终文件:
实例文件\第19章\最终
文件\While-Wend语
句.xlsm

VBA的过程、对象和事件

前面介绍了VBA的基本操作、基本语法，相信读者已经能够编写简单的代码。为了更清晰地掌握VBA应用方法，我们还需要学习VBA的过程、对象和事件等概念。

20.1 VBA的过程

VBA的过程是用于执行某个特定任务的一段程序代码。利用过程，可以将复杂的VBA程序区分为不同的功能模块，从而使程序代码更加条理化，也便于我们编写和阅读，避免出现混乱。VBA中，用户可自定义的通用过程主要有子过程（Sub）、函数过程（Function）和属性过程（Property）这几种。

1. 子过程

一般情况下，子过程以关键字Sub开头，以关键字End Sub结束，且过程不返回值。子程序可以通过录制宏或在VBE窗口中编写代码完成。

Sub过程的定义方法如下：

```
Static/Private/Public Sub过程名（形式参数表）
    变量、常量说明
        语句组1
    Exit Sub
        语句组2
End Sub
```

提示

注意两种调用方法中Call调用要有括号。

其调用方法有如下两种。

Call调用：

```
Call 过程名（实参表）
```

直接调用：

```
过程名实参表
```

2. 函数过程

函数过程返回一个函数值，以关键字Function开头，以End Function结束。

Function过程定义方法如下：

```
Static/Private/Public Function函数名（形式参数）As 数据类型
    语句组
    函数名=表达式
Exit Function
    语句组
    函数名=表达式
End Function
```

函数过程调用方法如下：

```
变量名=函数名（实参表）
```

3. 属性过程

属性过程用于自定义对象，可以设置和获取对象属性的值，或者设置另一个对象的引用。

20.2 VBA的对象

Excel VBA中的对象，主要是指Excel应用程序对象（Application对象）、工作簿对象（Workbook对象）、工作表对象（Worksheet对象）、区域对象（Range对象）、单元格对象（Cell对象）和图表对象（Chart对象）等。在进行VBA编程中，难免会遇到需要引用或设置这些对象的情况，因此，有必要先了解VBA中常用对象的概念和操作方法。

20.2.1 Workbook对象

Workbook对象即是工作簿对象，表示某个Excel文档。其具体的属性主要用于描述工作簿的各种信息；其方法主要用于操作工作簿对象；其事件函数主要用于响应工作簿的各种操作。

1. Workbook对象常用属性

Workbook对象含有丰富的属性，这些属性无需逐一记忆，如果有一定的英文基础，看到属性名称即可知道其含义。下面介绍几种常用属性。

- **ActiveSheet属性：** 此属性用于返回一个WorkSheet对象，表示当前工作簿中处于激活状态的工作表。如果没有激活的工作表，则返回Nothing。代码为：ActiveSheet.Name。
- **Colors属性：** 用于返回或设置工作簿调色板中的颜色。

2. Workbook对象常用操作方法

在VBA中，操作工作簿对象的方法主要有以下几种。
创建工作簿：

```
Workbooks.Add 参数/模板参数
```

打开工作簿：

```
Workbooks.Open 参数
```

其中，参数为要打开的文件名称字符串。
保存工作簿：

```
ThisWorkbook.save
```

另存工作簿：

```
ThisWorkbook.saveAs 参数
```

其中，参数为文件保存的路径和名称。

关闭所有工作簿：

```
Workbooks.Close
```

关闭指定工作簿：

```
Workbooks("工作簿名称").Close
```

激活工作簿：

```
Workbooks("工作簿名称").Active
```

20.2.2 WorkSheet对象

WorkSheet对象位于Workbook对象之下，一个工作簿中可以包含多个工作表，即Excel中的Sheet1、Sheet2、Sheet3等。

1. WorkSheet对象常用属性

Cells属性返回一个Range对象，表示工作表中的所有单元格，包括空白单元格。Range属性用于返回一个Range对象，表示一个单元格区域，或者一个单独的单元格。

2. WorkSheet对象常用操作方法

WorkSheet对象的常用操作方法有以下几个。

新建工作表：

```
Worksheets.Add(Before, After, Count, Type)
```

参数含义如下：

● **Before：** 确定新建的工作表位于哪个工作表前。
● **After：** 确定新建的工作表位于哪个工作表后。
● **Count：** 确定新建的工作表数量，默认为1个。
● **Type：** 确定新建的工作表类型。

删除工作表：

```
WorkSheet.Delete
```

复制工作表：

```
WorkSheet.Copy(Before, after)
```

其中的参数含义与新建工作表代码中的参数含义相同。

移动工作表：

```
WorkSheet.Move(Before, after)
```

其中的参数含义与新建工作表代码中的参数含义相同。

下面以打印Sheet1工作表为例介绍WorkSheet对象的应用，具体操作方法如下。

Step 01 **查看工作表内容。** 打开"店面销售统计表.xlsx"工作簿，切换至Sheet1工作表中，可见工作表中包含表格和图表，如图20-1所示。

提示

引用工作表中某一单元格区域时，采用如下方法：

工作表名.Range（"单元格区域"）

例如：

Sheet1.Range
("A3:B5")

扫码看视频

354

实例文件

原始文件:
实例文件\第20章\最
终文件\店面销售统计
表.xlsx
最终文件:
实例文件\第20章\最终
文件\WorkSheet对象
的应用.xlsm

图20-1　查看工作表内容

Step 02 **输入代码**。单击"开发工具"选项卡中的Visual Basic按钮,进入VBE窗口,新建一个模块,并在代码窗口中输入代码。

```
Sub 打印工作表()
    Dim wksheet As worksheet
    Set wksheet = Worksheets("Sheet1")
    wksheet.Activate
    wksheet.PageSetup.Orientation = 1
    wksheet.PrintPreview
End Sub
```

Step 03 **查看打印效果**。单击工具栏中"运行宏"按钮,即可打开Sheet1工作表中的内容,效果如图20-2所示。

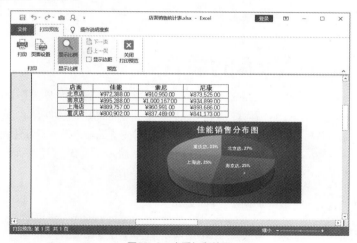

图20-2　查看打印效果

20.2.3 Range对象

Range对象位于WorkSheet对象之下,在Excel VBA中,Range对象可以是某一选定区域,也可以是某一行、某一列,甚至是某一个单元格。

1. Range对象常用属性

Range对象同样含有丰富的属性,主要用于描述Range对象本身,下面介绍几种常用属性。

- **Cells属性：** 此属性用于返回一个Range对象，表示指定单元格区域中的单元格。
- **Font属性：** 用于返回一个Font对象，表示Range对象的字体。主要用来设置单元格区域中文字的字体、大小、粗斜体等。

2. Range对象常用操作方法

在VBA中，操作Range对象的方法主要有以下几种。

复制单元格区域：

```
Range（"A3:B5"）.Copy        '复制A3:B5单元格区域到剪贴板
```

引用单元格：

```
Range("C2")        '引用C2单元格
```

引用单元格区域：

```
Range("A3:B5")        '引用单元格区域A3:B5
```

引用单行、单列：

```
Range("2:2")        '引用第2行
Range("F:F")        '引用F列
```

引用多行、多列：

```
Range("2:5")        '引用2至5行
Range("A:F")        '引用A至F列
```

20.3 VBA的事件

VBA的事件，可以理解为激发对象的某些操作，比如单击鼠标、打开工作簿、切换工作表等。我们可以编写代码响应对应的事件，从而在这些事件发生后，系统会自动进行处理。针对事件所编写的代码，即事件发生后所进行的自动处理，即为行为。

常见的事件包括Workbook（工作簿）事件、WorkSheet（工作表）事件、OnTime事件、窗体和控件事件等。

1. Workbook事件

Workbook事件只能发生于Workbook对象上，包括打开工作簿、更改工作簿内容、激活工作簿等，都将触发工作簿事件。

在VBE窗口中，双击工程资源管理窗口中的ThisWorkbook对象，打开当前工作簿对象的代码窗口，在此可对Workbook事件进行编码。

例如，需要在新建工作表时，弹出对话框提示对新工作表重新命名，则可采用如下方法。

Step 01 打开代码窗口。 在Excel中，单击"开发工具"选项卡中Visual Basic按钮，打开VBE窗口，然后双击工程资源管理窗口中ThisWorkbook对象，如图20-3所示。

Step 02 选择对象和过程。 在代码窗口中，选择"对象"下拉列表中的Workbook对象，选择"过程"下拉列表中的NewSheet（新建工作表）选项，如图20-4所示。

扫码看视频

实例文件

最终文件：
实例文件\第20章\最终文件\重命名新工作表.xlsm

356

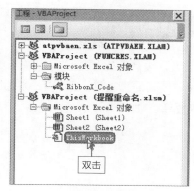

图20-3 双击ThisWorkbook对象

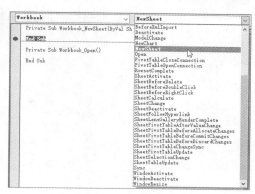

图20-4 选择对象和过程

Step 03 **输入代码**。代码窗口中自动生成事件过程的名称及结构，输入完成下列代码：

```
Private Sub Workbook_NewSheet(ByVal Sh As Object)
MsgBox "新建工作表后请重新命名", vbOKOnly, "重命名新工作表"
End Sub
```

Step 04 **新建工作表**。保存代码，并返回工作表中，单击左下角"新工作表"按钮，如图20-5所示。

Step 05 **打开提示对话框**。此时弹出"重命名新工作表"对话框，提醒在新建工作表后要将工作表重命名，单击"确定"按钮，如图20-6所示。

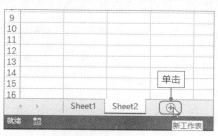

图20-5 单击"新工作表"按钮

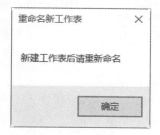

图20-6 打开对话框

除了NewSheet（新建工作表）事件外，Workbook还包括很多其他事件，比如Open（打开）事件、Active（激活）事件等，这里不再一一介绍，编写响应行为代码的方法与刚才介绍的NewSheet事件类似。

2. WorkSheet事件

WorkSheet事件只能发生于WorkSheet对象中，包括Change（更改）、Active（激活）、Calculate（计算）等。需要注意的是，要先在工程资源管理窗口中双击工作表对象，才能激活该工作表对应的代码窗口，然后在代码窗口中选择对象为WorkSheet，再选择过程，并输入代码。

3. 窗体和控件事件

窗体打开或对窗体上的控件进行操作，也可以触发很多事件，例如单击按钮。

4. OnTime和OnKey事件

这两类事件不与任何对象关联，分别由时间和用户按键来触发。

Chapter
21

VBA窗体和控件

在VBA中，我们还可以设计窗体和控件，以便于更直观地实现交互。用户可以根据需要设置窗体或者添加控件，这样在需要进行相应操作时，直接通过窗体或单击控件来完成。

21.1 窗体

窗体是Excel中的另一个对象——UserForm对象。用户可以在窗体上添加各种控件并对Excel工作表进行操作。本节将介绍在VBA中创建窗体和应用窗体的方法。

21.1.1 创建窗体

在VBA中新建窗体操作步骤如下。

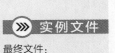

实例文件

最终文件：
实例文件\第21章\最终文件\创建窗体.xlsm

Step 01 打开VBE窗口。 打开需要创建窗体的Excel文件后，单击"开发工具"选项卡中的Visual Basic按钮，打开VBE窗口，如图21-1所示。

Step 02 插入用户窗体。 选择菜单栏中"插入>用户窗体"命令，如图21-2所示。

图21-1　单击Visual Basic按钮

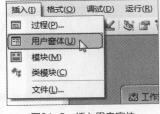

图21-2　插入用户窗体

Step 03 查看新建的窗体。 此时自动创建新的窗体，且显示工具箱。创建的新窗体为空白状态，如图21-3所示。工具箱中包含各项窗体控件，如图21-4所示。

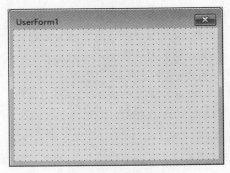

图21-3　空白窗体

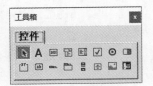

图21-4　工具箱

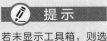

提示

若未显示工具箱，则选择"视图>工具箱"命令，将其打开。

Step 04 添加控件。 在窗体中添加控件时，单击工具箱中需要的控件，本例中单击"复合框"控件，如图21-5所示。然后在窗体中拖动绘制指定大小的控件，如图21-6所示。若单击工具箱中的控件，然后在窗体中单击，将自动按默认尺寸绘制控件。

图21-5　选择控件

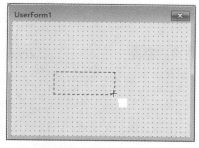

图21-6　绘制控件

Step 05 **调整控件**。绘制控件后，可以在窗体中调整控件的大小、位置。单击控件，控件四周即出现手柄，将光标置于手柄上，当变为箭头形状时，拖动即可调整控件大小，如图21-7所示；光标变为十字箭头时，拖动可调整位置，如图21-8所示。

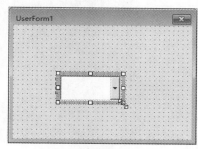

图21-7　调整控件大小

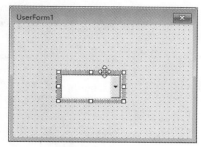

图21-8　移动控件

21.1.2 窗体属性

前面介绍的只是创建窗体的方法，要完成一个窗体，不仅要在窗体中添加控件，还需要调整窗体属性、控件属性、编写各控件代码等。本节介绍常用的窗体属性。

Step 01 **打开窗体**。打开原始文件"创建窗体.xlsm"，单击"开发工具"选项卡中的Visual Basic按钮，进入VBE窗口，双击工程资源管理窗口中的"窗体"下方的UserForm1对象，如图21-9所示。

Step 02 **查看窗体属性**。此时"属性"窗口中自动显示该窗体的各项属性参数，如图21-10所示。

图21-9　双击UserForm1对象

图21-10　查看属性

Step 03 **更改窗体标题**。单击Caption属性右栏，此时右栏变为可编辑状态，输入窗体标题"查询窗体"，如图21-11所示。更改后的效果如图21-12所示。

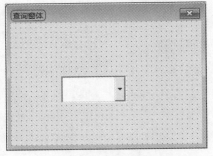

图21-11 更改名称　　　　　　图21-12 更改效果

Step 04 **更改背景颜色。** 单击BackColor属性右栏，即出现下拉按钮，单击下拉按钮，选
择需要的背景颜色，如图21-13所示。更改后的效果如图21-14所示。

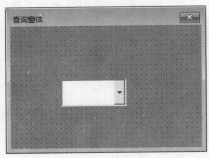

图21-13 选择背景颜色　　　　　图21-14 更改效果

Step 05 **添加背景图片。** 在属性窗口中单击Picture属性右侧 ... 按钮，打开"加载图片"
对话框，选择合适的图片❶，单击"打开"按钮❷，如图21-15所示。

Step 06 **查看效果。** 可见窗体中背景更改为选中的图片，效果如图21-16所示。

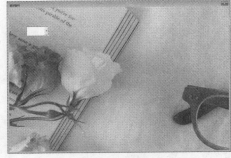

图21-15 选择图片　　　　　　图21-16 查看背景图片的效果

Step 07 **更改窗体的显示模式。** 单击Show Modal属性右
栏，单击出现的下拉按钮，选择True或False。此属性默
认为True，如图21-17所示。

　　属性窗口中还有很多其他的窗体属性，在此不一一列
举。读者可自行尝试修改，观察窗体的变化，来了解各属
性的功能。

图21-17 更改显示模式

21.1.3　窗体的运行与调用

制作完成窗体后，可以运行该窗体，以查看是否有误。在VBE窗口中，选择菜单栏中"运行>运行子程序/用户窗体"命令，或者按下快捷键F5即可，如图21-18所示。

图21-18　运行用户窗体

 提示

调用窗体的方法可以与Workbook事件结合，比如在打开工作簿时，自动调用窗体。

在编写代码过程中，需要调用窗体时，采用如下方法：

```
Load　窗体名
窗体名.Show
```

需要先通过Load关键字加载窗体，然后通过Show命令显示窗体。

21.2　控件

在前面介绍窗体的时候，已经接触到了控件。我们平时在使用计算机时也时常接触各类控件，比如命令按钮、单选按钮、复选框、标签、文本框等。VBA提供了很多可用的控件，基本能够满足我们的需求。

工作表中插入的控件位于"开发工具"选项卡"控件"组的"插入"列表中，如图21-19所示。窗体中插入的控件位于VBE窗口的工具箱中，如图21-20所示。

图21-19　工作表控件

图21-20　窗体控件

下面介绍几种最常用的控件。

1. 命令按钮

命令按钮的属性如图21-21所示。

图21-21　命令按钮的属性

提示

Name（名称）与Ca-
ption不同，它是对象的
名称，并不是显示于对
象上的标题文字。

其中，常用属性有如下几种。

● **Name（名称）属性：**对象的名称，要求名称要具有唯一性，如不更改，则采用VBA默认的名称。建议将名称更改为便于记忆和识别的文字。

● **Caption属性：**对象的标题，更改Caption，就是更改对象上的标题文字，比如将按钮Caption改为"确定"，则该按钮上显示"确定"二字，便于用户理解该按钮的作用。

● **Enable属性：**确定按钮是否可用。值为True时，为可用状态；值为False时，为不可用状态。

● **Visible属性：**设置按钮是否可见。值为True时，按钮可见；值为False时，按钮不可见。

图21-22中，第1个按钮的Enable属性为False，第2个按钮更改了Caption属性为"确定"，第4个按钮的Visible属性为False（不可见）。

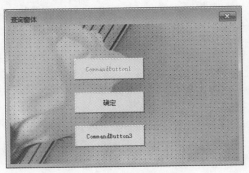

图21-22　命令按钮属性

2. 文本框

文本框（TextBox）通常用于输入或输出文本，是程序和用户交互的控件。其属性如图21-23所示。

图21-23　文本框属性

其中，常用属性有如下几种。

● **Font（字体）属性：**用于设置文本框中的字体，单击右栏，出现浏览按钮，如图21-24所示。单击浏览按钮，弹出"字体"对话框，设置字体即可，如图21-25所示。

● **MaxLength（最大长度）属性：**设置文本框中可输入的文本的最大长度，为整数型，取值范围为0~65535。

● **MultiLine（多行）属性：**设置文本是否多行显示。若设为True，则可以多行显示，若设为False，则只能一行显示。

- **ScrollBars（滚动条）属性：** 用于添加滚动条，为整数型。
- **PasswordChar属性：** 用于设置密码文本框。例如将该属性设为"*"，则在
  输入密码时，将显示"*"，而不是显示输入的内容。

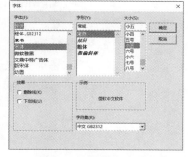

图21-24　更改Font（字体）　　　　　图21-25　"字体"对话框

3. 单选按钮

单选按钮用于两种或多种选项中只可能选择一种的情况，例如在选择性别时，只可
能选择"男"或"女"；在选择月份的时候，只可能选择1-12月份中的一个。其属性如
图21-26所示。

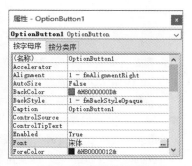

图21-26　单选按钮属性

单选按钮常用属性有如下几种。

- **Value属性：** 表示选中状态，值为True时，表示选中了该按钮；值为False
  时，表示没有选中该按钮。
- **Alignment属性：** 设置单选按钮和标题的对齐方式，为整数型。0表示单选按
  钮在左，标题在右，此为默认设置；1表示单选按钮在右，标题在左。

4. 复选框

复选框，顾名思义，与单选按钮不同，可以选择多个项目。其属性如图21-27所示。

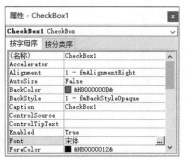

图21-27　复选框属性

复选框常用属性有如下几种。

● **Value属性：** 表示选中状态，为整数型。0（或Unchecked）表示未选中；1（或Checked）表示选中。

● **Alignment属性：** 设置复选框和标题的对齐方式，为整数型。0表示复选框在左，标题在右，此为默认设置；1表示复选框在右，标题在左。

5. 列表框

列表框用于显示用户可从中进行选择、含有一个或多个文本项的列表。使用列表框可显示大量在编号或内容上有所不同的选项，其属性如图21-28所示。

图21-28　列表框属性

列表框常用属性有如下几种。

● **Columncount属性：** 设置列表框中可以显示的列数，因为一个列表框可以显示多列。该属性默认情况下为1。

● **MultiSelect属性：** 用来设置是否可以在列表框中同时选择多个。0-fmmu-ltiselectsingle是默认的，表示只可以选择一个列表框。

● **RowSource属性：** 指定列表框的数据源，该属性是一个字符串的属性。可以指定一个字符串的格式的数据范围。

Chapter 22

制作员工考核成绩管理系统

前面几章我们学习了VBA应用的各项基础知识，本章将综合应用前面所学的知识，设计制作一款员工考核成绩管理系统。

22.1 成绩管理系统需求分析

我们计划设计的成绩管理系统，要求能够实现以下功能。

- 计算员工成绩总分。
- 计算员工总分排名、各项成绩排名。
- 计算各项及格率。
- 退出系统。
- 打开工作簿时自动启动主界面。

22.2 界面设计

本系统通过窗口实现各项操作，在主界面中完成大部分操作，但是单项排名操作需要用到子界面，在子界面中选择要排名的项目。

22.2.1 主界面设计

在主界面中要通过命令按钮实现大部分计算操作，并要提供退出系统的按钮。下面介绍具体设计步骤。

Step 01 **打开VBE窗口。** 打开原始文件"员工考核成绩表.xlsx"，切换至"开发工具"选项卡，单击"代码"选项组中Visual Basic按钮，打开VBE窗口，如图22-1所示。

Step 02 **新建窗体。** 选择菜单栏中"插入>用户窗体"命令，此时弹出空白窗体，如图22-2所示。在窗体属性窗口中将Caption更改为"成绩管理系统"。

扫码看视频

实例文件

原始文件：
实例文件\第22章\原始文件员工考核成绩表.xlsx
最终文件：
实例文件\第22章\最终文件\成绩管理系统.xlsm

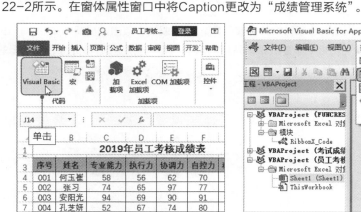

图22-1 打开VBE

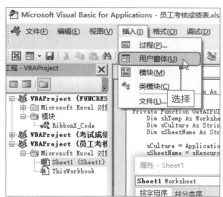

图22-2 插入窗体

交叉参考

窗体和控件在第25章详细介绍。

Step 03 **添加控件并修改Caption属性**。双击工具箱中"命令按钮"控件，然后在窗体中添加5个命令按钮，并将Caption属性分别更改为"总分"、"总分排名"、"各项排名"、"及格率"和"退出"，如图22-3所示。

Step 04 **调整窗体和控件**。调整窗体大小和控件在窗体中的位置，使其更加整齐，如图22-4所示。

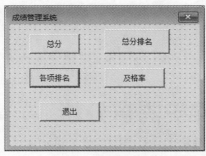
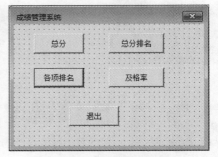

图22-3　添加控件　　　　　　　图22-4　调整控件和窗体

22.2.2　子界面设计

扫码看视频

本例中只有一个子界面，用于计算员工各项排名，在子界面中完成各项排名，能够避免在主界面中放置过多的按钮，造成凌乱。下面介绍具体设计步骤。

Step 01 **新建窗体**。选择菜单栏中"插入>用户窗体"命令，如图22-5所示。弹出新的空白窗体，将窗体Caption更改为"各项排名"，如图22-6所示。

实例文件

如果设计的界面较复杂，建议在添加控件后，不仅要修改Caption属性，还要修改Name（名称）属性，以便于查找。

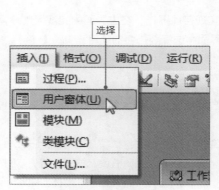

图22-5　新建窗体　　　　　　　图22-6　更改Caption

Step 02 **添加控件并修改Caption属性**。双击工具箱中"命令按钮"控件，然后在窗体中添加6个命令按钮，并将Caption属性分别更改为如图22-7所示的按钮标题。

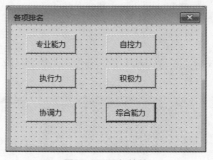

图22-7　添加控件

22.3 编写代码

主界面和子界面设计完成后，即可为这些控件编写代码，从而应用不同的操作，下面分别介绍为不同界面的控件编写代码。

22.3.1 编写计算总分和总分排名代码

> **提示**
>
> 代码窗口中显示各子过程，以分隔线相区分。

这两项功能都要采用循环结构来实现，下面介绍具体操作方法。

Step 01 打开"总分"按钮对应的代码窗口。双击UserForm1窗体，右击窗体中的"总分"按钮❶，选择快捷菜单中的"查看代码"命令❷，如图22-8所示。

图22-8 打开代码窗口

Step 02 输入代码。打开该控件的代码窗口，系统已自动创建子程序，输入完成如下代码：

```
Private Sub CommandButton1_Click()
    Dim Row As Integer
    Row = 4
    Do While Sheet1.Cells(Row, 1) <> ""
        Sheet1.Cells(Row, "H") = Sheet1.Cells(Row, "B") + Sheet1.Cells(Row,
"C") + Sheet1.Cells(Row, "D") + Sheet1.Cells(Row, "E") + Sheet1.Cells(Row,
"F") + Sheet1.Cells(Row, "G")
        Row = Row + 1
    Loop
End Sub
```

> **提示**
>
> Do While后面的判断条件含义为Row行第1列单元格不为空。

Step 03 保存代码。单击工具栏中"保存"按钮，关闭代码窗口。

Step 04 打开"总分排名"按钮对应的代码窗口。右击窗体中的"总分排名"按钮，选择快捷菜单中的"查看代码"命令，打开对应的代码窗口。

Step 05 输入代码。系统已自动创建子程序，输入完成如下代码：

```
Private Sub CommandButton2_Click()
    Dim a As Integer
    Dim b As Integer
    Dim c As Integer
    a = 4
    Do Until Sheet1.Cells(a, 1) = ""
      b = 1
      c = 5
      Do Until Sheet1.Cells(c, 1) = ""
        If Sheet1.Cells(a, "H") < Sheet1.Cells(c, "H") Then b = b + 1
        c = c + 1
      Loop
```

```
    Sheet1.Cells(a, "I") = b
        a = a + 1
    Loop
End Sub
```

22.3.2　编写计算各项及格率代码

计算各项及格率，首先要计算出及格人数，然后除以总人数，再通过代码将结果转化为百分比格式，并指出显示的位置。下面介绍具体操作方法。

Step 01 打开"及格率"按钮对应的代码窗口。 右击窗体中的"各科及格率"按钮，选择快捷菜单中的"查看代码"命令，打开对应的代码窗口。

Step 02 输入代码。 系统已自动创建子程序，输入完成如下代码：

```
Private Sub CommandButton4_Click()
    Dim a As Integer, b As Integer, c As Integer, d As Integer
    Dim e As Integer, f As Integer, g As Integer
    a = 4
    Do Until Sheet1.Cells(a, 1) = ""
        If Sheet1.Cells(a, "B") >= 60 Then b = b + 1
        If Sheet1.Cells(a, "C") >= 60 Then c = c + 1
        If Sheet1.Cells(a, "D") >= 60 Then d = d + 1
        If Sheet1.Cells(a, "E") >= 60 Then e = e + 1
        If Sheet1.Cells(a, "F") >= 60 Then f = f + 1
        If Sheet1.Cells(a, "G") >= 60 Then g = g + 1
        a = a + 1
    Loop
    Sheet1.Range("33:33").NumberFormatLocal = "0.00%"
    Sheet1.Cells(33, "B") = b / 29
    Sheet1.Cells(33, "C") = c / 29
    Sheet1.Cells(33, "D") = d / 29
    Sheet1.Cells(33, "E") = e / 29
    Sheet1.Cells(33, "F") = f / 29
    Sheet1.Cells(33, "G") = g / 29
End Sub
```

Step 03 保存代码。 单击工具栏中"保存"按钮，关闭代码窗口。

22.3.3　编写"各项排名"和"退出"按钮代码

在单击"各项排名"按钮时，要调用"各项排名"对话框，具体的计算排名放在"各项排名"对话框中完成，主界面中的"各项排名"按钮，要实现调用子对话框的功能。

Step 01 打开"各项排名"按钮对应的代码窗口。 右击窗体中的"各项排名"按钮，选择快捷菜单中的"查看代码"命令，打开对应的代码窗口。

Step 02 输入代码。 系统已自动创建子程序，输入完成如下代码：

```
Private Sub CommandButton3_Click()
    Load UserForm2
    UserForm2.Show
End Sub
```

提示

这里调用的是UserForm2窗体，"各项排名"是窗体的标题，而非名称，其名称为UserForm2。

Step 03 保存代码。单击工具栏中"保存"按钮，关闭代码窗口。

Step 04 打开"退出"按钮对应的代码窗口。右击窗体中的"退出"按钮，选择快捷菜单中的"查看代码"命令，打开对应的代码窗口。

Step 05 输入代码。系统已自动创建子程序，输入完成如下代码：

```
Private Sub CommandButton5_Click()
End
End Sub
```

Step 06 保存代码。单击工具栏中"保存"按钮，关闭代码窗口。

22.3.4 编写子界面中按钮代码

扫码看视频

　　在"各项排名"对话框中有6个按钮，用于分别对6个考核项目进行排名，需要单独编写代码。

Step 01 打开UserForm2窗体。双击工程资源管理窗口中UserForm2窗体对象。

Step 02 打开"专业能力"按钮对应的代码窗口。右击窗体中的"专业能力"按钮，选择快捷菜单中的"查看代码"命令，打开对应的代码窗口。

Step 03 输入代码。系统已自动创建子程序，输入完成如下代码：

```
Private Sub CommandButton1_Click()
    Dim a As Integer
    Dim b As Integer
    Dim c As Integer
    a = 4
    Do Until Sheet1.Cells(a, 1) = ""
      b = 1
      c = 5
      Do Until Sheet1.Cells(c, 1) = ""
        If Sheet1.Cells(a, "B") < Sheet1.Cells(c, "B") Then b = b + 1
        c = c + 1
      Loop
    Sheet1.Cells(a, "J") = b
      a = a + 1
    Loop
End Sub
```

提示

计算单科排名与计算总分排名类似，需要注意的是，引用单元格的位置要相应变化。

Step 04 保存代码。单击工具栏中"保存"按钮，关闭代码窗口。

Step 05 输入"执行力"按钮对应的代码。打开"执行"按钮对应的代码窗口，输入完成如下代码：

```
Private Sub CommandButton2_Click()
    Dim a As Integer
    Dim b As Integer
    Dim c As Integer
    a = 4
    Do Until Sheet1.Cells(a, 1) = ""
      b = 1
      c = 5
      Do Until Sheet1.Cells(c, 1) = ""
```

```
        If Sheet1.Cells(a, "C") < Sheet1.Cells(c, "C") Then b = b + 1
        c = c + 1
    Loop
    Sheet1.Cells(a, "K") = b
      a = a + 1
    Loop
    End Sub
```

Step 06 **输入"协调力"按钮对应的代码。** 打开"协调力"按钮对应的代码窗口，输入完成如下代码：

```
Private Sub CommandButton3_Click()
    Dim a As Integer
    Dim b As Integer
    Dim c As Integer
    a = 4
    Do Until Sheet1.Cells(a, 1) = ""
      b = 1
      c = 5
      Do Until Sheet1.Cells(c, 1) = ""
        If Sheet1.Cells(a, "D") < Sheet1.Cells(c, "D") Then b = b + 1
        c = c + 1
      Loop
    Sheet1.Cells(a, "L") = b
      a = a + 1
    Loop
End Sub
```

> **提示**
>
> 这里采用了Cells关键字引用单元格，括号中的参数可以为数字，也可以为字符串。比如Cells(3,1)表示第3行第1列的单元格，与Cells(3,"A")相同。

Step 07 **输入"自控力"按钮对应的代码。** 打开"自控力"按钮对应的代码窗口，输入完成如下代码：

```
Private Sub CommandButton4_Click()
    Dim a As Integer
    Dim b As Integer
    Dim c As Integer
    a = 4
    Do Until Sheet1.Cells(a, 1) = ""
      b = 1
      c = 5
      Do Until Sheet1.Cells(c, 1) = ""
        If Sheet1.Cells(a, "E") < Sheet1.Cells(c, "E") Then b = b + 1
        c = c + 1
      Loop
    Sheet1.Cells(a, "M") = b
      a = a + 1
    Loop
End Sub
```

Step 08 **输入"积极力"按钮对应的代码。** 打开"积极力"按钮对应的代码窗口，输入完成如下代码：

```
Private Sub CommandButton5_Click()
```

提 示

这里定义的变量，仅在此子程序中可用，因此在编写其他科目排名代码时，需要重新定义变量。

```
    Dim a As Integer
    Dim b As Integer
    Dim c As Integer
    a = 4
    Do Until Sheet1.Cells(a, 1) = ""
      b = 1
      c = 5
      Do Until Sheet1.Cells(c, 1) = ""
        If Sheet1.Cells(a, "F") < Sheet1.Cells(c, "F") Then b = b + 1
        c = c + 1
      Loop
    Sheet1.Cells(a, "N") = b
      a = a + 1
    Loop
End Sub
```

Step 09 输入"综合能力"按钮对应的代码。打开"综合能力"按钮对应的代码窗口，输入完成如下代码：

```
Private Sub CommandButton6_Click()
    Dim a As Integer
    Dim b As Integer
    Dim c As Integer
    a = 4
    Do Until Sheet1.Cells(a, 1) = ""
      b = 1
      c = 5
      Do Until Sheet1.Cells(c, 1) = ""
        If Sheet1.Cells(a, "G") < Sheet1.Cells(c, "G") Then b = b + 1
        c = c + 1
      Loop
    Sheet1.Cells(a, "O") = b
      a = a + 1
    Loop
End Sub
```

22.3.5 打开工作簿时自动弹出主界面

在制作完成管理系统后，为了便于应用，还需要实现在打开工作簿时自动弹出主界面的功能，这可以通过前面学习的Workbook对象来实现。

Step 01 打开工作簿对象的代码窗口。在VBE窗口中双击工程资源管理窗口中的ThisWorkbook对象，打开代码窗口。

Step 02 输入代码。在代码窗口上方选择"对象"列表中的Workbook，选择"过程"列表中的Open，输入完成如下代码：

```
Private Sub Workbook_Open()
    Load UserForm1
    UserForm1.Show
End Sub
```

Step 03 保存代码。单击工具栏中"保存"按钮，关闭代码窗口。

22.4 运行效果

制作完成后，运行成绩管理系统查看运行效果。

Step 01 打开文件。 打开原始文件"成绩管理系统.xlsm"，自动弹出主界面"成绩管理"对话框，如图22-9所示。

Step 02 计算总分。 单击对话框中"总分"按钮❶，工作表中H列自动计算出各学生总分❷，如图22-10所示。

图22-9 打开文件

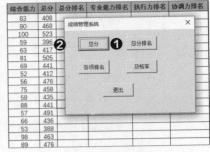

图22-10 计算总分

Step 03 计算总分排名。 单击对话框中"总分排名"按钮❶，工作表中I列自动计算出总分排名❷，如图22-11所示。

Step 04 计算各项及格率。 单击对话框中"及格率"按钮，工作表中33行自动计算出各科及格率，如图22-12所示。

图22-11 计算排名

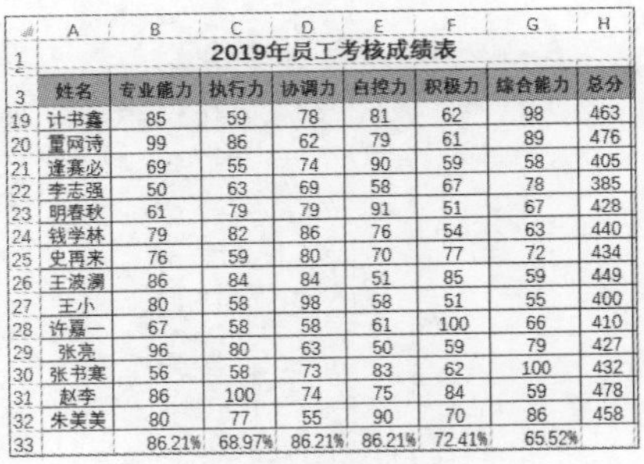

图22-12 计算及格率

Step 05 计算各项排名。 单击对话框中"各项排名"按钮，弹出"各项排名"对话框，如图22-13所示。单击某一项目，比如单击"专业能力"按钮❶，工作表中会自动计算出专业能力的排名情况❷，如图22-14所示。

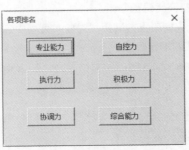

图22-13 "各项排名"对话框

图22-14 查看专业能力排名

附 录　Excel函数一览表

1. 数学与三角函数

函数名称	语　法	功能简介
ABS	ABS(number)	返回某参数的绝对值
ACOS	ACOS(number)	返回以弧度表示参数的反余弦值，范围是0~π
ACOSH	ACOSH(number)	返回参数的反双曲余弦值
ASIN	ASIN(number)	返回参数的反正弦值
ASINH	ASINH(number)	返回参数的反双曲正弦值
ATAN	ATAN(number)	返回参数的反正切值。返回的数值以弧度表示，大小在−π/2~π/2之间
ATAN2	ATAN2(x_num,y_num）	返回直角坐标系中给定X和Y的反正切值
ATANH	ATANH(number)	返回参数的反双曲正切值
CEILING	CEILING(number,significance)	将参数number沿绝对值增大的方向，返回一个最接近的整数或基数significance的最小倍数
COMBIN	COMBIN(number,number_chosen)	返回一组对象所有可能的组合数目
COS	COS(number)	返回某一角度的余弦值
COSH	COSH(number)	返回参数的双曲余弦值
COUNTIF	COUNTIF(range,criteria)	统计某一区域中符合条件的单元格数目
DEGREES	DEGREES(angle)	将弧度转换为度
EVEN	EVEN(number)	返回沿绝对值增大方向，将一个数值取整为最接近的偶数
EXP	EXP(number)	返回e的n次幂
FACT	FACT(number)	返回一个数的阶乘，即1*2*3*...*number
FACTDOUBLE	FACTDOUBLE(number)	返回参数number的半阶乘
FLOOR	FLOOR(number,significance)	将参数number沿绝对值减小的方向去尾舍入，使其等于最接近的significance的倍数
INT	INT(number)	将参数向下取整为最接近的整数
LCM	LCM(number1,number2, ...)	返回整数的最小公倍数
LN	LN（number）	返回一个数的自然对数
LOG	LOG(number,base)	按指定的底数，返回某个数的对数
MDETERM	MDETERM(array)	返回一个数组的矩阵行列式的值
MINVERSE	MINVERSE(array)	返回数组矩阵的逆矩阵
MMULT	MMULT(array1,array2)	返回两数组的矩阵积，结果矩阵的行数与array1相同，列数与array2相等
MOD	MOD(number,divisor)	返回两数相除的余数
MROUND	MROUND(number,multiple)	返回一个舍入到所需倍数的数字
ODD	ODD(number)	将正（负）数向上（下）舍入到最接近的奇数

（续表）

函数名称	语　法	功能简介
PI	PI()	返回圆周率Pi的值，精确到15位
POWER	POWER(number,power)	返回某数的乘幂
PRODUCT	PRODUCT(number1,number2, ...)	计算所有参数的乘积
QUOTIENT	QUOTIENT(numerator,denominator)	返回除法的整数部分
RADIANS	RADIANS(angle)	将角度转为弧度
RAND	RAND()	返回大于或等于0且小于1的平均分布随机数
RANDBETWEEN	RANDBETWEEN(bottom,top)	返回一个介于指定数字之间的随机数
ROUND	ROUND(number,num_digits)	按指定的位数对数值进行四舍五入
ROUNDDOWN	ROUNDDOWN(number,num_digits)	向下舍入数字
ROUNDUP	ROUNDUP(number,num_digits)	向上舍入数字
SEC	SEC(number)	返回角度的正切值
SIN	SIN(number)	返回指定角度的正弦值
SUM	SUM(number1,number2, ...)	计算引用单元格区域内所有数值的和
SUMIF	SUMIF(range,criteria,sum_range)	对满足条件的单元格进行求和
SUMIFS	SUMIFS(sum_range,criteria_range, criteria, ...)	对一组指定条件的单元格求和
SUMPRODUCT	SUMPRODUCT(array1,array2, ...)	返回相应的数组或区域乘积的和
SUMSQ	SUMSQ(number1,number2, ...)	返回所有参数的平方和
SUMX2MY2	SUMX2MY2(array_x,array_y)	计算两数组中对应数值平方差的和

2. 日期与时间函数

函数名称	语　法	功能简介
DATE	DATE(year,month,day)	返回代表特定日期的序列号
DATEVALUE	DATEVALUE(date_text)	将日期值从字符串转化为序列数
DAY	DAY(serial_number)	返回用序列号（整数1到31）表示的某日期的天数，用整数 1 到31 表示
DAYS360	DAYS360(start_date,end_date,method)	按照一年360天的算法（每个月30天，一年共计12个月），返回两日期间相差的天数
EDATE	EDATE(start_date,months)	返回一串日期之前/之后的月数
EOMONTH	EOMONTH(start_date,months)	返回一串日期，表示指定月数之前或之后的月份的最后一天
HOUR	HOUR(serial_number)	返回小时的数值，从0到23之间的整数
MINUTE	MINUTE(serial_number)	返回分钟数值，从0到59之间的整数
MONTH	MONTH(serial_number)	返回月份值，从1至12之间的数字
NETWORKDAYS	NETWORKDAYS(start_date,end_date,holidays)	返回两个日期之间的完整工作日数
NOW	NOW()	返回日期时间格式的当前日期和时间

（续表）

函数名称	语 法	功能简介
SECOND	SECOND(serial_number)	返回秒数值，从0至59之间的整数
TIME	TIME(hour,minute,second)	返回特定时间的序列数
TIMEVALUE	TIMEVALUE(time_text)	将文本形式表示的时间转换成Excel序列数
TODAY	TODAY()	返回日期格式的当前日期
WEEKDAY	WEEDAY(serial_number,return_type)	返回代表一周中第几天的数值，从1到7之间的整数
WEEKNUM	WEEKNUM(serial_number,return_type)	返回一年中的周数
WEEKDAY	WEEKDAY(start_date,days,holidays)	返回在指定的若干个工作日之前或之后的日期
YEAR	YEAR(serial_number)	返回日期的年份值
YEARFRAC	YEARFRAC(start_date,end_date,basis)	返回一个年份数

3. 查找与引用函数

函数名称	语 法	功能简介
ADDRESS	ADDRESS(row_num,column_num,abs_num,a1,sheet_text)	以文字形式返回对工作簿中某一单元格的引用
AREAS	AREAS(reference)	返回引用中包含的区域个数
CHOOSE	CHOOSE(index_num,value1,value2,...)	可以根据给定的索引值，从参数中选出相应的值或操作
COLUMN	COLUMN(reference)	返回给定引用的列标
COLUMNS	COLUMNS(array)	返回数组或引用的列数
FORMULATEXT	FORMULATEXT(reference)	作为字符串返回公式
HLOOKUP	HLOOKUP(lookup_value,table_array,row_index_num,range_lookup)	在表格或数值数组的首行查找指定的数值，并由此返回表格或数组当前列中指定行处的数值
HYPERLINK	HYPERLINK(link_location,friendly_name)	创建一个快捷方式或链接，以便打开一个存储在硬盘、网络服务器上的文档
INDEX	INDEX(array,row_num,column_num)	返回数组中指定的单元格或单元格数组的数值
INDEX	INDEX(reference,row_num,column_Num,area_num)	返回引用中指定单元格或单元格区域的引用
INDIRECT	INDIRECT(ref_text,al)	返回文本字符串所指定的引用
LOOKUP	LOOKUP(lookup_value,lookup_vector,result_vector)	在单行区域或单列区域（向量）中查找数值，然后返回第二个单行区域或单列区域中相同位置的数值
LOOKUP	LOOKUP(lookup_value,array)	在数组的第一行或第一列查找指定的数值，然后返回数组的最后一行或最后一列中相同位置的数值
MATCH	MATCH(lookup_value,lookup_array,match_type)	返回符合特定顺序的项在数组中的相对位置
OFFSET	OFFSET(reference,rows,cols,height,width)	以指定的引用为参照第，通过给定偏移量返回新的引用
ROW	ROW(reference)	返回指定引用的等号
ROWS	ROWS(array)	返回某一引用或数组的行数
RTD	RTD(progID,server,topic1,topic2,...)	从一个支持COM自动化的程序中攻取实时数据

（续表）

函数名称	语 法	功能简介
TRANSPOSE	TRANSPOSE(array)	转置单元格区域
VLOOKUP	VLOOKUP(lookup_value,table_array, col_index_num,range_lookup)	搜索表区域首列满足条件的元素，确定待检索单元格在区域中的行序号，再进一步返回选定单元格的值

4. 逻辑函数

函数名称	语法	功能简介
AND	AND(logical1,logical2, ...)	检查是否所有参数均为TRUE，
FALSE	FALSE()	返回逻辑值FALSE
IF	IF(logical_test,value_if_true,value_if_false)	判断是否满足某个条件，如果满足返回一个值，如果不满足则返回另一个值
IFERROR	IFERROR(value,value_if_error)	如果表达式是一个错误，则返回value_if_error，否则返回表达式自身的值
IFNA	IFNA(value,value_if_na)	如果表达式解析为#N/A，则返回指定的值，否则返回表达式的结果
NOT	NOT(logical)	对参数的逻辑值求反
OR	OR(logical,logical2, ...)	如果任一参数的值为TRUE，则返回TRUE，所有参数均为FALSE时才返回FALSE
TRUE	TRUE()	返回逻辑值TRUE

5. 统计函数

函数名称	语法	功能简介
AVEDEV	AVEDEV(number1,number2,...)	返回一组数据与其平均值的绝对偏差的平均值，该函数可以评测数据的离散度
AVERAGE	AVERAGE(number1,number2,...)	计算所有参数的算术平均值
AVERAGEA	AVERAGEA(value1,value2,...)	返回所有参数的算术平均值
AVERAGEIF	AVERAGEIF(range,criteria,average_range)	查找给定条件指定的单元格的平均值
AVERAGEIFS	AVERAGEIFS(average_range, criteria_range1,criteria1,[criteria_range2,criteria2], ...)	查找一组给定条件指定的单元格的平均值
BETA.INV	BETA.INV(probability,alpha,beta,A,B)	返回具有给定概率的累积beta分布的区间点
CORREL	CORREL(array1,array2)	返回两组数值的相关系数
COUNT	COUNT(value1,value2, ...)	计算区域中包含数字的单元格的个数
COUNTA	COUNTA(value1,value2, ...)	计算区域中非空单元格的个数
COUNTBLANK	COUNTBLANK(range)	计算某个区域中空单元格的数目
COUNTIF	COUNTIF(range,criteria)	计算某个区域中满足给定条件的单元格数目
COUNTIFS	COUNTIFS(criteria_range,criteria, ...)	统计一组给定条件所指定的单元格数
COVARIANCE.P	COVARIANCE.P(array1,array2)	返回总体协方差，即两数值中每对变量的偏差乘积的平均值

（续表）

函数名称	语法	功能简介
DEVSQ	DEVSQ(number1,number2,...)	返回各数据点与数据均值点之差的平方和
EXPON.DIST	EXPON.DIST(x,lambda,cumulative)	返回指数分布
F.DIST	F.DIST(x,deg_freedom1,deg_freedom2,cumulative)	返回两组数据的F概率分布
FREQUENCY	FREQUENCY(data_array,bins_array)	以一列垂直数组返回一组数据的频率分布
GAMMA	GAMMA(x)	返回γ函数值
GAMMALN	GAMMALN(x)	返回γ函数的自然对数
GEOMEAN	GEOMEAN(number1,number2,...)	返回一正数数组或数值区域的几何平均数
HARMEAN	HARMEAN(number1,number2,...)	返回一组正数的调和平均数,所有参数倒数平均值的倒数
INTERCEPT	INTERCEPT(known_y's,known_x's)	根据已知的x值及y值所绘制出来的最佳回归线,计算出直线将于y轴交汇的点
KURT	KURT(number1,number2,...)	返回一组数据的峰值
LARGE	LARGE(array,k)	返回数据组中第k个最大值
LINEST	LINEST(known_y's,known_x's,const,stats)	返回线性回归方程的参数
MAX	MAX(number1,number2,...)	返回一组数值中的最大值,忽略逻辑值及文本
MAXA	MAXA(value1,value2, ...)	返回一组参数中的最大值
MEDIAN	MEDIAN(number1,number2,...)	返回一组数的中值
MIN	MIN(number1,number2,...)	返回一组数值中的最小值,忽略逻辑值及文本
MINA	MINA(value1,value2, ...)	返回一组参数中的最小值
PEARSON	PEARSON(array1,array2)	求皮尔生积矩法的相关系数r
PERMUT	PERMUT(number,number_chosen)	返回从给定元素数目的集合中选取若干元素的排列数
PERMUTATIONA	PERMUTATIONA(number,number_chosen)	返回可以从对象总数中选取的给定数目对象的排列数
PHI	PHI(x)	返回标准正态分布的密度函数值
PROB	PROB(x_range,prob_range,lower_limit,upper_limit)	返回一概率事件组中符合指定条件的事件集所对应的概率之和
RANK.AVG	RANK.AVG(number,ref,order)	返回某数字在一列数字中相对于其他数值的大小排名,如果多个数值排名相同,则返回平均值排名
RSQ	RSQ(known_y's,known_x's)	返回给定数据点的Pearson积矩法相关系数的平方
SLOPE	SLOPE(known_y's,known_x's)	返回经过给定数据点的线性回归拟合线方程的斜率
SMALL	SMALL(array,k)	返回数据组中第k个最小值
STANDARDIZE	STANDARDIZE(x,mean,standard_dev)	通过平均值和标准方差返回正态分布概率值
STDEVA	STDEVA(value1,value2, ...)	估算基于给定样本的标准偏差
STDEVPA	STDEVPA(value1,value2,...)	计算样本总体的标准偏差
STEYX	STEYX(known_y's,known_x's)	返回通过线性回归法计算纵坐标预测值所产生的标准误差
TREND	TREND(known_y's,known_x's,const)	返回线性回归拟合线的一组纵坐标值
TRIMMEAN	TRIMMEAN(array,percent)	返回一组数据的修剪平均值

6. 财务函数

函数名称	语法	功能简介
ACCRINT	ACCRINT(issue,first_interest,settlement,rate,par,frequency,basis, ...)	返回定期支付利息的债券的应计利息
ACCRINTM	ACCRINTM(issue,settlement,rate,par,basis)	返回在到期日支付利息的债券的应计利息
AMORDEGRC	AMORDEGRC(cost,date_purchased,first_period,salvage,perild, ...)	返回每个记帐期内资产分配的线性折旧
AMORLINC	AMORLINC(cost,date_purchased,first_period,salvage,period,rate, ...)	返回每个记帐期内资产分配的线性折旧
COUPDAYBS	COUPDAYBS(settlement,maturity,frequency,basis)	返回从票息期开始到结算日之间的天数
COUPDAYS	COUPDAYS(settlement, ,maturity,frequency,basis)	返回包含结算日的票息期的天数
COUPDAYSNC	COUPDAYSNC(settlement, ,maturity,frequency,basis)	返回从结算日到下一票息支付日之间的天数
COUPNCD	COUPNCD(settlement, ,maturity,frequency,basis)	返回从结算日后的下一票息支付日
COUPNUM	COUPNUM(settlement, ,maturity,frequency,basis)	返回结算日与到期日之间可支付的票算数
COUPPCD	COUPPCD(settlement, ,maturity,frequency,basis)	返回结算日前的上一票息支付日
DB	DB(cost,salvage,life,period,month)	用固定余额递减法，返回指定期间内某项固定资产的折旧值
DDB	DDB(cost,salvage,life,period,factor)	用双倍余额递减法或其他指定方法，返回指定期间内某项固定资产的折旧值
DISC	DISC(settlement,maturity,pr,redemption, basis)	返回债券的贴现率
DOLLARDE	DOLLARDE(fractional_dollar,fraction)	将以分数表示的货币值转换为以小数表示的货币值
DOLLARFR	DOLLARFR(decimal_dollar,fraction)	将以小数表示的货币值转换为以分数表示的货币值
DURATION	DURATION(settlement,maturity,coupon,yld,frequency,basis)	返回定期支付利息的债券的年持续时间
EFFECT	EFFECT(nominal_rate,npery)	返回年有效利率
FV	FV(rate,nper,pmt,pv,type)	基于固定利率和等额分期付款方式，返回某项投资的未来值
FVSCHEDULE	FVSCHEDULE(principal,schedule)	返回在应用一系列复利后，初始本金最终值
INTRATE	INTRATE(settlement,maturity,investment,redemption,basis)	返回完全投资型债券的利率
IPMT	IPMT(rate,per,nper,pv,fv,type)	返回在定期偿还，固定利率条件下给定期内某项投资回报的利息部分
IRR	IRR(values,guess)	返回一系列现金流的内部报酬率
ISPMT	ISPMT(rate,per,nper,pv)	返回普通贷款的利息偿还
MIRR	MIRR(values,finance_rate,reinvest_rate)	返回在考虑投资成本以及现金再投资利率下一系列分期现金流的内部报酬率

函数名称	语法	功能简介
NOMINAL	NOMINAL(effect_rate,npery)	返回年度的单利
NPER	NPER(rate,pmt,pv,fv,type)	基于固定利率和等额分期付款方式，返回某项投资或贷款的基数
NPV	NPV(rate,value1,value2, ...)	基于一系列将来的收支现金流和贴现率，返回一项投资的净现值
ODDFYIELD	ODDFYIELD(settlement,maturity, issue,fiest_coupon,rate,pr, ...)	返回第一期为奇数的债券的收益
PMT	PMT(rate,ner,pv,fv,type)	计算在固定利率下，贷款的等额分期偿还额
PPMT	PPMT(rate,per,nper,pv,fv,type)	返回在定期偿还，固定利率条件下给定期次内某项投资回报的本金部分
PV	PV(rate,nper,pmt,fv,type)	返回某项投资的一系列将来偿还额的当前总值
RATE	RATE(nper,pmt,pv,fv,type,guess)	返回投资或贷款的每期实际利率
RRI	RRI(nper,pv,fv)	返回某项投资增长的等效利率
SLN	SLN(cost,salvage,lift)	返回固定资产的每期线性折旧费
SYD	SYD(cost,salvage,life,per)	返回某项固定资产按年限总和折旧法计算的每期折旧金额
TBILLEQ	TBILLEQ(settlement,maturity,discount)	返回短期国库的等价债券收益
VDB	VDB(cost,salvage,life,start_period, end_perod,factor,no_switch)	返回某项固定资产用余额递减法或其他指定方法计算的特定或部分时期的折旧额
XIRR	XIRR(values,dates,guess)	返回现金流计划的内部回报率
XNPV	XNPV(rate,values,dates)	返回现金流计划的净现值
YIELD	YIELD(settlement,maturity,rate,pr, redemption,frequency,basis)	返回定期支付利息的债券的收益

7. 文本函数

函数名称	语法	功能简介
ASC	ASC(text)	将双字节字符转换成单字节字符
BAHTTEXT	BAHTTEXT(number)	将数字转换为泰语文本
CHAR	CHAR(number)	根据本机中的字符集，返回由代码数字指定的字符
CLEAN	CLEAN(text)	删除文本中的所有非打印字符
CODE	CODE(text)	返回文本字符串第一个字符在本机所用字符集中的数字代码
CONCATENATE	CONCATENATE（text1,text2, ...）	将多个文本字符串合并为一个
DOLLAR	DOLLAR(number,decimals)	按照货币格式及给定的小数位数，将数字转换成文本
EXACT	EXACT(text1,text2)	比较两个字符串是否完全相同
FIND	FIND(find_text,within_text,start_num)	返回一个字符串在另一个字符串中出现的起始位置
FINDB	FINDB(find_text,within_text,start_num)	在一文字串中搜索另一文字串的起始位置
FIXED	FIXED(number,decimals,no_commas)	用定点小数格式将数值舍入成特定位数并返回带或不带逗号的文本

（续表）

函数名称	语法	功能简介
LEFT	LEFT(text,num_chars)	从一个文本字符串的第一个字符开始返回指定个数的字符
LEN	LEN(text)	返回文本字符串中的字符个数
LOWER	LOWER(text)	将一个文本字符串的所有字母转换为小写形式
MID	MID(text,start_num,num_chars)	从文本字符串中指定的起始位置起返回指定长度的字符
NUMBERVALUE	NUMBERVALUE(text,decimal_separator,group_separator)	按独立于区域设置的方式将文本转换为数字
PROPER	PROPER(text)	将一个文本字符串中英文首字母转为大写
REPLACE	REPLACE(old_text,start_num,num_chars,new_text)	将一个字符串中的部分字符用另一个字符串代替
RIGHT	RIGHT(text,num_chars)	从一个字符串的最后一个字符开始返回指定个数的字符
RMB	RMB(number,decimals)	用货币格式将数值转换成文本字符
SEARCH	SEARCH(find_text,within_text,start_num)	返回一个指定字符或文本字符串中第一次出现的位置，从左到右查找
SUBSTITUTE	SUBSTITUTE(text,old_text,new_text,Instance_num)	将字符串中的部分字符串以新字符串替换
T	T(value)	检测给定值是否为文本
TEXT	TEXT(value,format_text)	根据指定的数值格式将数字转成文本
TRIM	TRIM(text)	删除字符串中多余的空格，保留单词与单词之间的空格
UNICHAR	UNICHAR(number)	返回由给定数值引用的Unicode字符
UPPER	UPPER(text)	将文本字符串转换成字母全部大写形式
VALUE	VALUE(text)	将一个代表数值的文本字符串转换成数值

8. 数据库函数

函数名称	语法	功能简介
DAVERAGE	DAVERAGE(database,field,criteria)	计算满足给定条件的列表或数据库的列中数值的平均值
DCOUNT	DCOUNT(database,fiele,criteria)	从满足给定条件的数据库记录的字段中计算数值单元格数目
DGET	DGET(database,fiele,criteria)	从数据库中提取符合指定条件且唯一存在的记录
DMAX	DMAX(database,fiele,criteria)	返回满足给定条件的数据库中记录的字段中数据的最大值
DMIN	DMIN(database,fiele,criteria)	返回满足给定条件的数据库中记录的字段中数据的最小值
DPRODUCT	DPRODUCT(database,fiele,criteria)	与满足指定条件的数据库中记录字段的值相乘
DSTDEV	DSTDEV(database,fiele,criteria)	根据所选数据库条目中的样本估算数据的标准偏差
DSUM	DSUM(database,fiele,criteria)	求满足给定条件的数据库中记录字段数据的和
DVAR	DVAR(database,fiele,criteria)	根据所选数据库条目中的样本估算数据的方差
DVARP	DVARP(database,fiele,criteria)	以数据库选定项作为样本总体，计算数据的总体方差

9. 信息函数

函数名称	语法	功能简介
CELL	CELL(info_type,reference)	返回引用中第一个单元格的格式，位置或内容的有关信息
ERROR.TYPE	ERROR.TYPE(error_val)	返回与错误值对应的数字
INFO	INFO(type_text)	返回当前操作环境的有关信息
ISBLANK	ISBLANK(value)	检查是否引用空单元格
ISERR	ISERR(value)	检查一个值是否为#N/A以外的错误
ISERROR	ISRROR(value)	检查一个值是否为错误值
ISEVEN	ISEVEN(number)	如果数字为偶数则返回TRUE
ISFORMULA	ISFORMULA(reference)	检查引用是否指向包含公式的单元格
ISLOGICAL	ISLOGICAL(value)	检测一个值是否是逻辑值
ISNA	ISNA(value)	检测一个值是否为#N/A
ISNONTEXT	ISNONTEXT(value)	检测一个值是否不是文本
ISNUMBER	ISNUMBER(value)	检测一个值是否为数值
ISODD	ISODD(number)	如果数字为奇数则返回TRUE
ISREF	ISREF(value)	检测一个值是否为引用
ISTEXT	ISTEXT(value)	检测一个值是否为文本
N	N(value)	将不是数值形式的值转换为数值形式
PHONETIC	OGIBETUC(reference)	获取代表拼音信息的字符串
SHEET	SHEET(value)	返回引用的工作表的编号
SHEETS	SHEETS(reference)	返回引用中的工作表数目
TYPE	TYPE(value)	以整数形式返回参数的数据类型

10. 工程函数

函数名称	语法	功能简介
BESSELI	BESSELI(x,n)	返回修正的贝赛耳函数In(x)
BESSELJ	BESSELJ(x,n)	返回贝赛耳函数Jn(x)
BESSELK	BESSELK(x,n)	返回修正的贝赛耳函数Kn(x)
BESSELY	BESSELY(x,n)	返回贝赛耳函数Yn(x)
BIN2DEC	BIN2DEC(number)	将二进制数转换为十进制
BIN2HEX	BIN2HEX(number,places)	将二进制数转换为十六进制
BIN2OCT	BIN2OCT (number,places)	将二进制数转换为八进制
BITOR	BITOR(number1,number2)	返回两个数字的按位或值
COMPLEX	COMPLEX(real_num,lnum,suffix)	将实部系数和虚部系数转换为复数
CONVERT	CONVERT(number,from_unit,to_unit)	将数字从一种度量体系转换为另一种度量体系
DEC2BIN	DEC2BIN(number,places)	将十进制数转换为二进制
DEC2HEX	DEC2HEX(number,places)	将十进制数转换为十六进制

（续表）

函数名称	语法	功能简介
DEC2OCT	DEC2OCT(number,places)	将十进制数转换为八进制
DELTA	DELTA(number1,number2)	测试两个数字是否相等
ERF	ERF(lower_limit,upper_limit)	返回误差函数
ERFC	ERFC(x)	返回补余误差函数
GESTEP	GESTEP(number,step)	测试某个数字是否大于阈值
HEX2BIN	HEX2BIN(number,places)	将十六进制数转换为二进制
HEX2DEC	HEX2DEC(number)	将十六进制数转换为十进制
HEX2OCT	HEX2OCT(number,places)	将十六进制数转换为八进制
IMABS	IMABS(inumber)	返回复数的绝对值
IMAGINARY	IMAGINARY(inumber)	返回复数的虚部系数
IMCOS	IMCOS(inumber)	返回复数的余弦值
IMCOSH	IMCOSH(inumber)	返回复数的双曲余弦值
IMCOT	IMCOT(inumber)	返回复数的余切值
IMCSC	IMCSC(inumber)	返回复数的余割值
IMCSCH	IMCSCH(inumber)	返回复数的双曲余割值
IMDIV	IMDIV(inumber1,inumber2)	返回两个复数之商
IMEXP	IMEXP(inumber)	返回复数的指数值
IMLN	IMLN(inumber)	返回复数的自然对数
IMREAL	IMREAL(inumber)	返回复数的实部系数
IMSEC	IMSEC(inumber)	返回复数的正割值
IMSECH	IMSECH(inumber)	返回复数的双曲正割值
IMSIN	IMSIN(inumber)	返回复数的正弦值
IMSUB	IMSUB(inumber1,inumber2)	返回两个复数的差值
IMSUM	IMSUM(inumber1,inumber2, ...)	返回复数的和
IMTAN	IMTAN(inumber)	返回复数的正切值
OCT2BIN	OCT2BIN(number,places)	将八进制数转换为二进制
OCT2DEC	OCT2DEC(number)	将八进制数转换为十进制
OCT2HEX	OCT2HEX(number,places)	将八进制数转换为十六进制

11. 多维数据集函数

函数名称	语法	功能简介
CUBEKPIMEMBER	CUBEKPIMEMBER(connection,kpi_Name,kpi_property,caption)	返回关键绩效指标属性并在单元格中显示KPI名称
CUBEMEMBER	CUBEMEMBER(connection,kpi_Name,kpi_property,caption)	从多维数据集返回成员或元组

（续表）

函数名称	语法	功能简介
CUBEMEMBERP ROPERTV	CUBEMEMBERPROPERTV (connection,Member_expression, property)	从多维数据集返回成员属性的值
CUBERANKEDM EMBER	CUBERANKEDMEMBER(connection, set_expression,rank,caption)	返回集合中的第N个成员
CUBESET	CUBESET(connection,set_expression, caption,sort_order,sort_by)	通过向服务器上的多维数据集发送一组表达式来定义成员或元组的计算集
CUBESETCOUNT	CUBESETCOUNT(set)	返回集合中的项数
CUBEVALUE	CUBEVALUE(connection,nember_ expression1, ...)	从多维数据集返回聚合值

12. 兼容性函数

函数名称	语法	功能简介
BETADIST	BETADIST(x,alpha,beta,A,B)	返回累积beta分布的概率密度函数
BETAINV	BETAINV(probability,alpha,beta,A,B)	返回累积beta分布的概率密度函数的反函数
BINOMDIST	BINOMDIST(number_s,trials,probability _s,cumulative)	返回一元二项式分布的概率
CEILING	CEILING(number,significance)	将参数向上舍入为最接近指定基数的倍数
CHIDIST	CHIDIST(x,deg_freedom)	返回 χ^2 分布的右尾概率
CHIINV	CHIINV(probability,deg_freedom)	返回具有给定概率的右尾 χ^2 分布的区间点
CHITEST	CHITEST(actual_range,expected_ range)	返回独立性检验的结果，针对统计和相应的自由度返回卡方分布值
CONFIDENCE	CONFIDENCE(alpha,standard_ dev,size)	使用正态分布，返回总体平均值的置信区间
COVAR	COVAR(array1,array2)	返回协方差，即每对变量的偏差乘积的均值
CRITBINOM	CRITBINOM(trials,probability_s,alpha)	返回一个数值，它是使得累积二项式分布的函数值大于等于临界值a的最小整数
EXPONDIST	EXPONDIST(x,lambda,cumulative)	返回指数分布
FDIST	FDIST(x,deg_freedom1,deg_ freedom2)	返回两组数据的F概率分布
FINV	FINV(probability,deg_freedom1, deg_freedom2)	返回F概率分布的逆函数值
FLOOR	FLOOR(number,significance)	将参数向下舍入为最接近指定基数的倍数
FORECAST	FORECAST(x,known_y's,known_x's)	根据现有的值所产生出的等差序列来计算或预测未来值
FTEST	FTEST(array1,array2)	返回F检验的结果，F检验返回的是当array1和array2的方差无明显差异时的双尾概率
GAMMADIST	GAMMADIST(x,alpha,beta,cumulative)	返回 γ 分布函数
HYPGEOMDIST	HYPGEOMDIST(sample_s,number_ sample,population_s,number_pop)	返回超几何分布
LOGINV	LOGINV(probability,mean,standard_ dev)	返回x的对数正态累积分布函数的区间点，其中Ln(x)是平均数和标准方差参数的正态分布

（续表）

函数名称	语法	功能简介
MODE	MODE(number1,number2,...)	返回一组数据或数据区域中的众数
NEGBINOMDIST	NEGBINOMDIST(number_f,number_s, probability_s)	返回负二项式分布函数，第number_s次成功之前将有number_f次失败的概率，具有probability_s成功概率
NORMINV	NORMINV(probability,mean,standard_dev)	返回指定平均值和标准方差的正态累积分布函数的区间点
PERCENTILE	PERCENTILE(array,k)	返回数组的K百分点值
PERCENTRAND	PERCENTRAND(array,x,significance)	返回特定数值在一组数中的百分比排名
QUARTILE	QUARTILE(array,quart)	返回一组数据的四分位点
STDEV	STDEV(number1,number2, ...)	估算基于给定样本的标准偏差
T.INV	T.INV(probability,deg_freedom)	返回学生t-分布的左尾反函数
VAR	VAR(number1,number2, ...)	估算基于给定样本的方差
WEIBULL	WEIBULL(x,alpha,beta,cumulative)	返回Weibull分布
ZTEST	ZTEST(array,x,sigma)	返回z测试的单尾P值

13. Web函数

函数名称	语法	功能简介
ENCODEURL	ENCODEURL(text)	返回URL编码的字符串
FILTERXML	FILTERXML(xml,xpath)	使用指定的xpath从xml内容返回特定数据
WEBSERVICE	WEBSERVICE(url)	从Web服务返回数据